不同文明的生物多样性智慧研究丛书

# 彝族农业生物多样性智慧研究

赖　毅　严火其　著

科学出版社

北　京

## 内 容 简 介

生物多样性为人类提供供给、支持、调节和文化服务，维系着人类的生存和发展，随着农业现代化进程的推进，生物多样性出现了前所未有的危机，农业可持续发展受到威胁。反思现代科技带来的环境问题，西方传统人与自然两分的自然观念及其产生的科学技术局限是这一危机的根源，解决这一危机需要转变西方传统观念和科学技术发展范式，建立人与自然和谐的环境伦理，不同于西方的文明为这一转变提供了思想源泉和知识动力。

彝族聚居地区有着广泛的环境多样性、植物多样性和动物多样性，长期依赖于自然的生产生活，形成了彝族特有的自然观念，在这些观念的指导下，彝族传统农业生产实现了人与自然的和谐，有效地维护了彝族地区生存环境的生物多样性。本书从彝族历史文化、自然环境和社会经济状况出发，以史诗和文化研究为基础，挖掘了彝族传统文化中蕴含的与生物多样性保护和利用相关的三大核心观念，在此基础上，系统整理了其传统农业生产中与生物多样性相关的方法与技术。根据文化传承的特点以及彝族传统知识产生和应用的地方性与语境性，将彝族传统农业生物多样性技术与市场经济和现代农业发展要素相结合，提出了彝族地区农业可持续发展的策略与方法。

**图书在版编目（CIP）数据**

彝族农业生物多样性智慧研究/ 赖毅，严火其著. —北京：科学出版社，2015.6

（不同文明的生物多样性智慧研究丛书）

ISBN 978-7-03-044140-9

Ⅰ.①彝… Ⅱ.①赖… ①严… Ⅲ.① 彝族–民族地区–农业–生物多样性–研究–中国 Ⅳ.①S18

中国版本图书馆 CIP 数据核字(2015)第 080354 号

责任编辑：夏 梁 王 静 / 责任校对：夏 梁
责任印制：徐晓晨 / 封面设计：北京铭轩堂广告设计有限公司

**科 学 出 版 社** 出版

北京东黄城根北街 16 号
邮政编码：100717
http://www.sciencep.com

**北京东华虎彩彩色印刷有限公司** 印刷
科学出版社发行  各地新华书店经销

\*

2015 年 6 月第 一 版    开本：720 × 1000 1/16
2015 年 6 月第一次印刷    印张：17  5/8
字数：348 000

**定价：128.00 元**

（如有印装质量问题，我社负责调换）

# 丛 书 序

 有了农业生产，就有了农业的病虫危害，就开始了人类与病虫的斗争。长期以来，中国农民主要通过多耕多锄、合理轮作、间作套种、整治田间环境、恰当的肥水管理、种子处理等控制病虫危害。近代自然科学发展以来，人们发现一些人工合成的化学物质具有快速杀灭病菌害虫的显著作用，从而开创了一个以使用化学农药为主要手段防治病虫危害的新时期。化学农药的使用，确实起到了消灭害虫，控制病虫危害的作用。人们一度认为，人类已经找到了战胜病菌害虫的法宝，从此就能免除病菌害虫的危害。但后来的事实证明，仅仅依靠化学农药是不能持续控制病虫危害的。如果持续大量地使用化学农药，不仅污染了环境，影响农产品质量，而且还出现了病菌害虫的抗药性及其再猖獗等问题。抗药性病菌害虫的发展和次要病菌害虫的转化引起生产成本的增加，土壤和各种农产品中农药残留超标，人类的生存环境和健康受到潜在影响。因此，人类有必要反思作为现代农业重要特点的运用化学农药防治病虫危害的植物保护策略，并探寻防止病虫危害的新道路。

 我国对生物间的相生相克的认识很早，具有利用生物多样性的悠久历史和深刻内涵。尽管现代生物多样性的概念出现的时间还不长。事实上，我们的祖先早就知道了生物多样性的重要性和应用。《齐民要术》中就记述了大豆与其他作物种植，可以提高土地肥力的技术。清代《农书述要》中，则已经有麦棉轮作的效果描述。元代的《农桑辑要》中，则已经有不同作物的混、套作观察结果。以虫治虫、稻田养鱼、家禽治虫等方面也有悠久历史和广泛的民间基础，不同民族都有许多间作套种的做法。传统农业利用作物种间差异和种内品种差异在生产实际中显示了其强大的生命力，我国人民在长期的生产实践中建立了诸多利用当地资源减轻病害发生的作物种植模式，促进了农业生产的生态化发展。

 我国的许多民族都具有利用生物多样性控制病虫危害的宝贵经验。严火其教授的团队结合 973 计划项目"农业生物多样性控制病虫害和保护种质资源的原理与方法""作物多样性对病虫害生态调控和土壤地力的影响"的实施，系统开展了不同文明的生物多样智慧与病虫害可持续控制的研究，旨在再发现中国传统儒家和道家思想中的相关智慧，挖掘哈尼族、傣族和彝族等不同民族的生物多样性知识，从中汲取营养，促进对病虫害可持续控制的理论和技术的发展。本丛书即是该研究的成果。利用生物多样性控制病虫害是一项艰巨的长期的任务，也是充满科学问题和应用前景的研发领域，希望有更多的人来从事这一利在千秋的事业。

2015 年 5 月 27 日

# 目　　录

# 绪　　论

　　生物多样性是生命有机体及其赖以生存的生态综合体的多样性和变异性，也是生命形式的多样性、各种生命形式之间及其与环境之间的各种相互关系，以及各种生物群落、生态系统、生态过程的复杂性，包括遗传多样性、物种多样性、生态系多样性三个层次。（方如康等，2003）生物多样性是生态环境的基础，维系着人类的生存和发展，直接和间接地提供人类福祉的许多组成部分，包括安全、良好生活的基本原材料，健康、良好的社会关系及选择和行动的自由。然而在过去的 50 年中，人类行动正在彻底并在更大程度上不可逆转地改变着地球上生命的多样性，并且这一变化大多是生物多样性的丧失。随着工业化、城市化、农业现代化进程的推进，在经济全球化的浪潮中，生物多样性危机已逐渐演变成地球危机。保护生物多样性，合理利用自然资源，实现可持续发展成为了国际社会关注的热点。

## （一）现代农业的生物多样性危机

　　农业发展造就了人类文明，却也减少了生物多样性。多种多样的自然植被为种类很少的庄稼所代替，农业生产对自然环境的清理使原有自然生态系统的稳定性被破坏，依靠森林开发和灌溉农业发展造成的土壤侵蚀已使若干古文明消亡。人类历史上最早最发达的苏美尔文明、南亚的印度河流域古文明、地中海文明、玛雅文明，都因农业生产对环境的破坏而最终消失。（Ponting，2002）然而对环境造成严重危害，并在本质上不可持续的还是现代农业。现代农业以获取高产为目标，所采取的农业措施均是围绕如何获得高的农业动植物产量和劳动生产率而展开的，而对其他非农业生物尤其是有害生物加以最大限度的限制或忽视农业活动对非农业生物产生的影响，导致了世界范围内生物多样性的丧失。（陈欣等，1999）
　　造成现代农业生物多样性危机的诱因是技术革新。正如经济学家舒尔茨所说："传统农业中农民已耗尽了作为他们所支配的投入和知识组成部分的'生产技术'的有利性"，（Schultz，1987）使欧洲、中国文明得以延续的传统农业对自然的改变本质上是对自然的模仿，是自然生态系统的部分人工化，遵循自然生态系统的物质循环，在这一生产方式下，传统农业中生产要素投入的边际生产率很低，人口增长和粮食供应之间不能保持一种长期的平衡，耕作和技术上改进带来的产量增长很快就被人口的增长消化，其结果就是人口的绝大部分永远生活在饥饿的边缘。现代农业以技术的有利性打破了传统农业生产的平衡，进入 20 世纪以来，特别是在 60 年代"绿色革命"的推动下，采用高产作物品种、农田灌溉、化学肥料、杀虫剂、保护地栽培、转基因、机械化和单一化规模生产等技术，现代农业提高了生产率，然而在有效满足人口增长对粮食需求的同时，却对全球环境和生物多样性产生了难以逆转的变化。

满足人口增长对食品的需求，高产成为现代农业的目标。追求高产带来的农业系统的集约化，加上植物育种的专业化和全球化，已经大大降低了农业系统中驯化植物和家养动物的基因多样性。当现代农业只关注较少的几种高产栽培和养殖品种时，人类几千年开发的大量重要的食用栽培植物和家养动物面临消失。联合国粮食及农业组织预计，超过 80%的人类膳食由植物提供，5 种谷类作物便提供了 60%的能量摄入。近年来，高产品种对地方品种替换等原因导致的基因遗失最多的是谷物，紧随其后的是蔬菜、水果、坚果和食品豆类。在已知的 8300 个动物品种中，有 8%已经灭绝，22%濒临灭绝。（FAO，2010）物种灭绝和独特种群的丧失也导致了这些物种及其种群所包含的独特基因多样性的丧失。这种丧失会降低物种整体的适应能力，限制了恢复那些种群已经降到低水平物种的前景。

农田灌溉是现代农业获得产量的重要保障，自 20 世纪以来，农业用水量不断增长，从 20 世纪初每年不到 $600km^3$，到 21 世纪初每年超过 $3800km^3$，农业用水已占可用淡水资源的 70%。设计和实施不完善的灌溉系统造成的水涝和土壤的盐碱化，不仅限制了植物生长，降低了生物多样性，也致使相当大的土壤流失以及不可持续的高运行成本。（FAO，2013）灌溉农业的发展进一步导致土地的集约利用，不仅加剧了水土流失，也使地表水受到农药、化肥污染。

化肥使作物生长良好，现代农业生产中大量使用化肥。1961~2002 年，全世界化肥用量由 $3.1×10^7t$ 增加到 $14.4×10^7t$，至 2012 年又增长到 $19.5×10^7t$。（FAO，2014）氮肥合成生产是过去 50 年中粮食增产的主要动力，人类生产活性氮的产量超过了自然途径生产的总量，这些活性氮撒播到陆地生态系统中，特别是森林、灌木、温带草原上，会直接导致植物多样性减少。（世界资源研究所，2005）化肥中氮磷等营养元素在河流、水体内的沉积往往会导致水体富营养化，伴随着富营养化的发展，湖泊生态系统呈现出生物多样性下降、生物群落结构趋于单一、生态系统趋于不稳定的现象，甚至失去水体生态调节功能。（秦伯强等，2013）化肥的使用不仅增加了农业生产成本，也改变了农田生态环境，致使土壤重金属与有毒元素增加，造成土壤酸化并降低了土壤微生物的数量和活性，致使土壤板结，保水、供肥能力降低。（肖军等，2005）土壤退化不仅增加了对化肥的依赖性，也影响到整个农业生产基地，导致对剩余土地的过度使用和森林、牧场的开垦。联合国千年生态系统评估预计，到 2050 年，现有草原和林地 10%~20%将被开垦，其原因主要是农业的扩张。栖息地丧失将造成全球范围内的物种灭绝，预计使物种数量同剩余的栖息地趋于平衡后的植物物种数量将减少 10%~15%(低确定性)。(世界资源研究所，2005)。

为减少因病虫导致的产量下降，现代农业生产持续大量地使用化学农药。联合国粮食及农业组织统计，1990 年世界农药用量 $1.5 \times 10^6 t$，至 2011 年已达 $4.9 \times 10^6 t$（FAO，2014）。农药的使用不仅造成了大量农田昆虫、动植物天敌等有益生物的减少，农药导致昆虫群落发生变化，在原生态系统中受到抑制的次要种群变成主要有害种群，导致害虫暴发。农药能杀死生活在土壤中的某些无脊椎动物，使其数量减少甚至种群濒临灭绝。而鸟类则因农药残留中毒死亡或因缺乏食物而难以生存。农田长期使用除草剂，植物多样性明显减少，农药在环境和农产品中的残留也影响到人类的生理和遗传。（吴春华与陈欣，2004）

保护地栽培可以不受生产的季节性限制，使植物避开不利自然条件的影响而发育成长；可以延长或提早植物的生长期和成熟期，成倍地增加单位面积产量。但采用保护地栽培使农作物生存能力下降，作物品种一旦野化便难以获得产量。地膜能够提高地温，减少土壤水分散失，并最终提高作物产量。近年来，覆膜栽培作为一种增产技术得到广泛应用，但用化学方法生产的地膜在自然界难以在短时间内降解，于是就长期残留在土壤中，大量使用的地膜成为难以消除的"白色污染"，不仅影响土壤的物理性状，降低土壤肥力，影响农作物生长发育而造成减产，同时也危害人体健康。

农业机械化有利于提高农业生产效率，减轻劳动强度，但机械化的应用却导致了严重的环境问题，由机械化带来的过度耕作对土壤结构带来的破坏，加速了土壤侵蚀。在我国，机械化应用较高的东北因风蚀、水蚀所造成的水土流失相当严重，松辽平原地区，每年表土流失达 2~6mm，土壤腐殖质以 0.02%~0.06%的速度下降。被誉为我国粮仓的北大荒，1954 年土壤腐殖质含量为 6%~8%，到 1980 年降为 1.0%~1.6%。（王乃迪，1986）由于机械化平整土地和规模化作业减少了环境和农业生产的生物多样性，在我国，森林覆盖率、湿地水平和土壤恶化水平等自然生态指标较差的地区大多农业机械化程度较高。（刘春，2009）

生物技术具有增产和改善农产品质量的巨大潜力，但这一技术也可能根本改变生物遗传特性，使转基因作物及其近缘物种变为杂草。在自然条件下，农作物与其野生近缘种可能杂交而产生可育性后代，转基因植物种植可能将花粉传播到野生近缘物种上，出现基因漂移而造成"基因污染"，人为地使转基因在野生近缘种（甚至远缘种）上固定下来，从而引起生物多样性的降低，使不少宝贵的种质遗传基因丢失和沦丧，同时还造成野生种的杂草化。虽然在没有选择压力的自然条件下，转基因杂种后代并不具有竞争优势而难以形成优势种群，但是由于"基因污染"而丧失的等位遗传基因与种质资源却可能永远失去而无法弥补，造成生物多样性的损失是难以估量和计价的。（曾北危，2004）

现代农业核心是科学化，特征是商品化，方向是集约化，目标是产业化（张耀影，2005）。工业化成本效益模式使传统农业多样性的作物生产为单一化、规模化、标准化种植所取代，农业生产不再满足于自给自足，而成为经济获利的手段。由于农业、原材料和矿产资源生产所需资金程度较低，对第三世界的绝大多数国家或欠发达地区来说，在市场中获取经济利益最为方便的选择就是增加经济作物种植或提高矿产资源产量，以此来增加收入。但由于缺乏技术和生计的选择，发展中国家一般受国际经济关系的影响，而不能影响国际经济关系，这种关系给试图管理自己环境的贫穷国家或地区设置了特别的难题，因为在这些国家的经济中，自然资源的出口仍然占了很大的比例，尤其对一些最不发达的国家来说更是如此。工业化国家在粮食生产中实行的经济补助，不仅影响国际粮食价格的均衡，造成一些以农业为经济基础的国家粮食生产的波动，不稳定和不利的物价动向，又使得它们进一步采取补贴政策加大对土地的过度利用。日益沉重的债务负担和新的资本流动的减少，加剧了牺牲长远发展利益、导致环境恶化和资源枯竭的不利因素。（世界环境与发展委员会，1997）市场调控的不足以及资源市场价值的缺失（经济合作与发展组织，1996），大量的农产品出口不仅使土壤肥力难以弥补，也使农业生产依赖于市场网络，不仅农业生产的资源需要从市场获取，农产品的价值也需要通过市场实现。受世界市场价格的影响，农民为了维持生计，被迫开发环境脆弱的边缘地区，种植自身需要的作物。

农业是生态系统的有机组成，农业的发展依赖于生态系统的健康。土壤结构和肥力决定着作物品种和产量，而土壤生物、微生物可以改善土壤结构，增加土壤肥力，维持土壤营养循环；非栽培植物可以在休耕时补充耕地肥力，减少水分散失；蜜蜂、鸟类、飞蛾、苍蝇是重要的授粉动物，鸟类、蜘蛛、瓢虫、苍蝇、黄蜂等在短期内可抑制虫害，增加产量，在长期内可保持生态平衡，防止草食昆虫达到危害水平；（Zhang et al.，2007）农田景观多样性给了动物和寄生昆虫以栖息地，减少了除草剂和农药的使用，还可以防止水土流失（Virginia et al.，2007）；而作物多样性种植不仅可以减少病虫害，还可以提高农作物产量。（朱有勇，2007）长久以来，现代农业依靠高投入获得高产出，但随着生物多样性的减少，这种高产能否持续已受到越来越多的质疑。伴随着经济和生态的危机，粮食增产已为农业生产环境的恶化所抵消，每年各国用于土壤治理的费用不断上升。水稻、小麦等主要农作物的改良已不再有过去能达到的增产率，而严重的土壤侵蚀也使作物产量难以维持，气候变化及二氧化碳排放加剧的环境问题，由现代农业增产带来的持续的人口增长对生态和生物多样性的压力，经济发展对粮食需求的增长，更使农业的可持续发展面临前所未有的难题。现代农业的生物多样性危机对农业增产提出了挑战，20 世纪 70 年代，世界谷物产量的增长率为 3%，80 年代降至 1.6%，90 年代又降至 1%，2000~2010 年，增长几乎为零。（FAO，2013）

　　现代农业的不可持续亟须转变农业生产方式，反思现代农业造成生物多样性危机的根源，有助于我们寻求农业可持续发展的路径。

## （二）现代农业生物多样性危机的根源

　　20世纪以来，随着全球环境问题的加剧，现代技术作为合乎人类意愿的工具和方法首先受到了质疑。西方文明用理性来区别人与物，韦伯将理性区分为工具理性和价值理性，揭示了工具理性吞噬价值理性产生的现代问题。（王锟，2005）卢卡奇和法兰克福学派认为，以合理性结合而成的工具合理性或技术合理性是理性观念演变的最新产物，当工具理性变成社会的组织原则渗透到社会结构和社会活动的各个方面时，异化、物化或单面的社会和单面的思维方式及思想文化成为社会对人进行全面统治、控制和操作的深层基础。（陈振明，1996）海德格尔对"技术的追问"进一步揭示了现代技术的本质，阐明了现代技术造成环境问题的深层原因。在技术的"座架"中，事物只被允许在预定的技术生产系统中表现出它们的面貌，这种面貌就是充当技术生产的储备物，随时到位以供技术生产利用和消耗。与传统农业将种子交予大地任其守护不同，以"座架"展示的现代农业让空气和大地缩减为单一的营养功能。把一切事物都纳入技术生产的体系，人就不可能去了解事物更本源的展现，自然既有人类赖以生存的环境展现，也有可供利用的技术效用，技术的"座架"遮蔽了自然作为人类生存环境的展现，当把自然只看作可供人类利用的资源时，自然将面临着破坏和毁灭。（宋祖良，1993）

　　科学为技术提供借鉴，长久以来，技术被视为科学的应用，然而科学也具有现代技术的本质，也把现实事物当作人行动的对象和结果。海德格尔指出，"科学"是"现实之物的理论"（Heidegger，1996），现实之物是相对于人的客体，对人来说表现为对象，自然、人、历史、语言等作为现实之物表现在对象性中，而理论将自己固定于对象性所限制的领域中，科学成为理论，追逐现实之物并确保它在对象中，科学对事物的认识是为了绝对统治现实之物。因此，科学并非对现实之物的纯粹反映，而是对现实之物的限制，使其成为理论可追踪的对象。此外，科学之所以成其为科学，其特征在于理论与数据之间具有形式关系。"科学在认识事物时注重用逻辑和推理方法揭示事物现象背后的形式和本质，而数学能牢固地把握宇宙的所作所为，能瓦解玄秘并代之以规律和秩序。"（Kline，1997）应用数学分析和推理的方法，"计算通过方程式来期待顺序关系的平衡，并因此而'计算出'一个对所有可能的顺序而存在的基本方程式"（Heidegger，1996），自然界成为科学方程式可以预测、量度、计算和验证的集合体。科学通过这种对自然规律的精确把握，可以把人类意愿以某种合乎自然规律的理论，借助技术手段复制或制造出来。（Schulman，1995）然而，这种依靠推理建立的理论并不能反映事物的多样性，在自然界中，科学所强调的稳定和平衡并不存在，自然表达的并非方程中的

"必然性"而是某种"可能性",因此,应用科学理论的技术作为人类合目的的工具,还原的并非真实的自然,而是符合人类意愿的人工自然,以科学理论构造的人工自然蕴藏着毁掉天然自然的巨大危险。

科学技术造成的危及人与自然和谐发展的诸多问题的根源还在于西方传统二元论和人类中心主义的世界观、价值观和思维方式。古希腊哲人认为,理性是人的本质,是人之为人的根据,凭技术与理智而生活正是人区别于动物,高于动物,人所特有和应有的生活方式。康德认为,理性具有内在的价值,所有理性存在物追求的共同目标是理智世界,只有人才是理智世界的成员,因而只有人才能获得关怀,非理性存在物只是人类利用的工具。以理性为根据的生活首先就要运用我们的理性认识自然界的规律,然后以对自然的认识为基础,指导人类的实践活动。培根强调运用观察实验来发现自然界的规律,并运用对自然的认识来利用自然、改造自然。笛卡尔坚信,人类是大自然的主人和拥有者,非人类世界成了一个事物,这种把大自然客体化的做法是科学和文明进步的一个重要前提(Nashe,1999)。理性意味着对自然的征服,人类对理性的追求表现为对自然的认识和改造,对自然界的统治和控制。人类文明的进步,是以自然的改造相伴随的。在这种理性传统下,大自然没有内在的价值,只具有为人类提供原料和活动场所的工具价值,可以为人类任意处置。尽管西方文明中也讲求德性,但德性是建立在理性基础上的,有德性的生活是理性的生活,在追求知识中实践德性,强调德性服从于理性,人与自然界之间并不存在道德上的约束,德性只规范处理人与人之间的关系(严火其与严燕,2006)。理性使人与自然两分,自然的价值取决于人类兴趣与利益的需要。人是最高级的存在物,因而人类的一切需要都是合理的,只要不损害他人的利益,人类可以为了满足自己的利益而毁掉其他存在物。正是基于这种理性观念,科学研究对自然知识的把握,转化为对人类利益的满足,并通过技术手段把自然作为人类可利用的资源。由此,人类知识深刻改变着自然系统。

当泛神论向一神论转变后,宗教对大自然神性的放逐和对环境的冷漠态度加速了现代科学理性对自然资源的开发与利用。基督教关于人与自然的关系思想受到的批评集中在三个方面:一是《圣经》直接教导人对自然的征服;二是在基督教传统中,自然是上帝的造物,因而不具有任何神性,所以人对自然的剥削不受道德的约束;三是历来的基督教神学关心的是人的救赎,而忽视自然的价值(何怀宏,2002)。以基督教为代表的西方宗教传统建立在如何保护其被保护者人类的福祉中,而没有引导教徒对其他生命表示谦恭。以林奈为首的生态学家,他们的生态模式更多的是人类进行开发的使命,而不是保护的作用。在培根的意识中,基督教传统中的耶稣基督变成了一个科学家和牧师,他认为上帝期望人们建立一个超越世俗住所的理性帝国,任何一种有别于贫瘠和无人烟的荒野的文明和垦殖良好的地区来装扮地球都是顺从天意的(Worster,1999)。基督教信仰恰到好处的贡献是它在感情上把人从自然中分离了出来，即承认观察者的主观感情有必要严格压制所要研究的客观对象，正是这种对自然的看法产生了近代实验科学。因此，美国史学家林恩·怀特在《我们生态危机的历史根源》（汤艳梅，2010）中指出生态问题的根源绝大部分来自宗教，而基督教对目前生态恶化负有罪责。以圣徒崇拜取代泛灵论，基督教始能漠视自然物体的感受，由于圣徒不在自然物质中而是真的人类，人们可以通过人类的方式和他们接触，人类在世界上的实际精神统治权得到确立，对自然的开发禁令随之冰消瓦解。随着技术对人类生活贡献作用的提高，技术理性与宗教的结合，以地球有限的资源满足人类无限的需求，以西方文明为基础的科学技术难以摆脱其发展的局限。

解决现代科技带来的生态环境危机，使人类摆脱由技术造成的困境，就必须彻底改造技术理性产生和存在的文化基础，建立一种不同于西方传统科学的科学观。

1947 年，利奥波德在《沙乡年鉴》中提出了大地伦理的观念，其目的就是帮助大地从技术化了的现代人控制下求得生存。大地伦理要把人类的角色从征服者改造成大地共同体的普通成员与公民。（Leopold，2013）纳什提出了"大自然的权利"，指出"道德应包括人和大自然之间的关系"，伦理学应从只关心人（或他们的上帝）扩展到关心动物、植物、岩石、甚至一般意义上的大自然或环境，大自然与人类拥有共同的生存权（Nashe，1999）。法国哲学家阿尔伯特·史怀泽认为，自然界每一个有生命的或者具有潜在生命的物体具有某种神圣的或内在价值，并且应当受到尊重。（Schweitzer and Baehr，1995）罗尔斯顿则进一步指出价值是进化的生态系统内在具有的属性；自然是朝着产生价值的方向进化的，不是我们赋予自然以价值，而是自然把价值馈赠给我们。（Rolston，2000）1973 年，挪威哲学家耐斯首创了"深层生态学"（Naess，1973）一词，在西方形成了一种注重社会制度和人们深层价值观的环保思潮。深层生态学所持的是一种整体主义的环境思想，认为生态系统中的一切事物都是相互联系、相互作用的，人类只是这一系统中的一部分，人类的生存与其他部分的存在状况紧密相连，它要求人们对人与自然的关系做批判性考察，并对人类生活的各个方面都进行根本性的变革。深层生态学把生态危机归结为现代社会的生存危机和文化危机，认为生态危机的根源恰恰在于我们现有的社会机制、人的行为模式和价值观念。因而必须对人的价值观念和现行的社会体制进行根本的改造，把人和社会融于自然，使之成为一个整体，才可能解决生态危机和生存危机。（雷毅，2001）20 世纪 70 年代以来，为生态危机的文化习性提供一种基督教神学的批判，同时又就基督教作出一种生态式的清算和整理，重寻基督宗教传统中的生态智慧，用以对治当前环境的生态灾难和不公义的景况的"生态神学"兴起，重建基督教传统，构建生态神学成为宗教思想家们热衷的事业。到了 80 年代，越来越多的人都认为，人与自然的关系不能排除在宗教伦理学之外，建立一种有机的、相互联系统一的世界观，尊重自然的基本信仰日益受到国际社会的推崇。

在生态伦理观变迁的同时，科学观念也在发生着变化。虽然以数学原型为基础的实证主义科学观仍是科学家的神圣框架，依然作为主流观念主导着公众对科学的理解，但科学有统一的方法获得知识的增长；科学发现完全是科学家发挥其创造性的天地，不存在任何社会的、经济的因素；科学认识理论符合客观世界，真实地反映自然现象中的内在规律；科学研究过程中存在程序理性来保证科学知识成为真理等科学认识已受到挑战。

库恩指出方法论本身并不足以对许多科学问题得出唯一可靠的结论，各个学派之间的不同，不在于各派的方法上有这样或那样的缺陷，而在于它们看待世界和运用科学的不同方式的不可比性。科学研究并非在统一"范式"下稳定增长，科学革命产生于对常规科学规范结构的突破。（Kuhn，2003）早在 20 世纪初曼海姆就指出，人类的思想及其具体结果的知识都是在一定的社会历史条件下产生出来的，个体的思想来自于其生活的某种历史–社会情境，科学认识受到某种价值观和那些集体无意识冲动和行使意志冲动的影响。（Mannheim，2001）其后，以布鲁尔和巴恩斯为代表的爱丁堡学派的哲学家、社会学家和历史学家则从宏观的角度对科学知识进行了卓有成效的社会学分析，指出了科学真理具有的"有限性"，认为任何真理性的宣称都是相对于历史性的、社会性的、甚至是生物性的偶然性集合的存在，科学实在论应该在有限论的意义上被认识和说明（Barnes et al.，2004）。塞蒂纳等关于实验室的研究表明现代科学认识的基础——实验室实践，一方面构造着对象得以出现和确定的情境条件；另一方面，它也在物质性层面上实质性地改变着对象的形态及其关系。因此，科学所表象的并非天然自然，而是人工自然，科学知识并非对客观世界的真实反映。（Knorr-Cetina，2001）巴黎学派代表拉图尔的研究表明，科学是一个人类行动和非人类行动两者交互作用的场所，也是两者相互依赖与磋商的结果，这两者中任何一方都未被赋予优先权。（Latour，2005）而劳斯则进一步指出，知识不仅仅是一种表象，而是一种在世的互动模式，这种模式包含了被表象的对象或现象，也包含情境安排，只有在这些情境中，表象才是可理解的。（Rouse，2004）由于真理的评判需要参照其产生的历史和文化语境，因此，对真理、客观性、合理性问题的解答没有统一的程序理性。

科学知识社会学研究超越了传统科学观主客两分的形而上学框架，把科学知识置于社会文化中考察，消解了科学知识认识论的优越性，动摇了科学的理性形象，使我们认识到知识体系总是"地方性的"，承载着利益与关切。作为"地方性的"知识体系虽然有些可能无法为其他文化中的人们所分享，但其中仍有部分能够在不同文化体系中交流，能够促进不同文化体系之间富有成效的对话和有用信息的交流。文化差异往往具有组织知识生产工具箱的功能，不同的文化有着它们自己的特殊规则和方法论，从而有其不同于理性科学的特点和发展规律（严火其，2007），我们可以运用支配实践的原则找出那些有利于维护生物多样性的异己信念体系或文化体系蕴含的规则和方法，开创新的科学技术革命。

## （三）农业可持续发展与民族文化传承

有效化解现代农业带来的生物多样性危机，消除自然生态系统对农业生产的负面影响，维护农业生产与生物多样性、经济、社会之间的平衡，不同于西方的文明为我们提供了思想源泉和知识动力。

从人类中心主义到深层生态学的观念转变中，东方文明和其他非西方文明整体主义的思维模式与自然生态的亲和力就逐渐为人们所关注。这类文明的世界观是有机的、整体的和相互依赖的，宇宙万物都有生命，人类只是宇宙世界的组成部分，并没有主宰控制自然的权利。这样的世界观使自然免受过度开发。在这一伦理观念指导下，不同于西方的文明更强调以直觉、感性经验从整体上获得普遍的知识，正如系统论创始人贝塔朗菲所指出："处于别的文化中的人类和在非人类的智能中，可能有根本不同类型的'科学'，这种科学描绘实在的别的一些方面"。（Bertalanffy，1987）人类学研究发现，土著民族有着丰富的自然知识，不同于现代实验科学和逻辑推理得出的结论，气候变化、植物生长规律、动物昆虫习性、植物的药用、农业生产等知识来自于他们长期的感性经验积累，这种感性经验成为他们指导生产的"科学"理论。就农业生产而言，他们的农业尽管生产力略差，但农业生态系统却有着丰富的生物多样性，并保持了土地利用和农业生产的可持续。农业化学的创始人李必希就曾指出："观察和经验使中国和日本的农民在农业上具有独特的经营方法。这种方法，可以使国家长期保持土壤肥力，并不断提高土壤的生产力以满足人口增长的需要。"（Liebig，1983）美国农业部土壤研究所所长、威斯康星州立大学土壤专家富兰克林·金在20世纪初对中国、日本和朝鲜的农业进行考察后也指出，东亚农业在人口资源压力下形成的实践经验经历了长达4000年的演化仍然能够产出充足的食物，养活了众多的人口，并且这一势头还将继续。如果向全人类推广东亚三国的可持续农业经验，那么各国人民的生活将更加富足。（King，2011）

在对民族地区生物多样性的研究中发现，自然所赋予人类的文化价值是生物多样性得到保护的重要原因。土著民族把人与自然作为一个和谐的整体，自然界各种动植物、生态系统都有与人类生存相关的文化象征和价值，作为精神驻地的森林、祖先的埋葬地、宗教圣地、自然奇景因具有文化象征优先得到了较好的保护。宗教禁忌和万物有灵论传统思想也使自然生境和动植物免于过度的利用。（Cocks，2006）而在自然保护的实践中，人们越来越多的发现，"没有人类干预"的保护方式难以取得理想的效果。人类作为生态系统的有机组成，不应被排除于生态保护之外。热带雨林土著居民以他们特有的生产生活方式，较好地保存了全球最大的生物资源库，同样，居住在全球"边远地区"的原住居民也以他们的文化生活方式维护了当地的自然生态。（纪骏杰，2001） 世界野生生物保护学会研究的 900 个生态区域，238 个最重要的生物多样性区域都与高文化多样性有关联。（Maffi et al.，2000）世界生物多样性评测中，全球生物多样性丰富的亚马孙河地区、中部非洲、印度尼西亚和马来西亚地区，最为显著的特点就是民族及其支系众多。（Loh and Harmon，2005）

"认识到许多体现传统生活方式的原住居民和地方社区同生物资源有着密切和传统的依存关系"，联合国《生物多样性公约》在序言中写到，缔约国"应公平分享从利用与保护生物资源及持久使用其组成部分有关的传统知识、创新和做法所产生的惠益"，《生物多样性公约》第八条规定："依照国家立法，尊重、保存和维持土著和地方社区体现传统生活方式而与生物多样性保护和持久使用相关的知识、创新和做法并促进其广泛应用"；《生物多样性公约》的第十条载明："保障及鼓励那些按照传统文化惯例而且符合保护或持久使用要求的生物资源习惯使用方式"。（联合国，1992）民族传统知识的发掘和应用成为生物多样性保护的要求。

文化对于生物多样性保护的作用在于文化具有环境相关性、相对的稳定性和持久性。在人类从发源地向世界范围的扩展中，生物体自然特征对不同环境的适应形成了人类特定的资源获取和使用方式，由此也产生了宗教信仰、生活生产方式、行为特征等表现形式的文化。如同温度和气候状况决定着植被类型的分布，一定的植物和动物相依为伴，人类通过动植物的获取直接或间接地因依赖于一种共有的气候而相互联系在一起，文化多样性的分布与纬度、海拔以及生物地理模式息息相关。（Schutkowski，2006）在人类适应自然的长期实践中，人类作为生态系统的组成，其自然属性和社会属性已成为生态系统不可分割的一部分。

文化作为人与自然沟通的桥梁，有适应其环境的自然观、价值取向以及生活行为方式。当一种文化向其他环境中转移时，文化惯性将对另一生态系统平衡构成威胁或打破原有的平衡。在 16 世纪以后的全球化进程中，由不同文化动植物生产利用惯性所引发的生物入侵等问题已成为生态平衡的重大威胁。由于缺乏天敌，欧洲兔子在澳大利亚引发了最大的生态灾难，造成了农作物的巨大损失；八哥引入美国，占据了鸟类的生态圈，减少了北美蓝知更鸟的数量。新的动物的引进也影响到植物，白山羊于 1810 年被引进到圣海伦娜岛后，33 种当地植物中的 22 种因山羊啃吃而灭绝。（Ponting，2002）类似的现象在如今的南非也在发生，被种族隔离政策赶出原居住地的民族，传统的生产消费习惯和宗教信仰对动植物的利用，也造成了对新居住地生态环境的影响。（Cocks，2006）随着西方文化的传播、现代农业技术和市场经济的普及，土著民族的数量在急剧下降，世界平均每年有一种民族在消失。（Maffi，2001）随着作为文化表征的语言的消亡，大多还没有使用文字的土著民族知识将随之遗失，没有了传统宗教活动、风俗习惯、生产生活等文化承载，土著民族长期所处之地的生物多样性也将随之消失。

　　"考虑到非物质文化遗产与物质文化遗产和自然遗产之间的内在相互依存关系"，"承认全球化和社会转型进程在为各群体之间开展新的对话创造条件的同时，也与不容忍现象一样，使非物质文化遗产面临损坏、消失和破坏的严重威胁，在缺乏保护资源的情况下，这种威胁尤为严重"，2003 年 9 月联合国教科文组织发布了《保护非物质文化遗产公约》，将各社区、群体，有时是个人视为其文化遗产组成部分的各种社会实践、观念表述、表现形式、知识、技能以及相关的工具、实物、手工艺品和文化场所列入了公约保护范围。（联合国教科文组织，2003）"承认作为非物质和物质财富来源的传统知识的重要性，特别是原住民知识体系的重要性，其对可持续发展的积极贡献，及其得到充分保护和促进的需要"，2005 年10 月联合国教科文组织又发布了《保护和促进文化表现形式多样性公约》，将"保护和促进文化表现形式的多样性"，"促进地方、国家和国际层面对文化表现形式多样性的尊重，并提高对其价值的认识"作为《公约》的目标。（联合国教科文组织，2005）

　　然而，任何一种文化都不可能在一个封闭系统中发展，文化发展需要与其他文化进行能量交换。不可否认的是许多原住民地区大多还处于贫困边缘，借助现代科技仍是国际社会和当地政府发展经济的选择。利用化肥、农药、农机、灌溉、现代良种、地膜等现代农业要素大力发展农业，扩大生产规模，也是我国政府指导农业生产和农村发展的基本策略。但现代科技具有的"有限性"或其作为文化组成的"地方性"，既有其适应全局性的部分，也有其仅适应于特定环境的部分。现代科学理论只有在与得出这一理论相一致或相近似的条件下才是正确的，当理论推广到与它正确所需条件不一致的情况时，就可能发生矛盾和冲突。不可忽视的是现代科技正以"普适性"原理在世界各地推广，由于对不同地区自然环境缺乏深入的研究，现代科技已对一些民族地区环境构成了威胁。

　　在民族地区推广现代农业要素有其合理性和必要性，但由于农业对环境的依赖性，各民族千百年耕种这片土地所积累起来的知识和经验对于如今人们利用这片土地仍有指导和借鉴作用。长期的生产生活实践必然使各民族对他们居住环境的土壤、植物、动物、气候、水文等积累了大量的知识和经验，许多的经验和技术都经历了反反复复实践的考验。他们的知识虽然不是建立在严格科学实验基础上的，但反反复复的实践检验，在一定程度上保证了这些知识的合理性和有效性。现代农学虽然提供了一些"普适"的原理，但它的普遍性是相对的，这些原理要发挥作用，仍要与不同地区特殊的自然环境相适应。现代农学原理并不否定传统知识和经验的作用，也不能完全代替它们，各民族传统知识与现代农学不一致的地方正是我们发展现代农学、补充现代农学不足的宝贵线索和思想资源。

　　各民族传统观念和规范是其维护生态环境和技术应用的准则，其农业生产正是在这些观念和规范的指导下进行的。在发展现代农业，推广现代农业科技的同时，这些观念和规范须得到应有的尊重。尽管一些观念、规范与现代农业科技存在明显的矛盾和冲突，但正是这些矛盾和冲突体现了它们的价值。系统整理发掘各民族与生物多样性相关的观念和规范，是我们理解各民族传统农业生产和发掘其生物多样性生产技术的基础。由于各民族地区自然环境没有发生重大改变，这些观念和规范对民族地区生物多样性维护仍有重要作用，也应成为发展现代农业遵循的基本原则。

　　彝族具有悠久的历史，是我国第六大少数民族，也是云南人口最多且分布最广的少数民族，其文化形成与农业生产和生物多样性密切相关。长期以来，受地理交通条件的影响，彝族发展相对缓慢，农业是他们主要的生活来源，受传统宗教信仰、思想观念以及生活习俗的影响，部分地区至今仍保留着传统的农业生产方式。随着市场经济和全球化的发展，彝族传统文化逐渐消退，及时整理和发掘他们指导农业生产的生物多样性智慧不仅是彝族传统文化传承的需要，也是彝族地区农业可持续发展的要求。

# 第一章　彝族概况

## 第一节　彝族源流及其历史变迁

### 一、彝族源流

彝族是我国第六大少数民族，据 2010 年统计，人口达 871 余万，主要分布在云南、贵州、四川、广西四省（自治区），东南亚、南亚与中国接壤的国家内，也有彝族居住。关于彝族族源，中外学者有不同的观点和看法，有"外来说"、"土著说"、"楚人说"和"氐羌说"等，其中以"氐羌说"影响最大。根据彝族语言与古羌人文字的亲缘关系以及古羌人文化特征与彝族的相似性，方国瑜先生在《彝族史稿》中系统地提出："彝族祖先从西北迁到西南，结合古代记录，当与'羌人'有关。早期居住在西北河湟一带的就是羌人，分向几方面迁移，有一部分向南迁徙的羌人，是彝族的祖先。"（方国瑜，1984）

羌人是我国西北高原上以游牧为生的民族，"所居无常，依随水草，地少五谷，以产牧为业"，（范晔，1965）出于放牧的需要，大约从新石器时代起，就有一部分羌族沿着中国西南横断山脉的怒江、澜沧江、金沙江及雅砻江流域的河道南下迁徙到西南地区。"无常处"的游牧经济，使羌人由同源而散处各方，在适应不同地域环境的生活中，羌人分化出了不同语言和风俗习惯的族群。在羌人从西北向各方的迁徙中，分布在河谷、盆地或低地地区的一部分羌人分化出了从事农耕的氐人，他们的习俗有了较大差别，因氐与羌同源而异流，汉文文献多将"氐羌"并用。又因氐人常与羌人混居，历来文献对氐、羌两字使用不严格，此处称氐，彼则呼羌。（冉光荣，1985）如同氐与羌的分化和共居，羌人在向西南迁徙的过程中，适应西南地区自然环境，在民族的不断分化与融合中，彝族逐渐形成。

秦汉以来，由于战争以及民族压迫的原因，氐与羌仍处于不断的迁徙游动中，分布到了西南各地，由此产生的族群分支也较多。《后汉书·西羌传》说羌人"子孙分别，各自为种，任随所之。或为牦牛种，越巂羌是也；或为白马种，广汉羌是也；或为参狼种，武都羌是也。"（范晔，1965）这些族群或分支虽然各有部落，但却常常杂处在一起。《后汉书·西南夷传》中记载"冉駹夷"时描述："其山有六夷、七羌、九氐，各有部落。"（范晔，1965）在西南地区，这些部落又因社会发展的不同而具有了不同的称谓。《史记·西南夷列传》记载："西南夷君长以什数，夜郎最大；其西靡莫之属以什数，滇最大；自滇以北君长以什数，邛都最大；其皆魋结，耕田，有邑聚。其外西自桐师以东，北至楪榆，名为嶲、昆明，皆编发，随畜迁徙，毋常处，毋君长，地方可数千里。自嶲以东北，君长以什数，徙、筰都最大；自筰以东北君长以什数，冉、駹最大；其俗或士箸，或移徙，在蜀之西。自冉駹以东北君长以什数，白马最大，皆氐类也。"（司马迁，2006）在这些以地名或族名命名的部落中，邛都、嶲、昆明、筰都、冉駹都与羌人有着密切的关系。这些部落人群虽有不同的称谓，但在汉文文献中也常统称为夷种，《华阳国志·蜀志》中记载越嶲县、定筰（筰）县时描述："筰，筰夷也，汶山曰夷，南中曰昆明，汉嘉、越嶲曰筰，蜀曰邛，皆夷种也。"（常璩，1984）在这些夷系族群中，嶲、昆明影响最大，《南中志》说："夷人大种曰'昆'，小种曰'叟'（嶲）[①]。"（常璩，1984）这里的夷人是泛指出自氐羌系统的各支系，在氐羌系统支系中，"昆明"人口最多，分布面最广，被称为"大种"，"叟"（嶲）人口没有"昆明"多，分布面也没有"昆明"广，故被称为"小种"。这些"昆明"人与"叟"（嶲）人构成了近代彝族及彝语支民族的主体。

"昆明"是西南夷中重要的一族，西汉时期影响较大，东起滇池一带，西至澜沧江流域今保山地区，都有这个族系广泛分布。桐师（今保山）至叶榆（今大理）一带的昆明族部落较多，滇西的东北部，西汉时期越嶲郡的姑复县（今云南永胜县）至定筰（筰）县（今四川盐源、盐边县）一带，也有一部分昆明族人口，滇池周围地带也有不少的昆明族分布（尤中，1994）。至东汉，"昆明"则仍以畜牧狩猎为生，分布于广大山区。而"叟"（嶲）人与"氐"人相近，大多居住于平坝开展农耕生产，也称"氐叟"，西汉时期，嶲（叟）的活动范围主要在邛都（今凉山）地区，邛都越嶲郡往西南、滇西一带，往东南，即今云南昭通地区，往南滇池周围地带也有"叟"与"昆明"杂居在一起。东汉以来，滇池、邛都地区的居民多称为"叟"（嶲），三国以后，"叟"（嶲）由小种取代大种"昆明"，成为西南夷系民族中的主体民族。

随着西汉政权汉族势力向西南地区的迁移，"昆明"与"叟"得以发展壮大。西汉王朝在邛都和滇池地区都设置了郡县并实施移民殖边的政策，《史记·平准书》说："募豪民田南夷"，（司马迁，2006）即把中原地区的豪强迁至西南地区进行垦殖，中原民族与西南民族的交往逐渐增多，因为这一时期移民人口较少，中原豪强逐渐融入各民族中。三国时期战争频繁，中央王朝对西南地区的控制减弱，一些落籍的汉人逐渐与当地夷人一起形成了豪强势力，至南北朝时期，以汉姓爨氏为主的大姓崛起，逐渐统治南中地区，分布区域达朱提郡（今昭通地区）、建宁郡（今曲靖地区）、晋宁郡（滇中地区）。另外，牂柯郡（今贵州省黄平县以西）、云

---

① 叟与嶲为同音异写，三国后，嶲在记载中不再出现，代之为叟。

南郡（今楚雄州西部至大理州）、永昌郡北部（今保山一带）、兴古郡（今文山州、红河州）的一部分地方也有大姓分布。为了适应在西南民族地区的统治，爨氏与当地民族结盟，虽然爨氏原是汉族，但也逐渐夷化，其后裔基本上融进了西南民族之中。因大姓依靠夷人统治，夷人势力也得到了较大发展，这一时期，"昆明"与"叟"中，一部分吸收了汉族文化或接纳了汉族人口的群体被称之为"白蛮"，而其他群体则混称为"乌蛮"[①]，这部分乌蛮成为了彝族先民的主要组成。

　　在爨氏统治时期，有"东爨乌蛮，西爨白蛮"之说，滇池以东是乌蛮的主要活动区域，以西则是白蛮主要居住地。唐初，滇东北出现了势力比较强大的东爨乌蛮七部：阿芋路、阿猛、夔山、暴蛮、卢鹿蛮、磨弥敛和勿邓。滇池以西洱海地区虽是白蛮集居的中心区，但也有乌蛮分布，比较引人注目的是居住于洱海地区的南诏乌蛮。《蛮书》中说："六诏并乌蛮"（樊绰与向达，1962）。在唐王朝的支持下，"南诏"不仅统一了洱海地区六诏，随着南诏对周边地域的征服，滇西乌蛮和其他乌蛮部族也在南诏的扩张中有了极大的发展。一方面，随着南诏对洱海以外地区的征服，南诏乌蛮得以扩张到其他地域；另一方面，居住于其他地域的乌蛮也因南诏的扩张得以发展。为了加强对征服区域的统治，南诏对征服地区普遍实行了移民。阁罗凤时期征定东西爨地区，为巩固统治，把西爨大部人民及其首领20余万户移到永昌地区。贞元十年（794）南诏击败吐蕃于神川及昆池（今四川盐源）诸城，又迁施蛮、顺蛮、磨些诸族数万户于昆川及西爨故地从事垦殖。而后又从永昌徙望苴子、望外喻等千余户置拓东城傍以静道路。掠金沙江铁桥裳人数千户及西洱河蛮，移置滇东北从事耕种。（施之厚，1993）移民政策的实施不仅起到了南诏乌蛮对其他民族的瓦解和防范作用，也使乌蛮得以迅速的发展。由于南诏迁移居民多为当地居住于平坝和半山地区的白蛮和其他民族，大量的人口迁移使得居住于山林的乌蛮得以迁移到原白蛮居住的平坝地区，因此，原居住于移民地区山林中的乌蛮势力得以发展。南诏末期，西南地区出现了乌蛮三十七部或更多部落，这些部落中的绝大部分乌蛮成为了近代彝族的先民。（尤中，1985）

　　南诏国虽然将大部分西南夷地区统一在自己版图之下，却没能将自成系统的乌蛮部落统一在一起，乌蛮主要聚居区的统治十分分散。各部落的经济发展很不平衡，虽然滇池地区以农业经济为主，但边远地区和山区仍以畜牧为生，乌蛮各部族之间的冲突不断。（中国科学院民族研究所和云南少数民族社会历史调查组，1963）这种局面延续至宋代大理国时期仍然没有明显改变。至大理国时期，虽然从白蛮中分化出的白族居于统治地位，但对被统治的各民族则任其内部原有的政治经济结构保持不变，采取内部自治，外部隶属于所在的府或郡的办法进行统治，各府、郡统辖的范围内，

---

[①] 关于"白蛮"和"乌蛮"有多种解释，此处取樊绰《云南志》用乌白两字代表同一地区不同发展程度的部落，而非不同族群。详见《方国瑜文集》第二集"关于'乌蛮'、'白蛮'的解释"。

多民族汇集的局面并没有得到根本的改变。除白族之外，其他民族都保持着本民族的政治组织形式，由本民族的贵族分子管理民族内部事务，接受各府、郡的白族封建主的统辖，彝族先民"乌蛮"由此得以延续其民族习俗，没有因白族的统治而衰亡。

彝族作为一个民族共同体被识别还在元代。元朝设置了云南行省统一管理包括现四川凉山和黔西地区的各民族，由于彝族部族未归附者尚多，为加强地方统治，元朝在行政省下设宣慰司兼行元帅府事来控制这些地方势力，为安抚和利用地方势力，各宣慰司下各路、府、州、县总管大都选用土官，也即地方统治势力。随着中原民族与西南民族交往的增多，彝族先民逐渐从乌蛮中识出并具有了统一的称谓——"罗罗"。"罗罗"最早为居住在川西南经滇东、滇东北往东至黔西一带的乌蛮部族"卢鹿"部落的转音，由于这一地区的彝族与中原汉族交往较多，力量强大，因此，这一地区的彝族名称成为了西南地区彝族的共同名称，这一称谓的使用一直延续至新中国成立之初。

元代以后，随着中央集权行政管理的加强，彝族群体逐渐发生了分化。明代，为防止地方割据，避免地方权力集中，首先将彝族分布区一分为三，分属云南、四川、贵州府管辖。其次对地方政权机构作了调整，根据经济发展及土著势力的不同建立了"土司"制度并在部分地区任用了流官，一方面利用土著少数民族中的贵族分子沿袭充任地方政权机构中的长官，即土司，听从中央政府的"驱调"以实现政治形式上的统一。另一方面，在一些封建地主经济较为发达的昆明地区则设流官统治，或实行流官掌印，土官为副职，或流管所属州县为土官的行政制度实行更为有效的地方控制。

在中央集权的统一管理下，明代在元代的基础上继续扩大西南地区与内地的交流，不仅广修驿道、驿站，还开展了大规模的移民垦殖活动。通过军屯、民屯等形式，大量的汉族人口从内地迁入西南民族地区进行屯垦，汉族人口逐渐超过了彝族人口，随着居住人口的改变，原来的彝族聚居区变成了彝、汉共居区，彝族领主经济逐渐削弱，一部分彝族退往山林。由此，"罗罗"有了进一步分化，分出了若干部落群体，如"黑罗罗"、"白罗罗"、"干罗罗"、"海罗罗"等。"黑"、"白"之分主要是因部落发展不同产生的贵族阶级和奴隶阶级之分，"黑罗罗"为贵族统治阶级，"白罗罗"为奴隶阶层；一部分散失政治、经济方面特权而迁徙的罗罗被称为"干罗罗"，而那些居住于坝区种水田的罗罗又被称为"海罗罗"或"坝罗罗"。除此之外，一部分彝汉杂居区，由于接受了汉族生产工具、生产技术以及风俗习惯，彝族与汉族已基本趋于一致。

至清代，清政府对彝族地区实行武力改土归流，对彝族人民的反抗给予镇压和屠杀，基本上形成了汉族进，彝族退的局面。滇西、滇中、川西南和黔西住在平坝区和半山区的部分彝族被迫迁徙他乡，四川彝族逐渐退居于大小凉山地区，云南中部、北部的一部分彝族人口则向滇南一带移动，彝族居住地域日益分散化。随着汉族在坝区的大规模屯垦，原土官辖境内的土地多半转入汉、僰等族地主手中，彝族逐渐以山居为多。清初鼓励开垦，设流官以后，以坝区经济为主，联系山区，逐渐发展山区经济，汉人入住山区也开始增多。由于彝族居住地域的分散以及彝族与汉族交往的深入，居住于不同地域具有各自特点的彝族他称与自称也开始出现，如原南昭蒙化州的彝族自称"摩察"，原大理国时期居住于武定府地区的彝族自称为"罗姿"，居住于今江川、澄江、阳宗、玉溪、华宁、建水、弥勒的一些彝族部落则自称为"些么徒（撒摩都）"。此外，"鲁屋"、"些门或称撒尼或些衰"、"普特"、"朴刺"、"母鸡"、"阿者"、"车苏"、"子间"、"聂素"、"嫚且"、"孟乌"、"葛倮"、"阿度"、"阿夏"、"阿系（阿细）"、"喇鲁"、"利米"、"披沙夷"等不同的彝族称呼也相继出现。（尤中，1985）彝族分布于各地的情况在清代以后变得日益突出，分散而居的彝族各自形成集中的小区域，由于各自隶属行政区划的不同，彼此联系的减少，彝族自称、他称的名号也就逐渐变得复杂起来。至 20 世纪 50 年代开展民族识别工作时，被识别的民族自称就有 34 种，他称有 44 种。（中国科学院民族研究所和云南少数民族社会历史调查组，1963）

与彝族迁徙和民族交融相伴随的是彝族语言、习俗、服饰的地域变化。由于时地的变迁，各地彝族不仅方言差异较大，而且方言中还有次方言和土语的区别，居住于同一地域不同支系的彝族相互之间也有很多语言不能完全相通。根据各地彝族语音、词汇和语法的差异，彝语划分为北部、东部、南部、东南部、西部、中部 6 大方言，5 个次方言，24 个土语，19 个次土语。（中国科学院民族研究所和云南少数民族社会历史调查组，1963）虽然彝文在历史上曾经有过统一或约定俗成的通用时期，但随着彝族方言、土语的产生及其与日俱增的差异，彝文也形成了各具方言特色的流派，相互阅读也不易。由于居住地域和民族交流的不同，各地彝族形成了不同的习俗和服饰特点，甚至同一地域的彝族也有不同。尽管彝族有了很大的不同，但他们仍有共同特点。就识别民族特征最为重要的语言文字而言，其语言基本结构的语音、词汇、语法仍有许多相同或相似之处，这表明彝族虽然形成了不同地域的分化，但各支系观念系统、思维方式和知识体系仍存在着极大的相似性。因此，根据语言文字的相似性，新中国成立后，中央政府废除了各地彝族具有语言相关性部族的各种复杂的名号，将其统称为"彝族"。

## 二、彝族历史文化变迁

作为一个民族共同体，在继承古羌人、爨蛮、乌蛮风俗习惯的同时，彝族也形成了自己独特的文化特征。早在元代，彝族先民"罗罗"的风俗习惯和生活状况就在《云南志略》中有着清晰的概括。"罗罗即乌蛮也，男子椎髻，摘去须髯，或髡其发。左右佩双刀，喜斗好杀。马贵折尾，鞍无，刬木为镫，状如鱼口，微容足指。妇人披发，衣布衣，贵者锦缘，贱者披羊皮，乘马则并足横坐。室女耳穿大环，翦发齐眉，裙不过膝。男女无贵贱，皆披毡跣足，手面经年不洗。夫妇之礼，昼不相见，夜同寝。子生十岁，不得见其父。妻妾不相妒忌。虽贵，床无褥，松花铺地，惟一毡一席而已。嫁娶尚舅家，无可匹者，方许别娶。有疾不识医药，惟用男巫，号曰大奚婆。以鸡骨占凶吉，酋和左右，斯须不可阙，事无巨细，皆决之。凡娶妇，必先与大奚婆相通，次则诸房昆弟皆舞之，谓之和睦，后方与其夫成婚，昆弟有一人不如此者则为不义，反相为恶。正妻曰耐德，非耐德所生不得继父之位，若耐德无子，或有子未娶而死者，则为娶妻，诸人皆得乱，有所生，则为已死之男女。如酋长无继嗣，则立妻女为酋长。妇人无女侍，惟男子十数奉左右，皆私之。酋长死，以豹皮裹尸而焚，葬其骨于山，非骨肉莫知其处，葬毕用七宝偶人藏之高楼，盗取邻境贵人之首以祭，如不得则不能祭。祭祀时，亲戚毕至，宰杀牛羊，动以千数，少者不下数百。每岁以腊月春节，竖长竿，横设一木，左右各坐一人，以至相起落为戏。多养义士，名苴可，厚赡之，遇战斗视死如归。善造坚甲利刃，有价值数十马者。标枪劲弩，置毒矢末，沾血立死。自顺元、曲靖、乌蒙、乌撒、越嶲皆此类也。"（陶宗仪，1986）

时至近现代，这些文化习俗仍有保留。虽然彝族服饰变化多样，但大小凉山彝族仍有披羊毛毡（擦尔瓦）的习惯。林耀华《凉山夷家》中说："罗罗有娶兄弟妇的规例，那就是哥哥死了，弟娶兄嫂，或是弟弟死了，兄娶弟妇。娶兄弟妇谓之转房，转房以平辈兄弟为最适宜，无亲兄弟者，堂兄弟也可，由亲及疏，按例转嫁。转房之俗，由来甚久，夷族到处实行。迄今不但同辈间有娶兄弟妇之举，即叔死侄娶婶母，或侄死叔娶侄媳者在所多有。"（林耀华，2003）因信仰巫鬼教，黔西、滇东北一带的彝族被称为"罗鬼"，彝族部落酋长也常被称为"鬼主"。鬼教以譬喻来判事，人们赋予自然以超自然的力量，通过巫术来沟通自然，获得神灵启示。如今彝族从事宗教祭祀和巫术活动的"毕摩"和"苏尼"仍作为神、鬼、人之间沟通的中介。毕摩也被称为"鬼主"、"大奚婆"、"鸡莫"、"毕摩"、"白马"、"朵西"等，主持大型的宗教祭祀和祭祖活动，以诵经为业，而"苏尼"则依靠降神巫术从事职业活动。（孟慧英，2003）在婚姻和丧葬中都要有毕摩的参与，平时消灾去邪也有"苏尼"作法。部分地区彝族婚姻中仍有表亲婚存在，舅父之子可以优先娶姑母之女。直至百年前，彝族仍以火葬为荣，有"不忧其系累，而忧其死不焚"之说。

除此之外，方国瑜先生还指出了彝族继承古羌人习俗三个方面的特点：①以父字母姓为种号；②十二世后相与婚姻；③贵妇人，党母族。（方国瑜，1984）彝族种号多采用祖先名字，即以父字母姓为种号。其次，彝族有父子连名的习惯，即彝族父名下字作子名上字。古代羌人子名有一字与父名相同，从弟兄取名用同一字，明显有意的连父名。羌人同氏族十二世后可以通婚，彝族虽多采用族外婚制，但也可以与同一祖先的族内兄妹为婚，如四川凉山彝族黑彝家支就规定六七代至十代左右，通过隆重的分家仪式，就可以通婚。在婚姻和丧葬中，女方代表舅舅有着决定作用。因儿女婚姻的关系，彝族亲家间关系也很密切，一家有事，其他各家即往驰援，在妻子未死之前，男女两家的亲戚关系皆需维持到底。

在广泛的民族交流中，彝族文化也在不断演变，突出表现在以宗教信仰为核心的信仰内容与表现形式的变化。早期，以自然崇拜为基础的灵魂崇拜和图腾崇拜是彝族宗教活动的主要内容，树木、奇石、山川河流被赋予不同的存在意义，使其成为彝族人崇拜的对象。随着佛教、道教、儒学的传入，传统神灵信仰有了更多融合，彝族自然崇拜逐渐向祖先崇拜过渡，形成了以信仰祖先灵魂为核心的多种宗教相结合的宗教形式和风俗习惯。

印度密教是最早进入西南地区的佛教。早在 2000 多年前就有一条由四川经到缅甸、印度的"蜀身毒道"，汉唐之际，"蜀身毒道"促进了滇蜀与印度的宗教和经济文化的交流。公元 7 世纪以后，印度密教由摩揭陀国出发，经缅甸北部传入南诏一带，同时也由尼泊尔一路传入西藏。早期密教以信奉大黑天神的阿吒力教为盛，阿吒力僧用呼风唤雨、擒龙伏虎等各种禳灾祈福的巫术密法，以迎合世俗群众的精神需求，通过将灵魂不灭的观念与佛教的因果论相融合，阿吒力的仪轨更适应西南地区民族的丧葬习俗，从而将佛教轮回根植于人们的社会生活和精神生活之中。同时，阿吒力僧也将其法术用于战争，为统治阶级服务，从而得到了统治阶级的支持。（杨学政，2008）南诏统一六诏后，阿吒力教在彝族地区得到大力传播，成为南诏未加冕的国教。阿吒力教与原始宗教相互融合，协调发展，在设坛供奉大黑天神等神祇的同时，吸收了本地原始宗教神祇、咒术、礼仪和民俗信仰，如彝族村寨祭奉的社神，其中有祖先神、君主神、自然神、动植物神以及保佑村寨人畜安康、五谷丰产、清吉平安的地域保护神。（李忠吉，2007）随着中原民族向西南的迁移，大乘禅宗在彝族地区得以传播，自元代雄辩倡导讲宗并宣扬内地佛学后，滇中缁流竞相趋附，以大乘禅宗为主的佛教于是振兴，随着明清时期内地向西南地区移民的增加，以禅宗为主的佛教逐渐普及。由于明、清朝廷打击阿吒力教，阿吒力教衰微，一部分被大乘禅宗融合，一部分转入农村，娶妻生子，世代家传。由于密教之法不需出家，在云南，则以有家室之僧称阿吒力。（刘景毛等，2007）伴随着佛教的传播，彝族神灵逐渐佛教化，除凉山彝族地区外，滇、黔、桂地区彝族都有佛教神灵信仰，一些佛教节日逐渐与民族节庆相融合，如二月初八既是释迦牟尼出家节，也是彝族祭祖日或插花节。

氐羌民族聚居地是道教重要的发源地，作为氐羌民族后裔的彝族，其传统自然崇拜的内容也融入了道教文化的一些要素。明清以来，大量汉民迁入彝族地区，道教文化更多地渗透到彝族信仰中。道教中气生万物、近人贵生、长生久视的基本观念以及天神崇拜、水崇拜等信仰也反映在彝族观念和信仰中。在彝族天地起源的传说中就有元气、阴阳、五行等自然观念，彝族神灵中不仅有道教"西灵圣母"及"天、地、水"三官诸神，太上老君、彭祖等神灵也成为了彝族开天辟地的功臣。（郭武，2000）彝族地区各种道观和经书留存也较多，如南诏故地巍山中就有属于全真道派中天仙派的青霞观、长春洞、望鹤楼、栖鹤楼以及龙门派的文昌宫、玉皇阁、朝阳阁、培鹤楼等。楚雄南华县明清时期道观也较多，道观遗址有灵官庙、大智阁、玉皇阁、文昌阁、老君殿、魁星阁、五皇宫、财神庙、天子庙等。（李世康，2000）受道教影响，在昆明、楚雄等彝族民间建房时，正梁上都要有裹着红布底的太极图，同时还要在门楣上贴道教符箓。农历三月二十八道教东岳大帝献祭日也是彝族宗教活动和歌舞社交的节庆盛会。

除佛教、道教外，自汉代以来，就有儒学在彝族地区传播，元、明、清统治者在彝族地区又加强了儒学的推行，元代以后不少彝族渐受儒风影响而与汉人无异。明朝政府在彝族地区设立府、州、县学，其后又在彝区设立学校教授儒学，彝族文化受儒学影响也较深。儒家礼制、仁义、忠孝观念为彝族所接受并与彝族传统道德文化相结合。在滇黔彝族中，家堂中不仅有供奉祖先的灵牌或灵像，还增加了"天地君亲师"牌位。彝文古籍《劝善经》、《玛牧特依》中就有大量人们之间应相互关爱、尊敬长辈、孝敬父母、爱护妇孺的传统道德规范。在彝族日常生活中，老人地位较高，家庭、家族、村寨内的大事往往由老人主持协商，头人也往往由老人担任。子女不仅尊重父母的意见，对在世父母尊敬、奉养、服从，对已故父母及祖先还要用宗教仪式来表达孝心，儒学与佛教轮回的结合，祭祖、送灵仪式成为彝族最为重要的宗教礼仪。

明代以前，彝族社会还有较为浓厚的母系制残余，传统妇女地位较高，儒学传入后，妇女的社会地位逐渐下降，通过媒约买卖婚姻成分已较多，以聘礼多寡论婚，聘媒、说亲、下聘、送礼、娶亲一应礼节与汉族相似，妻子成为私有财产。明清以来，家支外婚、等级内婚制，婚姻嫁娶尚舅家虽仍旧有留存，但随着民族交往的增多，彝族与外族通婚已较为多见。但总的来看，儒家礼教对彝族婚姻家庭的影响并不严重，青年男女婚前社交自由、恋爱自由，只是结婚一般要征得父母的同意。（杨甫旺，2009）与家庭婚姻习俗的改变不同，彝族丧葬习俗受儒学影响有着较大改变。彝族自古以来实行火葬，有弃其骨不收者。这种丧葬形式在儒家看来是大逆不道，不敬不孝的行为，明朝推行儒学以来，明令禁止火葬，至明中叶，滇黔一带彝族土葬者日渐增多，至清乾隆以后，除大小凉山仍大多实行火葬以外，彝族民间普遍改行土葬。到清后期，大多数彝族均以土葬为主，葬礼较为隆重，参与人数众多，子女带孝，孝子还需守孝三年。父死子继，彝族家庭内也实行财产父系继承制，但通常幼子是合法继承者。

彝族传统采用父子连名，无姓氏，随着儒学的传播，汉族姓氏逐渐取代了传统父子连名。彝族使用汉姓源于汉王朝对彝族臣服者的赐姓，明清以后汉人大量进入彝族地区以后，儒学在彝地建学，汉姓逐渐为彝族上层所接受。随着改土归流政策的实施以及彝族与中央王朝的交流需要，有的彝族即在彝名的基础上采用汉姓，改彝语双音为汉语单姓，有的或随土司用汉姓。（李宗放，2007）近代彝族掌握地方政权后，由于汉姓对于民族融合的意义以及控制汉族人的需要，彝族上层纷纷使用汉姓，龙云的"龙"就是仿汉姓的结果。广大基层的彝族则由于人口调查及保甲制度的推行，几乎所有人都取用汉名，有小名、学名各一个，学名有辈份之分，彝名较少使用，已无父子连名的习惯。（中国科学院民族研究所和云南少数民族社会历史调查组，1986）

受儒学传播影响，彝文使用在明清以后逐渐萎缩，在西部以及中部、南部方言区大部分彝族中，老彝文已失传。对于那些散失文字的部落，彝文"经书"已成为毕摩的记忆，只有通过毕摩在特定的场合中口耳相传。被誉为彝族四大史诗的《梅葛》、《查姆》、《勒俄特依》和《阿细的先基》，除流传于大小凉山的《勒俄特依》、楚雄彝族自治州双柏县的《查姆》还保留有古彝文外，传唱于云南楚雄姚安、大姚等地的《梅葛》、云南红河州弥勒地区的《阿细的先基》均是通过毕摩传唱而相传的。直至新中国成立后，在政府开展的大规模民族采风运动中，这些彝族口传史诗及其他史诗文本才得以陆续整理出版。进入现代以来，彝族对汉语的使用已较为普遍，除部分年老尚不太熟悉汉语者外，其他均能操流利的汉语。一般大小集会、交易，甚至有时家庭日常生活也都用汉语交际。

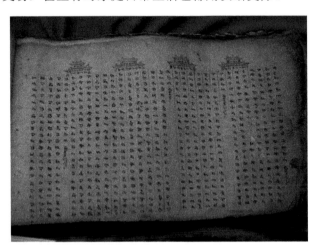

图 1-1　彝文经书（2008 年摄于红河弥勒高甸彝村）

伴随着儒学的传播，汉文化逐渐为彝族所接受，彝族风俗习惯有了一些改变。许多彝族地区不仅有自己的宗教节庆，汉民族中秋节、清明节、端午节等节日也融入了彝族节日庆典中。彝族因支系众多，其服饰也千姿百态，各具特色，从服饰到佩饰，从色彩到饰纹都不同程度地反映着彝族民间信仰和生产方式。明代实行改土归流以来，土官阶层因着官服，服饰已趋汉化，平民保留锥髻、披毡，发式出现高髻，披毡退化。至明后期，滇中部分彝族地区服饰已和当地民族趋同，《云南图经志书》卷四中说楚雄府的撒摩都彝人，"近年以来，稍变其俗，而衣服饮食亦同汉僰"（陈文修，2002）。至清代，彝族服饰进一步汉化，据地方志记载，清代汉民的服饰逐渐成为彝族民间的主要服饰，清代彝族男子多仿汉人服饰，其服饰与汉人无大差异，女子服饰多保留旧式。男子服装常以浅蓝条纹麻布做成立领对襟短衣，外套坎肩，穿黑色宽裆裤；女装以右襟或对襟上衣及长裤为主要款式。由于彝区经济、文化发展不平衡，服饰变化程度有所不同。楚雄府有的地方就仍保留不分男女，皆披羊皮、"衣火草布"、"着贯头衣"、穿裙等古老习俗。（张瑛，2005）

进入近现代以来，随着西方列强的入侵，西南各省经济、政治、军事、文化各方面都受到了西方文化的影响，彝族地区不同程度地纳入了殖民经济范围，开始有了近代企业和铁路交通，一些国家的传教士在彝族地区兴办医院或学校，给群众医治疾病，传授文化知识，并通过这些活动，争取彝族人民信仰其宗教，进行文化殖民。（陇贤君，1993）与佛教和道教的传播不同，基督教的传播在彝族地区接受程度不同，四川凉山彝族予以坚决抵制，云南、贵州部分彝族却以相当独立的姿态接受了基督教，并使其迅速本土化。（东旻，2003）即便如此，在云贵地区，基督教作为一种异质文化，与彝族原有宗教信仰、传统习俗以及价值观和思维习惯也发生着冲突与矛盾，基督教教规对民族歌舞的禁止以及对饮酒的禁忌曾一度影响了入教者的积极性。虽然基督教不信仰鬼神，但在接受彝族群众入教的同时也认可其祖先崇拜。（李平凡与颜勇，2008）尽管有一部分彝族地区接受了基督教，但在整个彝族群体中，基督教信教人数所占比例还较小。

辛亥革命后，以龙云、卢汉等人为首的彝族将领在继唐继尧之后，取得了对云南及西南部分地区的控制权。龙云等人虽为彝族，却深受汉民族伦理道德影响，同时又接受了一些西方民主自由思想（龙云，1957）。在其治理云南期间，虽然政治上维持了清政府时期流土并治的格局，尊重少数民族土官，但在彝族地区却大力建设现代学堂，召收彝族子弟学习国文、算术、音乐、体育等课程，同时推广西方科技，兴修水利、发展农业、兴办工商业。加之抗日战争时期，大量的内地工业企业向西南地区转移，从内地迁来的人口也不断增多，虽然龙云作为彝族执政者，有效地增强了彝族民族自尊心和自信心，但民族融合和西方科技的传播，却使彝族上层人士逐步汉化和西化，这些彝族上层在接受了西方新思想、新文化、新习惯后，在一定程度上又影响了他们家乡地区彝族的生活方式。（潘先林，1998）但由于西南经济发展的不平衡，现代工业企业和商业经济又多集中于几个大城市，在近代文化传播和经济发展中，广大彝族地区传统文化还没有发生实质性的改变。

## 三、彝族生产方式的演变

从西北到西南的迁徙过程中，在继承古羌人生产的基础上，借鉴其他民族生产技术，适应自然环境特点，彝族形成了采集、狩猎、畜牧和农耕相结合的生产方式。

采集和狩猎是彝族先民早期的生活方式。彝族史诗《梅葛》中说神用金果、银果来造人（云南省民族民间文学楚雄调查队，1960），流传于弥勒彝族的《开天辟地》古歌中说到最初造出的人，没有吃的，没有喝的，造人的男神阿惹，造人的女神阿灭，拿露水给人喝，拿埂子上的黄泡、黑果给人吃。儿子姑娘长大了，抬着石头、木棒来打豺狗、野狗，剥下皮来做衣穿。（潘正兴，1958）由于狩猎丰富，彝族先民有了初步的动物饲养，如一首流传于楚雄州彝族的《做圈养猎物》的歌中所唱："天天打猎，日日支扣子。获得的野物吃不了，拴起又活蹦乱跳。砍来木头围成圈，关起野物，一只只跑不掉。青草满山遍野，拔来给它们吃个饱。"（云南省民间文学集成编辑办公室，1986）由于野物的圈养和繁殖相对于狩猎的稳定性，动物养殖逐渐取代采集、狩猎，成为了彝族先民早期主要的生产方式。家畜放牧追逐水草的需要，形成了彝族先民羌人所居无常的生活习俗。

畜牧生产曾经是彝族人最为重要的生产方式，彝族远祖古侯部族迁徙时"一天圆蹄来渡江，三百母马带了来，三百小马被留下。一天偶蹄来渡江，带来三百母绵羊，留下了三百小绵羊；带来了三百母山羊，留下了三百小山羊；带来了三百头母猪，留下了三百头小猪。一天翅类来渡江，三百母鸡带了来，三百小鸡被留下。禽兽一起渡了江"，曲涅部族也是"成百的阉牛领头来，乌龙似的阉牛领头来，偶蹄家畜数不清。赶马来渡江，成百的仙马领头来，圆蹄家畜数不清"（冯元蔚，1986）大量的畜禽随同迁徙，说明了彝族先民畜牧经济的主体地位。

在彝族先民羌人的迁徙过程中，分化出了从事农耕的氐人，大约公元前5世纪前期，河湟间的羌人也开始进入农业定居社会。《后汉书·西羌传》说秦国逃亡奴隶爰剑被诸羌推以为豪，"河湟间少五谷，多禽兽，以射猎为事，爰剑教之田畜，遂见敬信，庐落种人依之者日益众。其后世世为豪"。（范晔，1965）彝族先民向西南的迁徙过程中，一些部落已开始了农业生产。自西汉王朝在西南地区设置郡县统治后，就采取措施推进当地农业生产的发展，文齐是西汉王朝派到云南的地方官员，在他就任朱提郡地方官员的时候，带领当地人民修凿了"龙池"，蓄水灌溉稻田。至汉晋之际，铁质农具已在西南地区普遍使用，（罗秉英，2005）这时，牛耕虽已开始出现，但还远未普及，山地刀耕火种仍然是彝族农作生产的主要方

式，畜牧业仍是其主要的经济来源。（李昆声，1979）

唐宋时期彝族地区农业的发展有地区上的不平衡，总体而言，滇池区域、洱海区域相对其他山区而言农业发展较为迅速，畜牧业的主导地位开始让位于农耕生产，但广大居住在山区的彝族人民，仍然以畜牧经营为主。《新唐书·南蛮传》载："爨蛮西有昆明蛮，一曰昆弥，以西洱河为境，即叶榆河也。距京师九千里。土歊湿，宜粳稻。人辫首、左衽，与突厥同。随水草畜牧，夏入高山，冬入深谷。"（欧阳修与宋祁，1975）南诏时期，羌人中的"昆明"蛮虽仍以畜牧生产为主，但一部分已摆脱了迁徙不定的生活，学会了农耕生产。居住于滇西洱海地区的昆明人不仅有水稻种植，还使用了牛耕技术，农作物中五谷品种齐全，并有了稻麦二熟种植。除坝区的水田外，山区还有梯田。此外，麻、茶、果、蔬菜等经济作物也有种植。（杨仲录，1991）在农业生产发展的同时，彝族畜牧业也有较大发展，南诏政权十分重视畜牧业，设立专官管理畜牧。《新唐书·南诏传》载，"乞托主马，禄托主牛，巨托主仓廪，亦清平官、酋望、大军将兼之"。（欧阳修与宋祁，1975）"乞托"、"禄托"便是主管牛和马的专职部门。唐宋时期，畜牧业在彝族地区仍占重要地位，《蛮书》卷四载："东爨，乌蛮也。当天宝中，东北自曲州、靖州（今曲靖地区），西南至宣城（今元江），邑落相望、牛马遍野。"卷七记：云南"猪、羊、猫、犬、骡、驴、豹、兔、鹅、鸭，诸山及人家悉有之。"（樊绰与向达，1962）而在凉山彝族地区，由于彝族先民"叟"人的发展，畜牧业逐渐取代原著民族的农耕生产，成为了主要产业。（朱圣中，2008）

自元代开展屯田以来，汉族农业生产技术在彝族地区得到大力传播，元代云南行省平章政事赛典赤任命张立道为劝农官，以劝课农桑为其任务，以军、民屯田点为中心而进行传播、推广和改进农业、手工业生产技术。《元史·张立道传》载："爨、僰之人虽知蚕桑，而未得其法，立道始教之饲养，收利十倍于旧，云南之人由是益富庶。罗罗诸山蛮慕之，相率来降，收其地悉为郡县。"（宋濂，1995）元朝时期，彝族地区虽广泛开展了农耕生产，但农业生产水平还不高，在彝族聚居较多的山区，狩猎仍占经济生活中的相当大比例。（马廷中，1998）马可波罗从建都（今西昌市）沿川滇驿道至金沙江边见沿途居民"猎取种种鸟兽"（Polo，1999），可见狩猎仍是这些彝族部落经常性的生产活动。

明代军屯的扩展带来了彝族地区农作生产的发展，由于移民都是来自内地的省份，四面八方的农作生产技术在彝族地区得到推广，极大地促进了彝族由以畜牧为主的生产向以农作为主的生产格局转变，但彝族聚居较多的大小凉山地区仍以畜牧狩猎为主。清代由于政府鼓励汉民上山垦殖，兴修水利，移入的汉民不仅分布在彝族杂居区，就连凉山腹地的美姑、昭觉也有汉人修了水渠和梯田。至清末，除凉山核心地区高山地带及一部分汉族人口不及的山区还保留"牧养为业"的传统外，在平坝和半山区彝汉杂居地带，农耕生产已占主导地位。汉区农业生产技术的传入带动了山区农业生产的发展，大麦、小麦、黄豆、豌豆、四季豆等作物在彝族地区广泛种植，玉米、马铃薯、红薯、豆类作物、油菜、甘蓝、罂粟等作物传入彝族地区后，极大地促进了彝族地区的农业生产。（朱圣中，2006）虽然刀耕火种旱作农业仍然在山区普遍存在，但随着彝族地区水田耕作面积扩大，耕作技术已有提高。（王明东，2000）生产技术的改进以及土豆、玉米等农作物的引种为彝族人口的增长创造了条件。以凉山彝族人口增长为例，雍正年间有数万人，到嘉庆末年增加到 22 万人，至光绪末年，凉山彝族人口超过了 42 万。（秦和平，1992）

进入近代以来，受鸦片贸易的影响，彝族地区曾经一度广为种植鸦片，农业生产遭到极大破坏，导致缺粮户大增，土地肥力下降，冤家械斗不断。（潘蛟，1987）至抗战期间，西南大后方出于物资保障和人口增长的需要，迫使民国政府不得不采取措施来增加粮食和农副产品，民国政府不仅采取兴修水利、减免开垦荒地赋税、增加农贷、计口受田等措施增加耕种面积，而且在西南地区大力推广农业科技。1938 年，云南省建设厅成立了稻麦改进所，在昆明东郊定光寺附近购地 20hm$^2$，运用了当时较为先进的手段进行稻麦品种的选育研究试验。农林部的"中央农业试验所"也在云南设立工作站协同进行。此外，云南省政府还陆续设立了茶叶、棉业、蚕桑、畜产、园艺、烟草改进所，与农林部合办宣威绵羊试验场等。农业科技的推广在一定程度上促进了农业的发展。推广工作始于 1941 年，据《云南省（民国）30—32 年粮食增产成效统计表》的统计，1941 年粮食增产170 多万担（1 担=50 千克，后同），1942 年全省增产粮食 150 多万担，其中有一部分是靠推广工作取得的。（李珪，1995）这一时期，不仅农垦面积大幅度增加，棉、茶、糖、桑、烟、果等经济作物也大量从外地引种。然而由于科研机构规模小，经费、人员过少，推广面窄，有的甚至只是点缀一下门面，所以从总体上看，它对彝族农业的发展只起了极其有限的、局部的作用，未能根本地改变其面貌。

抗战时期，随着工业从东部向西部迁移，彝族地区有了工业发展。在云南先后有"昆华煤铁特种股份有限公司"、"中国电力制钢厂"（内迁）、"云南钢铁厂"、"宣明煤矿公司"、"明良煤矿公司"等公司兴办煤炭、钢铁、电力产业。以锡矿开采为主的矿业和冶金为主的化学工业也在全省乃至全国具有重要的经济地位。20世纪 20 年代后，无论是商办、官办，还是官商合办的机械制造业也发展迅速，纺织业和食品业也有了较快发展。（陈征平，2007）尽管彝族地区有了工业发展，但由于这些工业大多集中在昆明、宣威和个旧等少数几个较为汉化的地区且以重工业为主，工业发展对于彝族生产方式的转变影响甚微，农牧业仍是彝族主要的经济来源。

## 第二节　彝族聚居地区的自然地理

### 一、彝族地区的地理景观特点

　　从彝族居住的地理范围来看,金沙江南北两岸,北纬22°~29°、东经98°~108°,海拔1500~3000m的山区是其主要分布地区。具体来说,四川的大渡河以南和雅砻江支流安宁河两岸的大、小凉山地区,云南的金沙江、元江、哀牢山、无量山之间的地区和滇东北的乌蒙山及滇西的宁浪、华坪、永胜等地区,贵州的毕节、安顺两地区和六盘水市,广西的隆林、那坡两县都有彝族分布。从四省(自治区)分布来看,云南省是彝族人口分布最多的一个省,省内除怒江以西的地区之外,其余85%以上的县(市)均有彝族居住。四川凉山彝族自治州是最大的彝族聚居区,其次为云南楚雄彝族自治州、红河哈尼族彝族自治州,四川峨边、马边,云南峨山、宁浪、石林、南涧、漾濞、景东等彝族自治县也是彝族聚居较多的地区。(易谋远,2007)

图1-2　彝族分布区域(选自彝学网)
红色区域为彝族分布地区

　　彝族所聚居的中国西南地区具有地理景观多样性。这一地区受地壳新构造运动掀升的作用,形成了地势较高的山原,夷平面海拔2000m左右。地势西北高,东南低,以横断山脉为特征的断裂升降折皱地形,自西北向东南延伸。从大地结构来看,遍处皆山,平坝之地只占很少的面积,因流河湖泊的切割,各种地形交错分布，坝子、河谷、丘陵、山地、湖泊显得狭小而破碎。北纬26°以北，地质构造复杂，新构造断裂升降比较强烈，折皱紧密，高山深谷平行排列，断层成束，河谷深切，山岭与谷地间高差极大，谷底海拔一般1500~2000m，在滇西北一角，山岭海拔常高达4000m以上。北纬26°以南，地形折皱趋缓，山峰高度也渐降低，只有个别高峰海拔超过3000m，其他大部分地区都为海拔不超过3000m的中山，在盆地四周，山地的相对高度较小。山脉走向受构造作用作帚形分出，东部地区山脉偏东西走向，西南地区山脉大多呈南北走向。

彝族聚居地区以东西、南北走向山脉为界，分为乌蒙山地区、哀牢山地区和凉山地区。乌蒙山地区是指贵州境内的彝族地区和云南省滇东及滇东北彝族地区，地处云贵高原金钟山东北麓的广西隆林县彝族地区也包括在内。哀牢山地区，在地域上是指云南澜沧江以东的滇南、滇东南、滇中和滇西的彝族地区。这一地区地处青藏高原东南缘的横断山脉峡谷地区，哀牢山是著名的横断山脉高山峡谷地区的重要组成部分。凉山地区，包括四川大、小凉山地区和云南小凉山地区，地处青藏高原东缘、横断山及其余脉盘据的北部，云贵高原和四川盆地之间的过渡地带。

受地壳运动岩浆活动影响，西南地区以石灰岩和紫红色砂页岩为主地层的分布广泛，紫红色砂页岩在云南中部昆明以西到大理以东之间并延伸至滇南呈大范围分布，其风化后形成的红土成为云南山地表征，而以石灰岩为主的喀斯特地貌则在滇东南和黔西发育程度较高，云南石林即是这一地貌的典型代表。由于在这些石灰岩分布地区也有砂页岩出露，由石灰石形成的"石山"与砂页岩分化的"土山"相间，成为了滇东南至贵阳一带高原的地貌景观。在高原古地质、地势、纬度和气候条件的共同作用下，彝族地区各地土壤类型繁多。面积较大的主要有石灰岩土、紫色土、红壤、黄壤、黄棕壤和棕壤等。除以紫红色为主的砂页岩风化物发育为紫色土、石灰岩风化发育为石灰岩土外，其他土质的形成则与地壳构造运动和海拔有着密切的联系。西南山原在第三纪时处于热带、亚热带环境，广泛分布有热带雨林和热带季雨林，在气候和植物的作用下，参与生物循环的各种元素大量淋失，土壤脱硅和富铝化程度较深，发育了深厚的残积红色风化壳的砖红壤，后期地壳抬升，母岩风化及淋溶减弱，逐渐发育为山原红壤，在热量与红壤相当的局部多雨而偏湿的地区则发育为黄壤，而在河谷低地的热带干旱稀树草原植被下又发育为红褐土，海拔3100~4300m的高寒地带，土壤则多发育为暗棕壤和亚高山草甸土。

## 二、彝族地区的气候多样性

受纬度和地形的影响，总的来说彝族分布地区大多具有冬暖夏凉，干湿明显的气候特点,但由于彝族地区海拔高差较大,各地均具有气候条件的多样性。

根据国内气候划区的热量和水分指标,选用日平均气温≥10℃期间的日数作为主要指标,辅以日平均气温≥10℃的活动积温,1~7月的平均气温作为气象带内划分气候大区的指标,西南三省全区划分为边缘热带、南亚热带、中亚热带、北亚热带、暖温带、中温带、寒温带和亚寒温带8个气候带16个气候区。彝族居住人口较多的凉山地区大部分地域全年≥10℃的积温在4000℃以上,属于北亚热带气候。而红河中上游、滇中、滇东及贵州西南大部分地区全年≥10℃的积温为5000~6000℃,属于中亚热带气候。而位于红河下游的红河州大部全年≥10℃的积温则为6000~7500℃,已属于南亚热带气候。采用干燥度(年最大可能蒸发量与年降水量之比)作为二级气候大区划分,全区划分为湿润、亚湿润、亚干旱和干旱4个大区。(徐裕华,1991)彝族居住地区大多属于山地南亚热带到北亚热带,亚湿润、亚干旱地区。

由于西南地区地处低纬,北高南低的地势以及东部地区山脉偏东西走向有效地阻滞了冬季北来冷空气的南侵,再加之冬季受印度热带大陆气团的控制,气温较高,这些因素共同促成了这一地区冬暖的特点。在夏季以西南季风和东南季风带来的赤道气团和热带气团影响为主,地形在冬季因拦阻冷空气所起的保温和增温作用在夏季难以体现,而海拔高引起的降温效应显示其主导影响。此外,雨季多云少日照对增温也有一定的抑制作用,这些因素共同构成了西南地区夏季较同纬度华南地区天气凉爽的特点。冬季除海拔超过2500m的山地外,最冷月平均气温大多在8~10℃。尤其是宣威、昆明、元江一线以西,基本上没有寒潮侵袭,冬季不见急剧降温的现象。在滇东南,寒潮可自贵州高原循南盘江谷地,或自广西盆地循右江河谷入侵,可出现0℃左右的极端低温,但降温时间不长。即使较为偏北的凉山地区西昌市,与以冬暖著称的四川盆地内的重庆和泸州(海拔分别为260m和335m)相比较,前者的高度虽然比后者高1200~1300m,但1月平均气温仍比后者高出2℃左右。(任美锷,1992)

山地冬暖夏凉的气温特点虽然年温差小,日温差却较大。由于地势高,空气吸收和反射太阳能较少,白天地面的日照强度较大,温度上升较快,但夜间辐射较强,降温迅速,温度日差较大。云南中部海拔在1500~2000m的盆地,如昆明,年温差仅为12.1℃,但1月日差却为14℃,有的地区可达20℃以上。因此,广大地区活动积温为4000~6500℃,与同纬度其他季风地区相比,虽积温偏低,但由于影响植物生长的高温天气较少,故有利于植物生长的有效积温较高。彝族居住地区除部分高寒山区只适宜一年一熟外,大多可满足二年三熟或一年两熟的作物种植积温条件。

受海陆温差产生的季风影响,西南山原干湿季节较为明显。夏季,来自印度洋和太平洋的高压气团形成的暖湿季风与内陆低压气团相互作用,产生大量降雨。

冬季，内陆低压气团在青藏高原分为南北两支到云南高原以东汇拢，在此与来自印度大陆高压中心形成的热带大陆气团相遇，形成著名的昆明准静止风，在准静止风以西，降雨大量减少，出现几个月的干燥天气，春季降水量增加也有限。一般从 11 月至翌年 4 月为干季，5~10 月为湿季。干季雨量一般仅相当于年降水量的 10%~20%。例如，昆明干季雨量仅为湿季的 11%，西昌等地少于 5%。由于年内干湿季节分明，河流径流量年内分配也极不均匀，绝大多数河流 5~10 月汛期内径流量占全年径流总量的 70%~85%，枯水期（11 月至翌年 4 月）仅占 15%~30%。降水量的分布随地形变化和东南暖湿气流的深入程度，大体呈从东南向西北减少的趋势，全年降水量为 600~1200mm，高于我国西北地区，但不及东南各省，受干季影响，广大地区全年蒸发量大于降水量。

错综复杂的地形对热量和降水具有再分配作用，因海拔、山川走向、坡度等的不同，日照、气温、降水等都有所不同。稳定而显著的逆温层存在是山地气候的一个重要特征，有些地方在久旱的冬季常有逆温现象存在，使气温的分布并不严格遵循随纬度和海拔增高而降低的规律；有些地区是北热南凉，而高出谷底几十米甚至几百米的山坡上，气温反而比谷底高。例如，元谋、景东、江城三地经度和海拔相近，但是，北部元谋的年平均气温＞10℃的积温比景东高，景东又比其南部的江城高。此外，坡向、坡位、坡度等对热量也起着不可忽视的再分配作用，更增加了气候的复杂性，因此，气候带在彝族地区分布复杂。彝族聚居区虽然大部属于亚热带气候，但也有部分地区属于暖温带和边缘热带。以彝族聚居最多的四川凉山彝族自治州为例，大凉山区和西部盐源、木里山区年平均积温只有 2400~3600℃，仅满足一年一熟的热量条件，具有中温带气候特点；最热的金沙江、雅砻江、安宁河等河谷地区，年平均积温可达 6000~7000℃，接近南亚热带气候类型，作物可年内二三熟。云南楚雄州、红河州气候带的分布也类同。楚雄州大姚百草岭以西滇西北海拔 2600m 以上的中高山地区背阴面以及红河下游部分海拔较高的高山地区，也有部分地带具有温带气候特征。这种热量分布的不平衡在彝族分布的大范围内存在，由于海拔高差较大，彝族聚居地区从山脚到山顶可划出几个不同的气候类型，就是在一个县、一个镇、甚至一个村的不同地带，气候也有很大不同。

气温的分布受地形的影响，降水量也因地形而有不同。由于高山有利于暖湿气流提升而致雨，年降水量垂直分布以线性递增，降水量随海拔增高而增多。在一定的条件和小范围内，山区降水量要比坝区、河谷区多，如云南大姚县四周山区降水量就明显大于坝区。而蒸发量与降水量成反比，山区降水量较坝区大，蒸发量较坝区小。因坡向不同，迎风坡与背风坡降水也不同，迎西南季风或东南季风的山坡降水量较大。由于局部地形的影响，往往一山之间降水量相差 2~3 倍，如哀牢山以西，位于西南暖湿气流迎风坡的地区，雨水较多；屏边、元阳、红河、河口等县年降水量为 1000~1800mm。楚雄州北部、大理州的东部和东南部，由于地势闭塞，海拔较低，东、西、南三面都有高山，自东南和西南来的暖湿气流越山后下沉，产生焚风效应，使空气变得更干，位于这个地区的宾川、元谋年降水量仅 500~700mm。

### 三、彝族地区的植物多样性

彝族地区干湿分明的气候特点有助于减轻因降雨产生的土壤养分淋溶，经过一段时期的干燥，土壤养分向上渗透，有利于植物吸收生长所需的营养，加之适宜的温度条件，植物生长茂盛。由于海拔差异产生的气候条件不同，植物水平性地带分布在高原地形环境中的演替形成了彝族地区的植物多样性。

反映热带、亚热带水平性地带大气候特征的植被是常绿阔叶林，在西南地区南部表现为热带雨林和季雨林，中部以北则为各类偏干性的常绿阔叶林。作为基带性植物，它们分布在西南地区南部的宽广河谷盆地至北部的高原盆地及盆地边缘起伏较为一致的山地下部。随着海拔的增高和湿度的减小，常绿阔叶林逐渐演化为硬叶常绿阔叶林、常绿针叶林或常绿灌木丛。从纬度水平线上看，北纬22°~23.5°（滇西南可上升至25.2°）附近的山地多有热带雨林和季雨林分布，常绿阔叶林占有最大的分布面积，优势物种不突出。北纬24°~26°的中亚热带及北亚热带地区由于较南亚热带干旱，常绿阔叶林种类组成和群落结构较为简单，以青冈和栲类为优势，多混有耐旱、耐寒的硬叶阔叶林和针叶林分布，以云南松的分布最广。北纬26°以北的北亚热带、南温带地区则多有以铁杉、槭桦、云杉、冷杉为主的针阔叶混交林，各种以箭竹、杜鹃为主的高山常绿灌丛，各种矮生柳树等落叶灌丛以及多年生草本是这一地区的优势物种。北纬28°附近北温带地区则多针叶林和灌丛草甸，属于以冷杉和杜鹃常绿灌丛为主的高山寒漠群落。

水平带上的这种演替也反映为垂直分布上植物的地带性差异。北部热带山地海拔 1500m 以上的山地垂直分布为：山地季风常绿阔叶林（海拔 1300~1750m）-苔藓常绿阔叶林（海拔 1750~2900m）-山顶苔藓矮林（海拔 2700~2900m）。亚热带南部山地植被垂直带自下而上是：季风常绿阔叶林和思茅松林（海拔 1300~1800m）-湿性常绿阔叶林（海拔 1800~2600m）-常绿针阔叶混交林和云南铁杉林（海拔 2400~2800m）-苔藓常绿矮林（海拔 2800~3000m）-冷杉林（海拔 3000m 以上）。亚热带北部的垂直系列是：半湿润常绿阔叶林（海拔 1900~2500m）-湿性常绿阔叶林（海拔 2500~2900m）-云南铁杉林及常绿针阔叶混交林（海拔 2900~3200m）-云杉、冷杉林（海拔 3100~4100m）-高山灌丛和高山草甸（海拔 4000~4700m）。（云南植被编写组，1987）

由于彝族地区地处内陆，纬度跨度较大，垂直气候差异显著，来自不同植物区系的渗透和演化也是植物多样性产生的重要因素。不仅东南亚诸国连接印度、缅甸、泰国、越南等地区热带植物区系成分可以从南向北延伸，并顺山脉和河谷深入，华中、华南的区系植物成分也可以与东北、东南植物形成交错过渡、相互代替。而西北部青藏高原横断山脉的阻隔又使这一地区的植物有着形成独特的植物区系的条件。加上地质演变中大部分地区未受山岳冰川的直接侵袭，特别是滇东南、滇南、滇西南的山地，这些地区不但是古老植物的避难所，而且这些古老植物在复杂生境下也出现了一系列的演化和繁衍。这些物种在水平带与带之间以及垂直带与带之间接触面一定范围中的植被交错，进一步增加了彝族地区植物种类的丰富程度。

根据水平带植被类型的性质及其与周围植被的关系，可以云岭-点苍山-哀牢山一线为界，此界以东，各主要植被类型与我国东部地区群落结构相似而优势种为同属的地理替代种；此界以西，则主要植被类型更多相似于阿萨姆-上缅甸地区较低海拔处的类型。哀牢山以西因纬度偏南和盆地海拔相对较低，常绿阔叶林群落的种类组成较为丰富，而且含有某些热带性植物种类。就组成群落的主要种类来看，这一类型与印度、缅甸北部，更向西则与尼泊尔低海拔地区低山上的常绿阔叶林很相似。哀牢山以东地区兼受东南季风影响，越往东气候越渐偏湿，这一类型与广西南亚热带地区的季风常绿阔叶林更为近似，是向我国东部过渡的类型。在以滇中高原为主体的亚热带北部，滇青冈除单独成林外，向东则与化香等混交而成为石灰岩地区的代表性类型，也还常见少量混生于中亚热带性质的各类常绿阔叶林（包括山地的湿性常绿阔叶林）。在此生长的半湿润常绿阔叶林与我国东部中亚热带常绿阔叶林在植被分类的群系组上具有对应关系，而两地间主要群落优势种的替代现象也显示了两地植物区系的过渡和演替。（云南植被编写组，1987）

众多高大山体对热量与水分的不同组合，进一步在水平和垂直带分布的基础上增加了植物分布的多样性。由于承受季风类型不同，山体的走向、坡向不同，植被在水平带上的分布特点也有所变化。例如，哀牢山以东植被垂直带为潮湿热带山地植被系列，以西的广大地区主要为湿润山地植被。横断山脉东坡与西坡湿润程度也有不同，如高黎贡山海拔2000~2500m的高度上，西坡迎西南季风，植被类型是带有苔藓林状态的湿性山地常绿栎林，以细叶青冈、石栎等为主，林内层次复杂，附寄生种类繁多。而在同高度的东坡，则为以云南松为主的亚热带松林。在哀牢山以西地区，普遍存在植被类型分布的倒置现象，大青树、野芭蕉等热带树种的分布可达到海拔1300m，北方亚热带种属，如落叶栎类、长穗桦、红木荷等可循山地下至盆地，形成南北方种属交错的植被类型。又如，滇东附近的无量山，在海拔2400~2900m有铁杉苔藓林，铁杉枝干被厚5cm以上的苔藓所包围。铁杉是亚热带亚高山树种，而这些苔藓又均为北热带南方种，两者组合形成特有的植被类型。至于金沙江高山峡谷下部，因焚风效应显著，则出现羊蹄甲、攀枝花、霸王鞭、仙人掌、牛角瓜等植物为主的稀树灌丛草原亚热带植被。

因经济活动造成的植物演替也是部分地区水平带和垂直带植被差异的原因。云南省北纬 23°（至滇西南上升到北纬 25.2°）以北的地区，本应是亚热带常绿阔叶林占有最大的分布面积。由于这一地区开发较早，人为经济活动频繁，盆地及其边缘山地下部的常绿阔叶林现保存较好者已极少，在适于常绿阔叶林发育的地段，大多已为喜温耐旱的松林所占据。作为水平地带代表类型的常绿阔叶林，上层以壳斗科的常绿树种占突出优势，樟科和木兰科的种类很少，这是由于分布地气候明显偏干的缘故。哀牢山以西澜沧江中下游地区是思茅松的分布中心，但其现有发育最好的地段，大多是季风常绿阔叶林受到反复砍伐后，思茅松长入成林。目前，思茅松林中常见栎类树种混生和良好更新，指示了季风常绿阔叶林的原有分布。在哀牢山以东地区，偏湿性的季风常绿阔叶林被砍伐后只见云南松的零星分布，只有在北缘或海拔较高处，才见有较大面积分布的云南松林，其中混生某些季风常绿阔叶林的树种。在滇东高原山地常见的次生落叶树种旱冬瓜林的大面积分布当然也和人为砍伐原有常绿森林及经常火烧有关，也与当地农民习惯于保留这一树种，利用其固氮作用以恢复地力有关。

植物分布的多样性带来了作物品种的多样性。由于水热条件适宜，彝族地区可供种植的作物品种也极为丰富。彝族最大的聚居地区凉山彝族自治州，有 4000 余种植物，各种农作物品种有 1200 多种（仰协与张旭，1998）。云南是彝族居住较多的地区，也是全国植物资源最为丰富的地区，已发现的植物种类多达 12 000 种以上。1956~1957 年，原云南省农业试验站曾进行过粮食作物地方品种的普遍征集，据不完全统计，共征集到了 30 多种作物，近万份品种材料，其中：水稻 4756、玉米 1015、小麦 569、小杂粮 1414、大豆 712、豌豆 177、冰豆 34、蚕豆 255、马铃薯 230。其中有不少的特有种和野生种，品种资源的丰富是全国少见的。（云南农业地理编写组，1981）由于气候条件适宜多种作物种植，不仅山地中核桃、油桐、小桐子、漆树、八角、油橄榄、花椒等经济林木分布广泛，烟、糖、茶、油料、麻、药材、果、蔬菜、桑、棉花等多种经济作物品种也都可栽培。

## 四、彝族地区的动物多样性

动物直接或间接依赖于植物生存，不同的气候-植被带有不同的动物生活条件，彝族地区多样性的气候产生的植物多样性，为各种动物的生存创造了条件。

自然区和温度带在一定历史时期内对动物分布起到阻碍和限制作用。根据现代陆栖脊椎动物和昆虫地理分布的研究，我国大陆的动物区系分属于两个界。南部约在长江中游、下游流域以南，与印度半岛、中南半岛、马来半岛及其附近岛屿同属东洋界，为亚洲东部热带动物现代分布的中心地区；北部自东北经秦岭以北的华北和内蒙古、新疆至青藏高原，与广阔的亚洲北部、欧洲和非洲北部同属于古北界，为旧大陆寒温带动物的现代分布中心地区。（中国科学院中国自然地理编辑委员会，1979）在我国，根据三大基本自然区：季风区、蒙新高原和青藏高原湿润、干旱和高寒条件的不同，又将动物分为三大生态地理群，即耐湿动物群、耐旱动物群和耐寒动物群。彝族地区虽地处季风区，但由于海拔差异导致的温度、湿度不同，不仅具有接受东南亚或旧大陆以及一些欧亚大陆耐湿动物的条件，同时，一部分蒙新高原干旱区的动物也可以在此存活，除牛、羊、马等草原动物外，黄鼠属和旱獭等动物也有较强的扩散。此外，由于位邻的青藏高原东南部地区是高原动物聚集的中心，高原与外围山地地形与气候上的相似，又使这一地区的岩羊、牦牛、藏野驴、藏雀、高山蛙、高原兔等动物可以沿高山峡谷向南延伸至云贵高原。与古植物的留存相同，由于在第四纪的各个冰川期中，没有大面积的冰层覆盖，南向纵谷受冰川和寒冷气候的影响较少，以小熊猫、野马、大熊猫为代表的古生物也有保存。

彝族地区气候的多样性具有容纳不同区域动物的条件，而植物的多样性又为动物多样性的生存提供了保障。由于动物的渗透性以及复杂的自然环境，彝族居住地区南方东洋界与北方古北界动物混杂的现象十分突出。尽管一部分动物对温度、湿度的适应力强，可以广泛分布于各地，但不同的气候-植被提供动物的生活条件还是使动物的分布具有一定的限制。山地温度、湿度条件的限制，彝族地区动物分布具有垂直地带性，在海拔较高的高原上分布着耐寒、耐旱的古北界种类，如兽类中的鼠兔、林跳鼠、旱獭等，鸟类中有斑尾榛鸡、戴菊莺、旋木雀等。在海拔较低的峡谷林区分布着耐湿的猕猴、灵猫、竹鼠、黑麂等，鸟类有鹦鹉、太阳鸟、啄木鸟等，这些动物均属南方东洋界的种类。由于山地垂直自然气候不同于水平分带，气候带变迁地域跨度较平原地区小，南北方动物可在短时间、短距离内迁徙，受南方大陆暖气流的影响，南方动物北移或向高处分布，如在我国东部大致以亚热带北界为北限的太阳鸟科和以暖温带北界为北限的猕猴科，在横断山脉及其附近山地均可分布至亚高山寒温带，分布幅度超过相应的水平地带。因此彝族地区东洋界动物分布广泛，黄猴、灰猴、山甲、狗熊、獾、獭、獐、麂子、香狸、豹、松鼠、野猪、岩羚、山驴等动物在各地都有分布。

彝族地区虽然动物种类繁多，但受农业开发影响，典型的林栖动物，只保存于少数面积不大的森林中。平原及谷地，大多开发为农耕地区，部分山地丘陵的原始森林，已经砍伐并经人工经营，次生林地和灌丛、草坡所占面积较大。广大的业经开发的山地及丘陵次生林灌和草地，常见的有蹄类有麂子、獐子、马鹿、野猪和林麝等。其中麂子在许多地区是主要的优势种，林麝为针阔混交林的典型动物，野兔在次生林灌、草地也不少。在广大的农耕地区，黑线姬鼠、黄胸鼠、褐家鼠和小家鼠为优势种类，与其相对应以黄鼬、鼬獾、貉、豹猫等为主的中小型食肉兽有广泛分布，大灵猫、小灵猫、青鼬、狐、狼和熊等也常见。捕食鼠类等小型动物的赤链蛇、锦蛇、眼镜蛇、烙铁头等南方种蛇等也甚为普遍。鸟类中最普遍的优势种，主要是与人类活动有密切关系或栖息于农耕环境的许多种类，如麻雀、乌鸦、燕子、斑鸠、喜鹊、鹪鹩、画眉、野雉等，它们大多能在多种环境居留或季节性地迁来生活。两栖类最普遍的优势种有石蚌、青蛙和大蟾蜍等。昆虫因对环境的适应能力强，种类较为丰富，蜜蜂、土蜂、黄蜂以及啮小蜂、黑卵蜂、赤眼蜂等寄生蜂均有广泛分布，瓢虫、草蛉、食蝇、蝴蝶、蚂蚁、蚜虫等也种类众多。适合多种动物生存的环境以及高山草甸和灌木丛的广泛分布，彝族地区适宜养殖的牲畜品种繁多，黄牛、水牛、马、骡、驴、猪、山羊、绵羊、兔以及家禽中的鸡、鸭、鹅等均可养殖，高寒山区还可放牧牦牛、犏牛。此外，多样性的气候也为四季养蜂创造了有利条件。

## 五、彝族地区主要自然灾害

彝族地区丰富的动植物资源、多样性的土壤类型和雨热条件，为农业生产创造了不可多得的条件，但由于山地地质构造和气候的多样性，农业生产也面临着自然环境变化带来的威胁。

受气候条件影响，冬春干旱为彝族地区农业生产最大的自然威胁。由于干湿季节明显，冬旱在彝族地区是普遍的现象，从 12 月到翌年的 4 月，是降水较少的季节。由于冬季太阳辐射强度较弱，风日不多，蒸发量不大，同时小春作物还未处于需水的敏感期，土壤墒情尚能维持。至春天后，气温回升较快，且风大增加了蒸发量，春旱现象就十分突出。彝族居住人口较多的金沙江南北两岸属于多旱区，金沙江以北的大凉山地区、以南的西南部地区干旱出现频率为 100%，随着向东北推移，频率逐渐下降，但干旱最少的县，频率也达 36%。（仰协与张旭，1998）在云南，包括金沙江沿岸各地区、大理州东部、楚雄州、东川市、曲靖地区、文山州和红河州北部，在近 42 年中平均隔年一旱，一般春旱或冬春连旱几乎年年皆有，只是受灾轻重程度不同而已。（谢应齐，1995）在贵州，春旱最严重的是西南部，春旱往往接冬旱出现，有时旱期长达 100 天以上，一些地区连人畜饮水都困难。（贵州师范大学地理系，1990）

冬暖夏凉的气候特点，也使低温冷害成为彝族地区常见的自然灾害，低温冷害是因为不同作物在其生长发育的不同阶段，生理上要求的适宜温度与能忍受的临界温度不同，在 0~20℃都有可能造成低温冷害，但在高山区因海拔影响，遇冷空气影响显著，冷害发生较为频繁。冷害主要对温度较为敏感的水稻、玉米、麦类作物影响较大，对畜牧而言，低温冷害也不利于家畜安全过冬。3 月的倒春寒与 8 月低温等与冷空气活动有关的天气对农作物的影响最大，1~4 月虽然受寒潮影响不甚强烈，但仍会出现不同程度的低温，因此出现低温冷害较为普遍，6~8月低温冷害则主要出现在高寒山区。1~4月小春作物生长具有一定的耐寒性，因此，冷害损失不大，而6~8月冷害正值大春作物水稻、玉米等的生长季节，带来的损失则较之冬季为大。

由于彝族地区山地多于平坝，地形起伏较大的山区对气流有着明显的机械和热力抬升作用，极易形成冰雹，虽然冰雹出现的范围较小，时间也比较短促，但来势猛，强度大，且一般降雹时伴随有大风、大雨天气，对农业生产及生命财产造成损失较大。彝族地区一年四季均可出现雹灾，无林区降雹日较有林区多。冰雹灾害的分布云贵地区以春季3~5月最多，夏季6~8月次之，7月为高峰月份，秋季9~11月和冬季12月至翌年2月最少。凉山州则在4~5月和10~11月雹灾次数较多。因3~5月为小春收获、大春作物种植期，发生雹灾对农业造成的损失较大。

彝族地区除气候变化引起的农业灾害外，因地质变化引发的灾害也较多。受欧亚大陆板块和印度板块的挤压，青藏高原是我国最大的一个地震区，也是地震活动最强烈、大地震频繁发生的地区。彝族聚居地区分属于青藏高原中部和南部地震区。这一地区地震具有频度高、强度大、震源浅且分布广的特点。由于地震频发，由地震引发的崩塌、滑坡等次生灾害也较多。此外，由于山地多、平地少，耕作多在坡地上进行，夏季雨量集中，因暴雨引发的泥石流在金沙江沿岸等地也较为突出。

地质构造、土壤条件也是制约农业生产的一个重要因素，广泛分布于彝族宜农区的是山地红壤和黄壤。由于矿物质和有机质的强烈分解和淋溶，农作物赖以生存的氮、磷、钾、钙等多种营养元素损失，土质变得很瘠薄。红壤的主要胶体物质是铁、铝氧化物，而这些矿质胶体对水分、养分的吸收、储蓄和转化供应能力弱，特别在酸性条件下，铁、铝氧化物胶体吸收带正电荷的矿质营养元素能力差。未经改良的红壤不仅活性酸大，而且由于土壤胶体表面存在着大量的吸附性铝离子，故其潜在酸性也很强。而且红壤的腐殖质分子组成简单，且多呈游离态，不利于土壤结构的形成，而无机胶体又以铁、铝氧化物为主，具有一定的黏着力，往往形成块状结构，给土壤热、水、气、肥的协调带来严重的不良影响，有碍作物生长和耕性。由于这种胶体吸水性不强，土壤供水状况极不稳定，雨季常导致严重的水土冲蚀，旱季则引起土壤干旱。（云南省土壤普查办公室和云南省土壤肥料工作站，1996）

由于彝族地区地处自然过渡区，天气多变，且区域气候大不相同，不同气候区各有其主要的农业气象灾害，各类不同的气象灾害每年均有发生，但因农业山上山下作物不同，或同一作物处于不同的生育阶段，一种天气过程产生的效果不一，对此有利而对彼不利。所以，在彝族地区遭遇农业气象灾害的概率虽较大，但实际上各类灾害都有一定的区域局限性，全区性的灾害较为罕见。至于因土壤条件带来的农作不利因素，可以通过增施有机肥、种植绿肥、合理施用化肥得到改善，也可以采用因土种植、合理间套作、改进耕作技术而得到合理的利用。

## 第三节　近现代彝族地区社会经济状况

### 一、新中国成立前彝族地区的多元社会经济形态

彝族多居住于山区，受山地险阻的地理制约，大多彝族地区社会发展处于闭塞状态。由于居住范围广泛，彝族各地接受文化交流不同，经济社会发展状况极不平衡，至新中国成立前，奴隶制经济、封建领主制经济、封建地主制经济等多种经济社会形态在彝族地区都有存在。

奴隶制是彝族阶级分化以来形成的社会经济制度。随着社会的发展，彝族中分化出"兹"、"莫"、"毕"、"耿"、"卓"。"兹"成为了凌驾于群体成员之上的掌权者，"莫"是调解纠纷的，"毕"是祭祀祖先的，"耿"是管理工匠的，而"卓"是从事畜牧的。"兹"、"莫"、"毕"的地位都高，逐渐成为统治阶层，"耿"也有一定的社会地位，"卓"的地位最低，是直接从事生产的被统治者。在阶级分化与融合中，"兹"与"莫"合二为一，称为"兹莫"，"毕"多数下降到被统治地位，"卓"也分化为"诺"与"节"，逐渐形成后来的"兹"、"诺"、"节"三大等级。（凉山彝族奴隶社会编写组，1982）"兹"成为部族首领，"诺"为服从于"兹"统治的各类土目，"节"则是整个被统治者的统称。元代以来，彝族中居于统治阶层的"兹莫"，即受过封建王朝册封世袭的土官，成为了最早具有地方统治权的"土司"，其下归属的大小黑彝家支则成为土目，彝族奴隶制就在土司、土目政权的名目下长期保留了下来。明清政府虽然大力推行改土归流，但仍有一部分奴隶主阶级的残余势力保留了下来，至新中国成立前，大小凉山地区形成了"兹莫"、"诺合（黑彝）"、"曲伙（曲诺）"、"安家（又称阿家或瓦加）"、"呷西"的奴隶制等级结构。除"兹莫"、"诺合"分化外，被统治阶层"节"又有"曲伙"、"安家"、"呷西"的分化。"兹莫"虽是最高统治阶级，但其统治势力逐渐衰弱，至新中国成立前的几十年，"兹莫"在大部分地区已经被"诺合"等级取代，"诺合"（黑彝）成为主要的统治者。

奴隶制经济是四川大凉山和包括宁蒗、华坪、永胜在内的云南小凉山地区的主要经济形式。由于各等级之间有人身隶属关系，而人身隶属关系影响到被隶属者、被占有者各方面的权力，这表现在各等级之间土地所有权的差异。"兹莫"和"诺合（黑彝）"有着共同的等级特权，一般是土地的主要占有者，但"兹莫"为数较少，只统治很小的一部分地区。主要统治者黑彝具有完全的土地所有权，可以任意买卖、典当或租佃土地，黑彝买卖土地也受家支限制，但这些限制，都是

为了使土地尽量保留在家支范围之内，使家支力量不至于因此减弱。通常黑彝不能把土地卖给居住过远的黑彝家支，也不能到边远的黑彝家支去买土地。当在本家支没有人买土地时，黑彝常愿将土地卖给隶属自己的曲伙，因为自己有吃绝业的权利，可以再次收回土地。"曲伙"虽隶属于黑彝，但有一定的人身自由，可以通过开荒、购买或接受奴隶主划拨获得土地，对耕地也有一定的权力，但"曲伙"对自己土地的处理受到隶属主子不同程度的限制，经主子同意，"曲伙"可以在本黑彝家支范围内买卖土地，也可以在距本黑彝主子不远的其他黑彝家支内买卖土地，但不能将土地卖与黑彝冤家。"瓦加"的土地权限，也同他们的等级地位相适应。"瓦加"的人身自由与"曲伙"不同，是完全为主子所占有的，甚至全家可以被卖掉，"瓦加"被卖，土地由主子没收，所以"瓦加"的土地，即便是自己买的，也没有所有权。"呷西"与"瓦加"相同，也没有人身自由，在主子家内服劳役兼生产劳动，很少时间另外经营土地，因此，一般皆无土地。少数"呷西"可在主子地边开些荒地，也可喂牲畜等积累私房买少量的土地。（四川省编写组，1987）

各阶级因政治等级不同土地占有情况差别较大。在新中国成立初期凉山彝族的调查中，凉山普雄县瓦曲曲乡 16 个自然村 238 户，除"呷西"不占有土地外，黑彝、曲诺、瓦加三个等级奴隶主的土地比例约为 4∶1.3∶1，即平均每户 121.56 斗、40.83 斗、27.25 斗（1 斗约 2 亩，1 亩≈666.7 平方米，后同），从实际耕种面积上看，三个等级平均每户的土地是 36.5 斗、17.83 斗、16.48 斗。在美姑巴普区 3 个乡的 6 个行政村的统计材料中，6 村共有耕地 3971 升（包谷播种量）（1 升≈0.2 斗，后同），若按人口 622 户的 2148 人计算，每人平均应有 1.85 升地，但从各等级占有土地的情况看，黑彝 177 人，占总人口的 8.2%，占有全部耕地的 51.2%；曲伙 1194 人，占总人口的 55.6%，占有全部耕地的 40.9%；瓦加 563 人，占总人口的 26.2%，占有全部耕地的 7.4%。若按各等级每人平均占有土地比较，黑彝每人平均为曲伙的 8.3 倍，为瓦加的 23 倍。在昭觉城南乡甲骨行政村，该村人口共 120 户，384 人，共有水田旱地 76.06hm²，其中：黑彝 7 户，25 人，占全部水田旱地的 39.9%；曲诺 70 户，254 人，占水田旱地的 53.76%；阿加 18 户，71 人，占田地 5.9%，呷西 25 户，34 人，其中只有 1 户占有旱地 0.33hm²。（四川省编写组，1987）

虽然大小凉山地区在新中国成立之初仍有奴隶制残余，但大多彝族地区奴隶制经济已在明清改土归流中趋于瓦解，随着汉族地主经济的渗透，一些土司统治的彝族地区逐渐演变为封建领主制经济。在封建领主制经济中，大部分地区的土地可以自由买卖，不过土地所有权仍属于土司，土地占有者（包括地主和农民）只有田面使用权，呈现土地二重所有制的局面。土司因为有土地所有权，因此占有者要向土司交纳一定的官租，有田面使用权的土地占有者，可以自耕占有的土地，也可以典当、抵押和出租。具有土地使用权的佃农虽与领主不具有人身依附关系，但除租金外，佃农还需承受领主分配的各种超经济负担。

家支制度是彝族领主制经济的主要表现。家支是以父系血缘为纽带的互不通婚的集团。每一家支相当于汉族的一个姓氏，但其成员血缘关系较汉族更为接近和明确。通常每个家支有自己固定的地域范围，可能包括几个或几十个村寨，有时这些村寨并不是都连成一片，而是分散到各个不同的地域。每个家支都有数目不等的头人，头人的主要职能是排解家族内部及外部的纷争，权衡家支势力的消长，维护家支的利益。人们日常生活中的大小纠纷以及公众事务，均靠家支和各家支联合会议来协商解决。家支的重要头人也常作为家支成员代言人控制着辖地内土地、山林以及河流的使用，历代封建王朝在彝族地区实施土司统治，最初的土司就是彝族家支中的重要头人。家支内成员须以献礼领种的方式获得土地使用权，领种的土地在按规定履行应尽的各项义务后可世代相传。土司势力兴盛之时，每户每年皆得向土司拜年并送年礼，年礼不限内容，或送几斤酒、肉，或送几斤蜂蜜，或送几只鸡，此外，还要在土司征调时前往参战。

受汉族地主经济的影响，云南武定、禄劝和红河南岸等土司地区已发展为具有土地租佃性质的领主制经济。在武定万德地区未发生土地买卖的乌德坪、新衙门、多支里、路基地区的土地分属于4个那姓"土舍"，不是土司。4家那姓各是自己辖区内的主人，不仅所辖区的田地都为他们所有，山林、河流也都是他们的，种田地的农民都是他们的佃户，新来农户或本地因分居等原因而无田的农民可以向那家以"献鸡酒"的方式请领耕地。如那家答应，即收下献品，指定田地让领者耕种，领种者按照旧例承担佃户应尽的一切义务。如经济困难时，可以将田地抵押典当出去，但不能出卖。如实在不能耕种时，只有还田地给那家。（中国少数民族社会历史调查资料丛刊修订编辑委员会和云南省编辑组，2009）在凉山边缘安宁河南段的会理、米易地区有几家土司，1949年以前经营土地已主要是租佃方式，如会理县通安乡的普隆州土百户沙建中就有佃户200多家，地租率为50%~80%，也采用押金、加押等方法，佃户除交纳地租外，还要无偿服各种各样的劳役等。米易县普济州土千户吉绍虞甚至大量收回领种地，改为出租田，以进行押金和高额地租剥削。（易谋远，2007）贵州黔西北彝族土目地区，直到1949年以前，已成为地主的黑彝土目仍保持着许多领主制的剥削形式。佃户除交纳田租外，还得承担一些劳役。在威宁少数彝族土目势力很强大的地区，残存的经营土地有"夫差地"、"人租地"、"牛租地"、"马租地"、"羊租地"等。种"夫差地"的佃户，不交粮租，专门为土目家从事某种劳役，因所出劳役不同，有"上马田"、"火把田"、"马草田"、"奶妈田"等名称。种"牛租地"、"羊租地"的佃户，除交地租外，还需交一头中牛或一只羊。（柏果成与余宏模，1985）

对于大多已改土归流的地区，以土地个体私有为基础的封建地主经济已占统治地位。云南大部分彝族地区、贵州的部分彝族地区、广西的全部彝族地区已进入地主经济，地主每人平均占有的土地为贫农每人平均占有的 10 倍以上。1949 年前，滇中地区的坝区及城镇附近的地主经济有了相当的发展。易门全县都有彝族分布，主要分布于普贝、铜厂这两个区域。在普贝的山脚、草箐管理区，十街公社的马头管理区，新中国成立前存在的 5 户地主都是当地彝族地主，汉族地主从来没有在当地占有土地。这几户地主占有的土地，最多的有 6.4hm²，少的有 2~2.67hm²。（中国少数民族社会历史调查资料丛刊修订编辑委员会和云南省编辑组，2009）红河以北铁路沿线的坝区和部分山区、半山区，以汉族和彝族为主的广大农村，地主经济也较为发达。例如，彝族、汉族、回族杂居的个旧市鸡街乡，占户数 10%的地主、富农占有土地达 78.7%，而占户数 90%的农民，仅占有 21.3%的土地。（红河哈尼族彝族自治州民族志编写办公室，1989）峨山彝族地区占农村人口不足 10%的地主、富农占有土地 70%以上，而占人口 80%的贫农、雇农仅有土地不到 20%。（峨山彝族自治县概况编写组，1986）在南涧彝族地区，占人口不到 4%的地主，占有 70%的土地，据调查，在坝区的地主占总人口的 8%，山区地主占总人口的 2%。新平彝族地区，占农村人口 6.7%的地主、富农占有耕地面积 67.2%，而占总人口 59.3%的贫农、雇农仅占耕地面积总数的 20.2%。（刘荣安，1989）石屏县龙武水宫冲寨花腰彝地区，占人口 17.2%的地主、富农，占有水田 36.9%、旱地 26.1%、轮歇地 27.6%。（中国少数民族社会历史调查资料丛刊修订编辑委员会和云南省编辑组，2009）

虽然大多彝族地区已进入地主经济，但直至 1949 年以前，占彝族总人口 40%的彝族地区，地主经济的发展还很不充分。从土地占有量看，不少地主只占地几公顷。弥勒西山区彝族阿细地区油榨地 33 户中只有 1 户地主，占有水田 2hm²，旱地 2.67hm²，平均每人占有水田 0.25hm²，旱地 0.33hm²；路南县圭山区糯衣下寨彝族撒尼支系共 36 户，其中地主 1 户，占全寨总户数的 2.8%，人口 4 人，占全寨总人口的 2.1%，占有旱地 4hm²，占全寨旱地总数 33.9hm²的 11.8%，每人平均 1hm²。不少彝族和其他民族杂居的地区，相当面积的土地集中在汉族地主手中。红河州部分高寒山区的彝族地区，虽然地主经济已有初步发展，但土地多数集中在外地和本地的汉族大地主手中。景东县，与坝区汉族接近的彝区，如川河一带的安定区等，全区地主 48 户，大部分为彝族地主，而在地处山区的太忠区竹者、龙街、果瓦、邦庆 4 个乡，彝族地主只果瓦乡有 2 户，占总户数的 0.1%强，其他 3 个乡均无地主。（中国少数民族社会历史调查资料丛刊修订编辑委员会与云南省编辑组，2009）

即使在地主经济中仍然保留有以家支制度为基本组织的领主制生产关系，在地主经济较为发达的地区，农民也不能随便采伐林木和开荒，只有获得领主允准之后，才得在指定的地点和范围之内进行。清末至民国时期，贵州地区的地主经济得到了进一步的发展和完善，但地主的土地主要是凭借政治特权抢占而来的。一些彝族地主，利用军事或政治上的事变，以保护农民为名，强迫农民"投庄"，承认他们为庄主，从而无偿地把田地交给庄主，并向庄主交纳"马草粮"。威宁、水城两属的拉呼、白岩等处的彝族土目安氏，所占土地六七百里。大定县的旧土司，全县田地至少有 20% 为其私有。（周春元，1987）1933~1946 年，贵州大方县土目安开诚霸占自耕农田地 466hm² 余，每年可收租 180 000kg。（中国科学院民族研究所与云南少数民族社会历史调查组，1963）滇东北彝族地区也存在这一情况，彝良县梭戛乡，土地高度集中，无一户不是彝族大地主陇家的佃户，梭戛农民租种陇家的土地要向陇家上各种各样的租子，其中有人租一项。上人租者租种陇家的土地不要押金，也不要地租，但有一个条件，每代必须抽一个姑娘到陇家去当丫头，或做陪嫁。（中国少数民族社会历史调查资料丛刊修订编辑委员会与云南省编辑组，2009）

## 二、新中国成立前彝族地区的主要经济来源

土地是农业生产中最重要的生产要素，土地占有的情况在一定程度上反映了农作生产发展的状况。彝族祖先过着迁徙、无定居的采集、游牧生活，随着农业生产的发展，至新中国成立前，彝族基本上形成了以种植业为主体，畜牧与林业占一定比例，兼有采集与狩猎的经济结构。

在彝汉杂居区，彝族农业生产已接近汉族。例如，明代嘉庆年间"幕莲"土司所在地云南武定万德区农业生产就较为发达，作物种类较多。粮食作物有稻谷、小麦、大麦、蚕豆、洋芋、豌豆、黄豆、四季豆、老米豆、米稗等；经济作物有大麻、菜籽、烤烟；蔬菜有南瓜、茄子、辣椒、青菜、白菜、大蒜、萝卜、黄瓜、莴笋、茴香、韭菜、芹菜、山药、木芹、洋姜、包包白、苤兰等。由于农产品丰富，又有荒山、池塘，便于养猪，猪的饲养较多，"万德"也由此而得名，即"养猪的坪子"。因自然条件好，森林采伐、林中野物、药材也是经济来源之一。石屏花腰彝对各种作物的耕作技术比较精细，尤其是对水田的耕作，基本上达到了内地汉族区水平。稻谷生产从选种到堆打有 19 道工序，小麦也有 13 道工序。肥料有绿肥、厩肥、人肥、油枯等几种。各种作物的产量也不低，新中国成立前，每公顷稻谷高产者达 6750kg 以上，小麦每公顷高产达 5250kg 左右。（中国少数民族社会历史调查资料丛刊修订编辑委员会和云南省编辑组，2009）

凉山腹心区的彝族，在 19 世纪初生产还是以畜牧为主，至清道光末年，高寒山区无定址的游牧生活没有显著的变化。然而自 19 世纪初汉人大量进入凉山边缘以至腹心地区垦荒，农业的比例逐渐上升。19 世纪末，凉山东部的雷波、马边、屏山一带彝区，虽然仍经营畜牧业以供自己消费，并有大片的牧场和大群的奶牛

和羊，但当地彝族农业已经很发达，种有小麦、荞麦、大麦、萝卜、玉米、燕麦、马铃薯、胡萝卜、苎麻，也种少量水稻。作物生产已具有超过畜牧业的发展趋势。截至新中国成立前，山地开发的面积不断扩大，海拔 2000~2500m 的半山地占耕地面积的 63%，海拔 2500m 以上的高山地占耕地面积的 30%，水田旱地均已使用牛耕。（胡庆钧，1985）

尽管彝族已形成了农作生产为主的经济，但因工具、耕作技术、土质、气候、施肥的不同，彝族各地农业生产有较大的差异。通常彝族地区农业生产较为粗放，大多彝族地区原只会耕耘旱地，种植荞子、包谷，因汉族进入后，修建水沟，辟旱地为水田，才有了水稻种植。一些经济条件较好的彝族地区，彝民的田面使用权相对牢固，土地利用率较高，生产技术与汉族较为接近。而一些经济条件较差的彝区，轮歇地占总耕地的 60%~70%，轮歇时间为 1~7 年，加上农业工具简陋，高山林区普遍有"刀耕火种"存在，农业粮食产量不高。凉山彝族自治州，虽然农业已是主要的生产部门，但农业生产较为粗放，1949 年前，粮食作物平均每公顷产量不到 1300kg，又由于种植鸦片，更减少了种粮投入，缺粮较为严重。因生产力较为低下，在大、小凉山地区，彝族社会矛盾冲突也较为激烈，为争夺土地和劳力，不仅彝族与汉族有矛盾冲突，彝族家支之间也有"打冤家"（家族之间的械斗）的传统，频繁的家支争斗，延缓了人口增长，从而使这一粗放的农业生产得以维持。

除农业外，彝族也有手工业生产，一部分地区还有零星的矿业，但其手工业、矿业还没有完全从农业中脱离出来，手工业主要是农具的加工和修理，制作生活用品和修建房屋。铜矿、铁矿的开采也大多用于农具的铸造。工匠的原料一般都由雇主自备，工匠只提供劳动力，工资是以实物（粮食）支付，并按件计工或按天计工，铁工所能制造的器具有铲锄、挖锄、弯刀、链刀、斧头等；木工所能制造的有：犁头、犁架、耙、水桶，修房屋门柜、凳、风车等。虽然织麻、打草鞋、绣花等手工业也是彝族传统的家庭副业，但这些产品大多自给自足，用于交换的数量较少。既使在一些有手工业作坊的地区，雇工们也大多是利用农闲时间从事手工业生产，以补贴农业收入的不足。这些农村手工业作坊的资本来自于农业，生产资料和劳动力也来自于农业，生产工艺虽有专业化分工，但生产规模较小，如云南易门地区的土纸业。（吴文藻，1944）而大多与汉族杂居地区的彝族，手工业产品的生产多依靠汉族，彝族仅在作坊中出卖劳力。

同手工业附属于农业的状况一致，彝族地区商品交换没有形成市场，也没有从农业分化出来的商人阶层，只有个别的商品生产，但是没有专门的商品生产者。集市中交换的也主要是农产品和农业生产生活用具，彝民在街市上出售的主要是麻布、猪、鸡、草药、皮子、蜂蜜、草鞋、黄豆等，买进的物品主要有粮食、盐、针、犁头、铁料、锅和布料等。交换形态主要采取物物交换的形式，对于商品价格的计算仍以粮食（谷子）为交换价格的准则。例如，凉山雷波县上田坝乡新中国成立初期的集市中，一斤（1 斤=500 克，后同）包谷可以换 1 斤铁，或 2~3 斤废铁锅，或 1 升谷子，或 1 升荞子，或 1 卡烟，或 1 斤酒。当主要作为商品交换的鸦片在彝族地区大量种植后，彝族商品交换才逐渐频繁，但由于高山路远，依靠肩背马驮的运输条件，商品交易量并不大。

在一些有工业发展的地区，彝族农业经济为主的状况并没有得到改变。20 世纪 30 年代费孝通先生在地主经济和媒炭生产较为发达的楚雄禄丰地区进行调查后得出结论：当时该地虽然有一些农田经营之外的各种职业，但"除极少数能维持一家专门从事该项职业者的生计外，大体说来，禄村人民的生活差不多全得靠农田来维持，不在农田上找工作，就不易在别的生产事业中找到工作机会"。当时在禄村，找不到一项重要的家庭手工业，"所有的专门职业和普通农家副业，虽然多少增加了他们农田经营之外的收入，但是为数都很有限，而且除了运输和贸易之外，很少能吸收农田上多余的劳力，所以农田在禄村不但是维持人民生计的主要力量，也是给人民利用劳力的主要对象。"（费孝通，1943）禄村的这一情况也是广大彝区社会经济基本状况的反映。

## 三、新中国成立后彝族地区的社会经济发展

新中国成立后，为发展民族地区农业生产，国家在彝族地区实行了土地改革、农业互助社、初级合作社、高级合作社等一系列改革措施，彝族各地因原有土地所有制形式不同，采取的改革措施也略有不同。这一系列措施的推行，结束了奴隶主、封建领主、封建地主的土地所有制形式。

云南的大部分以及贵州、广西的彝族地区，封建土地所有制相对较为成熟，这些地区开始土地改革较早。从 1951 年 11 月开始，滇中楚雄彝族专区和武定专区即开始了土地改革工作，经过准备阶段、划分阶级阶段后，按照《中华人民共和国土地改革法》的规定，依法没收地主的土地、耕畜、农具和多余的粮食及其在农村多余的房屋；依法征收祠堂、庙宇、教堂、寺院、学校和团体的土地及部分其他公地。对大地主采取先收后留，对中小地主和反动富农先留后收，对小土地出租者，只征收其超过部分，对中农（包括富裕中农）的土地及其他财产不得侵犯，最后，召开农代会，采取自报公议、民主评定、群众审查的办法，先分田地、后分房屋，再分耕牛、农具，最后分浮财。重点是分给无土地、无房屋或少地缺房的贫雇农，后分给少地少房的部分中农，还注意对原耕佃户的照顾。分配完毕后，紧接着进行复查，解决遗留问题，防止疏漏和差错。至 1953 年土地改革结束，两专区共有 95 万多无地少地的农民获得了土地。（楚雄彝族自治州概况编写组，2007）

云南接近红河南岸、西双版纳傣族自治州等彝族地区由于民族多，历史上民族隔阂较深，各民族内部保有较多的领主经济残余，民族上层在本民族中还有一定的影响，从有利于生产、有利于民族团结和对敌斗争的原则出发，土地改革中采取了和平协商的方式，即在自下而上充分发动群众的基础上，采取自上而下与民族上层协商的办法来完成土地改革，有步骤地实施农民土地所有制，至1957年基本完成土地改革。而四川凉山和云南小凉山地区以及与川滇大小凉山相毗连的金沙江沿岸的彝族地区，由于奴隶制残余势力较大，采取了比较缓和的改革方式，改革晚于内地，1956年春到1958年春，才采取协商谈判和直接斗争相结合的办法开展了奴隶制度的改造。1958年6月，宁蒗彝族自治县土地改革完成，26 000多名奴隶变成土地主人，每一个人都分得了0.2~0.33hm²耕地，人民政府还帮助他们每人获得一套农具（锄头、砍刀等）、毯子、衣服、蓝布长头巾。妇女们得到了百折裙和针线，每家都得到了一整套锅盘碗盏、足够的粮食和食盐，每三家得到了一头耕牛。（人民日报社，1958）

虽然彝族人民在土地改革后分得了土地，获得了发展生产的基本条件，但由于耕牛、籽种和农具等生产资料的缺乏，建立在个体私有制基础上的小农经济难以克服各种自然灾害，生产生活上还存在许多困难，于是在土地改革完成后，政府又开展了从互助组、初级社到高级社的互助合作运动。到1953年秋，除云南边疆地区外，各地加入互助组的农户已占农村总农户的60%~70%。1956年初，楚雄自治州入社农户已占总农户数的89.3%，滇、黔、桂内地彝族地区基本上实现了初级合作化。（中国科学院民族研究所和云南少数民族社会历史调查组，1963）由于合作社土地仍属私有，收益部分实行以劳动为主，土地按25%分红的原则分配，又由于合作社实行了统一安排劳动力和集中使用土地，基本上解决了互助组中共同劳动与分散经营的矛盾，把个人利益和集体利益紧密地结合起来，进一步促进了生产的发展，增加了社员的收入。1956年秋至1957年春，在内地汉族地区高级农业合作化运动的推动下，各地掀起了转社并社的热潮，到1957年底，除云南边疆等地区外，滇、黔、桂三省（自治区）彝族地区基本上实现了高级农业合作化。

生产关系的变革促进了社会生产力的发展，虽然在土地改革以及合作社运动后，在对农业的指导上，产生了急躁冒进和浮夸风、瞎指挥风等失误，以后又搞了"吃大锅饭"，刮"共产风"，搞单一经济等一系列的运动，影响了农业发展速度，但由于这期间不断有农业生产技术的投入，彝族地区农业经济仍然发生了较大的改变。

从开展农业合作社以来，彝族地区兴修水利、改良土壤、治河造田、开垦荒地、加大了现代农业生产技术的应用，农业生产有了大幅度提高。新中国成立前，云南楚雄地区只有1万公顷农田得到一些天然长流水及一些小坝塘的灌溉，占总耕地面积不到7%。1952年土地改革完成后，政府便着手进行水利建设，仅1952年一年的时间，全区就修坝塘 790 多处，渠道 864 条，农田受益面积达 11 600hm²。至 1955 年底，楚雄地区的有效灌溉面积已增加到 24 533.3hm²，比新中国成立前增加了 1 倍。一系列水利工程建设后，滇中彝族地区成为了云南粮食主产区。1958 年实施"以粮为纲，全面发展"农业生产方针以后，随着良种推广以及耕作技术的改善，彝族地区粮食总产量不断提高。1978 年，楚雄州粮食总产比 1952 年翻了一番。（楚雄彝族自治州概况编写组，2007） 1980 年，凉山全州（全民和集体）粮食总产达到 1 033 485t，比 1949 年净增 708 280t，增长 2.18 倍，平均每年增长 3.8%；平均每公顷产量 1980 年达到 2872.5kg，比 1949 年增加 1650kg，增长 1.35 倍。1951~1980 年的 30 年中，粮食总产量有 23 年增产，只有 7 年减产。全州各类牲畜已发展到 517.5 万头，比 1949 年增长 2.6 倍；畜牧业总产值达 8632 万元，占农业总产值的 19.3%。（万世祥，1985）

伴随着农业发展的是彝族地区人口的大量增长，1953 年第一次人口普查时，楚雄州人口 1 228 965 人，至 1982 年人口普查时已达到 2 156 244 人，30 年时间，人口增长达 0.75 倍。（云南楚雄彝族自治州地方志编纂委员会，1993）红河州 1949 年时，人口 1 456 671 人，至 1978 年，人口已达 3 042 752 人，增长 1.08 倍。（云南省红河哈尼族彝族自治州志编纂委员会，1997）凉山彝族由于地理区划的变更不便统计，但从美姑县的人口增长也可以推断凉山地区人口增长的情况。1952 年美姑建县时，全县总人口为 87 070 人，1981 年全县年末人口达 133 040 人，人口净增 52.79%，1990 年全县总人口为 151 024。（四川省美姑县志编纂委员会，1997）人口的增长，几乎耗尽了新增的粮食产量。1938~1982 年楚雄禄村人口增加 87.6%，粮食总产量增长 19.87%，人均粮食占有量下降 38.87%。楚雄姚安是传统的农业大县，新中国成立后农业投入较多，但也存在类似的状况。1949~1979 年，人口增长 102.8%，粮食总产增加 88.4%，而人均粮食占有量下降 11.1%。（云南楚雄彝族自治州地方志编纂委员会，1993）1978 年后，农村推行联产承包责任制，再一次调动了彝族人民农业生产的积极性，农产品产量有了进一步增长。近年来，楚雄州人均粮食产量虽已达到了 340kg 余，但离小康标准 400kg 尚有一定距离。随着人口增长、城镇化速度的加快以及人民生活水平的提高，粮食消费量还将提高，农业作为食物保障的刚性需求仍然很强。

1980 年后，彝族地区逐步从单一经济中走出来，不仅经济作物生产、养殖业、畜牧业得到发展，还出现了从事工业、交通、运输、建筑业、商业、服务业和其他行业的专业户、重点户和新的经济联合体，商品经济得到了快速的发展。1990 年以后，彝族地区产业结构进一步得到改善，第一产业比例下降，第二、第三产业比例逐年增长，但由于工业基础薄弱，彝族地区工业化水平偏低，经济增长主要集中于资源型重工业以及与农业相关的烟草业。至 2009 年初步核算，楚雄州全年国内生产总值（GDP）342.35 亿元，第一、第二、第三产业增加值占生产总值的比例分别为 23.6∶41.6∶34.8。其中：烟草制品业实现增加值 43.47 亿元，占规模以上工业增加值的 47.9%；冶金化工业实现增加值 30.50 亿元，占规模以上工业增加值的 33.6%。2009 年凉山州全州 GDP 达到 627.11 亿元，第一、第二、第三产业占国内生产总值的比例调整为 25.1∶40.8∶34.1。在工业产业中，黑色金属矿采选业增加值增长 48.1%，有色金属矿采选业增长 36.6%，黑色金属冶炼压延加工业增长 21.5%，有色金属冶炼压延加工业增长 30.4%，电力生产和供应业增长 29.23%。2011 年红河州实现 GDP 780.64 亿元，三次产业结构为 16∶54.1∶29.9。在工业增加值中，10 种有色金属增长 20%，原煤增长 12.1%；发电量增长 9.0%。虽然彝族地区近年来农业所占国民生产总值的比例在下降，但与沿海地区农业总量增长及占国民生产总值不足 7% 的比例相比（如 2011 年江苏省农业所占国民总产值为 6.3%，而浙江省仅为 4.9%），彝族地区工农业发展还有较大差距。

由于工业大多集中于省会、州会城市地区，除部分有矿产、水利资源产业开发和建有卷烟产业的地区外，农业仍然是广大彝族聚居地区最为重要的产业。1980 年，楚雄州的社会总产值中，农业产值仍占第一位，至 1989 年，工业所占比例才超过农业。2013 年，楚雄州牟定县全县实现 GDP 35.62 亿元，全县第一、第二、第三产业增加值占 GDP 的比重为 28.8∶35.7∶35.5；姚安县全年实现 GDP 33.9 亿元，第一、第二、第三产业占 GDP 的比例为 37∶32∶31；武定县全县全年实现 GDP 40.57 亿元，第一、第二、第三产业增加值占生产总值的比例为 34.5∶32.9∶32.6；凉山州美姑县至 2006 年，农业所占国民生产总值的比例仍高达 53.1%，而云南红河州彝族聚居较多的红河县，至 2012 年，农业占国民生产总值仍高达 37.4%。（中国统计信息网，2012）近年来，一些彝族地区工业总产值虽已超过农业，但农业所占比例仍在 30% 左右。

虽然彝族地区工业经济有了较大发展，部分地区工业总产值已超过了农业总产值，但这种快速发展在很大程度上是通过乡镇工业和招商引资的数量扩张来实现的。长期以来，彝族地区工业经济主要集中在烟草制品业、有色金属冶炼、电力、化工等少数几个行业，由于这些以重工业为主导的产业结构并不是内部自发形成的，而是在计划经济体制下由政府为主投资推动形成的，因而不能有效带动当地相关产业的发展，不利于吸收当地劳动力就业和实现就业结构转换。在工业产值不断上升的同时，彝族农业从业人口并没有大幅度下降。2008 年，凉山州、楚雄州、红河州农业人口分别达 87.77%、85.5% 和 82.75%。而彝族聚居较多的红河州红河县农业人口占总人口比例仍高达 94.8%，楚雄州姚安县、大姚县也分别达 92.79% 和 89.66%。凉山州除西昌市外，其余各县农业人口均达 83% 以上。（四川省统计局与国家统计局四川调查总队，2009；云南省统计局和国家统计局云南调查总队，2009）

　　由于长期以来依靠农业发展的积累有限，致使乡镇工业投资资本积累不足而难以有更大的发展，彝族地区企业规模较小。乡镇基础设施建设的不足，在一定程度上又制约了县域工业的快速发展。此外，由于人才匮乏和劳动者素质偏低，致使多数企业无自主开发和引进新产品、新技术的能力，传统的制造业，生产的产品多为初级加工产品，产品附加值少，市场竞争力不强，产品销售和市场占有率都较小，产品抵御市场风险能力差。有部分企业管理粗放，效益低下。这些因素的影响和制约，加剧了彝族与汉族地区发展的差距，至今，彝族聚居地区大多为国家级和省级的贫困县。在 2012 年《国家扶贫开发工作重点县名单》（中国网，2012）中，凉山彝族自治州 17 个县市，就有美姑县、金阳县、昭觉县、布拖县、雷波县、普格县、喜德县、盐源县、木里县、越西县、甘洛县 11 个县为国家级贫困县；楚雄彝族自治州所辖 9 个县中，有南华县、大姚县、姚安县、武定县、永仁县、双柏县 6 个县被列为国家级贫困县；其他彝族自治县，除四川峨边、云南玉溪峨山、昆明石林等彝族自治县外，几乎所有的彝族自治县均位列其中。

# 第二章 以"树"为依据的世界

## 第一节 "树"衍生的万物

### 一、源于"树"的万物

在彝族聚居地区，由于环境的多样性，不仅各种植物丰富，各种树木的生长也很茂盛，长期生活在多树的环境中，彝族人深切地感受到了森林对于人、对于动物、对于大自然的重要性，体会到树是人类生存和大自然生机勃勃的基础。在彝族的自然观念中，天地万物就来自于一棵"树"的变化。

彝族著名史诗《查姆》①中描述，远古的时候，天地连成一片。下面没有地，上面没有天；分不出黑夜，分不出白天。只有雾露一团团，只有雾露滚滚翻。雾露里有地，雾露里有天；时昏时暗多变幻，时清时浊年复年。天翻成地，地翻成天，天地混沌分不清，天地雾露难分辨。空中不见飞禽，地上不见人烟，没有草木生长，没有湖泊山川，也没有日月星辰。这种混沌状态的改变，是因为一棵"树"的生长和变化。书中写到，神仙之王捏浓倮佐颇召集众神仙商议天下事，要安排日月星辰，要铸就宇宙山川，要造天造地。在布下了月亮、太阳和星星的地方后，就派神仙到太空中种活了一棵梭罗树②，从此，这棵树成为了天地万物之源。（郭思九与陶学良，1981）

太空这棵梭罗树，树花白天开，花开红嫣嫣，如万颗金针刺双眼。龙王罗阿玛，到这棵梭罗树中拔得一棵籽种来，去到月亮的位置上，又种出一棵梭罗树，这棵梭罗树，树花夜晚开。白天开放的"梭罗树"花成为了太阳，夜晚开放的"梭罗树"花成为了月亮。③有了太阳、月亮这两棵梭罗树开花结果，经神灵的播撒，

---

① "查姆"在彝语中指事物的根源，凡记录有事物起源的口传与彝文古籍文本也被称为查姆，此处指彝文古籍整理本《查姆》一书。
② 梭罗是好的意思，梭罗树即好树。
③ 这里的有关记录《查姆》整理稿与记录稿"阿檏独姆西（一）"表述不一，引文综合了两书记录的内容。《查姆》整理稿中描述："派龙王罗阿玛，到太空中，种活一棵梭罗树，树生四枝杈，一杈生四叶，四匹叶上四朵花。这棵梭罗树，是树木的祖先。白天不开花，夜晚白花鲜。派撒赛萨若埃，到一千重天上。种棵梭罗树，树生四枝杈。一杈生四叶，四匹叶上四朵花。花开红嫣嫣，万棵金针刺双眼。树花白天开，日日花开照人间。"而《云南民族文学资料 第七集》记录稿中表述："一重天上头的地方，有棵梭罗树，生出四枝杈。一杈生出四匹叶，四匹叶上生出四朵花，白天像太阳，晚上像月亮。四天上老龙王，拔得一棵籽种来，去月亮里边栽。涅浓罗阿马，是梭罗树撒种人。"这里选用记录稿中的内容，因为先有一棵梭罗树，月亮又因栽下梭罗树开花而形成，这里理解为神灵到月亮的位置上种下了一棵梭罗树。

天空中众多的梭罗树花开放，形成的星星数也数不完，夜晚星光亮闪闪。（郭思九与陶学良，1981）

不仅太阳、月亮和星星由梭罗树开花形成，风云雷电、雾露云雨等气象变化也源于这棵"梭罗树"。因为"这棵树里面，有太阳和月亮，有星星和云彩，有清清的泉水，有风又有雨，有雾又有露，有茂密的森林。"（楚雄彝族文化研究室，1982）《西南彝志》中说："日月生银树，银树出金卷，金卷金锁开，一是青天，二是闪电，三是迅雷，四是疾风，五是长虹，六是雨雪，七是冰雹，八是海霞。"（毕节地区彝文翻译组和毕节地区民族事物委员会，1988）因为日月梭罗树的生长繁衍，天地间既有碧空万里的晴天，也有雷雨疾风、霜雪满天的时日。[①]

梭罗树也是天地事物的基本组成，造天地的材料就由"梭罗树"来生成。"天上有太阳，晒着月亮里面那棵梭罗树，梭罗到了冬月九，树叶落到地上来，树叶变成土，有了天来有了地。"（李申呼颇等，1959）《蜻蛉梅葛》中虽没有明确说明造天地的材料是树叶，但天地的形成也源于梭罗树。歌中唱到，月亮那棵梭罗树，"树尖有九堆白土，树根有七堆黑土，麦婆约砍来树枝做扁担，先说若扯来树叶编成篮。麦婆约汗水滴下变成灰，先说若口水滴下变成泥。世上有了青灰、白灰、黑灰，有了黄土、红土、黑土。只有青灰能造天，黄土造黄地，红土造红地，白土造白地。"（姜荣文，1993）《西南彝志》中也说："太初起先产生古叟起，次产确妥努[②]，古叟起里面，有光明的太阳，有银树开金花，古叟树里，地上也像天上光明，黄地的荣耀，四面生出土，都依靠太阳。"（贵州省民间文学工作组和贵州省毕节专署民委会彝文翻译组，1963）《阿细的先鸡》中则直接把这一过程描述为用"树"来造成天和地："空中有个阿颓神，他在子年造了天。他在空中栽了一棵树，树儿高大叶儿蓝，这棵树长得非常快，它的枝叶伸向无限远，可是它还拼命地长，一直长到现在的天空这样宽，阿颓这个神，吹了一口气，把它送到高空去，从此我们有了这个蓝色的天。""空中有个阿志神，他在丑年造了地，他在空中栽了一棵树，树大粗壮叶儿黄，这树长得非常快，它的枝叶伸向无限广。阿志这个神，像树一般壮，他就坐在这棵大树上，使它枝叶不能向上长，阿志这个神，像树一般肥，压得这树向下垂，一直垂到底，从此我们有了这个黄色的地。"（光未然，1944）

天地来源于"梭罗树"，地上各种植物和庄稼也源于"梭罗树"。"月里那棵梭罗树，树上良种数不完，奇花异草由人选，树木药材任人拣，树上藏有谷子、包谷，树上储存果木麻棉，还有荞子、洋芋，还有甘蔗蜜甜……"（郭思九与陶学良，1981）。地上各种草木、作物都源于梭罗树种的播撒，"找到梭罗树，树上果子摘

---

① 太阳和月亮来自于两棵梭罗树，在不同史诗的表述中有所不同，有时太阳、月亮也直接表达为梭罗树。
② 文中"古叟起"、"确妥努"指的是日月的所在地。

下来。左手摘下来，右手撒出去；左手摘来的，左手撒出去，右手撒下河，野草
长出来；左手撒上山，树木长出来……地王来念法，梭罗树上去摘果子吃，装在
羊皮褂里面，就来到处撒，长出庄稼来，各式各样都齐全。"（李申呼颇等，1959）

"梭罗树"上有各种植物籽种，也有鸟窝、兽窝、鱼窝和虫窝。"热兹树[①]上出
鸟窝，鸟类成对飞出来，老鹰出一对，斑鸠飞一双。山雀、瓦雀各一对，天鹅、
乌鸦各一双。箐鸡、山鸡各一对，鹦鹉、布谷各一双。喜鹊出一对，黄雀出一双，
样样雀鸟都出来，不出的雀鸟没有。热兹树上出虫窝，昆虫成对走出来。一对蜜
蜂飞出来，一双蚯蚓爬出来。一双野猫走出来，样样野兽都出来，不出的野兽没
有。鱼儿出一对，石蚌出一双，螺蛳出两个，样样鱼类都出来。大蛇出一对，大
蟒出一双，穿山甲出两个，各样爬虫都出来。热兹树上出家畜，家畜双双走出来，
走出一对牛，走出一双马。走出一对猪，走出一双羊，走出两个狗，各样家畜都
出来。"（陆保梭颇与夏光辅，1984）各种动物从"梭罗树"中走出来，人类各种
族也从"梭罗树"中来。"梭罗树根有道门，第一次开门出了一对罗罗，第二次开
门出了一对摆夷，第三次开门出一个多波，第四次开门出一对福嘤婆，第五次开
门出了一对维列背苏，第六次开门出了一对黑麦嘤书，第七次开门出了一对伙喜
婆，第九次开门出了一对喜婆[②]"。（姜荣文，1993）树木森林的茂盛有利于动物的
生存，而"梭罗树"的存在又是植物繁衍的基础，因此，在彝族看来，地上各种
动物，包括家畜和人，都出自于梭罗树。

虽然彝文古籍中也有动植物和人来源于水的说法，如《梅葛》中说："天上下
白露，天上下黑露，露水会扎地，白露扎出白石头，黑露扎出黑石头，天神下凡
来，打烂白石头，白猪钻出来，打烂黑石头，黑猪钻出来。""天上撒下三把雪，
落地变成三代人。撒下第一把是第一代，撒下第二把是第二代，撒下第三把是第
三代。"（云南省民族民间文学楚雄调查队，1960）露水、雨、雪虽然与树不同，
但这些事物却直接或间接与树有联系，这种关系在史诗《勒俄特依》中有着清晰
的表述，"天上掉下泡桐树，落在大地上，霉烂三年后，升起三股雾，升到天空去，
降下三场红雪来。红雪下在地面上，九天化到晚，九夜化到亮，为成人类来融化，
为成祖先来融化。做了九次黑白醮，结冰来做骨，下雪来做肉，吹风来做气，下
雨来做血，星星做眼睛，变成雪族的种类，雪族子孙十二种。有血的六种，无血
的六种。"（冯元蔚，1986）雪子十二族中，有血的是动物，无血的是植物，这十
二种生物成为地上植物和动物的祖先。虽然这些生物由雪化成，但由于雪和水的
产生源于"树"的作用，因此，从根本而言，动物、植物和人的产生都源于"树"
的变化。

---

① 热兹树为彝语，意为梭罗树。
② "多波"意为和尚；"福嘤婆"意四川人；"维列背苏"意生意人；"黑麦嘤书"意擀毡人；"乍约婆"意狡猎人；
"伙喜婆"意回族；"喜婆"意汉族。

　　与此类同，彝族人把地上各种山石矿物的形成也间接地归因于天上"梭罗树"的生长变化。由于天上梭罗树是地上各种事物的来源，《阿细颇先基》中认为地上大山和丘陵都是由"树"种生长而成，因此"造丘找丘籽，立山找山籽。地上莱纹树，如是依底呢，地上却没有，如果去寻找？要去天上找。"（石连顺，2003）《查姆》中说到寻找金、银、铜、铁、锡矿时，首先要找的是金树、银树、铜树、铁树和锡树。"看见一大棵金树，树干黄橙橙，树叶放金光，树花晶晶亮……看见一大棵银树，树叶白生生，树花亮堂堂……看见一棵铜树明晃晃，满树红彤彤，树叶亮堂堂。看见一棵大铁树，树干黑黝黝，树叶嫩汪汪……看见一棵大锡树，锡树白花花，树叶放白光……"（郭思九与陶学良，1981）找到了金、银、铜、铁、锡树，也就找到了金、银、铜、铁、锡矿。由于各种树木来自于"梭罗树"，因此，地上各种矿物也间接来自于"梭罗树"。

## 二、具有"树"生命特征的万物

　　"梭罗树"是一棵生命之树，万物因"梭罗树"而生，万物也禀受了来自"梭罗树"的生命特征，都具有树木生长发育的机能。这突出地表现为万物都具有播种、发芽、开花和结果的生命特点。在彝族看来，不仅植物、动物，日月星辰、河流山箐等都是具有树木生命机能的有机体，都具有生长发育的能力。

　　万物形成于树，树的繁衍需要播撒种子，而万物生命就源于播种。为了世间有日月星辰，花草树木，神灵在创世之初就是通过播撒种子来创造万物，"盘颇撒物种，第一把撒出星宿，撒出第二把，有了日和月……为了世间有草，为了世间有水，阿谢嫫若啊，辛勤地把种子撒播，她房前屋后撒，干地山头撒，河边沟也撒，满山遍野撒。四面八方撒，四面八方种，无处不去撒，无处不去种。"（陆保梭颇与夏光辅，1984）在播撒的种子里，有日月的种子，有草木的种子，也有人和动物的种子，《梅葛》中也描述，最初产生的人就是用果子变化而成的。格兹天神放下了九个金果和七个银果，九个金果中，五个成为了男人，七个银果中四个成为了女人。（云南省民族民间文学楚雄调查队，1960）

　　树木生长要发芽，没有不发芽的树，没有不发芽的草，来源于"树"的万物都会生长发育。因此，"天是要生的，地是要长的，太阳是生出来的，月亮是长出来的。星宿是生出来的，风雨是地上长出来的，雾露是地上长出来的，树林还是长出来的。"（中国作家协会昆明分会民间文学工作部，1962）天地万物都如同树一样生长，因此，《西南彝志》中描述："云与星生了根蒂，在疾速发展着，狂风也生了根子，在疾速发展着"。（贵州省民间文学工作组和贵州省毕节专署民委会彝文翻译组，1957）有了树木的生长特性，万物都会发芽，"春风吹到河两岸，河边柳树先发芽。吹到白樱桃树上，白樱桃树就发芽。吹到松林里，松树就发芽。

吹到桃李梨树上，桃李梨树就发芽。吹到高山柏树上，柏树就发芽。吹到罗汉松树上，罗汉松树就发芽。吹到草丛里，百草就发芽。没有不发芽的树，没有不发芽的草。世间万物都发芽。"（云南省民族民间文学楚雄调查队，1960）从树木发芽、百草发芽到万物发芽，这种发芽的先后顺序表明了树木生长对于万物繁荣茂盛的基础作用。

万物会发芽，万物也会开花。"八月十五来，日月就开花。十冬腊月到，星星就开花。六月七月来，白云黑云朵朵开。"天上开完花，地上河流山箐来开花，"正二三月到，风吹百花开。天开花来落地上，四面八方鲜花开。大山小山鲜花开，河边坝子鲜花开。大河小河开，大山小山开，四方八面开。山箐开花在石岩，石岩开花落树上。"地上山河土地开了花，各种草木才开花。"白樱桃树开了花，花瓣吹落刺树上，大树小树鲜花开。花蕊落在青松赤松上，青松赤松就开花。落在罗汉松树上，罗汉松树也开花，野柏松树也开花。落在高山洋皮松树上，洋皮松树也开花。落在柏枝梢梢上，柏枝梢梢也开花。落在橡子树枝上，橡子树也开花。……"树木开完花，草也想开花，"芦苇先开花，吹到山中毒草根，毒草就开花，吹到山竹根，大小山竹都开花，吹到河边艾草根，艾草也开花。吹到苁麻上，苁麻就开花。吹到芭蕉树根，芭蕉也开花。"不开花的树没有，不开花的草没有。草木开了花，动物也开花。兔子先开花，"吹到老虎老熊背上，老虎老熊也开花。吹到豹子头上，豹子也开花。吹到狐狸黄鼠狼头上，狐狸黄鼠狼也开花。吹到马鹿岩羊头顶上，马鹿岩羊也开花。吹到獐子麂子头项上，獐子麂子也开花。吹到野牛头上，野牛也开花。吹到野猪头上，野猪也开花……"没有不开花的兽，没有不开花的鸟。没有不开花的耕畜，没有不开花的家禽，各种树开花了，草开花了，百兽开花了，百鸟开花了，家禽开花了，耕畜也开花了，人类才开花。摆依（傣族）先开花，"吹到高山彝族头上，彝族也开花。吹到坝子汉族头顶上，汉族也开花。吹到回族头上，回族也开花。吹到赶毡匠头顶上，赶毡匠也开花。吹到高山庙里和尚头上，和尚也开花。"（李申呼颇与杨森等，1959）开花是生命繁衍的条件，这里说和尚开花，原因在于彝族地区一些以密宗修行的和尚，一般不禁止婚配。

从日月开花到山川河流开花，再到各种植物开花是为了表明环境对于生命生存的重要性，同时也表现了"梭罗树"对于开花的根本作用。说动物也开花，明显地，彝族是通过植物来理解动物的，动物也是植物一样的存在，是树一样的生命机体。从日月开花到各种植物开花，表明了环境的先在性，从植物开花再到动物开花又体现了植物具有的优越性，动物的存在依赖于植物，依赖于森林。植物先开花，动物再开花。动植物开花后，人类才开花。这样一个开花顺序表明，植物和动物是人类生存发展的基本条件。

认识到万物开花对生命繁衍的必要性和重要性，每年农历二月八日，楚雄大姚等地彝族要过隆重的"插花节"。节日这一天，人们不仅要到神树林中祭拜神树，还要背上竹箩上山采花，把采回来的鲜花插在门口、窗户和房子周围，并在山寨的一些主要通道上也搭起彩棚，上面插满鲜花。节日里，人们不仅身着盛装互相插花表示祝贺，而且还给山地、耕牛、农具插上鲜花，并将牛赶上山，跟着牛群在马缨花树旁跳舞唱歌，尽情娱乐，以求新的一年里人畜兴旺、五谷丰登、生活美好。

因为开花对于生命延续的作用，彝族人认为日常生活中的各种事物都会开花，都要开花。采铜采铁要见铜树花和铁树花，炼铜炼铁要采铜花和铁花，土地、房屋、神灵都要有花，"正月门彩花，是新年门上戴的花，二月龙头花，是菩萨戴的花，三月黄菜花，是蜜蜂采的花，四月小秧花，是小秧戴的花……五月秧穗花，是盘田种地时戴的花，六月纸香花，是田公地母戴的花，七月苦荞花，是五谷戴的花，八月朝阳花，是太阳月亮相会戴的花，九月开菊花，是九皇大会花，十月剪刀花，是饥荒年成花，院子中间十盆花，院子外边松头花，是笔墨砚瓦花，是手上拿的花，梁上八卦花，是房屋戴的花。"（云南省民族民间文学楚雄调查队，1960）在彝族看来，只有开了花的事物才能有生命的延续，才能繁荣兴旺，土地、房屋以及自然事物等都需要通过开花来获得生命的繁衍。

万物开花也会结果，而开花结果要相配，因此，"正二三月到，春风空气来相配，天要地来配，地要树来配。天上吹来一阵风，吹到河当中，风和水波配，河配岩来岩配石，岩石又和树相配。柿树梨树两相配，罗汉松和大风配……没有不相配的树木花草，没有不相配的鸟兽虫鱼，没有不相配的人。样样东西都相配，地上的东西才不绝。"（云南省民族民间文学楚雄调查队，1960）相配是各种事物繁衍的必要条件，在彝族看来，万物只有通过相配才能有生命的孕育。

树木果实成熟既是生命的终结，也是新生命的孕育。在彝族看来，死亡就如树木果实的掉落，如《梅葛》中所说："天王撒下活种子，天王撒下死种子。活的种子筛个角，死的种子筛三筛。活的种子撒一把，死的种子撒三把。死种撒出去，会让的就能活在世上，不会让的就死亡。"（云南省民族民间文学楚雄调查队，1960）生与死都是种子的播撒，如同种子成熟掉落，死亡即是生命的终结，也是新生命的开始。《西南彝志》中说猪牛等动物死后，身体中可以找到各种种子。黄猪胃里没有草，有的是白净净的、黄灿灿的种子；牛头里没有脑髓，有四个鸟蛋在里面，这鸟蛋是大树种子；一种叫尼不姆的动物，喉管里没有血，有的是草种子，头里没有脑髓，有的是大树种，有许多的树种。（贵州省民间文学工作组和贵州省毕节专署民委会彝文翻译组，1963）《查姆》中也有从死亡动物身体中找到籽种的描述，剖开孔雀头，不见脑浆只有三颗棉花子，剖开孔雀心，没有心血只有三颗棉花子，破开孔雀骨，没有骨髓只有三颗棉花子；麝头没有脑浆，却有三棵竹子种，有三颗纸树籽，挖开麝，麝子心中没有血，却有三颗竹子种，有三颗纸树籽，敲开麝骨头，不见有骨髓，却有三颗竹子种，有三颗纸树籽。（郭思九与陶学良，1981）死亡意味着种子成熟，这些从死亡动物中找到的种子意味着另一个新生命的开始。

　　树木落叶来年会发新叶，果子掉落来年会长出新的植株，自然万物有生有死，生命才能生生不息，因此，在彝族人看来，"风吹黄叶叶就落，人死就像落叶样"，"籽饱果熟就掉下，人死就像果子掉。"人生就如同树木一样的生长循环，天神来撒种，天神来收禁。由于死亡对于生命繁衍和新生的意义，万物有生就有死，死种撒出去，万物都会死。"撒到地上，地会裂成缝。撒在山头上，山也塌下来。撒到石岩上，石岩也裂开。撒在林中樱桃树上，樱桃树叶会落下，撒在刺树上，刺树会枯死……没有撒着的草没有，没有撒着的树没有。撒在山草上，山草会死了，撒在艾草上，艾草会死了。没有撒着的草没有，没有撒着的花没有。撒在蚂蚁上，蚂蚁也死了。撒在兔子上，兔子也死了。撒在山中老虎上，老虎也死了……没有撒着的兽没有，没有撒着的鸟没有。撒在大雁上，大雁也死了。撒在老鹰头上，老鹰死在高山顶……没有撒着的没有，没有死的没有。"（李申呼颇与杨森等，1959）各种植物动物会死，大地、岩石会死，日月星辰也会死，只有死亡形式的不同，"早晨太阳出，晚上太阳落，太阳会出也会落，人和太阳一个样，会生也会死。"（云南省民族民间文学楚雄调查队，1960）

图 2-1　用树木制做的祖灵（2011 年摄于楚雄紫溪山板凳村）

　　在彝族看来，死亡也是生命的回归，在彝族阿哩"依芝列恋歌"中，一对相恋的情人死后变成了树，"依芝列伙子，变成棵栗树；淑布妮姑娘，变成棵柏树。柏树发一枝，攀在栗树上；栗树发一枝，搭在柏树上。"（龙倮贵，2002）老人死后灵魂也会回到树中，因此，《梅葛》中说："松林长得密又直，青冈树林密又直，你爹坐在松树枝上，你妈坐在青冈树枝上。松树枝砍回来，松树来做人，做出爹的象。青冈树枝来做人，做出妈的象。"（李申呼颇与杨森等，1959）由于死后灵魂会回归于树中，因此，当老人下葬以后，村寨里的毕摩（祭师）要通过打卦寻找灵魂所归附的松树或马樱花树，将树或树枝取回，刻成木偶作为祖灵供奉于家中，这样死者的灵魂就可以招附于灵牌中，几年后，再将其放置于一棵族灵树或长有茂密树林的祖先箐洞中，这样，祖先最终仍与树融为一体。老人死去要寻找灵魂树，当新生命死亡时则直接采用树葬，直至新中国成立后，云南弥勒彝族当婴幼儿不幸夭折时，则直接用布裹紧装于箩筐内吊于树上，刚出生即死亡的小羊，人们也会将其葬于树上，以此人们希望生命通过树木获得重生。

为了使亡灵拥有生存的保障，在彝族丧葬活动中，人们还有立摇钱树的习俗。在丧礼仪式上，亲属要为死者搭建"于拍"（也称为摇钱树）。制作"于柏"时，砍下松树或竹子做树干，再制作日月星云和各种神灵以及山水动物和金银财宝等图案，然后用竹篾、麻线将这些图案分层缠绕于树上，一般高层为日月星云，中层为天地神话中的诸神，中下为山水树木和祖先神，最下层为金银财宝和生产生活用具。这一具有天地万物的摇钱树，既是活者给予逝者的福禄，也是人们对天地万物在树中新生的期盼。同时，回到家中的祖灵也要如树一样发芽开花，"到了正月初一日，糯米煮斋来献你，新米新肉来献你，到了二月八，插花节令来献你。手扯山茶花，插在你身边，采朵马樱花，插在你身边，窗户门口都插花……"（李申呼颇与杨森等，1959）如树一样生长繁衍的祖灵才能带给子孙福禄。在彝族看来，只有那些回归于树中的灵魂才能像树一样周而复始，生生不息，因此，彝谚说："父欠子债，为儿娶媳；子欠父债，为父安灵送灵。"彝族把送祖视作人生中的大事，为父母超度灵魂是每个彝族子女应尽的义务和终身奋斗的目标。

从种子播撒到死亡的回归，万物遵循着树木的生长循环，因此，《查姆》中写到："万物在动中生，万物在动中演变，不动嘛不生，不生嘛不长。"这个"动"主要表现为万物都是树一样的生命，都处在一个撒种、发芽、开花、相配、结果、死亡的不断运动之中。没有不播种、发芽、开花、相配、结果、死亡的事物，没有不播种、发芽、开花、相配、结果、死亡的存在。

## 三、"树"管理的万物

"梭罗树"生成的万物，也由"梭罗树"来滋养和管理。"所有的粮食，所有的动物，全靠梭罗树，没有梭罗树，他们难生存。"（楚雄彝族文化研究室，1982）"梭罗树"是万物的根源，也是万物生存的根本。"天上梭罗树，管理天下事。"（中国作家协会昆明分会民间文学工作部，1962）由于"梭罗树"具有的调控作用，拥有"梭罗树"成为了管理天地万物权利的象征。神灵对自然的管理在于他们与"梭罗树"有着密切关系，不仅因为"梭罗树"由他们种植，还因为他们拥有"梭罗树"。"仙王入黄炸当地,手摇梭罗枝,风雨当马骑。"在《查姆》的描述中,人类第一代也曾因神授予了"梭罗枝"而享有了管理世上事物的权利。因为"有了梭罗花,天上有光亮,地上有光亮,日月有光亮。不仅有光亮,还有清泉水,有风又有雨,有雾又有露。所有的树木,所有的动物,全靠梭罗树。没有梭罗树,万物难生存;有了梭罗树,万物才茂盛。"(云南省民间文学集成编辑办公室,1986)由于树木具有调节气候与水分的功能,在彝族先民看来,"梭罗树"掌控着年月季节、植物籽种和雨水的分布,自然万物生长、粮食收种、人类生活遵从于"树"的安排。

天上"梭罗树"开花形成的日月星辰控制着年月四季,年底年头,月底月头,白日黑夜,需要从月亮太阳里头找出来。"月亮圆一月一回,月大有三十一天,月小有二十九天,月大月小嘛,望望月亮就认得。要是月大嘛,一月月圆有四天,十四、十五圆,十六、十七圆,要是月小嘛,一月月圆有三天,十四、十五、十六圆。一个月里头,月亮不见有三天,月头月底望不见。"(中国作家协会昆明分会民间文学工作部,1962)月大月小可以从月亮中找出,日子长短则通过太阳来知道,"日子长和短,太阳来区别。一年赶四季,一季三个月。一月过两节,一年打两春,三年闰一月。"(云南省民间文学集成编辑办公室,1986) 此外,太阳、月亮、星星这些"梭罗花"还控制着地上雨水的分布,"太阳照着四瓢水,月亮照着一把种,星宿出齐雨下地。三样一齐照,照到地面上,照着那里那里就下雨,照着那里那里就撒种,雨下到那里那里就出水。"(中国作家协会昆明分会民间文学工作部,1962)

在天上"梭罗树"的控制下,各种植物根据年月季节的安排而生长,周而复始。"春天草又生,花卉影婆娑,夏天果子熟,果子甜蜜蜜,秋天树叶黄,叶动沙沙响,冬天下大雪,下雪又降霜。"(陈长友和毕节地区民族事务委员会等,1990)松树一年长一台,棕榈树一月发一叶,爬根草一天发一匹。"春季三个月,高山马樱花树开,桃树李树也开花。夏季三个月,地皮绿茵茵。秋季三个月,草棵树木也是黄,冬季三个月,风吹树叶飞满天。"(中国作家协会昆明分会民间文学工作部,1962)"柏树叶长青,能把四季分,枝梢出嫩芽,正是春季时。柏果出叶端,夏日节令来。乍审啄柏果,秋叶开始黄,柏果壳落地,冬日已临近。"(杨家福与罗希吾戈,1988)

"梭罗树"生长的节律也是大地上各种动物生息节律的原因。"春日南神临,已到默移能。百花竞争艳,青山叶翠绿。祖节亥妮诺,站在枝头鸣。夏时日炎炎,天气闷热热。雷神劈黑云,河水滚滚流。神鸟亥尼诺,塌排树下栖。秋季北神降,细雨霏霏下,黄叶纷纷落,亥尼避风雨,居住在箐内,岩脚去觅食。北风呼啸时,大雪飘飘日。树林光秃秃,山头白茫茫。亥尼住岩洞,渡过寒岁月。""八月咪西乍,小虫不觅食,洞里把身藏。蜻蜓是飞虫,春日水中游,夏时田边串,蟋蟀真灵敏，启明星升起，它会告诉人，西边日沉落，弹起四弦琴。冬天藏身时，默移就露头。"（杨家福与罗希吾戈，1988）在不同的季节时令，各种动物有着各自的行为活动，春天到了，"河边杨柳发芽了，大山梁子松树上，布谷鸟儿声声叫"，夏季到了，"大山大箐里，李桂秧叫起来了，河边水田里，蛤蟆叫三声，大山大箐里，青蛙叫三声。" 秋季到了，"山上山下知了叫。"冬季到了，"天心雁鹅飞，飞飞地上歇。"（云南省民族民间文学楚雄调查队，1960）

"梭罗树"既是水的来源，也是植物和动物生长必不可少的养分，如《祭树神》歌中所唱："树神是两个，守生莫另移。树神高处站，祭日来吃喝。站在山梁上，不要被火烧。你在高处好，大火烧不到。叶落雪片压，雪树闪银光。叶落同草枯，你使土地肥。地肥瓜果鲜，地肥山花艳。你保大青山，铺绿又盖红。"（云南省民间文学集成编辑办公室，1986）"梭罗树"调节着地上的水分，而树木的残枝败叶又滋养了土地。通过对水肥的调节，"梭罗树"控制着地上动植物的生长。

通过对农作物的生长安排和雨水肥料的控制，"梭罗树"也间接管理着人的生活。有了"梭罗树"花形成的太阳月亮，白天黑夜分得清，年底年头、月底月头认得清，做活望得见了，撒种也看得见，粮食成熟也知道了。有了年月季节的区分，各种粮食就可以耕种和收获了，"到了正月里，莫忘把秧撒，正月撒秧后，过了六十天，秧苗绿茵茵。到了四月份，就要把秧栽，时令要抓紧，切莫往后拖。五月迟栽秧，六月不出穗，结出的谷粒，干瘪不饱满，吃也吃不成。六月应出穗，七月穗弯腰，八月庄稼熟，收割要抓紧。栽种照节令，粮食得增收，囤箩谷子满，粮食堆满仓。……"（罗希吾戈与普学旺，1990）按照节令种庄稼，粮食丰收了，人们生活也过得好了。

由于"梭罗树"的调控，自然秩序的形成少不了"梭罗树"的作用，而太阳、月亮这两棵"梭罗树"花的开放既是万物繁盛的根本，也是自然秩序得以形成的关键，因此，彝族人把自然的稳定和人类的生活寄予太阳、月亮这两棵梭罗树花。如一首彝族赞花歌中所唱："十二个月亮排成排，一刀砍断中间，中间开出花千朵，天地都照亮。十二个太阳排成排，一斧砍断半中腰，洒下万点血，火花满天开。这花开在天上，满天红光灿烂，风不恶来雨不苦，大地四时如春。那一年这花开天上，哀牢山来了神乃玛，一手撑开天和地，狼虫虎豹都听话。这花开在地上，地上人歌马唱，山不凶来水不恶，这年家丰人旺。那一年这花开地上，乃玛用它把地守，烧死山鬼和地怪，庄稼从此保平安。这花开在山上，满山红花绿浪，石不凶来土不狠，随种随好随心要。那一年这花开山上，乃玛用它把花看，吓跑豪猪和野猪，从此山林花常放。这花开在水上，珍珠玛瑙成串，沟不凶来水不恶，随叫随引随心理。那一年这花开水上，乃玛用它把水浇，水怪沟鬼都闹死，从此水流满地转。这花开在门口，院里院外都照亮，地基不恶房不凶，老少年年平安。那一年这花开门前，乃玛用它把鬼驱，牛头马鬼都赶走，青龙白虎不争斗……"

（云南省社会科学院楚雄彝族文化研究室，1982）正是相信"梭罗树"具有的调节和控制力，自然万物才能在太阳、月亮花的开放中稳定有序，人类也因此而幸福美满。

# 第二节　"树"赋予的生命

## 一、"树"赋予的灵魂

在彝族的观念中，生命是肉体与灵魂的结合，没有灵魂就没有生命。灵魂的存在是万物具有生长、发育和繁殖等生命活动的根本。万物都有灵魂，人有魂，太阳有魂，山有魂，树有魂，家畜有魂，庄稼也有魂。"太阳没有魂，不会放光芒。月亮没有魂，不会有光明。星星没有魂，不会眨眼睛。畜儿没有魂，再喂也不肥。庄稼没有魂，颗粒不能收。"（黄建民与罗希吾戈，1986）有了灵魂，才能有日月光明和万物生长。

在彝族看来，影子是灵魂的表现，有影就有魂，影子的存在意味着灵魂的存在，而影子来自于天上的"梭罗树"花。"太阳出来后，分了昼和夜，影子天上来，灵魂从此生。日从东边升，影自东方来。灵魂走在前，四方更通明。太阳落西边，影子不见了。灵魂进西天，太阳被带回。太阳到北方，影子从北来。阳光似火烧，大地如火炉。太阳到南端，影子从南来。"（杨家福与罗希吾戈，1988）万物灵魂源于天上的"梭罗树"，而地上各种树木则是灵魂的承载者，《西南彝志》中描述："影形有了十代，在美丽的地方，穿美丽的衣裳，居于美丽的树上，住在美丽的高处。影儿有了千千万，在繁盛的林地之间；形儿有了万万千，出现在土地里。"（贵州省民间文学工作组和贵州省毕节专署民委会彝文翻译组，1957）可以说，树木森林是灵魂的寄居之地。

灵魂来自于树木还在于树木传递着生命活动的信息，动物和人类的活动都源于树木，如楚雄彝族古歌中所唱："玩的种子撒一把，唱的种子播一把，吹的种子撒一把，跳的种子播一把，弹的种子撒一把，拉的种子播一把……歌唱的树长大了，舞蹈的树长高了，树根串得深，树枝遮满天，树梢接白云。歌唱的鲜花盛开了，舞蹈的鲜花怒放了，满山遍地鲜花开，四方八面鲜花开。结出歌唱果，结出了舞蹈果，果子挂满枝，天上红雀来采果，地上黑雀来采果。蓝天底下，大地上面，天上飞的雀鸟，地上走的野兽，有嘴会唱了，有手会舞了，有脚会跳了。伙子会约姑娘歌唱，姑娘会找伙子跳舞。歌唱的鲜花开到哪里，哪里人口兴旺，舞蹈的鲜花开在哪里，哪里欢乐歌唱。"（楚雄彝族文化研究室，1985）唱歌、跳舞这样的活动由树来传递，语言也由树来产生。《查姆》中说人类的第二代先祖阿朴独姆生下的娃娃不会说话，他们只会整天围在火塘边烤火。神灵涅浓撒歇帮阿朴独姆想了个好办法，到山中砍棵竹，烧在火塘中，轰的一声竹子烧炸，火星四散烫着小哑巴，你叫一声"阿子子"，我叫一声"阿抖抖"，一群哑巴开口说了话。（郭思九与陶学良，1981）阿朴独姆的后代语言不同就是因为燃烧树木时发出的声音不同。在彝族民间故事中，远古时各种动物都会说话，动物们因喝了金碗、银碗、铜碗、铁碗中的水变成了哑巴，而人则因喝了用树叶做碗盛的水后不仅保留了说话的能力，还变得更聪明。人类农作活动也因树而产生，《梅葛》中说彝族直眼人一代产生时，他们不耕田不种地，他们不薅草不拔草，看见田里没有牙齿草，产产地皮就放水。白天睡在田边，夜晚睡在地角，一天到晚，吃饭睡觉，睡觉吃饭，直到天神撒下香樟树叶变成牙齿草后，他们才学会了栽种和薅草。　（云南省民族民间文学楚雄调查队，1960）

　　由于树木可以赋予生命活动，因此在肉体与灵魂的结合过程中，树木起着至关重要的作用。既使是太阳、月亮这两棵"树"，也需要来自树的洗涤来赋予生命的灵魂。《查姆》中说：天上太阳又不亮，天上月亮又不明，神仙之王涅侬倮佐颇派罗塔纪姑娘，飞到九千台天上，去洗月亮、太阳和星星，星星洗得眨眼睛，月亮洗得亮堂堂，太阳洗得白生生，从此日月星辰放光明。（郭思九与陶学良，1981）由于有树就有水，水的洗涤间接表现了树的作用。在《阿细颇先基》中则直接说明了用树叶对太阳、月亮和星星进行灵魂的洗涤。"大山的上面，有一对红叶，红叶装钵里，洗月淋不着，洗日不会溢。""黄树叶一对，龙不吃的叶，羊不吃的叶，拿它洗星星，星星亮堂堂。""折那松龙树，折它出来洗，这样洗了后，洗日日亮了，洗月月亮了。"（石连顺，2003）正因为有了"树"的洗涤，太阳、月亮和星星才有了生命的光芒。如同日月星辰在树叶的洗涤后才能放光明，地上金银铜铁也要有树木的洗涤才能有光亮，因此，"香叶来擦铜，徐俄波的叶，拿来洗银饰，铜器有青紫，银饰发白光。"（杨家福与罗希吾戈，1988）在彝族看来，只有经过树叶的镀洗，各种金属才有了光亮。

　　与太阳、月亮灵魂的镀洗相同，彝族人有为婴儿做洗礼的传统。洗礼不仅要用木盆，还要用树下流出的泉水。"马樱树下清水流，流水挑来洗娃娃，娃娃就像马樱花……好好洗娃娃，娃娃长大逗人爱。什么做洗槽，马樱花树做洗槽。什么陪伴洗，马樱花儿陪伴洗。"（云南省民族民间文学楚雄调查队，1960）由于马樱花花大色艳，在彝族看来，用这种树下的水洗娃娃，仿佛是把美丽的马樱花生命赋予了娃娃，把树木的灵魂赋予了娃娃。

　　树木的镀洗可以让事物获得灵魂，还可以驱除危害灵魂的邪恶，从而使灵魂恢复活力。彝族用打醋碳的传统仪式以驱除邪魔，人们把石头或者铁皮烧红，把蒿枝叶放在上面，用水浇上去，这样从蒿枝叶里冒出来的烟雾就可以赶走各种鬼神。由于人们认为驱邪之后动物和人不会因鬼邪附着而受到伤害，因此，凡是在野外见到过死尸，或者参加过丧葬仪式、赶鬼仪式的人回家时都必须在

"打醋碳"仪式之后才能进入自己的家门。在各种要求保持洁净的场合,这一仪式也不可缺少。

仅有树木镀洗赋予生命灵魂还不够,要使灵魂与肉体能够长久地结合,还要使事物有名字,有了名字,生命才能生生不息。由于树木对于灵魂的作用,因此,取名要从树中取。人们不仅希望用马樱花来为婴儿洗涤,还希望以马樱花为名。孩子出生后,彝族人就要举行起名的仪式,马樱花树、青松、竹子因其常绿不衰的特性成为取名时常用的树木,取名时,"砍来马樱木,折来青松枝,端来一碗米,送上一砣盐。拿钱六文六,点燃三柱香,青松毛铺地,先打三下松毛卦。敬上一杯酒,敬上一杯茶,杀上一只红公鸡,老爹念一段吉利:房后一棵马樱花,娃娃就像马樱花,房前一蓬青竹,娃娃就像青竹。"(姜荣文,1993)通过起名仪式,彝族人希望将树的灵魂赋予新生的娃娃。由于马樱花树种类丰富并具有茂盛的繁殖力,在云南大姚,彝语称马樱花树为"咪依噜",彝名中以"咪"为姓的也不少,如咪开真颜、咪花依颜等。

村寨是人们居住和从事农牧生产的地方,以树木名字命名将使村寨富有活力,从而使人畜和农作兴旺。用树木名为村寨命名是大多数彝村的做法,红河彝族把高大而枝叶茂盛的栎树(也称麻栎树或橡树)作为兴旺发达的象征,并喜欢用其给村寨命名,如麻栎村、麻栎寨等。据不完全统计,仅红河县境内,用栎树命名的彝族村寨就有 27 个。(龙保贵与黄世荣,2002)石屏彝族除用麻栎树外,还喜欢用松树、竹子、酸角树等植物为村寨命名。凉山安宁河两岸很多彝族地名也来源于树名,如四甘波西(李子乡)、如波西(杉木树乡)、四俄西(桃源乡)、木苦阿洛祖德(樟木乡)、瓦东觉(黄连镇)等。

有了文字后,取名也从书中起,但在彝族"文字起源经"中说文字来自于花的变化:"天星花显现,神灵变书花,书上记得明。清花浊蕾内,花蕊变了字,花缨成为画。花蕊字闪烁,花瓣画红彤。"(师有福与梁红,2006)在彝语发音中,书也同树,《查姆》记录稿中明确注明,书即树。[①]由于文字来源于树的变化,人们把从书中取名等同于从树中取名,因此,第一是书(树)大,有书(树)才会取名字。没有书(树)嘛,世上万物的名字不会取,没有书(树)嘛,鸟兽虫鱼名字记不得。山神土主不为大,书(树)才为大,粮食不为大,书(树)比粮食大,没有书(树)嘛,天地万物名字认不得。人们以书为大,其实是以树为大,虽然名字由人来取,但由于人从书中取名,世上万物的名字仍然源自于树。"金子山里出,银子江边出,金子名字金子不会取,银子名字银子不会取,金银名字人来取,没有书(树)嘛,名字不会取……"金、银、铜、铁的名字要来自树,粮

---

① 中国作家协会昆明分会民间文学工作部.1962:云南民族文学资料 第7集.中国作家协会昆明分会民间文学工作部,328脚注.

食、动物、山川、森林的名字也都来自于树,"粮食名字粮食不会取,粮食名字人来取。粮食不为大,书(树)比粮食大……老虎豹子名字老虎豹子不会取,老虎豹子名字人来取,老虎豹子不为大,书(树)比老虎豹子大。三仙山头上,麂子名字麂子不会取,麝子名字麝子不会取,山鸡名字山鸡不会取,箐鸡名字箐鸡不会取,这些名字人来取,没有书(树)名字不会取……三十六座山,三十六林树,山名山不会取,树名树不会取,山名人来取,树名人来取,没有书(树)嘛名字记不得。"对于人和万物而言,取名的过程是赋予生命灵魂的过程,对神而言,取名则是赋予神灵神性的过程。"山神土地一排排,眼睛茶盅大,眼睛不会眨。山神土主是人做,山神地主眼睛是反安的,山神地主名字自己不会取,山神地主不为大,书(树)才为大。"(中国作家协会昆明分会民间文学工作部,1962)只有从树中获得名字,神灵才具有神性和力量。

由于树木对生命的传递作用,各地彝族都有一些祭树求子的习俗。因为银杏树果实丰富饱满,凉山越西县的彝族平时要向白果树(银杏)求子,每年彝族年时还要祭祀白果树。遇到婚后多年没有子女或孩子夭折的妇女,凉山彝族将要用树举行促育的曲耳比仪式。因柳树生命力强且多籽,仪式多用柳树。用母猪1头,小猪1头,鸡1只或鸡蛋1个、酒1坛和柳树枝15双(每根都割去一刀)做好祭品后,毕摩要念两天经,第一天在家中,第二天在上山。毕摩和妇女及家人同去。妇女坐在前面,毕摩在她的后面念经,同时烧小猪肉吃。祭仪完成后,将妇女的全套衣服和男子的帕子绑腿捆在一棵会结果的树上,以此人们希望树赋予男女生育能力。当男子祈求生育时,彝族会用一种繁殖能力较强的名叫"素素"的灌木树做一小屋,用白布围壁,在小屋前插一柏树枝,人坐于柏树枝下,将猪油和草置于内裤中,然后顺时针绕小屋三圈。据说,母猪生殖能力强、"素素"繁殖结果多,柏树高大挺拔,可以使子嗣昌盛。(张仲仁,2006)

灵魂常处于游走状态,一旦灵魂离开了身体,动植物和人将会生病或死亡,因此有了名字还不能让灵魂常留,生命的延续还要有树木的陪伴。在彝族古籍文献中,人类生命的延续都离不开树的作用。洪水泛滥时,人类先祖是因为躲在了葫芦中才得以逃生。在洪水消退后,又是细箕树、小竹树、尖刀树托起了下落的葫芦才使人的生命得以延续。传说远古时候,人间被神杀戮之时,是一位老人在院中栽下一棵松树来替代人,才留下了子孙传人烟。如今彝族过年时有插青松的习俗,大年三十,各家各户都要到山中砍一至两棵松树作为"天地树"插到院中,祈盼"天地树"带来一年的福禄和生命的繁荣。有的彝族在建房时还会在庭院中种植松树,以使家中人畜得到青松一样的生命力。为了使家族兴旺发达,云南富民、禄劝等地的彝族还要在自家房屋的后面留一棵大黄栗树、青枫栎树、大青树、松树等作为"应树"。"应树"的生长预示着家族生存的状况,为保护家族的福禄,"应树"一般用石围砌树根,并加树枝、篱笆围扎,防止牲畜伤害或小孩攀爬。当其衰老或有病虫害时，必须另选或种植一棵或数棵"应树"。（杨学政和中国原始宗教百科全书编纂委员会，2002）楚雄彝族各家各户都会到村寨附近的山林中选择一棵高大的树木（松树或其他树种）作为家族树，用以保护家庭的安康。由于树木影响着生命的成长，利用树来使人致病也是彝族在打冤家报复仇家时使用的手段。彝族人相信，如果护佑生命之树受到侵害，就会使树木的保护者——人受到伤害，当仇家找到仇人族树后，会将树干刳空后内置毒药，这样，被埋毒树的家族就将蒙难。

　　既使有了"树"的护佑，灵魂也难免受到干扰而走失。当女人生育不利、作物减产、家畜消瘦或走失长久后找回，都有可能走失灵魂，遇此情况或为避免灵魂走失，举行一定的招魂仪式是彝族生活中不可缺少的大事。

　　彝人认为，人有 12 个灵魂，一个是在家魂，一个是在天永久不朽魂，一个是附身魂，其余为护身魂。招魂是招护身魂和附身魂。四川凉山彝族认为妇女的生育由生育魂"格菲"主宰，妇女能不能生育，取决于"格菲魂"。此魂附身，妇女就能生育，此魂失散，妇女将无生育能力。所以，妇女婚后不孕，生子夭折，或者妊娠流产，都要请毕摩为妇女举行"格菲果"仪式，招回"格菲魂"。招生育魂的仪式一般选择在春季，三四月最佳，因为春季万物复苏，"生育魂"容易招附。有的在 10 月以后举行，认为这段时间雨季已过，不会涨洪水，不会塌方，毕摩念经施法能顺利地将失散的"生育魂"招回。招"生育魂"的方法是：毕摩先用木材制作一个象征性的金银床，供招回的"格菲魂"安寝。插上神枝，表示森林，用一根白线穿过象征森林的神枝，拉到金银床上，表示引回"格菲魂"。然后祭以雌雄绵羊、公母鸡、苦荞、鸡蛋、黄酒，扎招魂草等。毕摩在家门口诵"赎格菲经"，施法招魂。（起国庆，2007）

　　生育魂可以求助于树木森林来招回，而生命的延续则要求助那些具有较长生长周期的树木，如彝族经籍《延续寿命经》中说："龙虎管天地，头顶生松柏，松柏亮闪闪，生君的根基。松柏树不枯，君长寿无损。松佑君命运，松护君命运，益寿要求它。腰中白花生，白花明朗朗，白花不凋零，生臣的根基，臣子寿无损。生了领兵将，去向他求寿。尾上生黑松，黑松开繁花，生布摩根基。黑松树不枯，布摩寿无损，去向他求寿。"（王继超与张和平，2010）松柏等常作为灵魂的寄存之树，这些树木的盛衰与人的生命密切相关，彝族人相信松柏这些具有较长生命的树木不仅能为死魂提供居所，对这些树木加以保护和祭祀也会使活人灵魂长住。

## 二、"树"护佑的灵魂

　　为了使灵魂常驻肉体，生命活动的整个过程还需要有树木的保护和陪伴。这一认识突出表现在彝族人从出生、成长、婚育到死亡都要有树木的作用。

　　新生婴儿是从另一个世界来的，灵魂还不安分在体内，或者还是一个"鬼娃娃"，随时有"回去"（死亡）的危险。为了避免这种意外，生育第一天，彝族人便要在门前挂一束树枝，男左女右，以忌生人出进家门，以此防止新生儿受到伤害。青松坚韧的生命力也常用于拯救弱小的生命，若小孩在夕阳西下时出生，为了使小孩生命顽强，家人还须用绳拴住松树的树梢朝屋方向拉，以留住婴儿的生命。新生儿除要举行以树为象征的命名仪式外，凉山彝族地区还保留有为孩子种树的习俗，孩子出生命名后，要在房前屋后种植树木以护佑新的生命。为确保新生命的存活，凉山彝族要请毕摩为婴儿招魂，举行"婴儿手蘸水"的仪式，以祝愿孩子顺利成长。届时，毕摩一手端着木碗，内盛清水和招魂草，另一只手举着一只树枝，前面放上一块小石板。他一边念着婴儿的名字和招魂经，一边让婴儿的母亲把着婴儿的小手，按照男左女右的规矩，蘸一下毕摩木碗内的水，还让婴儿的小手触一下树枝，小脚蹬一下小石板，据说这样的意义是，可以使孩子的生命像小树一样茁壮成长，孩子的意志像石头一样坚强，即彝家俗语所说的"手抓树枝牢，足蹬石板坚"。（伍精忠，1993）家里如有体弱多病的小孩，大人们则会举行一种拜寄仪式祈求大树保佑孩子健康成长。仪式是这样的：父母把小孩抱到大树前，双手将用崭新的木碗、木盘盛满的酒肉端放在树前，然后请毕摩念经："×××婴儿拜寄给大树，左右日月来保护，左侧靠柏树，右侧靠樱树，脚蹬两固石，周围有森林、悬崖和江河做围墙，圈围着九层墙保护小孩及其全家平安。"（罗布合机，2001）

　　彝族成人时，要举行成人礼仪，礼仪的举行不仅标志着当事人已成人，彝族人更是把仪式看成是人与神圣力量的交流过程。凉山彝族已到十七岁的彝族少女要举行成人换裙礼，仪式中除请毕摩诵经外，还要请一成年女子坐于果树下杀一小猪后转绕受礼女子头上以示驱邪断恶。如果该女子还未说婚，还要举行假婚仪式，将其嫁给大树等，这样一来，似乎女人也具有了树的繁殖能力。

　　彝族婚礼中也有着特殊的青棚礼仪，即用松树、青香树等树枝搭建"青棚"（用于婚礼的一个形似树的棚屋），在青棚里举办婚礼。棚内用松毛辅地，树叶做天，青年男女要在青棚内举行婚庆礼仪，接受父母、亲朋的祝福。在结婚的前一天，男女两家都要搭青棚，砍来青枝绿叶、木杆，搭成青棚，满院遮天。再取高约五米的青松树一棵，栽插于青棚正中，名曰"喜神树"。（张桥贵与陈麟书，1993）在人们看来，只有那些得到树林避护的婚姻才能有家庭的幸福和子孙的繁衍。楚雄彝族女方出嫁时，须经过村中的山神树，到时，人们要抬盆清水爬到树上，对着送亲和迎新的人洒水，以示吉祥。由于青松毛象征夫妻感情常青不衰，当新娘娶回，进男家大门时，要举行解松毛结的仪式。这种仪式用青松毛打成两个结，用红线穿起来，再将红线拴在大门上，横档在门上，主婚人唱婚礼词后，新娘新郎分别各解一个结，以示今后夫妻生活顺利，相处和睦。

　　相信树木能赋予人类生命，彝族支系撒尼人在结婚仪式中还要举行以果树、稻麦为象征的拜祖拜亲仪式，一方面赋予男女果树、稻麦一样的生殖能力，另一方面利用果树、稻麦的谐音，表达夫妻和睦，生活幸福的愿望。仪式由媒人主持，毕摩念经，新娘新郎从门外进入。先跨一道杨梅枝，杨梅的彝语谐音为"想结亲"，表示两人结婚，两家自此开亲。第二道为核桃枝，彝语谐音意为"想念"，表示夫妻双方都要时时想着对方。第三道为李子枝，李子的谐音意为"结亲的中介"，即媒人，表示双方感谢媒人。第四道为桃树枝，桃树的彝语谐音为"来往"、"永远"，表示两家人要亲密来往，夫妻永远相爱。第五道为梨树枝，谐音为"甜蜜"，表示两人成家后生活甜甜蜜蜜。第六道为柿树枝，意为"离亲"，表示女儿对娘家和舅舅的留念。第七道为一束谷穗，谐音为"母亲"。第八道为麦穗，意为"共患难"。第九道为包谷，谐音为"倾诉心中忧愁"。（石林彝族自治县民族宗教事务局，1999）

　　结婚要由树木陪伴，死亡也要由树木来完成。为了使灵魂回归于树中而得到新生，彝族有火葬的习俗。凉山彝族至今仍保持着火葬的传统，火葬地点多在山头和森林附近。焚尸的柴要用一棵活的完好的松树，遗体焚化完后，除身体关键部位的一部分骨头交给亲属放置外，其余的骨灰则撒布于松林或竹林里，这样一部分留下的灵魂就在松树和竹林里，如松树和竹林一样生生不息。近代以来，彝族一般实行土葬，元谋县凉山区彝族比较看中墓地的选择，选好后要砍一棵活树枝插在地基上，如这棵树长出根，发出芽，几年不枯死，则该地基即为好的墓地。（白兴发，2002）除此而外，云南昭通地区彝族人死后，母舅家要在坟旁栽竹子，表示灵魂化为长青竹。

　　由于祖灵的供奉影响着现世人们的生活，在家中祭祀的祖灵到了一定时候就要通过"作斋"大典与族灵合并，而合灵仪式中最重要的内容是以新祖筒来更换老祖筒，这样就能保证族灵常换常新，护佑后人发展。仪式中，除祖筒的制作与树木有关外，整个仪式过程也都离不开树木的作用。在武定、禄劝等地，作斋之年的前三月，就要请巫师呗耄，选伐一棵作祖筒用的化桃树，截成二三尺（1尺≈33.3厘米，后同）长的一段木筒，送到阖族在峭崖上所立的祠堂附近的一个崖洞中，准备作斋时作新祖筒之用。在作斋的时候，由长支吩咐各支，建筑五座宽敞的大青棚，第一座用作供祖灵，里面分作三间或四间，依祖人伯仲叔季长幼次序分列。到了选定的"作斋"日，参加作斋的各宗支，约同背着祖人的灵位来到斋场，同时由毕摩取回阖族的老祖筒和新祖筒，祖人灵位与新老祖筒进入斋场后，毕摩要用长约一尺的白柴及青树条，围着斋场插成一周，以此代表各种鬼神的灵位，毕摩卜卦诵经后把同族在崖洞中所供的一对祖妣雕像，用新雕的一对去替换。新雕祖公、祖妣先置于用麋皮做成的皮袋中，再装在化桃筒中，并将祖灵日常用具，如釜、甑、碗、刀、斧、锄、犁等，全是用铁制成的小型器具，一并装入筒内，另外还要装入一个撑天柱，据说这是祖人爬入天宫的铁柱。装置妥当，然后散入红绿的五色种子，并将白绸上所登记此次背来的祖妣名单装入，表示后裔死后，仍随始祖同去。最后将背来的祖宗灵位焚毁，将当地用作代表祖灵的竹根装入马樱花木木桶中择地埋葬。（马学良，1992）"作斋"通过以树木为载体的"族灵"更新，不仅表达了孝思，也通过树木的常新寄托了子孙兴旺发达、化凶为吉的愿望。

## 三、"树"维护的自然

万物与人同根同源，自然万物不仅是具有灵魂的存在，也具有树木一般的生命，因此，与树木对人的作用相似，万物生存繁衍也离不开树木的作用。

山川河谷因有树木的保护而美好，因为"山上若有树，深谷若有林。下雪大树顶，下霜树叶遮。刮风大树挡，下雨树叶遮。如果是这样，有山好风光，有川好景况。"（龙倮贵，2000）没有树木生长，下雪的时候，山会被压垮，深谷会被填满，山坡会塌下，山川都难以存在。彝族居住于大山之中，树木对村寨的保护尤为重要。在彝族村寨中，人们会选择一座树木茂盛的山林作为村寨的神林，有的村寨一山有一棵神树或一片神林，这些树林和神树作为大山和村寨的保护神不为人们所利用，即使是死亡的树木，也不能另作他用。此外，水源处、村寨周围的风景林、坟山树木也常作为神林而具有使用的限制，如坟山、水源边上的树木不能砍伐，村寨周围的风景林只能修枝打枝等。

由于树木生长为野生动物创造了良好的生存环境，在彝族看来，各种动物因森林而产生，"老熊与野猪，它们产林中；马鹿与岩羊，它们产林中，麂子与獐子，它们产林中；豹子与老虎，它们产林中。白头黑老鹰，它也产林中，布谷与阿乌，它们产林中……红虫与绿虫，它也产林中；白虫与黑虫，它也产林中；黄虫与灰虫，它也产林中，野鸡呜呜啼，它也产林中。千兽又百鸟，万虫又千禽，样样产林中，种种产林中。"没有了树木，各种野物将消失。"林绝兽跑竭，树枯鸟飞跑，草绝虫爬走，山秃雀飞跑，只看山光秃，只有川现眼。"（龙倮贵，2000）彝族先民认识到，各种动物要生存，森林的存在是必不可少的条件，而一些老树则起到至关重要的作用，因此，彝族《创世史诗》中说："为人莫砍大老树，若砍伐老树，树倒犹如五雷轰，似天塌地陷，灭动物生命，连他也完命。"（普梅笑，2000）

树木的留存也是作物生长的保障。虽然树木生长不方便农业生产活动，山中杂树多、根多不便土地耕作，但在农业生产中彝族人仍要适当地留存山地中的树木。在他们看来，树木的保存有利于水分的保存，从而有利于作物的生产。《梅葛》中说："水冬瓜树下的荞子好，椎栗树下的荞子好，有松树的坡地，甜荞长得好。"（云南省民族民间文学楚雄调查队，1960）《辅梅葛》中也说到，"水冬瓜林撒的荞子旺，松树林里撒荞荞儿结得好，老槌栗林里开地，老槌栗林里撒小米米旺。倒摆树林里开用,谷子长得好。"(李福玉婆,1959)由于农作生产中有树木的留存,彝族农作形成了粮林混作的种植方式,粮作生产总是与树木共生。如彝族支系罗罗人所说,"屋后水冬瓜,水冬瓜树下,撒荞在那里;松林松毛地,种麦在那里。"(普兆云与罗有俊,2003)在彝族山地中,除一些高大的树木要保留外,他们还要在农地中有意地种植或扦插一些树木。

为了丰产,还要留住作物的灵魂,彝族俚㑩人农历九月要过"压土"节,节日内容主要是为粮食叫魂。祭祀日,由主祭率领,全村各户派人参加,各自携带包谷、稻穗,前往山中,于大树下设祭坛,设好祭坛,将包谷、稻穗供于祭坛,主祭人于坛前杀鸡祭山神,并咒念:"粮公粮母,你如住远处,要回家来,住在近处,也要回家来,无论住在四面八方、山谷、林间,都要回家来!"以此让包谷魂、稻谷魂附着于包谷、稻穗上,使包谷、稻谷生长饱满,秋收季节有好的收成。(李国文与施荣,2004)

农历二月初八,是楚雄州彝族群众一年一度的传统马樱花节(插花节),节日里人们不仅要给耕牛农具带花,还要给动物叫魂。大姚彝族二月八插花节也称为"祭牛节"(也有称作"祭山节"),人们给牛头插上具有神性的马樱花,用盐水给牛洗口,将牛群赶上山坡游走,人们跟着牛群,在马樱花树旁打跳唱歌,尽情欢乐,认为这样可以使牛取暖加膘,消毒防病,更好地投入当年的农事活动。到了傍晚,主人要背上一篮子青草,在毕摩的主持下,等候在牲口回家的路上,待放牧人赶着牲口回家时,主人在前撒草引路,毕摩走在最前面不停地念着"衣学哀恰"给牲口叫魂。回到家里,主人取下戴在牲口身上的花串,挂在畜厩门上以示吉祥。等马樱花串干燥后,研末并配与玉米芯、艾叶等中草药,制成治病良方再饲喂牲畜。(杨知勇,1990)滇南彝族有祭猪厩的习俗,每当祭猪厩时,要将松球系成一串挂在猪厩上,一则表示猪魂像松球永驻猪厩,不要走失;二则祈求母猪生崽如松球一样多,一样滚圆健壮。

各种各样的生命和事物都要有树来维护,而不同的树木各有其作用。例如,"枸椒是好树,蜜蜂采花树,也是雷公树……路边柞香棵,那也是好树,号地用的树……深箐樱桃树,樱桃是好树,树丝也很直,凶死用的树……柏枝是好树,那是头人树,那是官员树,……箐底塞闷树,塞闷是好树,那是肋颊树(农牧神),那是肋膜树。……松树是好树,短命鬼的树,夭折用的材;路边枋香树,枋香是好树,那是奠土树,奠土用的树。"(普兆云与罗有俊,2003)因护佑对象和目的的不同,人们选用的树木也不同,树的生长发育特性往往是人们选择树木的原因所在。那些被选用为祈护的树木通常具有易成活、生长迅速、坚韧挺拔、枝茂叶盛、多果多籽等特点。

梭罗树虽然是各种生命之源,但真正使生命得以留存的是地上的各种树木,由于树木对于生命的承载作用,要维护人与其他事物的生命,就要对树木进行有限制的利用，这种限制取决于树木赋予生命的意义，也取决于树木的生长状况。赋予神性的树木是人们优先保护的对象，那些位于神山上的神树、水源边的树木、甚至一些村边地头的大树通常都会被彝族视为神树而加以保护。为了保护神树，村民们会想尽办法使这些树木避免遭到砍伐，相传楚雄大姚彝区，民国时期有土豪出钱购伐一棵大油杉，乡民不许，为防止盗伐，乡民以铁锲钉入大树内保护至今。由此，大批高大的古树得以保存，如古梅、古酸枣树、古柏、古松、古楸、三合树、古枫、黄连木等古树都有存活。由于民族杂居，神树遭到砍伐的事件也时有发生，解决冲突的办法是对神树进行恢复和保护。20 世纪 50 年代在贵州纳雍县维新乡彝汉之间发生的冲突即因为汉族人砍伐了彝族人当年居住地的神树做棺材出卖而产生。为解决纠纷，由政府出面调解，最后是将原来的神树旁边的四棵小杉树作为彝族的神树加以保护，规定任何人只能保护而不能破坏后，双方才平息了这场纠纷。（政协纳雍县委员会，2005）

　　彝族农业生产和日常生活也有树的利用，但彝族人对树木的砍伐有着许多禁忌，如独木不能砍；树上有鸟巢者不砍，树下有洞者不砍；雷击之木不砍；焚场之树不砍；枯木不砍；泥石流中的树木不砍；水冲倒之木不砍；忌讳砍倒之木倒在其他树上，如遇这样的情况，这棵砍倒之树只能弃之不要。由于惧怕砍伐树木受到神灵惩罚而降罪于身，砍后的树桩要即时敷上泥土或放上草、石，以使神灵不能察觉。为保证树木的生长，彝族也有封山育林的传统，封山育林仪式在山林边界的草坪处进行。毕摩在上方神位处插树枝代表森林，先烧火放烟，然后将一块烧红的鹅卵石投入一碗冰水中，毕摩一边持碗环绕"神"枝和鸡、羊，一边诵念树枝、石头、水、草、火和鸡、狗等的来源，还请天神、地神、山林神、水神等来助威，然后念咒语："打鸡打狗来封山育林后，乱砍滥伐这片树木者，天上雷要打他，地上蛇要咬他，树叶掉下来都要打死他……"随后将鸡、狗在树林周围象征性转圈后打死，用草绳拴在树上，从此以后，被封禁的这一片树林就成了圣地，树不能砍，地不能挖，一草一木、一鸟一兽均受保护。（罗布合机，2001）

　　对树木森林有节制的利用和恢复性生长，彝族聚居的多山地区，长期以来有浩瀚的林海，因为森林丰富，瘴疬横行曾是限制人口繁衍的重要原因。例如，凉山彝族地区自然资源丰富，一些肥沃的坝子，如昭觉、四开、三湾河等地，至 19 世纪初以前都没有开垦。（胡庆钧，1985）19 世纪初大规模农业开垦以来，各彝族地区的林业资源虽然先后遭到了较大的破坏，但至新中国成立以前，仍然保留下来一部分较大的林区，云南楚雄地区金沙江中游林区，云南红河地区与贵州的毕节、威宁一带、四川凉山腹心偏北地区的美姑、甘洛、马边、峨边一带，都是我国西南地区著名的绿色钢材基地。彝族聚居地大姚、姚安明清时期森林也颇极盛，虽然民国时因战乱、修公路铁路，架设电话线，县城附近部分森林被砍伐，但水源林、宗族、祠寺山林仍保护完好。森林的存在为其他生命的生存提供了保障。

新中国成立前,彝族地区有大量的野生动物资源,许多珍稀动物和大型野生动物还较为常见,鸟害、兽害还是对农业生产的主要威胁。

# 第三节 "树"调控的世界

## 一、"树"具有的控制作用

各种树木不仅承载着"梭罗树"赋予的生命灵魂,也承接了"梭罗树"对自然的调控作用。在彝族看来,各种草木的存在既是生存的保障,也是人类生产生活行为的依据。

《查姆》中描述,龙王罗阿玛,白天黑夜来写字,来画画,把天地画出,把月亮太阳画出,把星宿画出,把风雨画出,雾露也画出,树林和石头也画出,粮食籽种也画出,麂子、麝子也画出,老虎、豹子也画出,人也画出,世上万物都画出,做成书树①十二本,并将这十二本书树丢到了地上。人类的先祖跟着这些书树学道理,太阳月亮分得清,年大年小也认得,世上万物分得清,人间的道理也懂得。(郭思九与陶学良,1981)

虽然太阳、月亮是年月时令划分的依据,但由于地上树木具有"梭罗树"的生长节律,因此,通过树木生长发育的特点也可以分出年月季节。《查姆》说:"一季三个月是草木分出来的,春季三个月,高山马樱花树开,桃树李树也开花,水里青蛙石蚌也在叫。夏季三个月,地皮绿茵茵,天上鸡窝星不出,所以成夏季。秋季三个月,百鸟都不叫,草棵树木也是黄,所以叫秋季。冬季三个月,刮风刮的大,风吹树叶飞满天,所以叫它作冬季。青松嗑松一年长一节,四季就是这样分。"(中国作家协会昆明分会民间文学工作部,1962)因此,"怎么算年月?岩头上有树木,岩脚有藤子,年头和年尾,树木有数,藤子有数。"古代人用大树记年,用藤子来记月。《彝族创世史》中描述了用一棵青柏树来定年月日时,书中说:"那棵青柏树,根有十二条,年份照根定,一轮十二年;枝有十二杈,月份照枝定,一年十二月;干有十二节,日子照节定,一轮十二日;那棵青柏树,还通十二洞,时辰照洞定,一日十二时;叶子三百六,日子照叶定,三百六十天,定作为一年。"(罗希吾戈与普学旺,1990)云南弥勒阿哲人,每个月均用一种植物来表示,见这一植物就知道某月份。例如,正月用当地称为汤圆花的植物代表,二月用杜鹃花,三月用桃花,其他各月份均用植物表示。用松叶或树叶代表日子,分别用当地彝语称为"莫骨朵枝、山茅草、爷莫诺杂枝"的植物来代替十二地支。男女约会分手时,如果女方拿给男方一枝杜鹃花、十八片树叶、一根山草,说明下次约会时

---

① 在《云南民族文学资料 第七集》"书树查"的附注中说明,书即树,活也;查,源也,即书的来源。书树也即活树。

间定在农历二月十八，下午未时，即 13~15 点。（师有福与梁红，2006）

水虽来源于天上的树，但却是通过各种地上草木来储存和分配的。"苍天水源父，黑地水源母。黄根老树水，树木根浸水；细水滴滴水，竹根节滴水；筋筋吊吊水，深山藤吊水，沟边地角水，薇菜嫩茎水，蕨草嫩芽水，道旁路边水，青草绿草水。"（达久木甲，2006）储存水分的多少可以从不同树木的生长来判断，而四季雨水的变化则可以从不同树木和植物开花状况来反映。例如，"一月风吹雨，风大雨水稀。一月百花发，谷西尼维花，独秆撑花伞，由它开鲜艳……二月阳光雨，阳光明媚雨，咪直花盛开。红色咪直花，白色咪直花，争相来开放……三月东南风，天下茂叶雨，青山绿油油。林中老白花，花开银闪闪，背笋摘花喜洋洋……四月南风狂，南神打雷雨，山头青幽幽，百合花盛开……五月大水雨，树上力哥审，黄藤黄闪闪，金果金灿灿……六月西南风，风送洪水雨，大河涨水小河满，河谷湖海是汪洋，高粱开花节节高……七月西风吹，西风是罡风，风吹立秋雨。秋雨纷纷落，荞花灰粉粉，花王是荞花，荞花粉艳艳……八月西北风，西北风起处，山头浓雾裹，天下雾露雨。花王叶上花，叶上花开时，百花始凋零……九月西北风，下的霜降雨，山头花凋零，独摆是花王，崖边独摆花，白花站枝头……十月北风吹，北风送雪雨。十月的花神，花神独审花，独审是黄花……十一月北风寒，下的过冬雨，开的野缅桂花……十二月吹东风，下的立春雨，开的龙胆花，龙胆是花王。"（师有福与师霄，2010）

树木的生长还可以分出环境的不同，不同的地理环境生长有不同的树木，在彝族看来，植物的不同是因为生长环境不同而产生的分化。"果树一条根，枝丫伸天者，谓之得天道，此枝变青杉，一枝伸向地，衍化为樱桃，一枝入山中，变异为青松，一枝入平川，飘浮成青萍。"（杨凤江与张兴，1993）人们可以根据树木的生长判断环境气候和水分状况，如冷凉的高山山顶有松树、杉树、红栗树、白菀树，气候较温暖的山腰有蓑衣树、麻栗树、罗汉松、梧桐树、梨树、桃树、花红树、核桃树、樱桃树等，而暖热的山脚有麦瓜树、芭蕉树、青香树、杨柳等，水中有青苔、浮萍、牙齿草、绿贝。而水源较丰富的地方有水冬瓜树、杨柳树，麻栗树和椎栗树也生长得好。石头多的地方，鸡嗉子树和藤草长得多。各种草的生长又与树木有关，不同地域生长有各种树，通过树的生长又可以判断各种草的生长。

森林是各种动物生存的保障，"若无大森林，就无虎来往，就不出大鹿，就不生大岩，就没有大蜂，无野牛出入，就不出大水，就没有大鱼，就没有水獭。"（陈长友和毕节地区民族事务委员会等，1993）《彝族创世史》中说创世之祖滴下的奶水成为了地上的草木，这些草木滋养着各类动物。不同植物可以演化为不同动物，"柏树断枝时，变绿豹红虎，变马鹿岩羊，变老熊野猪。栗树断枝时，变麂子獐子，变大象羚羊，变黑鹰黄鹰，变青蛇黑蛇。均栖憩林中，繁衍在林里……脱柏皮栗皮，变毛虫细虫，变蚂蚁蚯蚓，变墙脚老鼠，栖憩在土洞，繁衍在洞里……掉百果栗果，变绿虫红虫，变白虫黑虫，变苍蝇蚊子，栖憩草棵中，草叶上繁衍……柏根和栗根，变泥鳅蟒鳝，变虾子鱼儿，变螺丝乌龟，变成水生物，水下憩栖着，水中繁衍着……柏梢栗梢树，变一对鸳鸯。"（龙倮贵，2002）从各种动物的演变可以看出植物生长与动物的密切关系，通过不同植物的生长也就能判断各种动物的生存状况。

人类的生活依靠各种粮食，而粮食生产要有物候节令。由于树木反映着年月季节的雨水变化，因此，各种树木生长也是人们安排农业生产的依据。一首"一年十二月生产调"充分说明了各种植物生长与农业生产的关系："正月里来报春花，房前屋后黄澄澄。扒粪堆肥备春耕，正月春风柳条新。二月里来杜鹃花，山头山腰红艳艳。犁田撒谷育小秧，男耕女织人人忙。三月里来核桃花，花儿串串吊树梢。耙田修埂户户忙，迎来播种活逍遥。四月里来柿子花，柿子花儿五角开。耙田插秧遍地绿，农家互助乐开怀。五月里来齐莫尼巴花，金黄花儿披山坡。磨刀割草护庄稼，田中施肥谷苗壮。六月里来稻扬花，稻花芳香满山川。点燃火把来过年，驱除百虫庆丰产。七月里来高粱花，高粱串串吊顶上。秋风催促谷已黄，随风飘扬响沙沙。八月里来狗尾花。庄稼成熟收割忙。房前屋后晒粮场，晒干谷子来储存。九月里来是桂花，桂花飘香进屋堂。九月土黄雨霏霏，犁地撒麦人人忙。十月里采龙胆花，龙胆草花蓝艳艳。上山采药调人畜，冬月冬风摧人寒。冬月里来是雪花，雪花飞舞罩山冈。起房盖屋人人忙，修沟挖塘个个慌。腊月里来要绣花，梳妆打扮找情郎。"（师有福与梁红，2006）由于各种树木对动植物和人的作用，人们把对草木的维护作为幸福生活的保障，因此，《梅葛》中说："男人服侍树，女人服侍草，树叶不残缺，青草长得旺，野兽不会来，雀鸟不离窝，高山好放羊，白羊遍山岗。"（云南省民族民间文学楚雄调查队，1960）

## 二、以"树"为象征的鬼神

由于植物生长对人类生产生活的重要性，又由于树木对年月季节和雨水的反映，在彝族看来，"梭罗树"与神的关系也表现为地上树木与神的关系，树即是神的化身和象征，无论什么树，只要是高大的老树或茂密的原始森林，彝族都认为有神灵存在，人们对神的敬仰和期望，直接表现为对树的崇拜和祭祀，神对这个世界的调控与树木的作用形成了统一。彝族有各种各样主宰命运的神，这些神表现为各种各样的树。

天神是彝族最大的神，在神话传说中开天辟地、创造万事万物的天神地位最高，如格兹、策耿纪、阿黑西尼摩、恩梯古兹、涅侬倮佐颇等，这些创造天地的神分别代表不同支系（方言）的天神，但彝族只祭祀自然属性的天神，对这些人

图 2-2　彝族神树林（2011 年摄于大姚桂花大村）

格化天神只是信仰和崇敬，不行祭仪。新中国成立前，红河、弥勒、西山等地的彝族，逢腊月要祭天。通常彝族天神为祭天山山顶的一棵古老的栗树或松树，祭祀时在其根部置一块长 30 厘米左右的扁石，刻一个"天"字，或刻日、月图案，就成天坛。祭祀天神时，要在天神树周插松、柏、青桐栗、竹子等树枝，这些树枝象征天神所统辖的各样神灵，有自然神、人神、鬼神、民族英雄神、祖先神、动植物神等。祭天可以祈求天神保佑人们丰衣足食，六畜兴旺，幸福安康，征战获胜。武定、禄劝等地的彝族则在山林中建屋供奉天神，天神的神位用竹筒制作，长约 4 寸（1 寸≈3.3 厘米，后同），一端削尖，中储竹节、草根，草上系上白丝线，装入数十粒大米，每逢节日祭献。（李清，2001）

　　山神是仅次于天神的大神，在其领域内统辖其他神灵，对于其地域内的土地神、水神、树神等保护神以及其他一些精灵享有领导地位。在大多数彝区，山神是最具有实际作用的大神，也是一个地区最大的神。通常彝族选择一片树木茂密且靠近村庄的神林作山神林，选择神林中一棵高大的栗木树或马樱花树作为山神。山神几乎可以集各种神灵作用于一体，既保风调雨顺、粮食丰产，也保人畜无病无恙、财产平安。每当农业耕作开始、家畜开山放牧之时或在自然灾害易发或发生之际，各地彝族村寨都有集体祭山神的仪式，云南楚雄、大理彝族大多在农历二月初八、五月端五、六月二十四，黔西北彝族人习惯上把每年农历三月初三定为祭祀山神的节日。人们到山神林祭祀山神树，乞求山神把冰雹、旱涝、虫鼠、火灾等自然灾害收去，把瘟疫病症收去，把战争仇杀、窃贼强盗、官司口舌收去，把不祥之兆、邪魔鬼怪统统收去并管理好、处置好，以保一方平安，风调雨顺。

　　除山神外，土地神司庄稼丰产，主宰着粮食的丰歉、病虫害的发生。土地神也称田神、荞地神或五谷神。滇东北宣威彝族把土地神称为咪色神，土地神也由树木象征。正如祭祀咪色树时的祭词所说,"咪色保平安,咪色保福禄,养牛牛健壮,养猪猪肥胖,养羊羊满山,养鸡鸡成群,五谷齐丰收,六畜都兴旺。咪色树,管一方,受天地委托,是万物父母;雀鸟不敢落,雷电不敢击。祭过咪色树,永保万民福。"(云南省民间文学集成编辑办公室,1986)相信神树对于生产的重要性,永仁县直苴一带的彝族每年都举行两次大规模的祭祀土地神活动,一次在农历正月中旬,一次在六月中旬,两次在同一地点进行。祭前,选一棵大松树代表土地神。大姚桂花一带的彝族供奉有土地神像,神像用马樱花树制作成人脸形,以生麻线网成人发盘于头上,一公一母,固定在约 1m² 的竹篾上,祭祀时将神像供于神树下,祭祀完后,置于雨淋不到的屋檐下。昆明撒弥支系的地母祭中,地母的形象是松柏,在祭祀过程中,人们还要将花插于树中,并撒上樱桃和炒米花。

彝族也崇拜龙,认为龙能赐吉利、兴旺的美好生活,但与中原汉文化不同,彝族的龙集水神、社神、山神等自然神性于一身,同时也是生育神灵。楚雄彝族龙神不同于山神,而滇南彝族,龙神与山神已融为一体,龙神具有与山神相同的职能。树木仍然是龙的化身,在滇南彝族村寨中,都会有一片龙树林(也称咪嘎林或密枝林),彝族视龙树林中的一棵茂盛的树木为"龙"的化身(通常为黄栗树),楚雄山区彝族则选择水塘或山箐边一些高大的树木作为龙神。滇南彝族祭龙较为隆重,在祭龙时节,除在龙树周围插黄木、白木和竹子等做装饰准备外,人们还要在龙林中举行求育、驱豺狼虎豹、撒米花以及驱鬼邪等仪式,以求龙神保佑农业生产顺利进行。楚雄彝族通常在水源林处选择一棵靠近水边的大树作为龙神树,在干旱求雨时祭祀龙神,祭龙时有请龙、接龙、送龙三个环节,其中请龙的仪式即是将龙神接于树中。

天神、土地神、山神、龙神是主要的大神,统辖着人类生活的一切,但有时,这些大神也会将职责分给一些小神来完成,如掌管野物的猎神、主管畜牧的牛马羊神(或牧神)以及主管用火的火神等。同大神的形象相似,这些神灵大多也以树木作为象征。

猎神管着各种野物,人们要猎获野物,要得到猎神的许可。彝族习惯在村外选择一棵会结果的树为猎神树,每当狩猎时猎人们都要到猎神树下烧香,祈求猎神给予猎物。获得猎物后,猎人们还要集体到猎神树前再祭猎神,同时在猎神树前分配猎物或共同聚餐。牧神主管着牲畜放牧,由于羊是彝族最为重要的家畜,因此,牧神也常称为羊神。为了使牲畜放牧顺利,每年过年或放羊开山之时,彝族都要举行祭羊神的仪式。彝族大多选用松枝和竹枝作牧神,大姚县华山、姚安马游彝村有选择一棵大树作牧神。每当过年放牧之际,彝族都要赶着牛羊来神树祭祀,生了小畜也要来感谢神树。

抵御寒冷的需要,火是彝族生产生活不可缺少的内容。在彝族居住的地区,特别是一些海拔较高的地区,家庭里要有不熄的火塘用于取暖和做饭,耕作还要

图 2-3　插在畜圈上的"羊神"（2011 年摄于大姚县华松子营村）

用火烧地，由火引发的灾难也不少。彝族人有自己取火的方式，但在彝族人看来，只有从树林中取出的火才是可以安全使用的火。如史诗中所说："好铁制火镰，花钢玉石做燧石，先撞击一下，起星点火花，再撞击一下，燃出一缕烟，打得出火乎？打得出火了，拿来又拿去，拿到平地莽原烧，平原燃烧已成害，烧掉云雀更是灾；平原上取火，放进蕨丛中，蕨草燃烧已成害，烧掉雉鸡更是灾；蕨草地取火，放进竹林中，竹林丛中燃，竹林燃烧已成害，烧掉锦鸡更是害；竹林里取火，放进森林里，森林丛中燃，森林燃烧已成害，烧掉獐麂更是害。森林里取火，取到家中烧，家中房屋下，熟食香喷喷。"（达久木甲，2006）为防止火的危害，就要请火神来掌控，楚雄彝族和红河彝族每年都要祭火神，大姚县华彝族在正月初三、弥勒彝族在农历二月二日举行祭火。火神虽已有了人格形象，但以钻木取火的形式从龙树林或神树林中取得火种仍是阿细人祭火仪式的重要内容。

　　树木也是其他众多神灵的化身，在"作斋"、"驱鬼"、"招魂"等一些原始宗教活动中，毕摩都要插树枝于道场中，彝语称为"苦简"，汉语译为"插神座"（或"插神枝"）。 神座是在有限地面空间内给出天上日、月、星宿及诸神的合理位置，使之有效地保护和帮助毕摩实施斩妖驱魔。不同的祭祀活动，所祭献的鬼神不同或要达到的目的不同，树枝神座的插法和所用木材也就不同。在禄劝、武定彝区，主要用野竹、栎树、栗树、青杨树、白杨树、扶烟木、冬青树、刺老苞树、马桑树、马缨花树、松树等做神枝。在凉山彝区，超度祖灵时用的最多的是极树、柏树、杨树、松树、竹子、蕨、蒿枝、滇杨、樱桃树、栎树、核桃树、李树、桃树、山楂树、索玛、野八桷、马桑等。这些树木在祭祀中各有作用，如松树、柏树主管长寿，杨树、柳树主管植物发芽，李树、桃树、核桃树等主管生育。

随着文化交流和人们物质、精神生活需求的增长，神的种类也在不断增加，彝族地区以寺院、道观表现的人格神的崇拜也有出现，但树仍然是彝族神灵崇拜的主体，树神包容了多种神格和崇拜内容。例如，在"梅葛"文化带彝族流行的以祖先神为主的土主崇拜中，一些地区仍以树来代表土主，如南华五街等地就以三杈松树代表土主；大姚三台、桂花等地彝族每个村都有土主神，一般是三棵高大的松树，中间的代表土主神，左边代表山神，右边代表土地神。神树崇拜混合着天神、山神、猎神、花神、牛神、马神、龙神、生育神、土地神、土主神等崇拜。

"树"不仅产生着创造天地的神灵，也产生着妖和怪。与神灵对天地的创造相同，这些妖和怪与神有着同样的来源。如《西南彝志》中所说，"天得一千株，应产生妖怪。"在彝族看来，各种疾病的产生都是受到了各种恶鬼的危害。鬼的名目繁多，几乎有多少种疾病就有多少种鬼，如麻风鬼、疟疾鬼、暴病鬼、腹痛鬼、胃病鬼、羊瘟猪瘟鬼、风湿鬼等。这些害人鬼主要是动物及人病死后的魂所变成，如麻风病就是蛇鬼缠身所致；患肺病是猴鬼缠身所致，它使人病得瘦如枯柴；患猪、羊、牛瘟病的是饿虎、饿狼鬼缠身所致，患者又馋又瘦；小儿抽筋、口舌溃烂是狗鬼缠身所致；而腰痛、关节痛、耳鸣眼花等症是喜欢色彩艳丽的女鬼缠身所致等。（蔡富莲，2000）凡是生命死后都会变成鬼，乃致自然界中山、地、路等都有自己的鬼。树木不仅是祖灵的归宿地，也是各种妖和怪的栖身之所，那些不能及时回归树木的鬼和神将成为危害人的妖怪或邪魔，因此，要消除各种鬼的危害，就需要利用各种不同的树木。

在楚雄彝族中，那些形状怪异或有毒的树木常被视为鬼树。例如，米饭花由于其茎弯曲，通常表面附生着灰白色的壳状地衣，而且叶的颜色随季节而变化且形状怪异，被当地人认为是鬼树；小漆树由于叶的颜色红艳，含有毒素，容易引起人的皮肤过敏，因而也被认为是鬼树。这些鬼树没有人敢轻易砍伐。楸树、油杉、柏树常被指定为"阴材"，只有在作棺木时才能砍伐。马桑树、青冈树、柳树、桃树等生命力较强的树则被视作人与鬼的桥梁，可以用来送鬼。

将鬼归于树或草中送出是彝族送鬼的主要方法。在彝族阿候氏祭祖大典中，人们首先要用杉枝和柳枝来医治染病的祖魂。由于杉树是一片片地长，柳叶是一片片地发，利用杉树与柳叶不同的生长特性，人们用柳枝作魂的根，杉枝作魂的身，这样魂身就可以挺直身来走。再用枯萎的柳枝做鬼身，一枝枯柳枝，立于一片片杉林旁，然后用杉树枝来扫，这样柳叶就可以与疾病着附，并随着柳叶的扫除而被带走。云南双柏罗武人驱鬼做法是持桃枝在堂屋门口边涮病人边咒："病死的害、饿死的害、打死的害、瘌死的害，快快走，这里不是你的在处，南方来的南方回，西方来的西方回，北方来的北方回，东方来的东方回。"

念毕，将收有鬼魂的桃枝送到十字路口，从而将鬼送出。在彝族人看来，桃树、柳树、杨树、马桑树等生发力较强的树木能够吸引鬼魂，从而在驱鬼仪式中被较多使用。

消除鬼的危害还需借助于神灵的力量，因此，插神枝也是大型祭祀活动中的重要内容，人们只有用树请出各样的神灵，才能保障驱鬼的效果。楚雄南华彝族每年都要举行"喽氏"仪式驱邪禳灾。设置祭坛是仪式最重要的准备工作，人们首先要砍伐代替神位的各种树枝，再用这些树枝布置神坛。通常祭坛要选一栎树丛，并在栎树丛根部北方位置天公地母坛、土主坛、香坛、北方喽神坛、倒人神坛、人道、鬼道神座。这些神坛由青冈栎树枝围成，各神主分别用不同的树叶装饰而成。在祭坛第一台用一棵高丈余的松枝，正面削皮并留下三台枝叶，枝上捆缚一束由青竹叶、山玉兰枝、塞闷枝、棕叶、青枫栎、野樱桃枝组成的神枝，缚上白绵纸飘带代表天公地母神座，也称通天树；栎丛根部插一棵三叉形正面削皮的松枝，缚白绵纸飘带，代表土主神座。土主神座前铺松毛，再用野樱桃树或水冬瓜树插上代表各种邪魔的神座。神枝插好后，就要由毕摩请各路神灵入座，祭祀神灵后，举行一种彝语称为"切轰"的仪式，由神灵把邪秽统统驱往原住地。

人死之后灵魂将四散而出，为了不让死者的灵魂漫游于人间而祸害其他生命，在丧葬活动中，人们不仅要用树木搭起丧棚，还要用树叶来锁住灵魂。当人死亡后，在进行送祖仪式前，毕摩要用松叶编成扣将灵魂锁住，直到发丧的次日上午，毕摩将扣放于有水的罐内，在灵枢前念《解扣经》后才能用筷子扒开其扣。如《裴妥梅妮·苏嫫》中所说："今日这个扣，神师毕摩他，念经来结起，银链用三根，金链用三股。扣住了恶神，拴紧了凶神。"（师有福和杨家福，1991）只有通过树木的禁固，死去人的灵魂才不会成为恶神凶鬼对其他生命造成危害。在川滇大小凉山，人亡故后，要制作灵架和搭建灵棚。凡举行作祭仪式，都要到村外的平地里或旷野中选一块好布置祭场的平地，在祭场中心搭建祭棚，在祭场周围建毕摩和参加作祭亲友们住的青棚以及做饭青棚等。用的木料就在附近砍伐一些栗树、松树、杉树等作杆，用青栎树枝叶围栏和盖棚顶，以防止活人受到死魂的祸害。

一些带刺带毛的植物也可用以作为隔开人鬼的屏障，由于笋叶毛会刺伤人畜，笋叶常作为红河彝族防鬼时的各种咒符，挂上由笋叶做的各种咒符，妖魔鬼怪见之就会逃跑。笋叶符是一切妖魔鬼怪的禁忌物，所以人畜不康泰时，可以在自家大门口悬挂用笋叶剪成的各种咒符，以防妖魔鬼怪进家作祟。（师有福和红河彝族辞典编纂委员会，2002）与此相同，黄泡刺树也是鬼怪的忌物，彝族俐侎人为防止鬼邪侵害牲畜，平时要在猪圈、鸡圈上挂一枝黄泡刺树。人生重病，经占卜择定是鬼邪缠身，可用黄泡刺树于患者身上作扫刷状，表示驱鬼压鬼。酿酒、榨油之类，为避免鬼邪侵扰而失败，也可插挂黄泡刺树作防范。

## 三、以"树"为依据的行为

由于树木作为神鬼支配着自然和人，人们相信，只有遵从树木的意愿，才能处事行为得当。以树木为凭证，借助于树木表达感情、处理事物是彝族常用的办法，利用草木在外力作用下的变化进行占卜和预测成为了彝族人行为的依据。

开耕荒地时，彝族人不仅要选择有杂树林的土地，选中的土地还要以树木为标记。"四方择好地，水冬瓜树枝，板来插地里，长枝作记号，锥栗树桠枝，板来插地里，绿枝作记号；松枝分三杈，扳来插地里，松枝当记号。"（冬福英颇，1998）人们相信这些树木是拥有土地的凭证，通过在土地上扦插树枝，可以对其他人的行为起到警示作用。例如，在种子播种后，只要插上树枝，放牧的人就需要让牛羊远离这块土地，这样作物就可以免受放牧带来的损害。

图 2-4　插入树枝保护的山地（2011 年摄于昙华拉乍么村）

云南贵州两省的彝族新中国成立前夕已进入封建社会或正在向封建社会过渡，商品交换要比凉山彝族发达。他们定期以丑戌日集市，市集以牛街狗街为名并出现了交易借贷，在此过程中也形成了刻木为信之俗。《滇系》记载，"黑罗罗。交易称贷无书契，刻木而折之，各藏其半。"负债人偿还债务后，则将债权人手中所执之半片收回。明确债务采用刻木的办法，离婚也要用刻木来证明。如果夫妻感情恶化无法调解，就请村寨中有威望的老人做证人，取一截木棒，从中间折断，男女各持一半，以示婚姻解除。刻木传信也是过去彝族常用的通信方式，当有机密信息传递时，彝族会用刀在一段树枝上刻出其他人可以识别的刻痕，在家支械斗或抵御入侵外敌时常常用这一办法传递信息。

　　彝族人也把树木作为人们感情的联络者，彝族阿哲人男女交往要赠送各种树枝来表达相互之间交往的意愿。松枝代表感情要加深，他日再相见；麻栗枝代表来年再相会；红果枝表示一方已有未婚对象，不能再交往；花椒叶则代表愿意他日成亲做一家。每年农历六月初六是楚雄彝族的传统杨梅节，人们把杨梅节看成是聚亲会友、青年男女谈情说爱的好日子。届时，人们从四面八方汇集到山梁子，采摘杨梅，赶杨梅会，跳歌对调子。青年男女要在杨梅会上，寻找自己的意中人。姑娘们摘杨梅，小伙子们弹三玄，被姑娘赠予定情物的小伙子会主动品尝姑娘杨梅箩里的杨梅，三个杨梅吃进嘴，如果酸味太大，不够甜，那就说双方相互不够了解，只有等到来年再相会，如果三个杨梅进嘴，甜津津的，回味无穷，那就算已经找到了意中人。

　　彝民凡遇疑难问题和不能决断之事就用占卜方式解决，彝族占卜的方法很多，其中用草木占卜是较为常见的方法，如草卜，取稻草8棵，中腰系以线，然后随意将草之两端两两相结。结毕，将草展开，查验草结形，以占所问之事。例如，问婚姻，若草结连环，即为姻缘结蒂之兆，不连结则主散。又如，红河彝族的木刻卜，占卜时，一般是取一条长一尺左右的树条或竹条。一手持树枝头，另一头着地，一手拿刀，用刀在树条上刻上锯纹时，诵咒语和所刻卜的目的与事由，如"树啊，天下地上的东西你知道，人间世道你知晓，今有一事我求你，请你判定后告诉我。"（龙倮贵和黄世荣，2002）诵毕刻锯立即停止，这时任意将其中一个木刻纹削去，用手按住这削去的刻纹，再数此刻纹上下两段刻纹的奇偶数断祸福。在楚雄南华彝族的驱邪仪式"喽氏"中，有一场审判邪魔的仪式，村民前来向毕摩报案，毕摩要找来一节拇指粗的松木，一剖两半，打卦，如呈一阴一阳（一正一反）确认情况属实。当抓到"盗贼"审问不认罪时，毕摩仍要用松枝节打卦，如松枝节呈一阴一阳（一正一反）则说明"盗贼"所犯罪行属实，而每当"盗贼"看到这一卦象时也不得不伏首认罪。

　　树木变化的状况也是判断生产从而决定家庭生活的依据。红河彝族在祭祀神树时，主祭的老者便吩附各自把准备好的青冈栗树枝插在神树四周，并叫负责杀牲的人把按人数分配的鲜肉挂在树枝上，祭后各自带回家。人们通过被太阳晒卷了的青冈栗叶形状预测当年农业和家庭收支的状况，如叶片卷直，近似包谷棒子，说明包谷一定长得好，收得多；叶片黄卷，形状有如饭勺的，则说明这家的口粮消耗较大，必须节约用粮。（杨知勇，1990）

　　用草木占卜可以进行预测，利用树木也可以判断人的生理健康。彝族人有一套根据树的生长变化来确定人生理病变的办法。受汉文化影响，彝族接受了阴阳五行观念，但却用金木水火土五棵树对应人的出生年月来判断人身体的健康状况。这五棵树每棵树由有十二个叶结点构成的树叶组成。不同的树，十二个叶结点的位置不同，树木的结构也不同。五行代表五种不同的流年，而五种不同的流年中又有六种变化，五棵树对应每年十二个月，六十流年变化即十二个月可以预示 360 种病因。出生年月对应在五棵树的结点位置决定了人的健康状况，如果出生年月对应五行年树结点的位置在下、中者为吉，左、右顶部和中部次之。以金命为例，金命流年分为海中金、剑峰金、白蜡金、沙中金、金箔金、钗钏金，年命为剑锋金且出生于十月者，在金树上对应的叶结点位于西方根部，这一结点靠近根部，预示着此人身体强壮，衣禄丰厚，但由于剑锋金为孟冬之金，位于树的根部，寒气重，有生肾水克肺火之象，病理上出现湿重燥轻，阴重阳轻，常患肺呼吸感染而咳，宜调肺心。而年命金箔金生于三月者，虽然对应金树结点也在根部，由于生于阳春三月，但却位于树的根部，因此处于受压之地，不得显山露水，因此，病理上，箔金反受木制，出现肝木反克金心，故有心脏病，常出现胸闷心慌。（师有福和梁红，2006）

树木对人和自然的调控基于树木的生长节律，动植物和人类生活对树木森林的依赖又进一步增强了树木对人类生活和行为的调控，因此各种树木具有了神灵的地位。树木的生长反映了自然环境的状况，在树木的调控下，彝族人的生产生活顺应自然，与自然环境融为一体。

# 第三章 "相配"的万物

## 第一节 万物都要"相配"

### 一、动物一样存在的万物

　　植物是自然生态系统的生产者，植物的生产为动物和人类的生存提供了基本的生活环境和资料。由于植物的先在性、基础性和广泛性，植物尤其是树木的特点，制约和塑造了彝族人对自然的认识，成为彝族人理解世界的基础。动物与人作为自然生态系统的消费者，也是生态系统中重要的组成部分，由于万物同根同源，在彝族看来，各种自然的存在既具有树木的特点，也具有动物的特性，万物在遵循树木一般生命循环的同时，也具有动物一样的生命特征。

　　万物具有动物的生命特征，首先在于万物具有动物生殖繁育的特点。动物和人通过母体孕育繁殖后代，自然万物也来自生命体的孕育。《彝族创世史》说创世之祖阿赫希尼摩孕育了万物，"世间所有物，绿红黄黑白，所有空心的，所有藤状的，凡是有眼的，凡是喝水的，还有冬眠的，样样装肚中。"它生下了世间万物，"各色各种物，全部生下来。苍天和大地，日月和星星，白云和浓雾，还有那彩霞，还有风和光，所有这些物，样样生下来……雷神和电神，年神和月神，云神和风神……海洋和水妖、龙象豹子虎、牛羊马麂熊、鹰鸭蛇蛙虫、还有鸟和蜂、全部生下来。"（罗希吾戈和普学旺，1990）在彝文典籍中，虽然万物始祖不同，但许多文献中均描述为某种动物体孕育的后代，《西南彝志》中说："牛的九十层肚子，一次开放一层，一次开放一片。开放了以后呢，就生出美丽的人，发出鸿雁的叫声。又开放一层肚子，就放出金光一片，涌现出九十匹白马，八百头黄牛。又开一层金色肚片，又放出一片金光，在这一层里，有九位巧手的影儿，还有八位聪明的且舍。神人的声音很嘹亮，神人的声音很嘈杂，有成片的银白色土地，有成片的金黄色土地。"（贵州省民间文学工作组和贵州省毕节专署民委会彝文翻译组，1963）

　　自然万物具有动物一般的生命，还在于万物表现为动物一般的生命体征和行为。在彝族人看来，不仅人和各种动物有血有肉，各种植物也相同。"深箐茅针草，找到茅针草，头上有脑浆，身上有肌肉，骨里有髓子，腹内有苦胆……深箐啫勾藤，找到啫勾藤，砍头有脑浆，身上长着肉，砍骨有髓子，开膛有胆汁……找到黄栎树，砍头有脑浆，身上长着肉，砍骨有髓子，开膛有胆汁。"（李相荣和李福云，2007）动物会行动，万物也如动物一样行动，太阳、月亮、山脉可以如同放牧的牛羊一样被驱赶，因此可以"赶丘行对行，赶山排对排，赶往美地方，赶往吉利地。"（石连顺，2003）

喂养或取食是动物成长的必要条件，万物因具有动物的属性而有获取食物的本能。《彝族创世史》中说阿赫希尼摩生下万物后，"万物不喂奶，无法能成长，阿赫希尼摩，用奶喂万物。奶育天和地，奶育日月星，又喂风云雾，彩霞和光泽，者尼和者讷（公雁和母雁），还有众天神；奶育龙和象，又喂虎和豹，鹿麂熊和獐，牦牛和鹰猴，蜂和蛙虫鸟。苍穹到大地，凡是世间物，都吮她乳汁。"（罗希吾戈和普学旺，1990）《阿细颇先基》中也说："起来要喂天，喂天从四方，四面八方喂，还要喂四方。虽然造了天，虽然造了地，天还没有喂，地还没有喂，何处来喂天？如果是开始，开始从何补？开始从何造？开始从何喂？从何处造完？补完落何处？最后喂哪里，落脚喂哪处。"（石连顺，2003）有了成长的营养，天地万物也如同动物一样在生长。"苍天慢慢长，长得高又大。大地渐渐长，长得厚又宽，长出悬崖来，长出清泉来；太阳慢慢长，长得圆又圆；月亮渐渐长，长得亮堂堂；星星慢慢长，长得满苍穹；光又渐渐长，光芒照四方；风也慢慢长，徐徐四方扬。"（罗希吾戈和普学旺，1990）

动物一般的繁育特点使事物之间具有了哺育与被哺育的关系。由于动物依靠树木和环境生存，彝族人也把自然环境视作滋养人、动物和神灵的营养。《彝族创世史》中说："希尼儿众多，喂奶怎么办？只好分四班，早上喂一班，中午喂一班，黄昏喂一班，半夜喂一班。希尼喂奶时，奶水滴滴掉，一滴变成山，一滴变大地，一滴变树木，一滴变竹子，一滴变果树，一滴变藤子，一滴变道路，一滴变白艾，一滴变南瓜；苦奶掉一滴，变成苦艾草，变成了苦荞，变成苦良药。希尼的乳汁，掉在山头上，山头长青草，掉到箐沟里，箐沟出溪水。掉在道路上，即刻成泥土。"（罗希吾戈和普学旺，1990）自然环境中森林、草木、土地由希尼的奶水生成，间接表达了自然环境和草木对人和动物的哺育作用。由于生存的需要，各种事物之间也会形成捕食与被捕食的关系，既使是日月星辰，也有可能被其他动物所捕食。阿细人的神话中说到，过去太阳、月亮和星星都很多，是因为一对什么也不干，不听父母话的男女神，把黄老虎放在了太阳里，把太阳吃得剩了一个，他的弟弟妹妹也跟着学，把狗放在了月亮里，又把石头中的蜂王放在了星星上，结果吃得月亮和星星也只剩了一个。利用万物具有的动物生理特点和食物需求，人们就有了诱导和驱动事物的方法，《勒俄特依》中描写，为了呼唤太阳月亮出来，"宰头白阉牛来祭，取出四盘牛内脏，放在房子四角喊。九天喊到晚，喊出六个太阳来，九夜喊到亮，喊出七个月亮来……宰头白阉羊来祭，取出四盘羊内脏，放在房子四角喊。七天喊到晚，喊出'煞业'七星来。七夜喊到亮，喊出'耻苦'六星来。

（冯元蔚，1986）

如同日月具有的动物属性，宇宙星辰也具有动物的特点，因此，彝族二十八宿星的命名中，都有一个以动物命名的名称。"时首星，又叫金画眉；丰满星，又叫猫头鹰；日头星，又叫做青豹；日手星，又叫做蜻蜓；日腰星，又叫做青豹；日尾星，又叫做青狼；停雪星，又叫做蟋蟀；晒雪星，又叫做蚂蚱；雪树枝星，又叫做蜗牛；雪树果星，又叫白蝴蝶；长颈星，又叫做白鹤；露丛星，又叫红牛；露山星，又叫白獐子；豹角星，又叫做青狐；豹眼星，又叫做红蝙蝠；豹嘴星，又叫青蝙蝠；豹腰星，又叫做红豺；豹脊星，又叫青杜鹃；豹尾星，又叫做黑鼠；有记星，又叫红獐子；雄刺猬星，又叫做灰鹰；龙曲星，又叫黑獐子；神树枝星，又叫做白猴；神树果星，又叫公绵羊；神树梢星，又叫做红猴；风星，又叫做玄鸟；太阳星，又叫黄獐子；山羊眼星，又叫花獐子。"各种星系以动物命名，不仅因各种星系具有形似各种动物的外形，还因为星星与人和动物有着相似的行为方式和生存表现，"天上一颗星，地上一个人；天上一碗星，地上一家人；天上一座星，地上一族人。星好人聪明，星蠢人亦蠢，人死星斗败。"（陈长友等，1991）

万物不仅具有动物获取食物的特点，也具有雌雄相分的特性。《彝族创世史》中说希尼生下的万物都分公母，《阿细的先基》中则具体指出："尖山是雄山，团山是雌山；山腰上的麻栗树是雄树，山脚下的兰树是雌树；路上的尖石头是雄石，路下的扁石头是雌石；山顶上的红草是雄草，山腰上的黄草是雌草。"（云南省民族民间文学红河调查队，1960）在彝族先民看来，不仅人和动物有雌雄之分，山川树石等自然物也都分有雌雄两性。这种雌雄的划分不仅存在于同类事物中，也存在于不同种类的事物中。划分雌雄的标准主要是根据雌雄两性具有的生理属性和行为特点。

雌雄可以根据事物形状和颜色来区别，"从前古时候，草分男和女；男头是尖的，女头是乱的。草下有母石，草下有公石，母石是兰色，头是平平的；公石是黑色，头是尖尖的。"（潘文兰和张学俊，1963）凡在同类事物中具有不同形状或颜色的事物都可以分出雌雄的不同，这种区分通常从其外形上近似于男女生殖器官的程度或从男女对颜色的喜好上进行划分。例如，楚雄大姚彝族根据松树的形状划分其公母，那些分枝较多，树干较直且有凹形树结的树是母树，其他形状扭曲且树干有凸起结的树为公树。至于那些鲜艳颜色的事物相比于其它颜色具有女性的特征，因此彝人说："绿海是公海，绿海是清水。红海是母海，红海是浊水。清水银闪闪，浊水红艳艳。"（师有福和师霄，2010）

除形状和颜色外，由于母体具有能够孕育或承载其他事物的特征，根据这一标准，那些大的事物由于可以分出小的事物而成为雌性，相对而言，那些小的事物因不具有可分性而成为雄性。与此相似，那些没有生命生长的石山自然成了雄山，而那些能够生长草木的土山也就成为了雌山。此外，事物所处的相对位置也是另一雌雄划分的标准。由于下部承受了上部的物体，位于下部的石头或树木自然成为了雌性，而上部的石头或树木也就成为了雄性。

有时公母的划分也根据人类男女个性的差异，如雄性胆大，雌性胆小，胆子大的晚上出，胆子小的白天出。星星、月亮晚上出，云彩太阳白天出，因此，星星是公的，云彩是母的，月亮是公的，太阳是母的。同样，与太阳的向背方向不同也可以划分树木的公母，由于男性性格趋于外向，而女性性格较为内向，大姚县华彝族常把背阴的树木视作母树，而向阳的树木视为公树，如向阳的松树、香椿等为公树，而背阴的青冈栗树、楸树、柏树等为母树。做祖灵牌时，人们将向阳的松树做成男性祖灵，而背阴的青冈栗树则用于做女性祖灵。

雌雄也根据事物的生育繁殖特性来区别，这种划分在植物中使用较多，能否有果实或果实数量的多少是划分植物公母的重要依据。例如，公麻开花不结果，母麻结果不开花。对于同样会结果的植物，那些结果较多的为母树，结果少的为公树。有时，果实的坚硬程度也可以作为公母的区别，如大姚桂花乡彝族常把果核较硬的核桃树作为公核桃树，而果核较薄的核桃树作为母核桃树。除根据植物繁殖特性划分公母外，彝人也多以植物的生长特性来分公母，那些生长时间较长或材质坚硬的树木常为公树，而那些生长较快且发枝较多的树木常为母树。例如，松树因生长较慢常视为公树，而罗汉松、竹子等生长较快且萌发较多的树木则被视为母树。

以男女生理和生育特征为依据，彝族雌雄公母的划分有多种维度，但一般来说，在同类事物中，小的、尖的、弯的、清的、光弱者是雄性，大的、圆的、直的、浊的、明亮者是雌性。例如，日为雌，月为雄；星星光强且大者为雌，光弱且小者为雄；大河、大溪为雌，小河、小溪为雄；大石岩为雌，小石岩为雄，大栗树为雌，小栗树为雄。人造的器物也以大小分雌雄，大斧为雌，小斧为雄；大锅、大碗为雌，小锅、小碗为雄。（王天玺和李国文，2000）自然万物清浊、阴阳、红绿、上下、左右、北南、东西、天地、昼夜、雾瘴等层次方位都有雌雄之分。其中，清、阳、绿、上、左、北、东、天、夜、雾为雄，浊、阴、红、下、右、南、西、地、昼、瘴为雌。

## 二、雌雄"相配"的万物

雌雄交配是动物生殖繁育的要求，虽然万物具有树木开花结果的特性，但由于万物也具有动物的属性，因此，世间万物还要通过交配才能孕育新的生命。如《梅葛》中所说："百草百木都开花，百鸟百兽都开花，世人都开花，开花结果要相配。"（云南省民族民间文学楚雄调查队，1960）相配是生命延续的必要条件。

由于万物都是动物一样的生命存在，在彝族看来，"太阳和月亮，星星和星星，蓝天与白云，大山与岩石，树木与森林。老虎与豹子，公蛇与母蛇，兔子与兔子，穿山甲与穿山甲，公鹰与母鹰，斑鸠与斑鸠……世间万物，都会发情。"（姜荣文，1993）自然万物都遵循着动物相配成对的规律，因此，"万物找对偶，万物成双对。哪个先成对？天上先成对；星宿成双对，云彩成双对。天上成对了，天空生春风，春风吹到地面上，地上万物要成对。春风吹到岩石上，岩石要成双，春风吹到泉水上，泉水要成双。泉水飞到山头上，山头树木有水珠，山头树木要发芽，山头树木要成双。泉水洒到草棵上，草棵发芽，草棵成长，草棵成双。春风吹到兽身上，野兽发春意，野兽找对偶，野兽配成双。"（陆保梭颇和夏光辅，1984）由于动物各自具有的发情期不同，事物的相配时间也不同。《梅葛》中说："八月十五到，日月吃了金玉珠宝来相配。十冬腊月到，大星小星吃了寒霜露水来相配。正二三月到，春风空气来相配。六月七月天，白云黑云来相配。"各种事物的相配就如同人类的婚配，因此相配直接表现为出嫁或结亲，"天有天的规，白云嫁黑云，月亮嫁太阳，天嫁给地，男女相配，人间才成对。"生命延续的要求使得万物都要通过相配繁衍，所以世上万物没有不配的，没有不嫁的。"天上黑云嫁白云，天上绿云嫁黄云，七星姊妹嫁星星，天亮星嫁过天星，天虹嫁地虹……黑水嫁白水，小水嫁大水，绿水嫁红水，慢水嫁快水……黑鱼嫁白鱼，白蚁嫁黑蚁，爹妈的女儿也得嫁。"（云南省民族民间文学楚雄调查队，1960）

各种事物都要相配或出嫁，就连神灵也不例外，天仙嫁天神，山神嫁山神，地仙嫁地神，水仙嫁水神。天仙在天上嫁，地仙在地上婚。"默谷陆阿梅，她是天女仙，嫁到默缩海。咪尼缩阿梅，她是地女神，嫁在咪尼成。直柏勒阿梅，太阳的女神，嫁在太阳宫。宏咪尼阿梅，月亮的女神，嫁在月亮宫。折柯自阿梅，星宿的女神，嫁到银河系。德陆陈阿梅，她是彩云仙，嫁在彩云间。亥合合阿梅，它是雨神仙，天上扯闪时，是它出嫁日。非柯妮阿梅，他是风女仙，嫁在旋风中。布梅妮阿梅，她是山神仙，嫁在大山间。默阿奴阿梅，她是雾女仙，嫁在雾露间。"（师有福和杨家福，1991）彝族神灵通常由公母两神组成，如掌管东、南、西、北四天区的四方八大神就由绿、红、白、黑四对男女组成，他们共同享有管理天区的权力。神灵公母相配不仅是生命繁育的要求，也是神灵发挥作用的必要条件。由于因为单一神灵作用具有的片面性，因此，彝族人认为只有公母神灵相互合作才能使神对世界的管理更加完美。

雌雄相配并不局限于同种同类事物之间，彝族认为不同种类的事物也能够、也要相配。如阿细人"拔黄草调"所唱：世上万物都相爱，"毡子名叫托瓦列（男），蓆子名叫西洛拉（女），他们两个恋爱，他们两个相好。场场边堆的草是小伙子，场场边叶子是姑娘，他们也是恋爱，他们俩恋爱。天上的酒罐叫拖左列，地下的碗叫主勒拉；绿草根的鸡棕，地上的蕨树；山上的竹和笋，山凹里的响篾，他们是恋爱的,他们相好。空中下的白雨,地下的白露水;水边的鹭鸶,塘子里的鱼姑娘……荒地里的苏苏树,石板下面的蚂蚁;他们是恋爱的人,他们在谈恋爱的那个年代。"(潘正兴,1963)在彝族看来,雌雄相配是生命延续的基本形式,具有互为依存的密切关系、构成生命延续的各种事物都能相配。由于一种事物的繁衍需要以其他事物的存在为前提,不同事物的相配不仅为其他事物的繁衍创造着条件,也促进着相配事物的繁衍。自然界各种无机、有机事物的繁衍与发展都要有不同的事物来相配。自然万物只有通过广泛的婚配和交流,才能使这个世界充满生机。

在彝族看来,不同事物的相配为新事物的产生和形成提供了条件。例如,"高山和坪地,两者互依存,两者配成后,大地更繁荣",有了高山和坪地的存在,可以为适宜其间生存的多种生命提供生存的条件。又如,"风雨产生了,产生茫茫雾","大雾和大风,产生了大河。"(陈长友等,1990)风和雨的配合有助于雾的形成,大雾和大风带来的降水又有利于河流的形成。由于相配创造的条件和作用,自然界各种事物的产生可以说是不同事物相配的结果,《西南彝志》中说到,"各样的影子,各样的形态互相交配,白色的天十二层,黑色的地十三台,白色的天十二角,黑色的地十三蹄,各样的影子,各样的形态都产生了。"(贵州省民间文学工作组和贵州省毕节专署民委会彝文翻译组,1957)有了不同事物的相配,各种新的事物不断生成。

不同事物相配在产生新事物的同时,也促进着相配事物各自的繁衍和发展。例如,岩石与树相配,"石生在树下,树生在石上,树长一片片,石生一层层。"树木的生长促进了岩石的分化,反过来,岩石的分化又更加有利于树木的生长,同样,水使草木得以生长,而各种草木繁衍又有了水的生成,因此,"世上没有水,草就长不成;世上没有草,水也不会清。它们互依存,水草齐丰茂;它们共生存,草青水秀丽。草生绿油油,水流白花花。"与此类同,自然物候也在相配中互相促进、相互依存,"若没有高山,没有雾缭绕;若没有大雾,大山没有龙。大雾和大山,分也分不开,不能分开的。"(陈长友等,1990)水与草、高山和云雾互为作用不能分离,太阳与月亮、蓝天与白云都可以在相配中互为促进。"太阳与月亮,怀孕十二月,就有小太阳和小月亮。星星和星星,怀孕十二月,就有小星星。蓝天和白云,怀孕十二月,就有了小蓝天和小白云。"(姜荣文,1993)不同的树木与树木、动物与动物也在相配中互为促进。"杉松开了亲,杉长笔挺挺,青松入云霄;雁鸡两亲家,从此开了亲,大雁飞蓝天,换来粮丰收,鸡鸣大地上,唤来日东升。"(达久木甲,2006)

不同事物相配还可以使后代生命得以完善。在彝族看来,各种大小、强弱、轻重、良莠不同的事物雌雄相配,可以使一些小、弱、轻、差的事物通过大、强、重、好的事物相配而得以完善。史诗《梅葛》中大地的完美是因为造小的天和造大的地相配，在相配中天拉大了，地缩小了，天地间不仅有了山脉河流和各种事物生成，而且天地变得更加稳定。各种植物也可以通过相配而完善，彝族常将那些不同性状的作物一起种植，在他们看来，深根的向日葵可以使浅根的玉米生长良好，产量高的品种能够促进产量低的品种增产。那些生长能力较强、结籽较多的杨树、柳树等树木常常与作物共同生长，以期带动作物生长和产量提高。而不同种类的树木嫁接可以使其后代更加优良，因此，那些可以相互嫁接的树木也是相配的对象。彝族认为"爱伴有的是，恋伴有的是。棠梨接梨树，也是恋爱伴。桃李花同开，也是恋爱伴。"（楚雄市文体局，2008）

对家畜而言，多样性动物的存在是家畜得到改良的重要条件，《梅葛》中说，强壮的野牛和瘦弱的老马相配，生出了皇帝状元骑的小叫马（公马）和力大的骡子。（云南省民族民间文学楚雄调查队，1960）对人而言，英雄人物的产生也常是人与其他事物相配的结果，史诗《勒俄特依》中降妖伏魔的英雄支格阿鲁就是鹰与人相配的后代。（冯元蔚，1986）认识到这些异缘相配带来的优越性，为了使自然万物都能在相配中完善和发展，《梅葛》中明确提出："乌鸦嫁老鹰，鹧鸪嫁斑鸠，野鸡嫁竹鸡，野鸭嫁雁鹅，……豹子嫁给老虎，老熊嫁给野猪，黄鼠狼嫁麂子，香獐嫁狐狸，松鼠嫁白鼠，恶狗嫁白狼……蜻蜓嫁黑蛇……家蜂嫁土蜂，苍蝇嫁毛虫。"（云南省民族民间文学楚雄调查队，1960）这样一来，不仅各种互为相配的动物可以得到繁衍，而且还能使老鹰具有乌鸦的食性，鹧鸪也能如斑鸠一样迁徙，狐狸也如香獐、野鸡也如竹鸡一样被猎捕。

## 三、"相配"的作用

同种或不同种事物的相配对事物的繁衍和发展起着重要作用，但相配的作用还不限于事物的繁衍。在彝族人看来，通过不同事物相配给予彼此的联系，生命才有活力，才能在相互配合和协调中稳定存在。

在彝族看来，只有通过事物之间的联系才能使事物的存在具有稳定性。彝族史诗非常强调自然万物联系对于天地稳定的重要性，《梅葛》中说天开裂要补起来，地通洞要补起来，用松毛做针，云彩做补丁，把天补起来。用老虎草做针，酸绞藤做线，地公叶子做补丁，把地补起来。天补好了，地补好了，打雷时天不会垮，地震时地不会塌。（云南省民族民间文学楚雄调查队，1960）《阿细的先基》中也强调天地的补和连，黄草皮做补地的布，尖刀草做补针，地板藤做补地线，把地的到处都连补；黑云做补天布，被吹成条条的小黄云彩是补天线，长尾巴星窝尼做补天针，天有多宽就补多宽，方方都补了。最后男神来串天、女神来串地，地有多宽她就串多宽，天有多宽串多宽。（云南省民族民间文学红河调查队，1960）无论是补还是连或是串，在彝族看来，只有将天地万物连为一体才能有天地的稳定。

相配的过程就是事物建立相互联系的过程。《西南彝志》、《彝族源流》中将雌雄阴阳比作针和线，"清阳出现，浊阴产生时，清阳像细针，浊阴像发丝，细针和发丝，是清浊阴阳"，"哎哺两阴阳，在宇宙里配，如黑锦出现，哎围着宇宙，出现千计哎，产生无数哺。哎哺形成后，如星光闪闪，细线样出现……"（贵州省少数民族古籍整理领导小组和毕节地区民族事务委员会，1989）相配就如同针和线将万物相连接，宇宙万物的产生就是清浊、哎哺、各种动植物等如针线般编织而成的一幅锦帛。"高高的天，宽广的地，用各种哎、各样哺牵成，用各种哎、各种哺编织"。不仅最初产生的哎哺、阴阳编织着天地，同种、不同种事物也通过相配共同编织着天地这一锦帛。"力大的青猪，力大的红猪又相配，它俩相配后，像青鸿、白雁一样，在云端云尾寻食，扦了九千万条青红线，绘出很多的影儿和形态。"在如针与线的连接中，自然万物都加入到了天地锦帛的编织中，"仙来传天线，神来拉地线；女来拉天线，男来牵地线；苍鹰来引线。猛虎来纺车；黄鹰收线头。天产生了，地形成了。"（贵州省民间文学工作组和贵州省毕节专署民委会彝文翻译组，1957）

对彝族而言，婚姻就是一个建立广泛联系的过程，如一首"媒约歌"所唱："昆明城产布，武定府产线，布也不见线，线也不见布。中间要媒介，有了钢针后，钢针当媒介。线就遇着布，布也遇着线。乌蒙山产银，金沙江产金。银也不见金，金也不见银。中间要媒介，戥子当媒介。有了戥子后，银也见到金，金也见到银……远古的时候，天也不知地，地也不识天，云彩来做媒。云来做媒后，天与地相识，地与天相知，相识互开亲，天地就开亲。远古的时候，日也不识月，月也不知日，星宿来做媒，星来做媒后，日与月相识，月与日相知，相识互开亲，日与月开亲。"（禄劝彝族苗族自治县民族宗教局，2002）媒人是建立婚姻关系的联系人，通过媒人的联系，事物联为一体。在彝族看来，各种相配的自然事物都可以成为媒人，"张仕、白花先成亲，梅树李树先做媒，媒人向它学，学它做媒人。""路上边的红石头，就是我们的男媒人，路下边的蓝石头，就是我们的女媒人。"（云南省民族民间文学红河调查队，1960）虽然自然事物可以成为媒人，但以人为中介的联系人也不可缺少。彝族不论是自由恋爱还是父母包办，缔结婚姻的一个重要环节是要有媒人说亲，而且要求男方请的媒人，不能是女方的直系亲属，此外，媒人还需要是夫妻双全、家庭和睦幸福的人。由于相配所起到的联系作用，在《梅葛》中要把结婚的喜讯交由地瓜藤来传，这样，婚姻带来的联系才能像地瓜藤一样串联漫延。（云南省民族民间文学楚雄调查队，1960）

相配建立联系对于事物的稳定作用还在于相配使不同的事物相互配合，从而更加有利于各自的生存发展。《彝族创世史》描述，创世始祖阿赫希尼摩生下万物时，万物虽然分公母，但从不成双对，也不兴婚嫁。世间的人啊，东南西北没有一个亲戚，人与人之间也不相互往来。虽然有了万物，但天地没有生机，一片阴沉沉的景象，直到万物学习雌雁与雄雁相配后，这个世界才有了生命的活力。

为了使事物能相互配合，相配的过程也是一个事物相互协调的过程。《物始纪略》中说到，远古天地形成后，日不晴，月不明，于是神匠将日月来相合，当日月中间合得无丝缝，边沿合拢时，日月出现了光明。《梅葛》中说为了使天地能相配，要拉天缩地，使天地来相合。（云南省民族民间文学楚雄调查队，1960）《查姆》中描述，地要造成簸箕样，天要造得篾帽圆，篾帽、簸箕才合得拢，篾帽、簸箕合成地和天。在洪水泛滥后只剩一对兄妹时，决定他俩是否相配时要丢篾帽、簸箕，要扔针与线，要滚石磨盘来相配，当篾帽、簸箕合拢，线穿入针眼，石磨上下磨盘合拢时，兄妹才能成亲。（郭思九和陶学良，1981）通过相配将不同的事物进行协调，自然事物之间才能相互协作而彼此促进。

彝族婚配过程也是一个相互协调的过程。除媒人将结婚的男女双方家庭相联系外，缔结姻婚的男女双方出生时辰、姓名等都要求能合为一体。《阿细的先基》中说，男女出生时辰要像床头与床尾能相合，男人"天亮生在床头上。"女人则要"天亮生在床尾上。"男女姓名还要因相配而稳定，"你的名字是露水，我的名字就是草。要是这个样子，怕不能成一家了。"露水因不稳定而不能与草结合，"太阳落下去的时候，露水还沾在草上，太阳一升起来，露水就掉到地下去了。""你的名字叫树，我的名字叫火。树碰上了火啊！一碰上就全烧着"。（云南省民族民间文学红河调查队，1960）相配的姓名要像水和盐，也要像天上的老鹰和荒地上的黑虫，如同盐与水不分离。彝族传统婚姻较少出现离异，如果婚后无子或生孩子总是夭折可离婚，但无论男方女方，再婚的程序仍然要依照前一次结婚来进行。

不仅结婚的男女要相互协调，缔结婚姻的双方也要相互协调。在彝族人的婚礼中，男女双方互认亲戚是确定婚姻关系的一项重要内容。结婚的男女首先要拜家堂，由新娘亲自把饭肉置于供桌后，新郎、新娘、伴郎、伴娘一齐跪拜祖先，按天地、远祖、爷奶、爹妈、舅爹、舅妈、哥嫂、姐夫、接亲、迎亲、媒人的顺序一一叩头致礼后，新娘才正式成为男家人。婚礼后新婚夫妇还要进一步认识男女双方的亲戚朋友，先由男方家人带女方认识男方的亲戚朋友，过几天后，男方要跟随女方回娘家，再认识女方的亲戚朋友。在认亲时如果有交叉亲戚关系出现争议时，按习惯，新郎、新娘双方有关长辈就要坐下来"讲理"、"扳亲戚"，以便理顺亲戚称呼关系。只有这样，婚姻关系才算正式确定。通过认亲戚，不仅结亲的双方融入了一个更大的家族群体，加深了人们之间的感情，而且相互之间也在更大的范围内获得了生存的协助。

如同男女婚配带来的联系、配合和协调，在彝族看来，自然万物通过相配最终形成的是一个统一有序的生命体，在这一生命体中，万物互为联系，不可分割。彝族史诗中有虎变万物，牛变万物，羊变万物、妖变万物或人变万物等说法，这些变化虽然不同于万物以"树"为基础的起源，但无论是哪一种变化强调的都是自然万物作为一个整体的性质。例如,《梅葛》中为了使天地更加稳定,用虎尸解来生成日月、江河、植物和动物,这样的描述不仅反映了万物作为动物的属性,也进一步表达了天地万物作为一个整体的相互联系。用虎头做天头,虎尾作地尾,虎鼻作天鼻,虎耳作天耳;虎的左眼作太阳,右眼作月亮;虎须作阳光,虎牙作星星,虎油作云彩,虎气作雾气;虎骨作撑天的柱,虎心做天心地胆,虎肚作大海,虎血作海水,虎的大肠作大江,虎的小肠作小河;虎的硬毛作树木,虎的软毛作各种草,虎的细毛作秧苗……在这一分解中,自然万物成为虎的有机组成。(云南省民族民间文学楚雄调查队,1960)

在相配建立的有机体中,自然秩序得以形成。《物始纪略》"婚姻史话"中说:"天未出现,地未形成时,婚姻制度未创立,匹配规矩未兴起,混沌一片。"通过相配,万物有了各自的生活空间和活动秩序,"天与地之间,有日月行走;日与月之间,有星云行走;云与星之间,有雾霭行走;雾与霭之间,生活着风雨"(普学旺,1999)事物的活动相互关联,互为前提和条件,"空中的红云,这个红云嘛,红云是下雨的花,空中的黄云,黄云是下雨的边;空中的黑云彩,黑云是下雨的路;空中的白云,白云跟在雨后边,雾是雨的领路人,雨跟着雾。"(潘正兴,1963)有了相配的联系,一种事物的活动成为了另一种事物活动的根源,"石山连土山,野鸡叫声传到石山里,传到石山里了。石山箐里有箐鸡,野鸡叫声箐鸡听见了,第二次就是箐鸡叫。寨子连着石山边,箐鸡的音传到寨子里。寨子里有老公鸡,公鸡听见箐鸡叫,翅膀拍拍的打,开口叫了。东方要亮了,渐渐亮了,阿洛要放太阳出来了。"(潘正兴,1963)

# 第二节 "相配"与万物的繁衍

## 一、"相配"孕育的生命

尽管万物来源于树,但作为动物一样的生命存在,生命的延续就少不了雌雄相配。《西南彝志》中说:"美丽的树上,放着鲜艳的花朵,交织的影形,悬挂在树上,像一根根垂直的绳子,束在妇人身上,精华的根底,它产生以后,又分了雌雄,一再如母子的变化,它是这样成功的。"(贵州省民间文学工作组和贵州省毕节专署民委会彝文翻译组,1957)如同人类生命的繁衍来自于男女的结合,各种来自于树木的灵魂也需要通过雌雄相配来传递,通过母体来实现。

自然界各种事物在雌雄交配中如母子一样繁衍。"雌雄二气象,如母子一样变化,天的影,地的形,产生了白色的天,产生了黑色的地。又产生了日,产生了月。天地和日月,好像母子变化一样,它就是这样的。"天地日月、云雾风雨都在雌雄交配中孕育发展,各种自然现象均有"血缘"亲属关系,如"疾风是风的孙子，微风是风的曾孙"；"阵阵大雨是雨父，淋淋甘雨是雨母，霏霏小雨为雨子，绵绵细雨为雨孙，微微轻雨为曾孙"；"十二层大云，十二层宽云，向上升去，云父住在云宫。青色是云子，黄色是云孙，在林宫里是云曾孙。"（贵州省民间文学工作组和贵州省毕节专署民委会彝文翻译组，1957）

因为雌雄交配的重要性，为了使山川河流繁衍，在造出了大山、岩石和河流后，神灵们还要赶山、赶石，要将一个个的石山赶尖，一个个土山赶团，同时，将石头分出路子，分成条条，还要挖开大河埂，分出河流。有了山、石和河流的雌雄分别，雌雄相配就可以孕育繁衍新的生命，有了土山、石山相配，"地上生山了，山也生的团，地下石山也有了，石山也生的尖；地下石头也生了，石头也生成一条条的了。"（潘正兴，1963）在雌雄相配中，"大山怀孕十二月，小山就出现；岩石怀孕十二月，就有小岩石。"（姜荣文，1993）自然事物在雌雄公母的相配中不断繁衍发展 "八座公母山，相互婚配合，生了山子孙。到处都是山，遍地都是山。"（师有福和师霄，2010）"大河分阴阳，阴阳相结合，生大小河流。"（陈长友等，1990）

与山河的生成相似，植物也经历着如动物一般的雌雄相分和生命孕育过程，各种草木在相配中繁衍发展，"公树高旺旺，母树粗圆圆，互相来婚配，生了小树儿，生了小树女。树儿长高了，树女长大了，相互来婚配，到处都是树……公藤长长了，母藤长粗壮，恋爱成夫妻，生儿又育女……公草和母草，相互来婚配，生出了小草。草儿长高了，草女长肥了，遍山都是草，遍地都是草。"（师有福和师霄，2010）在这一过程中，植物颜色变化、虫蛀、挂果、果实脱落等生长发育现象与人的孕育相同。"女的脸色黄，害羞怕见人，房前梧桐树，梧桐树皮黄，脸黄也有伴……有孕感害羞，红栎有蛀虫，刺栎有蛀虫，身孕也有伴……梨树挂果后，六月梨身重，身重也有伴……七月蕨棵摇，身摇也有伴……八月核桃落，脱壳也有伴，用不着害羞……万事万物中，没有不带身，没有不怀孕。"（普兆云和罗有俊，2003）由于万物同根同源，在彝族看来，由雌雄相配分化出的各种植物就如兄弟姐妹，各种树木之间也具有与人相似的亲缘关系，"树类百二十，繁衍无尽数。可食者有百二十，不可食者无尽数。可食的树果，李子是表妹，梅子是表姐。桃子是表妹，梨子是表姐，野李是表妹，山楂是表姐。橘子是表妹，荔枝是表姐。"（达久木甲，2006）

各种动物的繁衍更少不了雌雄相配，"公兔与母兔交配，怀孕四十天，就有了小兔子。公虎与母虎交配，怀孕六个月，就有了小老虎。公豹子与母豹子交配，怀孕三个月，就有了小豹子。公鱼和母鱼交配，怀孕十三天，就有了小鱼……"（姜荣文，1993）各种鸟兽虫鱼的繁衍都是相配孕育的结果。为了繁衍，"大金蝴蝶要出嫁，红花蝴蝶要出嫁，金头蜻蜓要出嫁……双尾虫虫要出嫁，单尾虫虫要出嫁，多足虫虫要出嫁，独脚虫虫要出嫁。"（云南省民族民间文学楚雄调查队，1960）

各种动物在相配繁衍中不断分化,它们之间也具有亲缘关系。史诗《勒俄特依》描述由树生成的有血的六种动物中,蛙类的长子成为癞哈蟆,蛙类的次子成为红田鸡,蛙类的么子成为绿青蛙。蛇类长子成为了龙蛇的土司,次子成为了常见的长蛇,么子成为了红嘴蛇。鹰的长子成为了天空的神鹰,次子成为了飞雁,么子成为了普通的鹰类。么子的老大又成为了黑色秃头鹰,老二成为了白色鹞,么子成为了饿老鹰。(冯元蔚,1986)

## 二、"相配"而强健的生命

万物之间不仅通过相配来繁衍,还通过相配来弥补彼此的不足。不同事物的相配可以整合彼此的特点和优势,从而孕育更为强健的生命。

在彝族看来,不同事物的相配不仅可以形成新的事物,还可以使相配的后代更加强健,《西南彝志》中说到:"鸟兽的青红(雌雄),它俩结合,产生鸟爪长,产生兽力大……晓与晚一对,它俩又结合,晓勃勃、晚密密产生了。晓与晚一对,它俩又相配,司晓的日晖产生了,司晚的月魄产生了。晚密密与晓勃勃相配,产生无数的星辰……天上的日晖,天上的月魄,它俩又结合,有了云影与星影,有了日星与月星。"(贵州省民间文学工作组和贵州省毕节专署民委会彝文翻译组,1957)因此,彝族人主张不同的事物来相配,天地万物对歌找伴时,不同的事物来结伴,"希略星少女,柴确星少男,做一对对歌;青云雾少女,花斑虎少男,做一对对歌;白脸鹤少女,青顶鹃少男,做一对对歌。"(陈长友和毕节地区民族事务委员会等,1991)

由于不同事物相配具有的作用,经历了艰难困苦而得以繁衍的彝族先祖认为它们是由人与图腾动物、植物或其他无机物交合而生的。《物始纪略》中描述了远古时代九位非人母所生的先祖,"阿素咪娄,是晚霞生的;阿余布鲁,是密云生的;布阿豪则,是大树生的;阿豪阿鲁,是草浪影生的;阿鲁默采,是金锦影生的;默采阿岖,是地穴生的;阿岖糯约,是大风生的;糯约阿素,是大地生的;阿素毕古,是彩虹生的。毕古阿武,是日月生的"(陈长友等,1990)由于人来源于不同的事物和生命,因此人也曾有各种不同的外形,彝文古籍中描述彝族先祖中有羊头青人、鸡冠黄人、猪毛黑人、九掐脸白人、九只脚、六只手的人。由于他们源自不同的生命和事物,因此死后也有着不同的归宿。九掐脸白人,死了送到大江内,让鱼獭来收尸。羊头青人,死了送住大岩内,让虎蟒来收尸。猪毛黑人,死了送到箐林内,由野兽来收尸。(陈长友等,1990)武定彝族纳苏人流传着这样一个故事:古时一对夫妻生了三个女儿,长大后,前来提亲的却是毛辣虫、狗和石蚌。长女、次女看不起石蚌,分别嫁毛辣虫和狗为妻,幼女便与石蚌结成夫妇。回娘家拜年时,毛辣虫的妻子带回树皮,狗的妻子带回骨头,唯石蚌原系另一对富有的夫妻所生，故幼女带回的是猪膘、火腿和米酒。现实生活中还有不少彝族地区保留有这样的图腾传说，如楚雄大姚彝族传说他们的祖先是由人的精血和杜鹃花树结合而成的。云南澄江等地彝族，还以松树或栗树为始祖，认为他们与松树或栗树有血缘关系。峨山县咱拉黑村的彝族也有未婚女"玛贺尼"因梦龙感应而生子，繁衍百姓的传说。四川凉山彝族有谚语说："滇池之内，白石是我母；日安深谷，青松是我父。"（杨和森，1987）与人类有着亲缘关系的动植物或无机物多种多样。彝族学者杨甫旺在其《彝族生殖文化论》一书中将彝文典籍中记述的图腾分为女性生殖器物象征和男性生殖器物象征的两种，草、树叶、柏杨、"毕子"、"铁灯草"、"勒洪"、谷及蛙、蚌、池等为女性生殖器象征物，而鸟、虎、猴、熊、蛇、鸡、鹰、鸭、斑鸠、狐狸、松树、竹子等为男性生殖器象征物。这些动植物之所以被彝族先民奉为图腾，是因为具有旺盛的繁衍能力，那些植物遍地生长，那些动物"繁殖无数量"。（杨甫旺，2003）

　　这些图腾崇拜不仅在彝文典籍中有记载，在新中国成立前的彝族社会中仍有大量遗迹，如云南楚雄西舍路乡彝族至今仍然完整地保留着与蛇相配的习俗。青年男女确定恋爱关系订婚后，姑娘家父母要请多子多福、夫妻双全的长辈到山中打卦选一棵马樱花树或松树，将小树连根拔起带回家中，用小刀刻成蛇形，用彩线缠绕蛇身，并将其置于姑娘枕下。出嫁后将木蛇放于新婚夫妇枕下，直到女子怀孕为止。（杨甫旺，2003）云南富林等县彝村，由于他们认为自己与竹有血缘关系，故在妇女临分娩时，先由其丈夫或兄弟砍一节长约二尺的竹筒，于孩子生下后，将胎衣和胎血放进筒里去，然后塞上芭蕉叶子，拿到村中的兰竹场，将竹筒吊在兰竹上，以显示他们是兰竹的后裔。彝族实行家支外婚、姨表兄妹间不通婚、等级内婚和族内婚的婚姻制度，违反这一制度被视为乱伦而被惩罚。具有亲缘关系的图腾标志是区分家支、确定婚配的条件。武定县猫街乡石板河村有家李子、红李子、黄李子、松树、土锅、豹子、野竹、白杨树、壁虱、花蛇、细尾蛇、蛇王、螳螂、獐子十四个氏族图腾，同一氏族图腾者不能通婚。当一个氏族成员迅速繁衍，致使通婚困难时，在氏族首领的主持下举行分支仪式，将原氏族分裂为两个新氏族，彼此才可通婚。（李世康，1989）由于彝族现已采用汉姓，有同姓通婚的现象，但即使是同姓，在通婚时也区分各自的图腾。楚雄州南华县摩哈苴村李姓彝族，新中国成立前分别以青松、棠梨、葫芦、竹子等作为宗族图腾。由于彝族采用了汉族姓氏，相同姓氏的族群为了区别家支的不同，要在汉姓前加氏族图腾以示区别，如该村鲁姓又分为"竹根鲁"和"棠梨鲁"。（刘尧汉，1980）

　　由于不同的动植物对于家支繁衍的作用，彝族把这些动植物视作亲属、祖先或保护神，伤害图腾就等于伤害亲属、祖先或保护神，图腾禁忌是同一图腾宗族人人遵守的规则。陶云逵先生在云南新平县鲁奎山一带进行原始宗教调查时发现，彝族对自己的图腾有禁吃、禁杀、禁视、禁触、禁用等禁忌，如獐子族禁吃、禁杀及禁触獐子，绵羊族禁吃、禁杀及禁触绵羊，黑甲虫族禁吃、禁杀及禁触黑甲虫，茭瓜族禁吃、禁触茭瓜，香苔草族禁吃、禁触香苔草，白蓉树族禁砍、禁烧白榕树，木香面族禁用、禁烧木香面树，芭蕉族禁吃、禁触芭蕉果等。（陶云逵，1943）楚雄紫溪山彝族地区，除神树外，马樱花是始祖图腾，只能祭祀不得随意攀折；山茶花是献给神灵的花，凡人不得享用；金木是做祖灵的材料，这种图腾植物只能用来制作长辈去世后的灵牌，供于家堂，享受祭祀。元谋、武定彝族在1959年前，普遍忌食狗肉，每当春节（正月初一）祭祖时，也须以肉食喂狗；遇到毛辣虫，也不轻易把它弄死。当人们捕猎误伤了这些动物时，不仅要向这些动物谢罪，还要赶紧逃离，以免受到伤害。据说一位绿斑鸠张姓的彝族射杀了一只鸟，走近一看是只绿斑鸠，于是惊恐万状，爬在地上叩头，口称："老祖宗，得罪！得罪！请您饶我无知，以后不敢了。" 由于各种动植物赋予各地彝族图腾和祖先神的不同，彝族地区这些动植物得到了有效的保护。

## 三、"相配"而共育的生命

相配对事物的繁衍并不限于同种、不同种相配事物的直接作用，在彝族的观念中，生命的繁衍既是同种事物雌雄相配孕育的结果，也是不同事物相配的共同作用。由于一种事物的相配可以为其他事物的繁衍创造条件，自然万物的繁衍依赖于不同事物的相配。

相配使事物互为联系，一种事物的繁衍可以影响到其他事物的繁衍。《物始纪略》中说到："昼夜的根，生在日月上；日月的根，在恒类洪山上；云和星的根，生在勾洪吐（神山名）；雾和霭的根，生在深草丛；大风的根，生肯索群中（主昼夜的星），在金海猪星上，霆雨的根，生在四大海，录舍星的根，生在采恩恩（星座名），舍皤皤（星座名）之间；江水的根，生在纣那那，麻苦两海上；禽兽的根，生在日月上……"（陈长等，1991）相配使万物的繁衍互为联系，事物的繁衍互为前提和条件。一种事物在相配孕育生命的同时，也对其他事物的繁衍和发展产生着影响和作用。自然环境为各种草木和动物的繁衍创造了条件，各种植物和动物的繁衍又为自然环境的繁荣提供了动力。各种植物和动物的繁衍为人的繁衍创造着条件，同时，人类的繁衍也促进着各种动植物的繁衍。

太阳和月亮相配延续着太阳、月亮的生命，也对万物的形成产生着影响，"没有日和月，天空没有形，大地没有影，天空阴惨惨，大地黑沉沉……太阳和月亮，它就是仙根，它成为神仙，世上没有它，万物长不成，有了日和月，世上有生灵。"在天地相配的作用和影响下，自然万物得以生长繁衍，"天为乾为父，地为坤为母，天地相合后，百草也茂密，百草生长后，露水也晶莹，它使万物生。猪牛也生了，猫鸡也生了，树木花草生，虫鸟鱼也生。"（陈长友等，1990）

太阳、月亮的生命影响着其他生命的形成，而其他生命的存在也对太阳、月亮产生着作用。太阳、月亮的光芒是日月生命存在的表现，当太阳不明不热，月亮不亮时，还需要通过与其他事物的相配来赋予日月光辉。"红云站在上面，黄云在中间，白云在下面。拿到太阳那点转，转得太阳亮的热辣辣；拿去月亮那点转，转得月亮明了。"（潘正兴，1963）各种云彩可以赋予日月以生命，不同颜色的事物也能使日月星辰恢复活力，"铜和金相搅，金和银相掺。如果是这样，日光照人眼，来照人眼睛。月光随人心，随人心亮。"（石连顺，2003）各种动物相配也具有相同的作用，"天空中的鹰，和地面上的兽，它们互相配合以后，影产白朗朗和黄色两种来，在白色的影里，随着出现了太阳，那黄色的形态里，也随着出现了月亮。"（毕节地区彝文翻译组和毕节地区民族事物委员会，1988）

日月相配促进着植物的繁衍，各种植物的繁衍又促进着动物的繁衍，而植物和动物的繁衍又带来了环境的生机与活力。在彝族看来，没有动物的环境是没有生机和财富的环境，"山中麂不走，山叉獐不过，大山静悄悄，青草也寂寞。有草无麂吃，有山不值钱……有果鸟不吃，森林不值钱。"只有山中林地有了各种动物的环境才具有生机活力，才能创造财富。因此，有了森林还不够，还要"拿一对山驴，放在大岩上；拿一对野羊，放在小岩上。只有那样做，山岩有生机……找一对野鸡，找一对箐鸡，放在山梁上，放在箐沟里。只有那样做，山梁有生机……野鸡放山头，箐鸡放深沟，孔雀放山腰，四面八方山，都有鸟雀叫，山梁有生气，山梁就值钱……海中有鱼虾，水中有动物，海就有生气，海就值钱了。"（杨甫旺和李忠祥，2005）

如同动植物与自然环境的相配关系，在彝族看来，人类也是万物相配的结果。如《阿细的先基》中所说："要想造人嘛，山就要分雌雄，树就要分雌雄，石头就要分雌雄，草就要分雌雄，不分出雌雄来嘛，就不能造人。"（云南省民族民间文学红河调查队，1960）没有自然多样性的存在，就没有人类的产生。《居次勒俄》"人类谱源"中描述，远古的时候，大神恩梯古兹要造生命，先是打铜粉、铁粉撒往大地上，后来又制金粉、银粉撒往大地，又派公风和母雨，变出了白泡树，又派公云母云、公风母风都不能使白泡树变成人。后来天上降下了生育神，山头下起了雪，刮起风，起了云雾，下了三场红色雪，用红雪做肌肉，用风来生成气，又用山头云雾变雨降下来生成了血，才产生了有生命迹象的如波惹格，但这时的如波惹格还不能算作是一个人，他的头上住喜鹊，腰间住蜜蜂，鼻孔住着蓬间雀，腋下住松鼠，肚脐住着地麻雀，膝腋住斑鸠，脚心住蚂蚁，直到高天阿兹大毕摩，卸掉白泡树头上的喜鹊窝，扔向森林间，除掉树上的蜜蜂窝，扔向山岩中，将树上的雀窝，抛向山箐，将鼠窝、蚁窝，扔到田边、地埂和泥土中，又把白泡枝飞上山颠，有血和无血的六种生命得到繁衍后，如波惹格才成为了真正的人。（树华和肖建华，1993）从这一描写中不难看出，一方面，人类的产生依靠各种自然事物和动植物，但另一方面，人类只有帮助万物繁衍才能获得自身的生存。生命的存续需要不同的事物来相配，自然事物的雌雄相分是为了相配，而"相配"繁衍关系的形成还需要人类来促进。

为感谢植物与动物繁衍为人类生存创造的条件，彝族举行婚礼时要祭献山神和畜神，"房后有山神，要杀公鸡来酬谢，山神答应了，成亲才周到。房下有畜神，也要杀鸡谢，畜神答应了，成亲才有儿和女。"（云南省民族民间文学楚雄调查队，1960）此外，为了使其他事物得到繁衍，人类成亲虽然要择一个好日子，但这个好日子不能与其他祭祀年节相冲突，这样才能保证其他事物的繁衍。"五月初五日子好，是药王菩萨的生日，不是讨亲的日子，六月二十四虽然好，是给田公地母烧香的日子，不是讨亲的日子；七月十四日子好，那天晚上要送祖，不是讨亲的日子；好不过八月十五那一天，讨亲就是那天好，八月十五好倒好，是月亮和太阳相遇的日子，不是讨亲日；九月初九日子好，是九星大会日，不是讨亲的日子……"（云南省民族民间文学楚雄调查队，1960）与此相似，虽然人们把万物的相配视作生命繁衍的根本，但却有着看到动物交媾的禁忌，在姚安、大姚等地，虽然蛇是人们所崇敬的图腾动物，但看到两条蛇的交尾是不祥之兆，要倒大霉。（朱和双，2009）与此相同，看到猪狗性交、牛马性交、狗羊性交也都是不吉利的。

在自然多样性赋予人类生命的同时，人类男女的结合也对自然万物的繁荣产生着影响。彝族人认为，人的生殖与作物生长是相通的，没有男女交媾，庄稼就不会丰收。黔西北威宁县彝族在过年之际表演的"撮泰吉"（人类刚刚变成的时代）既是对其先民迁徙、创业、劳动生产的演绎，也是祈求生殖繁育的重要仪式，其中男女交媾的动作情节是表演中的高潮，表演者在表演男女交媾后，要绕着荞子堆念祝词："在裸戛这地方，种地地丰收，种在山湾也茂盛，水底的沙子变成银子，坎子里的泥巴变成了粮食，山顶野鹿变成马，箐中野兔变成牛，一颗种籽落下地，万颗粮食收进仓，装在缸里缸也满，装在磨里磨也满，不装也会自己满，种一季，十年都吃不完。"（潘朝霖，1992）从表演内容和祝词中不难看出，人们希望通过人的交配激发动物相配繁殖而获得幸福生活。生育与丰产是彝族生活的头等大事，如农历二月初二，农业生产开始之时，双柏上者窝彝族传统的"龙笙节"，20世纪六七十年代以前，节日期间表演的龙笙舞中就有一段生殖舞。此外，龙笙节期间，男女交游、求爱甚至性交是不受限制的，即便是已婚男子也无权干涉妻子的自由。（杨甫旺，2003）武定、元谋彝族二月八节，也有较为突出的生殖意象，白天彝民们杀鸡宰羊乞求神灵赐子，夜晚，青年男女在山上唱歌跳舞，谈情说爱。云南禄丰彝族三月十三、牟定彝族的三月会等节日，正是稻谷栽插季节到来之时，雨水的均匀对农业生产非常重要，人们希望青年男女的交游、生殖行为刺激天地交感而降雨。在婚礼仪式中，牟定彝族要由老年人跳玛姑舞，这种舞蹈主要表现的是二十四节气的农业生产活动，在婚礼中表演农作生产活动，一方面传受年青人生产生活经验；另一方面，人们也借人的交配感应万物生长繁育，农业生产丰收。

相配创造了事物之间密不可分的联系，由于相配对于繁衍和人类生存的重要作用，为了万物繁衍、农业生产丰收和人类生活幸福，在彝族许多重要的祭仪中，以雌雄交配为象征的祭仪是必不可少的内容。

因为树木对于生命的重要性，至今，许多彝族地区还保留有以雌雄交配为主要内容的"祭龙"仪式，人们以此祈求万物繁衍、生产发展、生活幸福。彝族人认为，如果不与"龙"交配，人丁就不会兴旺，六畜也不会发展，因此，祭龙是以村社为单位的一年中最重要的祭祀活动。彝族支系红河弥勒地区阿哲人会在龙山中选择两棵高大的龙树，一棵为雌龙树，一棵为雄龙树。雌龙树选择由自然形成的带有似女阴的槽状裂痕的树，并在其树根下用石垒砌成一个洞作为龙宫，龙宫洞内铺设松毛。祭祀前需要找水洗龙，祭礼时用来洗龙的水需要偷取其他树中流出的龙潭水或山泉水，洗龙的人还必须满足有儿子、家庭和睦、夫妻健在、三年内未出现人畜死亡现象等条件，清洗和整理龙宫后，再将一个似鱼形的石头放入龙宫内。洗龙后，几个有儿孙的长老们担任龙生殖器的造型人，他们顺龙生殖器部位上方围上 7~9 根的长芦苇，拿来带有血迹的猪扇骨扎在芦苇上做内阴，用红绿两线绑好的鸡腿骨拴在猪扇架上做外阴，再取松叶、栗枝遮蔽其上，形成阴毛。接着洗龙人把栗、松枝和苇节插在龙宫两边，把空心树花蕊做成的太阳、月亮放于左右，刺黄栗树做的钉耙摆在中间。

在祭祀中，参与者需要与龙交配，交配仪式严肃而庄重，先由洗龙人向龙阴作揖叩头三次后，手捧装有猪血土陶碗（红色猪血表示精液）跪地撒向龙生殖器。在半明半暗的火光映照下，所有婚后的成年男子都得行这个礼。接着所有参祭人围着龙树叩头跪拜，拿帽、衣角、手接主持祭祀人撒下的米，主祭人用一个土碗装着米，边念口诀边围绕龙树把米撒向四周，口诀大意是："今年是吉年，今月是吉月，今日是吉日。龙神啊龙神，护佑全村更兴隆。今撒天神米，一把赐老鼠，别害吾庄稼。一把给貂鼠，莫偷吾庄稼。一把给雀鸟，别啄吾庄稼。一把给地神，看护吾庄稼。"据传，参祭人接的米越多，当年的粮食收成也越好。（师有福和梁红，2006）

不仅神树的生殖崇拜有利于人类的繁衍和生产生活，一些凶猛野兽的繁衍对人类也很重要。双柏县法脿乡小麦地冲彝族至今还保留有"跳虎"的习俗。每年正月初八至十五，他们都要举行历时八天的"老虎节"。正月初八清晨，全村男丁牵羊抱鸡，在"朵西"（毕摩）的带领下，到土主庙通过占卜挑选虎子。当虎子选出后，"朵西"将用红、黄、白三色泥土替他们抹脸画纹，装扮成虎的样子，人们又将黑毡子扎成虎皮的样式披在他们身上。当天晚上，当月亮升起之时，虎子就在广场上举行跳虎仪式，先由老虎头绕场三周后，老虎舞开始，四只老虎从东南西北进入，老虎摹仿人世伦理生活的舞蹈动作，如老虎开路、搭桥、做窝、接亲、性交、孵蛋等，以及老虎从事犁田、耙田、薅秧、稻谷栽种、收割的舞蹈动作。虎舞套路不断变换，循环往复，此后，每隔一日再加入一只老虎，直到正月十五，达到八虎齐舞的热闹场面。老虎舞是小麦地彝族生殖崇拜的主要内容，当地彝族说："祖先嘱咐我们，只有一代接一代跳这虎舞，种的五谷才会丰收，人类才会繁衍发达。"（杨甫旺，2003）人们相信，借助于老虎的繁衍，人们也会如虎一般强壮，从而增强生活的能力。

有时这样的生殖仪式也通过石头来完成。滇南彝族的社祭活动中保留的交配仪式即是以石头为象征的仪式，在社祭前要从山上寻找来一块自然状态有一个大洞并酷似女阴的石头作为女阴象征物，祭仪开始时主祭人便抬起社神鹅卵石（或石柱）从此通洞石中穿过表示交配，以此来感应万物交配，并获得如石头一般坚韧的生存能力。

在祈求生长繁育的仪式中，死去祖先灵魂的交配最为重要。比起树木、动物或无机物对于人的影响，人与人的相互作用更为直接有效。在彝族看来，只有祖灵相配或交配才能使子孙繁衍昌盛。

彝文典籍《查诗拉书》中说，遥远的时候人人有伴侣，只有一个女人一生没婚配，她死后变成了邪气鬼，躲在寨子里。邪来人会死，庄稼苗不壮，粮食被虫蛀，母牛生了牛犊也不健壮，母羊生出羊羔也活不成。为了使那些没有婚配的鬼邪不危害人类，人们要使亡魂得到婚配。彝族俐侎人送亡灵时，假如一个男人生时未曾娶过妻子，在他死后举行开吊仪式前，家人要做的头等重要的一件事情，就是要为死者寻找一个女子作配偶，并帮助死者完成说亲、定亲、结亲手续，之后算是结成正式夫妻，当然，所寻找的对象必须是已经死去，且死时并未结过婚的女子，因此俐侎人也把这种成亲叫做"娶鬼亲"。同时，家有男子长者去世（仅限于男子长者），如死时已有孙子，其孙无论是婴儿或儿童、少年、青年，在为爷爷举行丧葬仪式之前，首先要为孙子寻找将来的配偶对象，定下亲事，然后才能举行开丧仪式。这样，长者灵魂的相配就能使子孙受益。

在所有交配仪式中，祖先的交合是子孙获得福禄的要求，如《合灵经》中所说："合灵五谷丰，子孙不知饥，撒下五谷种，石上也发芽，树上也生根，耕牛走过生，锄头挖过长，苗根虫不咬，籽粒鼠不偷，粮枝鸟不落；高山荞增产，收打装满柜；平坝谷丰收，收割盛满仓；仓柜粮装满，陈粮接新粮。""合灵保畜安，合灵五谷丰，合灵佑裔昌，合灵子孙慧；养畜畜发展，养畜畜满圈，一个衍成十，十个衍成百，放牧群满山，喂盐满山箐，剪毛毛厚长；放牧高山坡，黑鹰不展翅，放牧深山箐，黑蟒不抬头；放牧陡岩坡，滚木自避开，滚石自躲让；放牧深山林，虎豹不张口；幼畜寻母叫，儿叫母来唤，母后儿紧跟，母吉儿兴旺；合灵护畜安，合灵佑人昌。"（朱琚元，2000）由于合灵对于子孙福禄和生产生活的重要性，彝族祭祖时常要举行合灵仪式或祖先灵魂的交配仪式。

合灵祭仪中，彝族人要用分别刻有男女性生殖器象征的祖灵牌模拟交配的过程，在毕摩与参祭人一问一答的仪式中完成祖灵的交配。楚雄市依齐媒彝村鲁氏家族在祭送亡灵时要念"交配繁衍经"，祭经内容主要是讲世间所有动物雄雌（公母）如何交配的事情。毕摩主要是以诵经的方式给死者讲万物衍生的原理，告知死者，世间所有的动物，都必须通过雌雄交配才能繁衍子孙后代，人和其他动物也是一样，以此暗示将来亡魂再度转世投抬，要知道交配的事情，不能违背天意。其后，还要念诵"延续子孙经"。法事开始之前，首先要在棺材上边搭一根用麻秆做成的小水槽，紧靠棺材支一条高凳子。法事开始，主祭毕摩身披法衣，头戴法帽，手摇铜铃，坐在灵枢前吟念"延续子孙经"，两位副毕摩中，一位手提一茶壶蜂糖水站在高凳上。不停地往水槽里倒蜂糖水让其流下。另一个则站在棺材前，一呼一应地配合着倒蜂糖水的毕摩，模仿一些野兽和禽类动物吸引异性，进行雌雄交配的叫声和动作。在祭场的所有女人，此时都要端着碗来接毕摩倒下的蜂糖水喝。（鲁成龙，2006）此法事蕴涵着男女交媾合欢，能让女人受孕的内容。毕摩通过模拟亡灵的交配繁衍的仪式告慰死者，老人虽然去世了，但老人通过交配，不仅将其灵魂再次传至子孙后代，也使万物生长、五谷丰登、风调雨顺。

除模拟祖灵交配外，在祭祀亡灵时，人们还要通过模拟动物的交配，以刺激亡灵和其他在场事物进行交配，从而使各种生产生活物品因交配的影响而丰沛。祭祀时，人们要用 1 只白色公绵羊和 1 头黑色小母猪作祭牲，其他祭物有 1 枚白壳鸡蛋、1 枚染成黑色的鸡蛋、穿上白线和黑线的针各 1 根，2 个用甜荞和苦荞面合做的荞饼、2 杯酒。祭物中白色代表雄性，黑色代表雌性。毕摩将杀死后的母猪双脚放入公绵羊的两腿间，面对面夹放在一起后，就念诵《交媾繁殖经》。与此同时，助祭者用一根长木权夹住猪的臀部前后不停的晃动，作交媾状，另一位毕摩将亡灵牌用白色绵羊毛裹后放入灵筒内合拢，并用白布缠紧，边念经边用灵筒从白公羊的臀部往上反复滚动。（张仲仁，2006）由于母猪、公羊具有较强的繁殖能力，毕摩们通过公羊与母猪的交配以此让亡灵获得母猪的繁衍能力，进而带动各种在场雌雄事物的交配与繁衍。

亡魂的交配仪式寄予的是人们对现世生活的美好希望，但从各种仪式中不难看出，通过以亡魂为表征的相配活动，也表达了人们对万物繁育的良好愿望。《梅葛》中强调："没有不相配的树木花草，没有不相配的鸟兽虫鱼，没有不相配的人。样样东西都相配，世上的东西才不绝。"（云南省民族民间文学楚雄调查队，1960）由于人类生活依赖于自然，无论何种表现的相配方式，其目的都是要通过相配促进万物繁衍，并以此获得人类的生存发展。

# 第三节 "相配"与万物的存在

## 一、"相配"与生命的依存

由于万物都是生命的存在，而生命有生有死，因此，没有生命的繁衍也就没有万物的存在。相配使万物得以繁衍和发展的同时，也使万物得以稳定存在。

《阿细颇先基》中说："造地不像地，地转地不在，一转转七年。牛年至羊年，过了这多年，造地不像地，地上空荡荡，还是这个样。"（石连顺，2003）事物没有构成相配以前，这个世界处于不稳定的状态，虽然神灵可以造出各种事物，但由于没有事物的繁衍，各种事物都不能持久存在。史诗《勒俄特依》、《居次勒俄》中描述，天地未形成之前，宇宙中充满变化，"一天反着变，变化极反常；一天正面变，变化似正常。天地的一代，混沌演变水；天地的二代，地上雾蒙蒙；天地的三代，水色变金黄；天地的四代，四面有星光；天地的五代，星星发出声……天地的十代，万物毁灭尽。"（冯元蔚，1986；树华与肖建华，1993）由于没有生命的延续，各种事物最终还是在变化中走向毁灭。

相配不仅延续着生命，也通过事物间的密切联系使事物的存在更加稳定。如彝族情歌中所唱："星星为什么不曾落下来，那是它恋着天上的白云。山箐中的泉水为什么流不断？那是它在追赶着山里的春天。"（云南省民间文学集成编辑办公室，1986）基于相配对事物的关联和稳定作用，一种事物的存在需要其他事物的支持。阿细人说："天是造在先，那个先安天？天神沙罗波，仙人造了天，属鼠那年造天，把天放在上面。仙人造了天，天造了还不稳，咋个造才稳，地造成了天才稳。"天地相配有了天地生命的延续，但这种延续还需要有其他事物来相配。"造天天不稳，天神沙罗破，沙罗破造太阳，沙罗么安月亮，沙罗么的姑娘造星星，日月星辰安好了，天也就稳了。"与此相似，日月星辰的稳定存在又与雨种的相配有关，"太阳安不稳，月亮安不稳，星宿安不稳。雨种放上天，太阳安稳了，月亮安稳了，星宿安稳了。"由于雨种来自于各种云彩，因此，为了太阳、月亮和星星的稳定，天上还要有灰云、黄云、红云和黑云。（陈玉芳和刘世兰，1963）

地的稳定与天有联系，也与地上各种事物的相配有关。要使大地存在，还要将山（石山）和丘（土山）立起来，这样才能有各种山的繁衍，有了各种繁衍的石山、土山，才能将其赶至各地。而要使山稳定同样也需要有其他事物来相配，"树种在山上，草种在坡上。四面八方种起树，天下七方撒起草，山安得稳了，坡安得稳了。"（段树珍，1963）草木的繁衍促进了土和石的产生，从而有利于山的分化和形成，而各种动物的存在又进一步促进着山和树木的生成，"蚂蚁造土山，貂鼠造石山，老鸦来栽木，鹦鹉来栽草"。（段荣福，1963）因此，大地的存在是山、石、植物、动物相配而共同作用的结果。

这里日月星辰、大地山石、树木的相配虽然表现为无机事物可造、可分、可组合的特性，但并不影响其作为动物存在所具有的本性，这一本性表现在事物之间具有的生存依赖，这种依赖关系是相配的必要条件。

《梅葛》中说："兔子吃了什么来相配？吃了小麦来相配，老虎吃了什么来相配，吃了小兽来相配，豺狼吃了什么来相配，吃了羊子来相配。黄鼠狼吃了什么来相配？吃了蜂子来相配。岩羊吃了什么来相配？吃了岩草来相配。野猪要相配，拱地吃树根来相配。大熊小熊来相配，吃了苦葛根来相配。没有不相配的兽……凤凰要相配，吃了什么来相配，吃了小虫来相配。大雁吃了什么便相配？吃了坝子里的黄谷便相配，老鹰吃了什么便相配？吃了蚂蚁竹鸡便相配。斑鸠吃了什么就相配？吃了樱桃果子就相配。麻雀要相配，吃了谷子来相配，没有不相配的鸟。虫虫也相配，先是蚂蚁配，蚂蚁吃了什么来相配，吃了粮食来相配，蚯蚓来相配，吃了什么来相配？吃了泥土来相配，大蛇来相配，吃了什么来相配，吃了蚯蚓来相配。"（云南省民族民间文学楚雄调查队，1960）彝族人把吃与相配相联系，表达了事物之间具有的生存依赖，只有获得生存的保障，才能有生命的繁衍。自然环境、植物、动物的繁衍为不同生命的延续创造了条件，泥土为蚯蚓等动物提供了食物，植物为各种虫子和草食动物的生存提供了保障，而草食动物又为肉食动物的延续创造了条件。这种生存的相互依赖，在彝族看来就是一种相配关系。

这种相配形成的生存依赖也表现在其他事物中，《梅葛》中说："八月十五到，日月就相配，吃了什么来相配，吃了金玉珠宝来相配，十冬腊月到，大星小星配，吃了什么东西来相配，吃了寒霜露水来相配。六月七月天，白云黑云来相配。正二三月到，春风空气来相配，天要地来配，地要树来配，天上吹来一阵风，吹到河当中，风和水波配。河配岩来岩配石，岩石又和树相配。柿树梨树两相配，罗汉松和大风配。"（云南省民族民间文学楚雄调查队，1960）中秋过后，雨水稀少，晴朗的日子增多，就好似日月在繁衍，十冬腊月，有寒霜露水的日子夜晚星星较明亮，就好像星星在繁衍，六七月天，雨水增多，白云黑云交替出现，黑云散去又现白云，好像白云黑云在繁衍。不同的气候状况有不同的土壤，不同的土地生长不同的植物，有风才能有水波产生，梨树开花后才有柿树的开花结果，而有风的环境更有利于罗汉松的生长繁衍。

在彝族看来，生命繁衍存在的依存关系构成了事物间的相配，这样的相配关系需要一种事物有利于另一事物的生长繁衍。如一首"求亲订婚歌"中所唱："我地有大山，有山没有树，贵地找树种，找来种山上，杉松长出来，满山绿茵茵，松果成熟时，遍山黄橙橙。我地有水田，有田没有秧，贵地找秧苗，找来插田里，秧苗发棵时，满田绿油油，稻谷成熟时，满田黄灿灿。我地有男子，有男没有女，贵方嫁姑娘，我们娶新娘，来传宗接代，养育九贤子，九子成九户，九户变九村。

（禄劝彝族苗族自治县民族宗教局，2002）大山对树木、水田对秧苗的作用就如同男女相配作为生命繁衍的必要条件，不可或缺而密不可分。正因这一依存关系的存在，《梅葛》中才提出"波浪嫁暴风，急水嫁弯河"。（云南省民族民间文学楚雄调查队，1960）

以相配表现的生存依赖并不是一种单向度的占有关系，而是一种双向的互利关系。因生命取食的需要，作为食物的一方和取食的一方形成了"相配"关系，这一相配关系需要维持作为食物一方的繁衍，而这种维护又需要作为取食者一方给予的帮助。这种互为依存的关系也如同生命繁衍的雌雄双方，缺一不可，因取食关系形成的"相配"，促进着"相配"双方的繁衍。例如，森林是动物繁衍的基础，而森林的生机又来自各种动物，因此，"大山黑压压，草木绿阴阴，山泉清丝丝，山中麂不走，山又獐不过，大山静悄悄，青草也寂寞。有草无麂吃，有山不值钱……森林黑漆漆，树叶绿油油，树花白生生，果实黄灿灿，森林也寂寞，鹿与熊不在，有果鸟不吃，森林不值钱。"草食动物的生长繁衍对植物籽种的传播以及对土地营养的供给促进了植物的繁衍，而肉食动物对草食动物的捕食，不仅减少了草食动物中的老弱病残，增强了草食动物的繁衍能力，也减少了草食动物对植物的过度消耗，从而保障了草木的繁衍。因此，"拿一对麂子，拿一对獐子，放在大山上。麂子与獐子，白天山间走，夜晚山间转，饿了吃青草，渴了喝山泉，山就值钱了……拿一对马鹿，放在山头上；拿来虎与豹，放在森林中；拿一对野猪，放在山腰山。虎豹叫声声，马鹿红彤彤，野猪黑漆漆，森林有生机，森林就值钱。"（杨甫旺和李忠祥，2005）

由于取食与被取食，利用与被利用间存在着互利与互惠，彝族人把这种相互依存的关系视作繁衍的必要条件，为了自然的繁衍，就要使那些互为促进的事物得以相配。如一首彝族情歌所唱："大山小山上，什么最好看？松树最好看，没有松树在，山就不好看，大河小河里，什么最好看？鱼儿最好看。没有鱼儿在，河就不好看。大小村子中，什么最好看？姑娘最好看，没有姑娘在村子就不好看。"（罗曲和李文华，2001）为了使环境具有生机活力，就要使环境与植物、植物与动物、动物与动物相配，这样才能使环境、植物和动物具有生机。因此，"荒山有了杉木树，杉树林中无动物，引来麂子放林中，林内亮堂堂，麂子玩得乐，从此林中有动物……草长一片青，荒坝成草原，草原无动物，引来云雀放其间，草原亮堂堂，云雀歌声扬。云雀无食粮，捉对小蚱猛，专作云雀粮，从此草原有动物……水中无动物，引来水獭放河中，河里浪花溅，水獭上下游。水獭无食粮，引对鱼儿来，专作水獭的食粮，从此水中有动物……岩上无动物，引来岩峰放岩中，岩壁亮堂堂，岩峰叫嗡嗡。岩峰无食粮，引对苍蝇来，专作岩峰的食粮，从此岩山有动物。"（冯元蔚，1986）通过引入不同事物来相配，自然世界得以在不同事物的相互依存和协助中共生共荣。

虽然相配的事物互为促进，但这种由相配而获得的生存保障在彝族看来就如同父母与子女的关系，有从有属，有主有次。在环境与各种动植物的相配中，环境的维护和植物的生长仍然有着先在性和基础性。

《彝族创世志》孝歌中唱到："天君地王死，如山崩颓，林岑来治丧，百鸟尽悲鸣，哭送它升天。天君未死时，地王未死时，靠天君庇佑，天君死以后，地王死以后，庇佑和依靠，何处寻找呀……宇宙高空里，古老日逝，古老月母升，男儿几勃娄，姑娘宏咪能（天神名字），哭诉它升陟。日父未逝时，月母未升时，日父保护他，月母抚育他，逍遥又自在。后来日父死，后来月母升，庇佑和抚育，何处去找呀……大山小山倒，鹿子与獐子，哭它又孝它。大山未倒时，小山未崩时，靠大山采食，靠小山游息。自在又逍遥。大山倒了后，小山崩了后，采地和宿区，何处去找啊？哭诉不停呢……海干了后，小海涸了后，一对鳖鱼子，哭它又孝它。古时大海呀，清沏沏的样，小海水盈漫。大海它住处，小海它游处。后来大海干，小海涸以后，住处和玩处，何地可找啊？哭诉不停呢。在沙眸买赫，大海干枯了，小海涸尽了，一对青獭子，哭它又孝它。大海未干时，小海未涸时，靠大海采食，靠小海游玩，鳖鱼来充饥。大海干枯了，小海涸尽了，采食和游玩，何地可找呢？嚎哭不住啊。"（王秀平等，1991）尽管动物对环境的繁荣起到了促进作用，但环境对于动物的生存还是基础性的，没有了自然环境的存在，也就没有了各种动物的生存。

虽然动物可以为植物的繁衍提供条件，但植物生长才是动物得以繁衍的根本。植物为动物提供了食物和栖息之所，没有了植物生存，也就没有了各种动物的存在。因此，"光天野地里，地上树枯倒，树花凋谢了，弓子蜂一对，哭送它升天。地上树未倒，树花未谢时，树花它来采，花丛它所居；后来树倒了，树花凋谢了，采花和居留，何处可找寻？嗡嗡哭出门……大椆树倒了。大杉树倒了，一对大猴子，哭它又孝它。椆树未倒时，椆杉的干枝，是它栖息处。树果他所食，树叶它遮阴。椆树倒了后，杉树倒了后，栖息与遮阴，何处去找啊？孤零的猴子，哭叫不停呢……"（王秀平等，1991）

## 二、"相配"与多样性共存

事物间因互为促进和依赖而有利于事物的生存繁衍，而生命间的合作也是生存繁衍的必要条件，在彝族看来，相配不仅提供生命之间的依存，也提供生存的协助，在相配的协助中，自然多样性共存共荣。

《物始纪略》"婚姻纪"中描述："天产生，地形成之后，人开始产生，生一批项目人。项目人时代，木叶做衣穿，白泥当粮食，露当作水喝。过了很久后，换批项目人，生批横目人。先项目时代，后横目时代。横目人时代，连姻传后代，婚配生子女。先是嫁男人，嫁男到女家。在这个时间，男人穿艳装，男的着丽服，够穿不够吃，男人为生计，换一样规矩，变换连姻法。后来女的嫁，女嫁到男家，女的做妻子。"（陈长友等，1990）依靠采集为生的年代，女人依靠自己就能获取生存所需的食物，从而对男人的依附不强。《勒俄特依》中描述：远古时代，彝族先祖雪子施纳一代生子不见父，施讷子哈两代生子不见父，子哈第宜第三代生子不见父……石尔俄特八代生子不见父。而当采集狩猎的生活不能满足生存需求，人类转而向畜牧和作物生产获得食物保障后，男性体力劳动对于获取食物和生命保障的优势使其在养育子女方面的作用逐渐超过了女性，随着农业成为主要生存方式，男女合作对于生存繁衍的作用日益加强，男人逐渐成为了婚姻的主体。男性具有的生存优势在彝族先祖石尔俄特成亲时就有所体现，"坐下的客给喜礼，住下的客给酒席，新娘到时送匹黑头马，新娘回时送头黑牯牛，就此娶了施色来。"（冯元蔚，1986）从喜礼、酒席及其他的花费可以看出男性在生产劳动中已居主要地位。食物获取的难易是婚配关系产生的前提，而获取食物主次关系的改变则是导致婚姻从属关系演变的根源。对彝族而言，婚姻关系与其说是繁衍的要求，不如说是生存的保障。

为获得生命繁衍所需的食物，相配成为了生存的选择，如阿细"先基调"所唱："一公一母的貂鼠啊，打伙分吃果子。它们是找果子的夫妻，是吃果子的伙伴……野公鸡和野母鸡，一同去找果子吃，找来打伙吃，它们是找果子的夫妻，是吃果子的伙伴。"（云南省民族民间文学红河调查队，1960）这种以雌雄公母表现的相配就是一种为生存而达成的合作。但在彝族看来，这种合作关系并不局限于同种事物中，不同的事物也能通过合作在相互帮助中获得更好的发展。由于自然资源的有限性，生物的分化可以更加有效地对资源进行利用，从而减少事物之间因资源获取而产生的冲突，同时，利用事物获取生存资源的不同，不同事物相配可以为彼此的生存提供更多的资源，从而有利于事物的共存和发展。例如，老虎与豹子都是食肉动物，虽然老虎比豹子凶猛，但是老虎不会上树，动物一般能够通过上树逃避老虎，而豹子会上树，动物和人在森林中都难以逃脱豹子。由于能力的差异，老虎与豹子的合作可以各取所长，减少竞争，而且可以获得更多生存保障。与此类同，野鸡不善飞行，大多在地面活动，而箐鸡飞行能力较强，可以在远离地面的树上捕食，它们的合作也有利于彼此的生存。因此，彝族人说："单豹子不吃水，豹子请老虎来吃水，吃了这水，老虎渐渐好看了，豹子吃了身子就花了，吃了渐渐花了……单豺狗不吃水，豺狗请野狗来吃水，这个清水嘛，野狗先吃，吃了身子渐渐黄了，吃了最好啦，吃了最好看。豺狗吃了乌黑黑的，吃了渐渐乌黑，吃了最好看……山上的野鸡，单他一个不吃水，野鸡请箐鸡来喝水，吃了嘛最好看了，吃了嘛箐鸡起花了，吃了嘛花更加好看了。野鸡吃了身子红了，吃了嘛满身红遍了，吃了嘛红的好看了。"（潘正兴，1963）

这种获取资源的分工协作使不同动物的共同生活成为可能，并由此形成密切的关系，成为生活的依靠和伴侣。因此彝族歌谣唱到："阿哩麂与獐，觅食成双觅，齐齐觅草吃；汲水一起汲，双双一起汲；长是一起长，高是一样高，大是一样大；麂子孤独时，獐子来相伴；獐子苦闷时，麂子来陪伴；一生一世恋，永世相恋爱；不死终生耍，终生永相亲……雄鸟孤独时，箐鸡来陪伴；箐鸡苦闷时，雄鸡来安慰它。一生一世恋，永世相恋爱；不死终生耍，终生永相爱。"（龙倮贵，2000）

与各种动物的协作类同，各种植物也在共同生活中得到相互促进，如"阔松和图杉，同生在一起，松等杉花开，杉等松结果，杉花长条条，松果刺丛丛，松杉枝相依，杉松根连根，松生如巨伞，杉生挺拔拔。"（云南省玉溪地区民族事务委员会，1989）又如，杉树与竹林共生，"杉树护竹林，竹梢不受霜；竹林护杉树，树身避风吹。"（中国民间文学集成全国编辑委员会和中国民间文学集成四川卷编辑委员会，2004）这种互利的关系形成了植物间的相配，虽然不同植物的共同生长也存在相互的竞争，但在彝族看来，植物之间的协作关系仍然是主要的，因此，《禄武彝族歌谣》中唱到："乌蒙雪山顶，松与柏并生，松说松树高，柏说柏树高，松没有柏高。松树被砍去，柏树便心焦。乌蒙山半腰，蕨与草同长，蕨说蕨枝高，草说草更高，草没有蕨高。蕨下割青草，蕨枝便心焦。"（禄劝彝族苗族自治县民族宗教局，2002）这种因协作产生的相配关系也存在于不同的环境中，"世间无大山，狂风挡不住；世间无坪地，房屋无处建。它们常相伴，相伴生财富。"（陈长友等，1990）大山为坪地提供了保护，而坪地也为大山创造了财富。

由于相配提供的协作可以对不同事物的功能进行整合，在彝族看来，与各种动植物的协作相同，各种神灵作用的发挥也是雌雄双方配合的结果。《吾查们查》中说："虫神两相好，虫地值三层；火神两相好，火地权三叉；海神两相好，海通海宽敞，海中三层银；雾神两相好，云雾净又美，雾地如白毯。"（玉溪市民族宗教事务局，1999）因此，彝族管理天地的大神需要有男女、公母神相互配合，如《苏嫫》中说："五双十大神，有个玉阿波，他是银河神；有个侯阿审，他是湖泊神；有个莫阿查，他是日影神。有个自阿民，他是山峦神。五个大天神，五男配五女，共有十位神，来管理天运"（师有福和杨家福，1991）。除管理天地的大神外，其他神灵也有公母相配。为使羊神护佑家畜健康成长，大姚彝族羊神要用具有男性特征的松树和具有女性特征的竹子来制作，通过公母相配使羊神发挥作用。随着社会的发展，男性在生产生活中承担着家庭生活和家族繁衍的重任，虽然以男性神为主导的大神观念已在彝族中形成，但由于公母配合发挥作用的重要性，在彝族祭祀各种神灵时，仍然要将公神与母神同时祭祀。

在彝族看来，没有相配的事物是不稳定的存在。"独水难流淌，独鸟难飞翔，独木不成林，独花难飘香，独个巴掌拍不响，独人难抗旱魔和灾荒。"（郭思九和陶学良，1981）单一的事物不仅因为缺少生存的协作而难以存活，而且还会使已存在的事物变得异常。《勒俄特依》描述天地之初没有相配时不断变化，已成的天地，模样变异常，斑鸠也来叨鸡吃。（冯元蔚，1986）《查姆》中描述干旱来临后留下的独眼人也因没有相配渐渐失去了人的特征，他的头发白得像棉花，头上还有瓦雀窝，全身黑得像栎炭，身上有麂子，脸像干树叶一样黄，眉毛长得像茅草蓬，眉毛间有了野蜂，手皮粗得像松树皮，脚板上生出了石蚌。（郭思九和陶学良，1981）由于相配有利于事物的稳定，在日常生活中，彝族各种事物也大多由公母组合而成。例如，彝族经书分为公书和母书，公书大多是纲领性的内容，而母书则较为详细，公书与母书记述的内容虽有所不同，但只有公书和母书配合经书才能完整。彝族传统太阳历或蜘蛛八卦中以阴阳纪年，公母纪月，一年中，上半年为阳年，下半年为阴年。一年分五季，每季有两月，单月为公，双月为母。彝族著名的火把节则为介于阴年和阳年的日子，彝族人把这一节日视作天地交合的时日。

相配才能完整，才能生存，在彝族看来，没有结婚的男女也是没有生活能力的人，如先基调"天亮词"所唱："没有恋爱的人，眼不望活路，耳不管活路，朝有寨子的地方走，朝有村子的地方走，朝有人玩的地方走，朝有人闹的地方走，朝有路的地方走。"（潘正兴，1963）没有确定恋爱关系的人是不考虑生计要求的。确定了恋爱关系的男女虽然已有独立于群体的活动，人家跟前不好意思走，人闹的地方不好意思走，好玩的地方不好意思走，但只有结婚后的男女才能有独立于父母的生活。在传统彝族家庭中，除最小的儿子婚后同父母一起生活外，其他子女都要从家中分出，通过父母、亲友的赠予，婚后的男女也将拥有属于自己的土地和基本的生产资料。

## 三、"相配"与人的和谐

相配密切了事物间的联系，给予了生命生存的合作与依靠。在彝族看来，相配是事物存在的完美状态，相配的世界是一个和谐的世界，日常生活中各种矛盾冲突产生的原因就在于事物不能相配。

彝族人认为，不能相配的原因是相配事物间有邪魔的阻隔。夫妻间的不和，是因为"夫与妻之间，有块黑魔布，有块白魔布，阻隔着夫妻，不让夫妻聚。"各种魔怪阻隔着夫妻使其不能相配。而阻隔夫妻相配的魔怪很多，"夫与妻之间，隐藏着灾绳，隐藏着汝绳，隐藏着韵绳，隐藏着病绳，隐藏着疫绳，隐藏着灾绳，隐藏着杀绳，隐藏着吵架绳，这些邪魔绳，阻隔夫和妻，让夫妻分离。"任何一种邪魔的分隔都会使事物的相配发生障碍，而不能相配也就不能繁荣。因此有了邪魔阻隔后，"人丁不增殖，粮食不增产，牲口不发展。即使有增殖，生来带有病，或者被虎拖，儿子命不长，女儿早夭折。粮食才收割，就被虫蛀空。"（普学旺，

1999）

　　各种邪魔的存在也是事物产生矛盾和冲突的根源，"大天斗小天，大天力竭尽，小天血淋淋，血喷在日上。大日斗小日，大日力竭尽，小日血淋淋，血喷月亮上。大月斗小月，大月力竭尽，小月血淋淋，血喷星星上。大星斗小星，大星力竭尽，小星血淋淋，血喷大树上。大树斗小树，大树力竭尽，小树血淋淋，血喷到水中，喷到鱼儿上。大鱼斗小鱼，大鱼力竭尽，小鱼血淋淋，血喷到蛇上。大蛇斗小蛇，大蛇力竭尽，小蛇血淋淋。这是邪作恶，邪魔在作祟。"（普学旺，1999）由于相配可以减少事物间的矛盾和冲突，彝族人在祈求神灵消除各种邪魔危害的同时，促进事物相配也是减少矛盾冲突的重要手段。

　　红河彝族认为，主宰万物生育的雌雄楠神可以解除各种灾祸，当有各种灾害发生或人与人之间有冲突后，他们要请雌雄楠神来驱除邪恶。如《祭龙经》所说："善良白楠神，请来驱除魔，来驱逐病疫，来解除祸害，来解除灾难，来解除咒语，来驱逐赌神。如不是这样，等于无楠神，楠神未护人。"由于楠神主宰着万物的繁育，通过楠神作用可以促进万物相配，此外，那些成双配对的神，也是人们祈求的对象，"成双配对的，共有十二对，天与地一对，日与月一对，云与星一对，霞与雾一对，阴与晴一对，风与雨一对，祖与妣一对，父与母一对，夫与妻一对，寿与命一对，生与长一对，财与粮一对。司双对的神，把饭献给你，把肉献给你。"通过各种成双配对的神对事物相配的影响，可以达到驱除邪魔的目的。驱除了邪魔的阻隔，事物就能相配而繁荣，所以，人类驱邪后，"家族像白云，亲戚像雾多，子孙似群星。"牲畜家禽驱邪后，"厩里牲畜满，马群似森林，牛像麻粟果，羊群满坝子，肥猪像石堆，鸭像线团滚，鸡像燕子飞。"田地驱邪后，"种子播入土，长得肥又壮，一棵出二穗，一节开二花"（普学旺，1999）

　　相配可以促进事物繁育，还可以化解矛盾冲突。为繁殖而开展的争夺是动物间产生冲突的原因，《彝族创世史》在记述婚嫁的起源中描述，在万物没有相配之时，天神搭了一个鸟巢，并走进鸟巢中生下了一对蛋。消息传开后，海边的大雁、江边的野鸭、林间的绿鸟都来把蛋认领，都说蛋是自己生的，为此它们争吵不休。为了使它们不再争吵，天神让大雁、野鸭、绿鸟轮流来孵蛋，孵化二十一天后，孵出了雏鸟，一只是雌雁，一只是雄雁。为了彻底解决因为繁衍而产生的冲突，天神们决定让雌雁嫁雄雁，从此天上、地上的物种都学雌雄雁配对成双，有了自己的后代，不再有为繁衍而争夺。

　　人类也会因繁衍与自然发生矛盾，这种矛盾表现在人与神的冲突之中，而使人类相配是神解决人神矛盾的方法。《勒俄特依》中描述，洪水泛滥后，大地人烟大灭，唯剩居木武吾一人，大地上找不到配偶，于是要求天上的使臣做媒人，请天上神的女儿嫁给地上的人，恩体古兹不同意，于是居木武吾邀集众友来商量，乌鸦能高飞，蛇缠乌鸦颈项上，蜜蜂贴在尾巴上，一下来到了天庭。老鼠钻到神位下，祖灵被鼠咬下来。毒蛇梭到堂屋边，恩体谷兹的脚被咬伤。蜜蜂飞进内房里，兹的女儿被锥伤。乌鸦坐在房顶上叫了三声不吉音。恩体古兹痛难忍，只得以女儿婚配为交换，请求治好伤，居木武吾派去良医癞哈蟆，毒蛇咬伤的，用麝香拿来敷，蜜蜂咬伤的，用"尔吾"拿来敷。治好了大神的病，居木武吾也成了亲。（冯元蔚，1986）从这一描述中可以看出，虽然神灵具有至高无上的地位，但神作为这个世界秩序的维护者，也只有在处理好了各种相配关系后，才能获得其应有的地位。

生存资源的争夺是人与人之间矛盾的根源，相配可以形成人与人之间的协作而有利于生存，因此，使相互有矛盾的人来相配也是化解冲突的有效办法。"为了下一代，部落不打仗，互相来开亲，开亲亲长久，代代来繁衍。"（陈长友和毕节地区民族事务委员会等，1990）史诗《勒俄特依》在合侯赛变中描述，合与侯两家，因故起争端，合想用多变来降侯，侯也想用多变来降合，于是合与侯两家，你变我变争着变，合变成白羊，羊见狼就逃，狼见白羊就咬；合变成稻草，侯变成黄牛，牛来啃草梢，草把牛头盖；合变成母鸡，侯变成雄鹰，鸡见鹰就逃，鹰见母鸡就叼；合变成红叶，侯变成铁块，铁块沉入河底去，红叶浮在水面上；合变成母猪，侯变成豺狼，猪见豺狼就逃，豺狼见猪就咬……为了平息两家的冤仇，天神来调解，调解了几次都不成，就连神的仙马也被老虎吃掉，虽然战争的双方都不能取胜对方，但因为战争，太阳躲进了云雾间，云雾不肯上山巅，雨水不肯浸入土，天地黑沉沉。为了恢复自然的秩序，最后两家决定来开亲。（冯元蔚，1986）合侯两家开亲后，不仅解决了纠纷，两个家族都获得了繁衍和发展，太阳、云雾、雨水也由此恢复了正常。

相配化解人与人之间的矛盾还在于相配致力于建立人与人之间的关爱、支持和协助，如《玛木特依》中所说："莫要互争吵，莫要互逼迫，亲戚若争吵，儿媳无处娶；家族若争吵，抗敌无人帮；弟兄若争吵，死尸无人收；兄妹若争吵，招亲无门路；夫妻若争吵，失去知心友；莫与邻居吵，伤心无伙伴。"彝族人把人与人之间的和谐作为婚配的要求，因为人与人之间的矛盾不仅会造成家族分裂，夫妻反目，邻里失和，还会危击周围的人群，通过婚配的要求可以规范和约束人的行为。彝族人开亲重品行，寻友也看品行，夫妻能否相配的一个重要条件还要看双方是否有亲戚邻里的相互关爱以及行为的道德规范。"亲戚品行差，得不到好亲；家门品行差，得不到家亲"；"有亲不爱戚，女儿无处嫁；有戚不爱亲，媳妇无处娶"。（吉宏什万，2002）利用相配创造的生存条件和和睦氛围来劝导人，利用婚配要求的行为规范来约束人，彝族人减少了人与人之间的矛盾和冲突。

# 第四章 “平衡”的世界

## 第一节 “平衡”与自然的稳定

### 一、自然稳定的多样性选择

通过相配对不同事物的整合与联系，自然万物成为一体，但仅有相配还不够，自然的稳定还需要平衡各种事物的存在。基于不同事物对生命的支持和协助，多样性相配有助于保持自然的稳定，但一个稳定的自然还需要有多样性事物的选择与组织。

天地中各种事物的存在都是有限制的，这一限制可通过称量事物来实现。在造天地时，称天称地是自然世界生成时必不可少的过程，在彝族看来，“若不称老天，若不称大地，安日不顶事，安月不顶事，安星不顶事。”称量是自然稳定的要求。采用几种主要的事物作为称量工具——“称”的组成，其他事物则在称量中进行选择。称天的时候，“用太阳做称锤，月亮做称盘，银河做称杆，星星做称花，细云彩做称索”，称地的时候，“用大山做称锤，陷塘做称盘，大路做称杆，灰石头做称花，长藤做秤索”。（云南省民族民间文学红河调查队，1960）经过称量，天地稳定时，天有七千斤，地有九千斤。天地中各种事物的存在要满足天地稳定时的重量，轻了添上一点点，重了去掉一点点，多样性事物的存在是天地称量平衡的结果。

保持天地的平衡，不同种类事物的存在有着重量的限制。在确定植物的存在中，古歌中描述用马尾、虎骨、金银、铜砣所组成的“称”来称量，称量时首先称的是草类，造天地的神找到阿卡草、啰兮草、毋兮草，称量称不起，又找到狗尾草、兮派草、波么草、尼兮草，还是称不起，找到了深箐茅针草后，秤杆高翘起。在称量藤类时，首先找到车苦藤、阿也塞依叨、也喏藤、阿喏苟嘻中，称量这些藤子时，称量不足钱，又找到了喏示喏努藤、乐奈藤，称量秤不翘，称量还不够，直到找到了深箐喏勾藤，称杆才高翘。称量树木时，找到白栎树、橡子树、锥栗树、红栎树、楸木树、樟木树、呜噜树、然拜树、噜苦树、梨子树、李子树等称重都无法称，又找到花椒树、杨柳树、西些树、冬依树、频噌树还是不足钱，最后找到黄栎树，称量才足重。

各种动物的存在也和植物相同，也是称量选择的结果。在造天地称量动物时，首先选择的是虫鱼，神找到草滩虾子、石涧鱼儿、扁嘴石蚌、椭状蝌蚪、河坝马鱼、漩涡群鱼、江湖跃鱼、湿地拱虫，称量无法称，又找到山野蛇虫、草丛蚂蚱、晴出蟋蟀、雨出叽铺还是称不足，又找栎梢松鼠、松梢鹦鹉、橡梢飞鼠、楸梢喏若、树洞蜜蜂、栎下唛嘞还是称不够，最后加上了箐底小黄鳝才称足了量。其次称量走兽，找到小拱猪、花狸猫、小山猫时无法来称量，又加了陡坡兔子、毛路狐狸、疏林山驴、楙林獐子、岩上岩羊、崖上马鹿，还是称不起，又加凹额野猪、白脸狗獾、直额豪猪、鲮鲤刺猬、木下山鼠、木上黄鼬，还是不足钱，又找树上猴子、山顶老虎、山脚豹子还是称不够，直到找到了老熊，称杆才高翘。最后选择飞禽，找麻雀山雀、乌鸦黑鸦、喜鹊花鹊、红鸟绿鸟称量无法称，又找坪坝云雀、山脚秧鸡、阳坡鹧鸪、钩嘴画眉、火地阿呔、绿鸠斑鸠称量不足重，又找松林野鸡、嗦嗦箐鸡、竹鸡岩鸡、林中鹳鸟、大鸟小鸟还是不足量，又找崖头秃鹜、崖上鹞鹰、崖下雀鹰还是不足钱，直到找到了卓乐鸟才足称。（李荣相，2007）从一钱（1 钱=5 克，后同）到两钱，从一两（1 两=50 克，后同）到二两，从一斤到两斤，与植物的选择相同，在满足称量最大化中有了多样性动物的存在。

## 二、多样性存在的"平衡"

虽然称量可以保持天地的平衡，但由于各种事物的存在均处于不断发展之中，任何超越事物存在比例的发展都将破坏自然的稳定，因此，维护天地的稳定，就要使事物的发展有所限制，以维持各种事物的存在比例。

没有太阳、月亮，万物不能存活，但太阳、月亮多了，也会使其他生命难以生存，从而影响着天地万物的稳定存在。《勒俄特依》中描述，为了呼喊日月出，神用白阉牛来祭，取出四盘牛内脏，放在房子四角喊，九天喊到晚，喊出六个太阳来。九夜喊到亮，喊出七个月亮来，从此，白天六个太阳一齐出，晚上七个月亮一齐亮，树木被晒枯，只剩"火丝达底"树。江水被晒干，只剩"阿莫署提"水。草类被晒干，只剩一棵"帕切曲"。庄稼被晒干，只剩一粒麻种子。家畜被晒死，只剩一只白脚猫，野兽被晒死，只剩一只灰白公獐子，天地万物面临着毁灭。为了维护地上万物的生存，英雄支格阿龙射下了五个太阳和六个月亮，并把射下的日月拿到大地上，压在了黄色石板下，这才使万物得以存活。

植物虽然能为动物的生长创造条件，但植物的生长也要适度。《彝族创世史》中说，月亮里长着两棵树，一棵是青柏，一棵是黑柏，黑柏那一棵长得特别快，树梢长得顶太阳，树杈一枝枝蔓延到四方，叶子和枝杈遮住了日和月。看不见阳光，望不见明月，人们看不见道路，只有四脚爬地走，活计也无法做，地上万物也因没有阳光而无法生存。直到八个砍树神轮流砍树并烧毁了砍下的树木枝杆，万物才得以生长。树木长得过高过大会影响其他生命的存活，草也不能太茂盛。

早期的　代人，因山中长出了大旺草，草高看不见道路，"水牛找跑的伴，羊找碰角的伴，水牛跟羊碰着了，水牛跟羊打架了，水牛角溅出火来，世上的人嘛，火着了七年七个月，又着了七月七日，一齐烧死完了。"（潘正兴，1963）可见植物多了、旺了也会造成不稳定。

　　为了不使植物的生长影响到其他事物的发展，各种植物的生长就要受到限制，不仅要消除那些过快生长的物种，还要使不同的植物有着不同的生长发育方向，这样才能避免各种植物相互影响而有各自的发展。《勒俄特依》中描述，在远古太阳、月亮很多的时候，各种植物都是向上生长的，支格阿龙在减少太阳、月亮数量的过程中，植物生长也得到了控制。支格阿龙射日射月，起初站在蕨其草上射，射日射月也不中，蕨草因此垂下头。后又站在地瓜藤上射，射日也不中，射月也不中，地瓜藤从此头往根上长。站在"基斯"树上射，射日也不中，射月也不中，"基斯"因此成矮树。站在竹子顶上射，射日也不中，射月也不中，竹梢因此弯三弯。站在松树顶上射，射日也不中，射月也不中，松树因此砍后不再发。站在柏树顶上射，射日也射中，射月也射中，柏树因此矗立在山巅。史诗中把对太阳、月亮的调控与植物的分化相结合，一方面说明了格支阿龙在改变环境时植物的变化，另一方面也表述了格支阿龙的调节使植物以各自不同的生长方式与环境相平衡。（冯元蔚，1986）

　　植物要有适宜的生存状态，各种动物也要有适度的大小。《勒俄特依》中描述，射日射月后，植物生长得到了控制，但各种动物又有了极度发展，"毒蛇大如石地坎，哈蟆大如竹米囤，苍蝇大如鸠，蚂蚁大如兔，蚱蜢大如牛。"这些动物的过度生长将对植物和人的生存造成威胁，从而影响到其他事物的存在和自然界的稳定，因此，在射完日月后，英雄支格阿龙又去限制动物的发展，"一天去打蛇，打成手指一样粗，打入地坎下。一天打哈蟆，打成手掌一样大，打到土埂下。苍蝇翅膀打成叠，打到旷野外。蚁蚂打折腰，打进泥土内。蚱蜢打弯脚，打入草丛中。"（冯元蔚，1986）通过不同动物生存环境的分化，各种动物的发展有了平衡。

　　除动植物需要有发展的平衡，人类赖以生存的粮食和家畜家禽也不能过度发展。《查姆》中说到，独眼睛人的时代，世上万物样样有，一棵米有鸡蛋大，谷子长的像竹林；一粒包谷鸭蛋大，包谷秆子高过房顶；一棵蚕豆鹅蛋大，蚕豆苗棵高过人。作物的发展也带来了家畜的发展，所以这一时期，马乱踢人，牛乱顶人，鸡乱啄人，到处乱纷纷。为了维持自然的秩序，于是天神找来独眼人，吩咐他来管理，要求独眼人一年四季要分明，年头月尾要分清，自然界可收可食的要知道，农业撒种收割要学会。（郭思九和陶学良，1981）人类认识了自然、学会了耕种收割就能使自然植物和作物的生长得到控制，而家畜家禽依靠自然植物和作物生存，有了植物生长的控制，也就间接控制了家畜的发展。

## 三、多样性发展的"平衡"

对各种事物生长发育的控制可以限制事物的发展，但还难以控制事物数量的增长，为了自然万物的稳定，还需要对自然事物进行生与死的合理安排。在彝族人看来，"树若不砍伐，树茂难见天。草若不割掉，草旺路不通。人若不会死，人多地难容。"（龙倮贵，1998）只有对不同事物进行死亡的安排才能进一步限制事物的发展，达到自然稳定的要求。

远古的时候，各种生命有生没有死，大神对各种事物有着明确的规定，"牛与虎同厩，不许虎害牛，不许牛撞虎，羊和狼同圈，不许狼害羊，不许羊撞狼，鸡和鹰同笼，不许鹰叼鸡，不许鸡啄鹰；人与妖同居，不许妖捉人，不许人打妖。"（普学旺，1999）由于生命不会死，于是一个生十个，十个生百个，千个生万个，随着生命的不断增长，原本和谐的社会发生了冲突和混乱，为了生存，不仅虎翻脸咬牛，狼翻脸咬羊，鹰也来叼鸡，妖也来捉人，人与人之间也没有了伦理道德，老的欺幼的，小的偷大的，强的凌弱的，富的贪穷的，穷的劫富的。父母不养儿女，子女也不赡养父母，甚至还有人吃人的现象发生。

这些混乱产生的根本原因还在于生命有生没有死，为了恢复自然的秩序，天神放出了死神和病神，死神、病神降临，从此以后世间有了死亡。有了死亡后，各种生命之间虽然没有了冲突，但也失去了生存的活力，"病神到林中，百鸟已哀鸣，虎豹无力气，野牛不食草，麂獐也不活。病神串草丛，昆虫不会飞，小蛇声不响，蚂蚁不出门，蚂蚱脚已脱。病神进村寨，老人不进食，中年不饮水，幼儿不发笑，少年不活泼。死神进林中，林中野兽亡，林中百鸟尽。死神钻草丛，爬虫不能动，飞蛾不能见。死神进岩洞，猴尸满遍地。死神串寨中，老幼皆亡命。"太多的死亡也使生命的延续受到威胁，"树下有死兔，树边有野牛，四脚已朝天，林中鸟语尽，岩边猴无声。乌鸦喔哇叫，飞到人住地。"（师有福和杨家福，1991）在死亡的威胁下，这个世界没有了生机。

为了使各种生命都能得到适当的繁衍和发展，天神决定给世间万物分配一定的寿岁，"九十九天后，物寿审定了，人寿确定了，人寿九千九，马寿六千六，牛寿三千三，绵羊二千二，庄稼一千一，不管人和畜，不计畜和粮，不分老与幼，尊寿岁活长。"由于分配的时间太长久，天神对分配的寿岁又进行了调整，实际获得的寿命，"人类九千九，实指九十九，马寿六千六，实是六十六，牛寿三千三，实指三十三，绵羊二千二，实是二十二。庄稼一千一，时间太长久，年尾月记，一个月亮年（按彝族历法，一个月亮年相当于半年），这才是实数。"通过对生命最长时限的安排，人和万物有了一个合理的存在数量，万物有生有死，既保证了生命的繁衍，也减少了生存的冲突。因此，"封寿封完了，人人已安康。日有沉浮

时，月有晦朔日。"（师有福和杨家福，1991）

有了寿岁的安排，从此人和万物都遵循寿命的规定而生活。"一年十二月，三百六十天，死的有几多，活的有多少，一年算一次。清明这一天，年年要总结。自从这时起，世上的人们，亲娘才怀孕，婴儿在胎里，死期是何时，天地已决定。先决定死时，再定出生日。人在地上生，也在地上死。只有生错者，没有死错者。"（罗希吾戈与普学旺，1990）各种动物和人的死亡都是寿岁的安排，虽然死亡方式各有不同，但在彝族看来，各种各样的死亡都是因为有生命年限的规定。兔子会被石头打死、老虎会钻进猎人的木圈里，野猪会被猎人打死，獐子麂子会跑进猎人的网里，狐狸会跑进猎人的网里，大熊小熊会跳进陷阱里，野鸡会踩着扣子死，啄木鸟折断脖子死，大马蜂在风雪中冻死，蚂蚱会被火烧死，苍蝇蚊子会被药毒死，蚯蚓会被锄挖死。这些动物的死亡都是因为它们到了死亡的时限。由于死亡对于自然和谐的重要性，长寿在彝族人看来是对他人生命的占用，因此，在新中国成立以前，彝族人常把稀寿以上者称为"拉达"，意为占有他人寿命的害人鬼，60岁以上者因占用了他人寿期要举行活丧仪式，只有通过履行死亡的仪式来获得生命延续，才不会祸害他人，活送灵的仪式与送死灵的仪式相当，虽然举行过送灵仪式的老人可以延续生命，但举行过活送灵仪式的老人不能再有性生活，在饮食上也要有所禁忌。

凉山彝族有一个长寿之冠约特斯理的故事。传说约特斯理为氏族首领，体魄健壮。活到120岁时，儿子对他说："你现在超出了人生之龄，古话说七十不语，你已多活了五十，我们先给你超度送灵后，背您到岩洞住。"约特斯理感到年迈闲坐无聊，高兴答应这样做，儿子为父亲举行了盛大的活送灵仪式，约特斯理十分快慰，赞扬儿子道："好儿女为父如此才值得。"仪式完毕后，儿子用精制的背兜把父亲和"父灵"一并送到灵山岩洞。待一切安置妥贴，含泪转身返家时，父亲对儿子说："把背兜带回去，万一你能有我的年岁，可免一些孙儿们的破费。"儿子为父亲替儿孙们着想所感动，又强行把父亲背回家中，约特斯理老人在众多儿孙们无微不至的赡养下，又活了120年。（吉克，1990）这一则故事是彝族人送老传统的表达，虽然约特斯理老人没有活着进灵山岩洞，但活送灵的习俗却在彝族中盛行。在彝族看来，活送灵是好儿子为父亲该做的事，也是老人和孩子都高兴的事。

## 四、多样性分布的"平衡"

对物种生与死的控制可以保持物种数量的平衡，但事物过度的集中也会造成事物的局部过剩，因此，仅有各种事物合理的数量控制还不够，还要使不同类别的事物分布均匀，让所有的地方都要有不同的事物存在。

为了天上事物的平衡，天上太阳、月亮、星星要分布均匀。《阿细颇先基》中说：有了太阳、月亮和星星，还要有人赶太阳，有人赶月亮，有人赶星星，赶它到四方，照亮四方去，四方要亮透。自然因平衡而稳定，日月星辰的分布均衡了，日月星辰也就稳定了，因此，"太阳已安好，太阳也赶过，月亮已安好，月亮也赶过，星星已安好，星星也赶过。"（石连顺，2003）太阳、月亮、星星要赶，天也要辅。铺天也相同，天有多宽就辅多宽，除了石洞水气上升的地方不辅，太阳的路、月亮的路、星星的路、云彩的路不辅以外，天上所有地方都要辅完。天要辅完，云彩也要洗平，天上锡龙男神和锡龙女神舀锡水来洗云彩，把云彩洗平了。（潘正兴，1963）由于事物分布的均匀是天地平衡的基础，因此造了天地还要平天地，"天嘛还不平，地嘛还不平，哪个来平天？哪个来平地？火烟冲上去平天，雨水落下来平地，天地平好了，天也补得好。"（毕荣发，1963）

与日月星辰的均衡分布相同，地上的稳定也要让地上事物分布均衡。《阿细颇先基》中说："立山要立稳，立得稳稳的。赶丘行对行，赶山排对排，赶往美地方，赶往吉利地，赶往吉地线，赶来大吉地。若是大山丘，若赶大山丘，赶成行对行。若是赶大山，赶成排对排。"（石连顺，2003）在彝族人看来，只有赶山才能使山的分布均衡。彝文古籍《爱佐与爱莎》中，阿达男神和沙西女神造出了高山、尖山、矮山、圆山。有了这些公山、母山，生出了众多的山，于是到处都是山，平原也要被山占尽。各山都攀比，东山比西山，南山比北山，日长九千九，夜长八万八，山长得快要顶着了天。为了限制山的生长，阿资大神仙，举起大神鞭来把群山赶，从北边到南边，从平原到高原把山来驱赶。这样一来，世上到处都有了山，而山的均衡分布也使地面高山、丘陵、平坝、河谷的分布均衡。

有了山的均衡，地上的稳定还需要有各种植物的均衡。于是天神来把种子撒，东南西北各处都撒了公树、母树，公藤、母藤，公草、母草，让各种植物来繁衍。如《阿细颇先基》中所说："撒种不散开，种芽不会出，撒成一条路，成了小伴儿。"（石连顺，2003）神灵们不仅播撒着种子，还要平衡这些种子的分布，种子赶上小山坡，丘山长出了草，山头长出了树，种子赶上河谷平坝，山谷长起了树，平地长出了草。各种种子赶开了，平坝、山岩、高山、箐底到处都有了草木的生长。

有了各种植物的均衡，还要有各种动物的均衡。各种动物繁衍后，鱼儿鱼孙多了，蛙儿蛙孙也多了，飞的禽类也多，走的兽类多了，爬的虫类也多了，人类也多了。为了使这些动物获得发展，还要使这些动物分布均衡。《彝族创世史》中说："公鸭和母鸭，公鱼和母鱼，公鹅和母鹅，螺蛳和乌龟，蚂蟥和蚊蝇，样样放入海，小牛和小马，山羊和绵羊，箐鸡和野鸡，云雀和鹌鹑，狐狸穿山甲，蚂蚱和昆虫，山中该有的，样样撒山中……公豹和母豹，公虎和母虎，麂子和野猪，红绿黄黑蜂，林中该有的，样样放林间……燕子和蝙蝠，岩蜂和多黑，老熊和牦牛，羚羊和老鹰，岩里应有的，样样放岩中。"通过对各种动物的安排，海中、山中、林中、岩边、箐内都有了动物，这样一来，"放入山中的，山上来发展；放入森林者，林间来繁衍；放入岩里的，岩间来发展；放入水中者，水中来兴旺；放入路边的，路边来繁衍；茫茫大地上，遍布众生物。"（罗希吾戈与普学旺，1990）

人也应该分布在各地，只有人分布在了各地，各个地方都有了人，这个世界才达到了最后的均衡。《勒俄特依》说到彝族先祖武吾有三子，分住在三方，一个儿子武吾拉叶住在平坝海湖池水边，一个儿子武吾格子住在高山峡谷间。一个儿子武吾斯沙住在高原上。（冯元蔚，1986）在《阿细的先基》中，彝人先祖筷子横眼睛一代人也散在四方，大儿子上石山去，大姑娘也上石山去。二儿子上土山去，二姑娘也上土山去。三儿子到坝子边去，三姑娘也到坝子边去。小儿子到坝子里去，小姑娘也到坝子里去。（云南省民族民间文学红河调查队，1960）《查姆》中洪水泛滥后第二代先祖出生的三十六个小娃娃，一个抢锄头往东跑，一个抢扁担往西跑，三十六个儿女，各走一方分了家，从此各人为一族，三十六族分天下，抢锄头的到山头烧火地成为了彝族，抢扁担住平坝的成为了傣族。（郭思九与陶学良，1981）人和其他动物一样，只有将人分散于不同的地方，形成各自不同的生活方式，才能使人类得到共同发展。

从天地万物的均衡中不难看出，在彝族的观念中，均衡是有层次的，首先是天上日月星辰的均衡；其次是地上山岭、草木和动物的均衡；最后是人的均衡。在这之间，当然也有公母、男女之间的均衡。在彝族的平衡观念中，人类的发展与自然的均衡相一致，人类的不同，只在于所处自然环境的不同。

## 五、多样性利益的"平衡"

由于各种事物都是生命的存在，维持各种生命的存在，还需要有万物生存利益的平衡，如《祭龙经》所说："用斗量米时，量的一个样，用秤分物品，分的一个样，用戥分金银，没有不公平，老老和少少，一律一个样。"（普学旺，1999）天地万物的平衡要求万物拥有平等的生存利益。

要使万物发挥作用，就要使其有生存的保障。《阿细颇先基》中说到："起来要喂天，喂天从四方，四面八方喂，还要喂四方。虽然造了天，虽然造了地，天还没有喂，地还没有喂，何处来喂天？如果是开始，开始从何造，开始从何喂？从何处造完？补完落何处？最后喂哪里，落脚喂哪处。如果是开始，在日出那方，在月出那方。如果是南边，那是星落方；如果是西边，那是月落方；如果是北边，那是云落方，四方喂了来，是这样喂的，这样过来的。造天又补天，天地造稳了，天也补稳了，四方喂完了。天已造稳了，造天有成绩，造地有成绩。成绩是什么？喂天喂四方，没有出差错。"造天的成绩就是使天地稳定，只有使各种存在物都有生存的保障，才能让万物生命得以延续，因此"造天这件事，造地这件事，如果

无成绩，造天天不平，造地地不够。"（石连顺，2003）

任何存在物利益的不平衡都会引发自然的不稳定。《梅葛》中说分虎肉时，给老鸦一份，给喜鹊一份，竹鸡一份，野鸡一份，老豺狗一份，画眉一份，黄蚊子一份，黄蜂一份，葫芦蜂一份，老土蜂一份，大蚊子一份，饿老鹰没分着，于是一飞飞上了天，遮住了太阳。天变成黑乌乌一团，地变成黑乌乌一团，再也分不出白天，再也分不出夜晚。（云南省民族民间文学楚雄调查队，1960）《勒俄特依》中也说到，人类"侯"的一代在"分送喜钱时，没给黑夹虫，分吃喜饭时，没请蚂蚁吃。于是坏心黑夹虫，潜入地坎打地洞，回头又啄侯的脚，侯跌倒在地上。蚂蚁起黑心，咬伤侯的脚，侯掉进深谷，从此天地不再有通婚。"（冯元蔚，1986）

任何事物过多地占有自然都会受到惩罚，即使是大神和妖魔也不例外。《勒俄特依》中造天地的大神就因为阻止人类的繁衍而受到了各种动物的攻击。《祭龙经》中也描述，远古的时候，在苍天的下面，有九头妖猪，他们在天地树下，收集金银线，筑巢在树脚，饿了吃银果，渴了喝银水。可这样的生活并不能满足他们的要求，他们天天寻灾祸，日日寻坏事，于是那一群妖猪，来到海洋里，披床魔怪皮，渴了喝海水，饿了就吃藕，海被妖猪占。接着妖猪又到天宫，天松和天杉被它拱掉皮，梧桐树被咬断，年树也被咬。为了恢复自然的秩序，天神彻埂兹和大神黑夺方，请来了太阳、月亮和星星，他们共同把妖猪砍杀成了无数份。

要使万物具有生存利益的平衡，还需要提供不同事物适宜的生存环境。如果没有合理的安排，也会使事物难以生存而造成不稳定。史诗中说天地日月都造好了，但天还不会亮，地还不会亮，因为万物都黏在了一起。天黏在了地上，地黏在了天上，各种鸟也遮住了日月星辰。（毕荣发，1963）。为了使各种存在不发生生存的冲突，为了各种事物都有各自的生存保障，就要使万物各得其所，各就其位。

为了使不同的事物都有各自生存发展的空间，在天地、山石、植物、动物均衡的基础上，各种事物还要进行合理的分配和安排。《彝族创世史》中说到："天地和日月，彩霞和云雾，风雨和星星，各自都分开。分天到高空，周围空旷旷，悬在半空中；分地与天别，地在天空下；太阳和月亮，分别太空里，星星也分出，分到日月间；分云到半空，分雾到山头，云雾在缭绕；分出彩霞来，让他在东方；光泽也分出，照耀宇宙间。"（罗希吾戈与普学旺，1990）

天上各种事物有了安排，地上事物也要有安排。《梅葛》中说播撒树种、草种的神在高山顶上，撒上白菀树；高山梁子上，撒上青松和赤松；高山箐沟里，撒上青香树；坝区山腰上，撒上罗汉松、梧桐树、梨树、桃树、花红树、核桃树、樱桃树；坝区山坡上，撒上橄榄树。坝区岩顶上，撒上鸡嗉子树；河头两岸上，撒上水冬瓜树、杨柳树、麻粟树和椎粟。不仅要在各种地方撒树种，还要播撒草种，高山梁子上，撒上芦苇、野坝子，高山箐底下，撒上鸡菜籽、菱角草、蕨菜子、兔子草。坝区山坡上，撒上山头草，坝区岩子上，撒上甘草籽、山草籽，坝区地边上，撒上酸草籽，坝区河边上，撒上红白厚皮草、岩草籽；河边两岸上，撒上山野菜、喂猪草。（云南省民族民间文学楚雄调查队，1960）不同的植物分布于不同环境和地域，各种植物有了生存发展的空间。

各种动物则根据植物和环境的不同来分配其合适的居所。《梅葛》中说到："刺树盖起三间房，兔子来住房。高山梁子上，橡树盖起三间房，老熊来住房。高山顶顶上，刺杆盖起三间房，豺狼来住房。坝区河边上，樱桃树木来盖房，麂子来住房。山中石岩上，香樟树木盖起三间房，岩羊来住房，不够又盖三间，盖在岩洞里，野牛来住房……"兽类有了安置，鸟类也要有安排，"坝区山腰上，梧桐树盖起三间房，凤凰来住房。林中落叶盖起三间房，岩鸡来住房。半山橡子林中间，刺枝盖起三间房，老鹰来住房。高山箐沟里，橡子树叶盖起三间房，箐鸡野鸡来住房。坝区山腰上，樱桃树枝来盖房，斑鸠来住房。河边两岸上，核桃树盖起三间房，老鸹喜鹊来住房。高山梁子上，青松盖起三间房，猫头鹰来住房。山中岩子上，花红树木盖起三间房，小燕子来住房。不够再来盖，拿草盖起三间房，蚂蚱来住房……各样房子都盖齐，各样房子都盖好，鸟兽虫鱼有房住，盖也盖好了，住的住好了，天王地王都喜欢。"（云南省民族民间文学楚雄调查队，1960）只有鸟兽虫鱼都各有所居，都有其生存的保障，这样的分配才合理，这样的分配才稳定。

在各种动物的分配中，不同种族、不同职业的人也都有了与其生产生活习俗相一致的居住环境，"白樱桃树盖了三间房，人间九种族，傣族来住房。坝区山腰上，罗汉松树盖了三间房，哪个来住房，回族来住房。高山梁子上，青松赤松盖了三间房，彝族来住房。坝区平坝上，香树盖了三间房，汉族来住房。高山梁子上，洋皮松树盖了三间房，打柴打猪草的人来住房。野白松树来盖房，赶毡子的人来住房。野香樟木盖了三间房，放羊的人来住房。"（云南省民族民间文学楚雄调查队，1960）不同植物分布在不同的环境，这样一来，分布于不同地域的民族不仅有了生存的依靠，也有了各自适应环境的生活习俗。

在万物的分配中，各种神和怪也要有其生存的环境，如果没有合适的居所，任由这些神怪四处游动，将会影响到自然和人类的生存，如《祭龙经》中所说："绿鸟邪，还有红鸟邪，还有瘪谷邪，腐蚀高粱邪，腐蚀五谷邪，还有禾苗虫，还有白穗邪，绿虫和红虫，白虫和黑白，黄虫和灰虫，还有花班虫，全都在增殖。稻虫是黑嘴，吃根虫嘴黄，吃节虫嘴白，吃穗虫嘴绿。蝴蝶吃禾叶，庄稼叶枯黄；氛邪害庄稼，禾苗就枯黄。"为了自然的稳定和人类的生存，各种神灵鬼怪都分配了居所，宇宙中，高天是大神居住地，中天是恶神居住地，低天为众精灵居住地。而各种较为恶劣的环境则属于邪魔鬼怪的居住地，如鬼住阿扎沟，魔住白崖洞，怪住黑崖沿。荒坡中不长树的地方，深箐峡谷，怪石嶙立的崖洞，高山密林等人际稀少的地方都是邪魔鬼怪的生存之地。因此，在神或邪危害人类的生存时，就要将邪驱赶至它们的居所，"居高处的邪，驱逐到高山，驱逐到天际；居低处的邪，

驱逐到深谷，驱到贫瘠地，驱到沼泽地，驱到悬崖上，驱到乱藤间，送邪到深涧，让大水冲走。"（普学旺，1999）

平衡的世界是一个多样性共存的世界，共存依靠的是事物间的相互作用，而这种作用要通过对事物的合理分配来实现，只有让不同的事物都获得适宜其生存的环境，不同的人群有着各自适宜环境的生存方式，自然世界才能有稳定的存在。

# 第二节　自然万物的"平衡"

## 一、互为制约的"平衡"

平衡要求自然事物之间有所限制和制约，这种限制和制约通过自然万物存在状态及其存在环境的合理分配来实现，各种大小、形状、方位、质量、功能等差异的存在，以及多样化生存环境的分配既是自然事物相互协作的要求，也是相互制约的需要。

《支嘎阿鲁王》中描述，远古的时候，各样事物不分明，天和地连成一体，山和水连在一起，昼和夜连在一起，太阳月亮连在一起，但这时的天地黑空空，世界黑洞洞。天地昏昏沉沉，世界混混沌沌。为了使各种事物稳定存在，神从混沌中分出了天和地，又分出了昼和夜，分出了东西南北面。虽然世界分出了天地、昼夜和东西南北，但这个世界依旧没有形成秩序。北边缺了一半天，南边陷了一半地，天不停的晃荡，地不停的摇摆，大雾引来洪水，大水又淹了南边的地，天地最终难以成形。由于大雾连着地和天，修天的神用了七十二只老虎之力，也无法移动大雾。最后只有用风来吹，风从三面吹来，往一个方向猛吹，大风刮了三天三夜，揭开了九层地皮，雾才落荒而逃。降服了大雾，地上的大水还没有填平，只有山可以填水，于是神又把山赶来，才填平了南方的洪水。（阿洛兴德，1994）

仅有这些事物的制约还不够，《勒俄特依》中描述，在洪水未消退的时候，天地间有了各种变化，已成的天地，模样变异常，斑鸠也来叨鸡吃，于是神灵们共同献计来商量，要了两张镇妖牌，给了四根除魔棒，张起银弓射，搭起金箭射，再用铜块压其上，反常的变化才终止。此后，神灵们东方去把大地开，让风从这里吹进来；西方去把天地开，让风从这里吹出去；北方去把天地开，让水从这里流进来。南方去把天地开，让水从这里流出去。为了防止天掉落，用了四根撑天柱，撑在地四方。为了天地不分离，又用了四根拉天绳，扣在地四方，东西两面交叉拉，南北两头交叉拉，再用四个压地石，压在地四方。正是利用这种互为相反的力量和事物，天地成形了。因此，最初形成的天地，一山长有树，一山又无树；一山长有草，一山又无草；一沟有水流，一沟又无水；一方有平原，一方无平原，一方有动物，一方无动物。（冯元蔚，1986）

　　在天地的平衡中，互为相反的力量和事物有着限制事物发展的作用，正是这种力量和事物的存在，这个世界才能稳定。因此，这个世界的生成并不遵从人的意愿，平衡的世界也是美中不足的世界。如《俚泼古歌》中所说："世上的万物都出来了，大多数要得成，有少数要不成。满天星宿，大多数是好的，有一颗是腐的，这颗星要不成。阳光普照，温暖大地，但有日蚀，日蚀是不好的。明月高照，黑夜光明，但有月蚀，月蚀是不好的。地上的岩石，大多数是好的，有一块腐石，这块要不成。树木千千万，大多数是好的，可是有刺树，刺树要不成。鸟儿飞翔，野兽奔跑，虫儿爬行，鱼儿戏水，有一种动物，非鸟非鼠，翅膀像飞鸟，脚趾像老鼠，白天不出来，晚上才活动，它的名字叫蝙蝠，是不吉祥的动物。彝人喝山水，摆夷吃河水，大多数水是好的，河边的水泡要不成。人会说话，为万物之灵，哑巴不会说话，是有缺陷的人。"（陆保梭颇与夏光辅，1984）在彝族看来，这种美中不足的世界，才是这个世界本来应有的面貌。这个世界的存在并不以人的好恶为依据，各种事物都有其存在的价值。天地平衡是多种事物共同作用的结果，这个世界的美好正是因为各种好的、不好的事物都存在。

　　神是自然平衡的操纵者，各种自然事物的存在受神的控制，天地的平衡也是各种神相互协作的结果。在彝族看来，不仅那些吹风、赶山和播撒万物籽种的神要存在，那些凶神、恶神也要存在。因为，"鲁朵（妖怪）虽有害，它也有作用。大山无鲁朵，山中无灵气；大水没有怪，水也流不赢；大岩无鲁朵，大岩生不起；森林无鲁朵，森林长不成。世间生鲁朵，它也有作用，它也有分工。"（陈长友等，1990）正因为有了各种恶神，世上才会有各种巨岩、怪石、刺树、尖刀草、洪水、邪祟的产生[①]，由于各种妖和怪共同参与着这个世界的创造，这些事物虽然对生命的生存构成威胁，但正因为有这些事物对其它事物发展的限制，这个世界才能获得多样性的平衡。如《西南彝志》所说："启开妖锁后，天人地人坐，天树地树生，一朵九花繁；天人与地人，如鸟栖树上，一呼百名美，生在高树上，门门像花样，多得像无数星宿。"（毕节地区彝文翻译组和毕节地区民族事物委员会，1988）在各种妖魔的制约下，才有了自然万物和人的繁荣。

　　各种动物是重要的天地创造者，也是自然平衡的维护者。在彝族看来，不仅那些对人有用的动物参与着自然的平衡，那些凶猛的动物，甚至一些对人类生活有害的昆虫也是自然平衡中不可或缺的。

　　《勒俄特依》中描述，造天地时，为了自然的稳定，要撬出地上的铜铁球，大

---

① 《祭龙经》中说到天神杀死妖猪后，"妖猪的脑袋，变成了泥土，身子变河谷，骨头变白石，眼变成七星，血变成洪水，肠变成汝邪，毛有十二根，变成尖刀草，脚变成树木，心变成魔石，尾变成魔鞭，老妖猪的气，变成死邪气，妖猪的灵魂，变成了彩虹。"为了让人的灵魂能够返回祖地，在送灵仪式中，彝族人要有踩尖刀草的仪式，以免尖刀草拦住归祖的灵魂而滞留在人间，从而危害活人的生存。滇南彝族把彩虹视作恶神的象征，每当彩虹出现时，人们都不会去挑水喝。

神恩体谷兹先派骏马和仔马去刨，刨也刨不出来，又派犊牛和阉牛去撬，撬也撬
不出来，又派黄羊和红羊去挖，还是挖不出，最后派黄猪和黑猪去拱才拱出来了。
（冯元蔚，1986）当天地不相配时，是三对麻蛇来缩地，使地面分出了高低；三对
蚂蚁来咬地边，把地边咬得整整齐齐；三对野猪来拱地，三对大象来拱地，有了
山来有了箐，有了平坝有了河，最后又用鱼来撑地，老虎来撑天，才有了天地的
稳定。（云南省民族民间文学楚雄调查队，1960）各种动物是天地平衡的创造者。

　　鹰和蛇虽然威胁到人的生命，但鹰和蛇也是天地平衡中不可或缺者。《俚颇古
歌》中描述，鹰来补天，蛇来补地，补天的鹰在山上绕，山上就有动物了，野兽
成对跑，鸟儿成双飞，补地的蛇在地中爬时，就把地缩小，在河中游时，大河小
河才有水。虽然蝴蝶成为毛虫会吃食植物，但在天地的创造中也有其作用，在阿
细人的民歌中就有用蝴蝶造天地的描述，"用青蝴蝶作天，蝴蝶头做天头，蝴蝶手
做天手，蝴蝶身体做天体，蝴蝶腿做天腿，蝴蝶尾巴做天尾巴，天是这样造成的。
拿黄蝴蝶做地，蝴蝶头做地头，蝴蝶手做地手，蝴蝶身体做地身体，蝴蝶尾巴做
地尾巴，蝴蝶脚做地脚，这样铺了地，这样造了地。"（弥勒县彝族研究学会，2008）

　　苍蝇和蚂蚁这些不令人喜欢的昆虫也有重要作用。在虎身尸解时，老鹰因为
没有分到虎肉，飞上天遮住太阳，世上分不出白天黑夜，万物不能存活，是苍蝇
和蚂蚁制服了老鹰，恢复了自然的稳定。绿头苍蝇飞上天，落在了老鹰翅膀上，
密密麻麻下了子，过了三天三夜，老鹰翅膀生了蛆，翅膀生蛆跌下来，太阳恢复
了光芒。因为老鹰翅膀很大，掉在地上后又把地遮了一半，地上仍然有一半没有
白天，这时请来蚂蚁来抬鹰翅膀，老鹰翅膀抬走了，天地才恢复了正常，重新有
了白天和黑夜。当黄雀遮住了太阳，红雀遮住了月亮，兰雀遮住了星宿，黑雀遮
住了云彩时，仍然只有绿苍蝇飞到天上去，在各种鸟雀身上生下蛆虫蛋，烂掉鸟
雀身。不是因为苍蝇，天还亮不了。

　　由于苍蝇的重要性，彝族分支仪式中要有祭献苍蝇的仪式，《西南彝志》中把
彝族六祖分支比作苍蝇的六只脚各移往一处，并记述了在舍启显一代分支仪式中
的献肉活动。"在荒山和荒坝里，产生成群的苍蝇，在更葿的山岭上，在绿丛里，
在红花绿叶中，给父的牲畜，烧了以后，舍启显把肉切成薄片，如同蝴蝶的九层
翅膀，舍启显说，这是'苍蝇的供礼'。……苍蝇要鲜肉，就给他吃鲜肉，其母要
烂肉，就供奉他烂肉。"（贵州省民间文学工作组和贵州省毕节专署民委会彝文翻
译组，1963）一方面因苍蝇有维护自然稳定的作用，另一方面由于苍蝇具有极强
的生存能力，且有苍蝇之地意味着土地的肥沃，人们借此希望苍蝇带来自然和种
族的繁衍。

　　在彝族人看来，人在自然中的存在不仅是人自身利益的需要，也是自然发展
和平衡的需要。《查姆》中说："有了日月星辰，有了宇宙山川，不能没有人烟，
有了江河湖泊，有了种子粮棉，不能没有人生活在天地间。"（郭思九和陶学良，

1981）　人的不可缺少是因为人可以使自然繁荣，"人以天为父，人以地为母，人开拓大地，人管理河海……若没有人类，大地美不了，天地分五行，日月分阴阳，它是人分的，由人来命名。水中草长青，山上树长青，它是人栽的，是人培育的。"（陈长友等，1990）因此，"地球上分人，一给人威仪，二为山添彩，森林才翠绿，土地才清新，那才叫完美。"如果没有人，自然万物就得不到合理的利用，"大地小蜜蜂，勤劳红白花丛间，没有人去看；粮食植山间，禾苗绿茵茵，谷熟金灿灿，谷穗沉甸甸，粮食鹅卵粗，没有食用人，倒腐于地上，实在是心疼。"（龙倮贵，2000）有了人类的耕作和收获，土地、粮食、树木和动物才能在人的利用中得以平衡发展。

万物各有各的能力，各种事物因有其独特的作用，相互之间难以替代，对人类而言，不同的事物有不同的利用方法，既使是共同生活在一起的事物或相似的事物，它们之间仍有功能与作用的不同。"青松伴杉松，杉松虽茂盛，杉松不入祭，祭祀用青松……马桑伴藤葛，藤葛叶虽宽，桑叶不算宽，藤葛不入祭，祭祀用马桑……稻谷伴稗子，稗子穗不算长，稗子不入祭，祭祀用稻谷。"（禄劝彝族苗族自治县民族宗教局，2002）正是各种事物功能与作用的不同，多样性事物都有其存在的价值。事物也都有各自的弱点，通过对事物弱点的掌控，就能达到对事物发展的制约和限制。"世间的万物，一物降一物，样样有弱点，凶悍的猛虎，曾败给青蛙，伟岸的大象，拿鼠没办法。"（阿洛兴德，1997）　自然世界因为有多样性的存在，各种事物得以在相互制约中平衡发展。

因为各种事物都有存在的价值，也因为事物发展有其制约，彝族人不主张为了人的生存利益而大规模地改变自然。凉山彝族土司岭光电在其回忆录中记述了他开展植树造林中遇到的困难。为发展凉山彝族地区经济，他曾在彝族地区大力推广桐树种植，而就在他发动彝民栽培桐树之际，却传来了桐树开花结果时，桐鬼要来找人死的说法，彝民们种植桐树的热情一下就被打压了，就连他妻子也要把种下去的桐苗拔掉。在彝族看来，大规模地种植单一物种会影响其他事物的生存，从而破坏自然已有的平衡，所以会受到鬼神的报复或惩罚，因此才有了拔去桐苗的做法。（岭光电，1988）

## 二、"平衡"对事物行为的限制

虽然多样性事物的存在构成了事物间的相互制约，但这种制约还不足以维持自然的平衡。为了使万物有一个和谐有序的生存环境，避免因某种事物过度行为而导致混乱，还要对事物生存范围和行为活动进行必要的限制。

"天地没有标记，四方常错乱，南方当西方，北面当东方，天地界线乱，天人和地人，常常起争端，仇杀祸不断，天人杀天人，战火未熄灭，地人杀地人，又起新战祸。"（阿洛兴德，1994）天地四方没有事物活动的界线范围是引起天上、地上各种争端的根源，没有限定的太阳、月亮，就像脱了缰的野马，任其驰骋后，白日变成了夜晚，有时中午夜幕就降临，不到半夜天就发亮，从此四季八节分不清。想要不晴，有时太阳半年不出，一想到要晴，七个太阳一道出，天下万物都晒死，地上草木全干枯。月亮也一样，只要不想出，月亮半年不出来，月亮想出时，五个月亮一起出，天下的水都干涸。

　　没有地域限制的动物也会任意妄为。老鹰自认为它最聪明，世上的动物数它本领大，趁着太阳熟睡的时候，飞到太阳宫，堵住了太阳门。没有了太阳，风神到处窜，雨神到处乱。混沌的天地大雨下个不停，苍天要垮塌，大地要陷落，地上的动物互相吃，禽鸟互相攻，人兽互相斗，蛇也趁洪水泛滥，浮到了天空中，躲进了太阳宫。大河边上的四块石头中住着各种蜂，红石头里面住着蜂王，蜂王管着地。黑石头里面住着土夹蜂，土夹蜂霸着地；蓝石头里面住着蓝蜂，蓝蜂占着地；黄石头里面，住着蜜蜂，它们在树上盘庄稼。各种各样的蜂把大地来霸占。而蜈蚣小爬虫则敢对天来撒尿，毒蛇也朝天吐毒液。

　　没有活动限制的人类也为自己的生存利益而与万物争斗，人们用冰凌来做箭射，射死了树木，射哭了石头，射穿了大山，人也利用各种动物来对神进行攻击。《勒俄特依》中说到大神恩体谷兹不愿将女儿嫁给人类，为了生息繁衍，人类召集各种动物来商量，派乌鸦、蛇、蜜蜂来对付大神。乌鸦能高飞，蛇缠乌鸦颈项上，鼠坐乌鸦肩头上，蜜蜂贴在尾巴上，四种动物从地上飞上了天庭。老鼠钻到祖灵堂，神的祖灵被鼠咬下来，毒蛇缩到堂屋边，大神恩体谷兹的脚被咬伤。蜜蜂飞进内房里，把神的女儿锥伤。

　　没有行为限制的神也会任意妄为。尼吉莫麻列男神，尼吉莫麻娜女神，他们两个庄稼不想盘，活计不想做，爹说的话不当话，妈说的话不当话，用眼睛望着天，闲游浪荡的。他们别样事情不干，却把一只黄老虎放在太阳里，虎快把太阳吃完了。男神尼吉兹阿波，女神尼吉兹阿娜，也学着他们，什么活也不干，专做坏事，把一只大白狗放在月亮里，狗快把月亮吃完了。男神尼吉沙宰列，也跟着他们学，把红石头中的蜂王，放在星星里，蜂王快把星星吃完了。女神尼吉沙宰娜，则用金链子拴着金坛子，把金坛子横背在背上，她提着金瓢，走到塘子边，把水舀在坛子里。水气被打起来了，水气升到空中，云彩被搞乱了，只剩小小的一条。太阳不亮了，月亮不亮了，星星不明了，云彩不平了，整整三年天都不会亮，天地陷入了黑沌沌，乱嚷嚷的状态。

　　为了规范不同事物的行为，就要界定各种事物活动的范围并限制其行为，于是各种神灵来分定天地界。东南西北都来分，天下分了天上分，天上与天下相对应，每块地都打了标记，设了界线，并做了不同的门。"天门造好后，地门造好后，锁好天地门。天锁九十把，地锁八十把。九十九道门。一道管一方，一道在日边，一道在月旁，一道锁西方，一道锁北方，一道锁南方，一道锁东方。北方是雾门，锁住没有雾；南方是雨门，锁住没有雨；西方是风门，锁住不起风；东方星云门，锁起没有云。"（陈长友和毕节地区民族事务委员会等，1990）有了各种各样的锁，各种事物的活动就有了限制。

天上不同的门由不同的神来管理，不是妖，不能开妖锁，不是怪，不能开怪锁，"东方日出门，东方绿帝君，男女二神君，妮木租赛颜，妮木租赛嫫，两神来掌握。南方南箕门，南方红帝君，男女二神君，能木番赛颜，能木番赛嫫，两神来掌控。西方日落门，西方白帝君，突木添赛颜，突木添赛嫫，两神来管理。北方七星门，七星北斗门，北方黑帝君，男女二神君，捏木格赛颜，捏木格赛嫫，两神来掌管。"（师有福和师霄，2010）各种各样的神都有着自已的地域和管理范围后，日月按轨行，天地不错乱。

根据管理的权限，不同的事物打开不同的门。人打开土地门，鱼獭打开水门，飞禽打开森林门，走兽打开山的门。动物们根据安排都有了各自的地域限制，"花羽红嘴鸟，不会在高处，身小的鹪鹩，丛林中间栖。天上柏树枝，仙鹤把窝搭。箐中灌木林，斑鸠来做窝。黄画眉嘴长，林中叫三声。灰画眉嘴长，声音多忧伤。高山草坪上，云雀来做窝。湖边风吹凉，青蛙声声扬。潮湿小山沟，青蛇那儿爬。大山密林里，虎豹出没地。高高大悬崖，岩羊腾飞扬。山峦灌木林，麂子练技场。山间小平川，狐狸常出没，野猫夜间逛。深箐林葱葱，锦鸡把尾扇。绿柳枝头上，翠鸟那儿站。"（师有福和杨家福，1991）各种动物需要根据规定在各自的居所栖息，"不是虎豹类，你莫在林中；不是麂獐类，你莫在高山；不是白鹇子，你莫在箐洞；不是狐狸子，你莫在路旁；不是羚羊子，你莫在悬崖；不是白鱼子，你莫在水中；不是白鹭子，你莫在海里；不是马鹿子，你莫在森林；不是松鼠子，你莫在树上；不是小昆虫，你莫在叶上；不是小刺猬，你莫在洞里。"（普学旺，1999）人也有各自的地界，不同的族群以不同的方式划分地界，汉族以土为地界，彝族以石头为地界，藏族以木头为地界，苗族以草为地界。有了不同事物的地界和行为限定，天人不互相侵犯，地人自守其镜，兽与兽之间，禽与禽之间，人与人之间相安而和谐，人类不再害怕，动物也不会惊慌。

## 三、"平衡"对事物权力的制约

有了各种事物生存地界的限定，虽然减少了事物间的冲突，但要让各种事物发挥各自的作用，不突破各自的行为范围，天上地上还要各种神来管理不同事物活动，按规律开放各样门，这样才能维持天地的平衡。

各种神灵分配有各自的地域和管理范围，"帝君撒尼颜，造天有功劳，居住北天区，女帝栗能比，造地有功劳，居住南天区，看护南天门。帝君力直审，造日有功劳，造月有功劳，他来管东天，东天他看护。帝君撇兀突，撇兀突女君，养日有功劳，他来管西天，西边西天门，由他来看护。徐阿尔帝君，知道时令转，年季他分出，万物影子神，分管西北方。格玉额阿蛮，雨水他知道，造云他知晓，居住东南方，赛资额阿蛮，万物成长时，是他最知晓，居住西南方，西南他来管。玉兀突帝君，分管西北方。德几勒帝君，雷电他知晓，雷电他来管理，雷神他分管。亿莫亥帝君，女帝亿莫亥，风雨她知道，云雾她知道，由她来管理。勒尔德尼颇，居住在北方，管理着黑云，要成黑云神。东方妮裴妥，他是红云神，他是云中君，管理东边云。突托白云神，居住在南天，管理着白云……"（师有福与师霄，2010）

有了管理天上事物的神灵，还有各种小神来管理地上的事物，"地神妥罗颇，地仙妥罗嫫，一个在北边，一个在南边，两个大神仙，管理好大地。额谷陆玉颇，额谷陆玉嫫，两个大神仙，封成地水神，看护地水仙。拉查封河神，管理好河川。拉尼是箐神，管理好沟箐。湖神俄能诺，管理好湖泊。海神俄尼姆，管理好大海。石神陆赛颇，石神陆赛嫫，管理好青石，管理好砂石。树神西赛颇，树神西赛嫫，要管好森林，要护好灌木。草神施赛颇，草神施赛嫫，管理好大草，管理好小草……东边九座山，南边九座山，西边九座山，三十六座山，山神要管好。东边九个海，西边九个海，北边九个海，三十六个海，水神要管好。东边九棵树，南边九棵树，北边九棵树，三十六棵树，树神要看好。东边九座崖，南边九座崖，西边九座崖，北边九座崖，三十六座崖，崖神要管好。"（师有福和师霄，2010）自然界各种事物都有自己的管理者。

天上各种神灵管理着地上的事物，地上各种动植物则成为各种神灵的代理者，"天上有天神，地上有君王，天神和君王，互相来变化。"（杨家福和罗希吾戈，1988）例如，蜘蛛是魂君，灵魂它来代管；鹤雁是年神，年份由它来定，阳年朝北飞，百花要盛开，阴年向南行，白雪兆丰年；燕子是年神的使者，年月季节由她告诉人；青蛙是雨神、雷神的使者，遇到雷雨时，它来告诉人世间；乌鸦是丧神或丧事的使者，碰到丧葬事，由它告诉人；长嘴黄画眉管理着时辰，太阳出和落，一天三时辰，由它报告人；夜鹊子是传令官，耿纪的圣旨，由它来传达；云雀报信神，天门开启时报告人世间；公鸡是招日神，由它喊太阳。这种代理也有等级之别，人类有君臣师的组织管理等级，各种事物也一样，"太阳生三位，君是耀日；臣是皓月；师是明星。虎生了三位，君是黑虎；臣是豺豹；师是狸猫。鸟生三位，君是白脸鹤，臣是青翅鹃，师是白翅鹰。"（陈长友等，1991）各种事物根据等级的安排来履行各自的职能。

各种动物有不同的王来掌控。"虎豹兽中王，虎在山冈上，豹在丛林中，百兽由他管。蛇是爬虫王，爬虫由他辖。黑蜂飞虫王，飞虫由它管。"（师有福和师霄，2010）各种动物的生死存亡由各种王来实施，"蝘鳞水中王，能把鱼儿吃，会把蛙

儿吞。岩中有大蛇，雄蛇头如笋，雌蛇身似松，小蛇绿茵茵。大蛇吃小蛇，天理
很自然。林中的虎豹，属于野兽王。小虎很自在，小豹任它耍，无物来侵害。麂
子和獐子，马鹿和岩羊，时时不得安。水獭水中王，水里有青蛙，水中的水蛇，
水边有秧鸡。青蛙被蛇吞，秧鸡被獭擒。鹫鹰鸟中王，乌鸦不敢碰。喜鹊枝头啼，
阿齐林中鸣，野鸡草内叫，这些鸟儿啊，要被鹫鹰啄，会遭狐狸吃，会被野猫咬。
山大有大岩，岩中住塌罗。大猴到处跳，小猴枝头耍，终归会被擒，遭到塌罗害。
云雀飞的高，鹌鹑躲草内。蚂蚱在草丛，蟋蟀入洞里，蝴蝶绕花转。这些小动物，
也会被害死。"（杨家福和罗希吾戈，1988）不同的动物取食与被取食的关系遵
循着自然统治的法则。

　　植物也有各自的王。树有树的王，草有草的王，树王、草王决定着树和草的
生长。"白菀树是树王，先撒什么树？先撒白菀树……芦苇是草王，先撒什么草籽？
先撒芦苇草籽。"（云南省民族民间文学楚雄调查队，1960）要管理各种各样的树
木，就要有白菀树树王。要管理各样的草，就要有芦苇草王，这样，各种树和草
的生长才能被调控。

　　人也是自然的管理者，这是因为人具有与其他动物不同的能力。《梅葛》说到，
山坡杂树多，根多不好种庄稼，人类要把树砍完，结果兔子争了先，先去砍树枝，
砍也砍不倒，豺狼也去砍，还是砍不倒。老虎、麂子、大雁、老鸹、野鸡也来砍，
还是砍不倒。竹鸡、鹦哥、乌鸦也来砍，还是砍不倒。百兽都砍了，百兽砍不倒。
百鸟都砍了，百鸟砍不倒。只有人来砍杂树，先把刀磨好，拿刀一砍枝，凡刀便
砍倒，于是地王决定由人类来种庄稼。人不仅会砍树，还会放火烧地，因为野兽
来烧火，还是烧不着，鸟类来烧火，也是烧不着，所以最后决定还是人来烧。（云
南省民族民间文学楚雄调查队，1960）人类因具有与其他动物不同的能力，获得
了耕种庄稼、收获粮食的权利。由于耕种收割需要有家畜家禽的辅助，从而人也
获得了主宰家畜家禽生死的权利。

　　尽管各种神和王具有生命的控制权，但这些神或王也有着权利的限制。"爬蛇
动物懒，莫偷禽鸟卵，别吞小动物，如果违规了，蜈蚣可咬蛇，绵羊可吃蛇。蜂
子蜂毒强，传子生儿忙，为子吃昆虫，为子捉虫猛，只准活一岁，蜘蛛来吃它，
用火来烧它。"（师有福与师霄，2010）各种神或王只能在其权利内处事行为并要
承担一定的责任，其活动也不能超越其管理范围。新中国成立前，滇南红河两岸
彝族认为，雀鸟来吃庄稼时不能驱赶惊吓，否则会受到鸟神的报复，把庄稼吃得
一干二净而人们颗粒无收，因此，每当雀鸟来吃出土的豆苗或成熟的庄稼时，人
们一般不去守地驱赶，而是用稻草扎个雀鸟神在田地间，或用竹笋壳剪成一老鹰
（有时也直接用死去的老鹰做成模型）挂在田头地角，祈求它来保护庄稼。为防止
谷田虫害，在栽秧之际，弥勒彝族会将青蛙、鳝鱼等动物捆扎在秧苗内，送到移
栽的大田边。红河彝族在稻谷收割完毕时要招谷魂，在收割稻谷的最后一天，将

收割稻谷中发现的一种蜘蛛视作看管谷魂的神灵代理,将此种蜘蛛和所织网连同带穗的谷草割下捆扎成把,置放于篾箩中,由家长喃喃念诵招魂词带回家。回到家将蜘蛛连同谷草堆放在谷堆上,待择一好日子,用鸡、猪肉和酒祭献谷魂请求其看守好谷草。

蛇是神的代理,也是爬虫类的动物王,彝人认为平常被蛇咬伤者是因犯有某种过失而受到神的惩罚,被蛇咬张扬出去会受到舆论的谴责。曾经有红河某彝村一位中年妇女,去野外采猪草时被蛇咬伤,由于害怕舆论的谴责,不愿让人知道,也不去医治,最终送掉了性命。由于各种动物有其活动范围的限制,因此有时大蛇盘卧在田间妨碍人的生产劳作之时,人们也会设法将大蛇驱赶开,但在驱赶之前需对大蛇说明:"天神说了,这里不属于你的管辖,不是你的住所,叫你立即离开,从哪里来到哪里去,回到你的住地去。"碰到蛇捕食鸡鸭或伤害人畜时,人们也会把蛇打死,但仍要对死蛇说明:"上有天神作证,今日打死你,是你罪有应得。"(龙倮贵和黄世荣,2002)

人类在依靠农作畜牧生存的同时,也要利用各种自然资源,但这种资源的利用不同于人对庄稼和家畜的管理,需要与其他自然神灵进行沟通和协商。彝族民谚说:"山神不开口,虎豹不吃人。"山神管理着森林中各种事物,人们对山林中各种动植物的利用需要有山神的许可,否则将一无所获,或受到山神的惩罚。红河彝族认为,雨季到山上拾菌子,有的拾的多,有的拾的少,走在前面的人没看见,走在后面的人看见了,这并不是人的眼力有所不同,而是山神给予人的关照不同,因此,为了获得山中的各种动植物,人们需要祭献山神,祈求山神开恩,放出野物供人们获取。除此而外,每当猎获较大野物时,人们还要将煮熟的兽肉和酒饭祭献神灵,表示对神的感谢和酬劳。

山神也常把各种野物的管理交给猎神,彝族认为猎人猎获过多猎物会激怒猎神,从而猎神会采用各种办法来报复于人。例如,猎神会用死兽作为诱饵致使猎人生病或死亡,或当猎人猎捕野兽后,猎神会尾随其后跟到猎人的家中,伺机对猎人报复。为了防止猎神的报复,猎人们在猎获后常要采取各种办法欺骗猎神,石林、弥勒撒尼人认为猎神也像人一样去赶集,因此,当地人喜欢在赶集日去狩猎。红河、元江彝族喜食蜂蛹,每年秋天,当蜂蛹生长旺盛之时,人们会趁夜间野蜂憩息之时,烧毁蜂窝取回蜂饼,但为了防止猎神报复,人们每到岔路口就要丢下一些蜂饼,以此迷惑猎神,延误其时间,最终让猎神找不到猎人。

由于神灵管理着各种事物,人类生活需要请神、祭神,为了避免因神久留而发生对神的不敬,从而带来神与人的冲突,在祭祀完成之后,人们还要及时的把神送走,只有各种神都回到了各自的位置,才能避免人和神的矛盾。红河彝族在请楠神、火神等神灵来消除邪恶后,要请毕摩将神送回。如《祭龙经》"送楠神经"中所说:"大的是天地,亮的是日月,云星最整齐,雷电最响亮,启克和比尼,毕武和比登，施彻和则莫，辛家大毕摩，朔家大毕摩，天宫二十毕，天宫十大神，人已获保佑，楠神无事了，请返回天宫，楠神回天去。九十九层天，大神九天君，所有的男神，所有的女神，八十八层天，大神黑夺方，大神出比白，大神者苦则，大神诸吴核，大神比特奢，大神沙特里，人已获保佑，请带回祭品，返回天宫去，七十七层天，大天神施彻，还有则莫神，所有的善神，人已获保佑，现在无事了，诸神回天去，带着祭品走。"（普学旺，1999）

　　各种事物都要按规律行为，违反规则或不听号令都要受到处罚，即使是各种神也不例外。天上放水官玉虬因为不听号令，造成了大洪灾，按照规则被斩头贬下凡，让他查看地下雨，变为测雨神，成为了彩虹，只有下雨的时候才能露面。龇嘴鸟奉命封寿岁，因误传了寿岁，人畜虫鸟、飞禽走兽都上天去告状，天神耿纪命令刑官捉下龇嘴鸟，撕开它的嘴扯至耳朵根，并贬它到地上居住深坳箐，而且让它昼时不能飞，晚上不得憩，蹲在草丛间下蛋育雏。如果神灵管理不当，也要受到惩罚，即使是大神也不能幸免。第一代大神莫玉就因为管理不当，造成了天下的混乱，最终被耿纪所取代。

　　自然事物各有优势和作用，但优势和作用的发挥也是有一定范围和环境的，权利的制约为的是使各种事物能在其适合的环境中发挥作用，自然事物在权力的发挥和制约中得到平衡发展。

# 第三节　人与自然的"平衡"

## 一、"平衡"与人类的发展

　　在自然的平衡中，虽然万物的生存有各种约束和规定，各种神灵具有调控自然秩序、维护自然稳定的作用，但这一作用的具体实现却交给了人，人类承担了平衡自然发展、维护自然稳定的职责。

　　史诗《开天辟地》中描述，天地称好了，还要将天地万物串联起来，神灵们去串天、串地，天有多宽串多宽，地有多宽串多宽，最后发现没有人来串天、串地，天地串不起来，于是造出了人。（潘正兴，1963）人类起到了联系万物的作用，也承担着维护自然秩序的责任，《梅葛》中说到，天神把管理天下的"梭罗枝"交给了人，要求人来管理自然的秩序，维护自然的稳定。（中国作家协会昆明分会民间文学工作部，1962）在履行管理自然的职责中，彝族人经历了独眼、直眼和横眼三代人的变化，史诗《查姆》记述了彝族人的这一演变历程，"人类最早那一代，他们的名字叫'拉爹'；他们只有一只眼，独眼生在脑门心。'拉爹'下一代，名字叫'拉拖'；他们有两只直眼睛，两只直眼朝上生。'拉拖'的后一代，名字叫'拉文'；他们有两只横眼睛，两眼平平朝前生。"（郭思九和陶学良，

1981）

独眼睛的这一代人，由于他们只有一只眼，在他们的眼里，这个世界是一个
没有区别的单一世界。人和猴子分不清，猴子生子也是独眼睛。人和野物也没有
区别，人和野兽一样生活，不分男和女，更不分长幼尊卑。这一代人用树叶做衣
裳，乱草当被盖，深山老林作房屋，野岭岩洞里栖身，石头做工具，木棒当武器，
在风雨雷电中穿行。渴了喝凉水，饿了吃野果，草根树皮来充饥，酸甜苦辣不能
分。由于不能区分人与其他事物的不同，人和万物混在一起，他们的生活怪事天
天有，灾难月月生，天天都有矛盾冲突，马乱踢人，牛乱顶人，鸡乱啄人，到处
乱纷纷。人们今天跟老虎打架，明天和豹子硬拼，人吃野兽，野兽也吃人。虽然
在与野兽的争斗中人们逐渐认识了动物的习性，知道了各种动物的区别，如力大
不过野猪，凶猛不过老虎，胆小不过麂子，善良不过马鹿，能爬树的是猴子，没
肝胆的是蚂蚁……但由于独眼人不过问昼夜，年月不分，太阳月亮也不看，四季
分不清，播种收割也不管，人类的生活仍然限于对自然的利用。依靠有限的自然
生产来养活人类，人与人之间的冲突不断。独眼人一代儿子不养爹妈，爹妈不管
儿孙，饿了就相互撕吃，吵嘴又打架，时时起纠纷。由于人类没有区别于动物的
生存方式，人与野物之间的争夺，人与人的冲突不仅使人类难以生存，也难以维
护自然的稳定，于是大神们一齐来商量，决定换掉这代人。

为了维护人类的生存，天神决定选留一个好心人做人种，这个好心人需要的
是能为他人生存而放弃自己利益的人。为了试人心，天神扮作讨饭人，沿村去乞
讨，查访好心人，"讨饭人"见了人就下跪，磕头又作揖："好心的人呀，我肚子
又饿口又渴，给点东西填肚子，给点东西润嘴唇。"这代独眼睛人不仅不给他饭，
不给他水，还张嘴就骂他，拳打脚踢将他撵出门，找来找去，只有一个做活的人
愿意帮助"讨饭人"，这个做活人对"讨饭人"人说："天上鹰顾鹰，地上苦人帮
苦人，饿了同我吃野果，渴了和我喝凉水。野果当饭味道甜，凉水解渴爽透心。"
找到了天神心中的好心人，天上的水门关了，四方水门关了，三年见不到闪电，
三年听不到雷声，三年不刮一阵清风，三年不洒一滴甘霖，大地晒干了，除了那
一个好心人，这一代独眼人全被晒死了。

在神的帮助下，留下的好心人繁衍了第二代直眼人，也获得了区别于自然的
生存方式。与独眼人不同，除了利用自然，直眼人学会了耕作收获。最初的一对
直眼人夫妇把种子晒了三天，泡了三夜，种子撒下地，一颗发三苗，一苗生两叶。
一棵谷子生出九穗，一穗谷子就有包谷长，一丛谷子收九箩，九箩谷子堆满仓。
包谷长有房子高，一棵包谷背三包，一包包谷有手长，一粒包谷鸡蛋大，一棵能
收三箩筐。高粱有大树高，一棵高粱结三穗，一穗高粱马尾长，一颗高粱有核桃
大，一棵高粱收九缸。由于耕种收获多，直眼人夫妇的粮食可以装满九间房。有
了富足的粮食，直眼人夫妇不生则已，一生就生出了一百二十个胖娃娃，他们都

有两只直眼睛，这些娃娃不到一月就会说话，不到二月就能走路，一年就能打犁耙，儿子大了喜欢姑娘，姑娘长大催着成家。随着直眼人的繁衍，他们的数量一天比一天增多，居住的地方也一天比一天狭窄。由于人口的增长，一方面粮食的需求增加，另一方面，由于产量丰富，这一代人也糟蹋五谷粮食，谷子拿去打埂子，麦粑粑拿去堵水口，用苦荞面、甜荞面糊墙。（云南省民族民间文学楚雄调查队，1960）这样一来，即使是高产的粮食也难以满足人们快速增长的需求，人与人之间再次发生了冲突，他们经常吵嘴打架，人们各吃各的饭，各烧各的汤，一不管亲友，二不管爹妈。为了获得食物，他们不断开垦土地，即使是神灵之地也无所顾忌。为了维持自然的平衡，天神派出熊来试人心。人们今天犁好的地，明天被老熊翻回来，明天犁好的，后天被老熊翻回来，整整犁了三天地，三天都被老熊翻回来。即使如此，直眼人也不愿停止耕垦，他们把影响耕作的破坏者老熊抓住杀掉来继续生产。（云南省民族民间文学楚雄调查队，1960）看到直眼一代人只顾人的利益而不惜其他生命，难以维护自然的"平衡"，于是天神决定再次换掉这一代人。

这次选留的人不仅要有对人的关心，还要有对自然物的关心，于是神用野物来试人心，留人种。神仙涅侬撒萨歇骑着龙马到人间，走到半路上，装着跌折龙马腰，假称跌断龙马腿，到直眼人处要人血医龙马，他东方去了去西方，南方去了去北方，四方四十大户，家家都访遍，每到一家要作一百二十个揖，每到一户要磕一百二十个头，可是这些大户，良心又黑又毒辣，莫说人血不给医龙马，人尿也不愿给来医龙马。只有一个庄稼人阿朴独姆用金针刺出手上血交给了涅侬撒萨歇，并愿意献出身上的肉来医治龙马。找到了这一好心人，天神决定用洪水洗大地，用洪水洗万物。洗干净大地，让万物再生。得到洪水来临的消息后，直眼人有金有银的打金船银船，有铜有铁的打铜船铁船，只有不杀老熊、拿出人血医龙马的好心人得到神的帮助，种下一棵大瓜种，结出葫芦来，这个好心人藏起种子带上粮，躲进葫芦里避洪水。洪水来临，那些打金船、银船、铜船、铁船的人都沉入了海底，只有躲在了葫芦中的好心人得以存活。

在神的帮助下，这个好心的直眼人婚配后繁衍了第三代横眼人。这代横眼人不仅会盘田种庄稼，还获得了一些控制和培育自然动植物的权利和方法，如土蜂、葫芦包的嘴太馋，人可以用火烧死它；老鼠太贪嘴，它一出现，人人都可以打。而小绿雀心肠好，庄稼熟了要给他们先尝；喜鹊可以到人们房前来做窝；小蜜蜂可以与人同住，得到人类子孙供养。与此同时，神灵也规定了人类利用自然与自然生长的关系，如松树心不好，砍了一棵绝一棵，罗汉松是好树，砍了一棵发百棵，而柳树心地好，倒栽顺栽都能活。（云南省民族民间文学楚雄调查队，1960）为了减少人与人之间的生存冲突，这一代人分布到各地去发展，在不同的自然环境中形成了不同的民族并有着各自不同的生活方式，"汉族是老大，住在坝子里，盘田种庄稼，读书学写字，聪明本事大。傣族办法好，种出白棉花，彝族住山里，开地种庄稼。傈僳气力大，出力背盐巴，苗家人强壮，住在高山上；藏族很勇敢，背弓打野兽；白族人很巧，羊毛赶毡子，纺线弹棉花。回族忌猪肉，养牛吃牛肉。"（云南省民族民间文学楚雄调查队，1960）通过对农业生产有害生物的控制和有益生物的保护，遵照自然动植物生长规律利用和培育自然动植物，将不同人群分散到不同的环境生存，横眼人一代如同他们平平朝前生的眼睛，通过在各地的生存实践，平衡着人与人、人与自然的发展。

## 二、人与自然多样性的"平衡"

从彝族三代人的变化中不难看出，平衡人与人、人与自然万物的利益是人类发生演变的根源。与此同时，人类发展既是自然与人的和谐发展，也是人类平衡自然事物能力的发展，这一能力表现在彝族人对其生存环境多样性的认识与利用中。

在彝族看来，各种自然环境都有其作用，史诗《查姆》中说："大地造成了平原，大地并不美观。地面要有盆地，地面要有高山；既要有雨露滋润，又要有阳光送暖；这样才能种粮食，人类才能生存发展。"（郭思九和陶学良，1981）在彝族看来，这个世界应该具有地理多样性和环境多样性。彝族人并不羡慕一望无际的大平原。虽然山地环境对于生产生活有着诸多不便，但彝族人认为，一望无际的大平原并不好，它太单一了，单一的东西是不好的，它不能满足人们多样化的需求。他们向往的大地上要有高山平坝，丘陵河滩，峻岭深箐，甚至还要有各种各样的石头。有了多样性的环境，人们才能有山放羊，有坝放牛，有田栽秧，有坡地种荞，有悬崖峭壁的垭口做保护村寨的屏障，有山凹、有流水的地方来安家。

虽然平坝有利于农业生产，但山地多样性的环境适宜草木和动物生长，有利于采集、放牧和狩猎。有山也就有山箐和河谷，人们的生活也不会为暴雨和洪水所困，"分出箐和山，大水有归路，永远不会'衣德莫拉都'（洪水）。"（中国作家协会昆明分会民间文学工作部，1962）更为重要的是，山脉也是重要的安全屏障。平原地带虽然有利于交通和贸易，但这种生产生活的便利也会引起利益的争夺而没有安全的保障，在彝族迁徙经过的几个地方就是这样的情况，"四开这地方，杀子之人在此洗过手。""嶲姑这地方，南风也往这里吹，北风也往这里吹，又是魔鬼开会处，手提脑袋度日子。""搬到摩则梁子住，住在那里的时候，土匪多又多。天一亮就见河水，做活计要抬着弩"（冯元蔚，1986）这些地方都因为有开放的地理条件而受到频繁的入侵。

山地虽然有利于安全，但却有农业生产和居住的困难。没有足够平坦的土地，粮食生产难以满足需要，"地形如猪槽，土地贫瘠不堪种，讨来媳妇换饭吃。"山地的环境不仅土地贫瘠，而且气候冷凉，不利于作物生长和人生存，付出了劳力却难以获得相应的收获。"上面天太窄，下面地狭长，杉树穿银衣，柏树背铃子，土块带首饰，耕地不得粮，牛马洗蹄水。" 仅有高山的环境不利于农业生产，除种植生产难以进行外，高山的环境也不如平地有利于居住的安全，"人靠粮来活，高山难栽粮，不能去安家。山腰不能在，青石滚下来。居住在平川，人人得安泰。"（杨家福与罗希吾戈，1988）因此，只有那些兼有山、平坝、有水，甚至还要有沼泽的多样性地域环境才是彝族理想的生活之地，因为屋后有山能放羊，屋前有坝能栽秧，中间人畜有住处，坝上有坪能赛马，沼泽地带能放猪。

有了多样化的山地环境，彝族人还希望有多样化的自然事物。正如《查姆》中所说："人在世上嘛，要住凹子有水草的地方，要住日头照着的地方，日照的地方树才会生长。"（中国作家协会昆明分会民间文学工作部，1962）彝族人希望多样化的环境里有着植物生长的多样性，放牧养殖的需要使彝族人放弃那些缺少植物种类的地方。《裴妥梅尼》苏颇中说到，在波勒这地方，虽然有山有雾，有河流湖泊，但居住了数十天后，他们发现这里的地形不佳，山上无飞松，只有礁松长。山脚无芦苇，苦刺到处串。由于这些地方缺乏植物的多样性，彝族先祖认为如果长期住下，日后必遭殃。《勒俄特依》中也说到，"黄毛埂地方，到处长毒草，彝人摸了也中毒，汉人摸了也中毒，总有一天被毒死。""吕恩洛洛这地方，有石全是泡沙石，没有能做磨子的，有树全是矮小树，没有能做犁弯的……阿涅麻洪这地方，有树全是泡木树，没有能做神枝的。"（冯元蔚，1986）这些地方都因缺少了植物多样性而不能成为彝族长久的居留地。

人们不仅希望自然中有各种植被，还希望其居住的环境能够生长多种作物。如《查姆》中所说："有种子才有万物，有万物才有人烟；有种子祖先才能生存，有粮食人类才能繁衍。"（郭思九和陶学良，1981）种植的需要也使彝族放弃那些缺乏作物生长气候条件的地方。在独坞拖得住的时候，那里虽然有了土地，也有放牲口的马樱花林，但因为秋风刮得大，五谷不会熟，彝族先人认为此地不是人在的地方。由于粮食生产对于生存的重要性，彝族人不仅要求居住的地方具有环境的多样性，还希望多样性的环境能有多样的作物种植，他们希望"门前有坝子，大田平平的，小田长悠悠，水沟又大水又清，一年栽三发，糯米香米也栽得，白米红米也栽得，菜地又近，苦菜、青菜、青蒜、韭菜也栽得。门前坝塘团团的，坝水白白的，水中放鸭子，鸭子很好看。村子背后有大山，荞子地也挨近，玉麦地种得，高粱也种得，南瓜黄瓜黄豆京豆，这些也长得好。左边右边地，坝子绿茵茵，芝麻绿豆撒得，棉花甘蔗也栽得。"（中国作家协会昆明分会民间文学工作部，1962）

虽然人们可以通过打猎获得肉食，但在彝族人看来，"饿来种麦子，种出麦子可吃饱，穷来要养猪，养猪才会富。"（中国作家协会昆明分会民间文学工作部，1962）作物种植和家畜家禽的饲养才是人们获得幸福生活的保证。人们不仅希望"屋后砍柴柴带松脂来，屋前背水水带鱼儿来。"还希望"赶群仙绵羊，去到兹兹山上放。赶群仙山羊，到兹兹岩边放。赶群神仙猪，去到兹兹池边放。赶群神仙鸡，去到兹兹院坝放。牵着神仙马，去到兹兹坝上骑，带着神猎犬，去到兹兹林中放，赶着神仙牛，去到兹兹地里犁。"（冯元蔚，1986）有了各种家畜的养殖，人们的生活才更完美。

彝族人的理想之地当然还要有各种野物存在，各种野生动物的存在可以为彝族人提供生产生活的帮助。《阿细的先基》中说蜜蜂是最早"盘庄稼的人"。盘庄稼的时候，它们没有脚，就用翅膀当脚走。它们没有刀，就用嘴当刀使。它们没有口袋，就用肚子当口袋装。"世上的人们啊，不会做活计，快去跟蜜蜂学，不会盘庄稼，快去跟蜜蜂学。"（云南省民族民间文学红河调查队，1960）此外，人们的各种生存技能也来自于各种野物。"叶子上有红虫，红虫抽出丝线，红线编成红布（虫自己编），拿虫丝做衣裳，好的衣服就从这里出来，好的裤子就从这里出来。" 正是学习了树上的红虫织布才有了人类美丽的衣裳。而鸟类也教会了人们建房盖屋，"养儿的时候，小鹊会盖房，人也跟着学，一代传一代"（中国作家协会昆明分会民间文学工作部，1962）。各种野物也是农业生产的保证，蚂蚁会开田，鸟兽、家畜会耕耘，（杨家福和罗希吾戈，1988）人类赖以生存的农业生产也离不开各种昆虫的存在。"山大不出粮，地瘦荞不旺，燕麦不发芽，季神是蟋蟀，蟋蟀找不到，怎样来安家。"（杨家福和罗希吾戈，1988）当然，一些飞禽走兽也是彝族人重要的食物补充。

人们希望有多样的环境和资源，也希望不同的人生活在不同的环境里，即使是同一居住处的人群也要有生存地域的区别。不同人群和动物混居的地方不是彝族人愿意居住的地方。例如，"西昌这地方，背当烈日晒，腹部起水泡，水牛黄牛并着犁，犁时在一起，犁完各走各，彝汉相交杂，出门在一起，归家各走各，汉人男子留发髻，汉人女子穿窄裤。"因为没有族群区别的生产方式而易发生生存的冲突，这些地方不能成为彝族理想的居住之地。同样，没有社会区别的地方也不会成为彝族人的选择，"昭觉这地方，阳山长棵孤松树，阴山积冰雪，黄马备花鞍，奴强奴仆骑，社会无区分，不是兹（彝族贵族或君王）住处。"即使有日哈洛莫这样上有高山可牧羊，下有平坝可放牛，中间一带可住人的好地，也由于"此地住的俫，身份会提高，此地住的兹，身份会下降。"（冯元蔚，1986）没有俫、兹不同生活方式的地方也不会成为彝族人的住地。

## 三、"平衡"自然多样性的生活

由于自然多样性对于彝族人生活的重要性，彝族人不仅在生产生活中利用自然的多样性，也在利用中维护着自然的多样性。

树木既是人们生存的依靠，也是人们可利用的资源。彝族人生产生活对树木的利用不可避免地会对环境造成影响，为保障树木的生长和生产生活的顺利进行，通常彝族村寨会通过乡规民约的方式将其居住地的森林进行功能分区，如将村寨周围的各类山林划分为神山、水源林、风景林、坟山以及其他用途的山林。森林茂盛的山林常被视为神山，神山是主要从事宗教和祭祀活动的地方，只有在祭祀活动中人们才能上山，平时人和家畜都不允许进入神山，神山上的树木一般不进行砍伐，更不许放牧牛羊，这些树木即便是枯死也不能作为烧柴使用；彝族把生长在水源点及河边的林子划归为水源林，水源林具有与神山相类似的功能，大多也是龙神所在的森林，具有保护水源和美化环境的作用。彝人认为水源林不能砍，否则就不会出水了，或者就会导致洪水泛滥成灾。风景林有时也是水源林，也可以是村寨周围的树木，这些树木对村寨起到了保护作用，是村寨与外界的天然屏障，对这些树木的使用通常也有限制，一般只利用其周边的树木，但不允许大量的砍伐；坟山是相对集中埋葬死者的地方，这些地方的树木因为有各种亡魂存在而不能为人们所利用。而那些为鬼怪和凶恶神占据的高山深谷也不能为人们利用，只有那些不划入这几种用途的山林才能为村民们提供生产、生活资料。

图 4-1　彝族建筑（2011 年摄于大姚县华松子营村）

在树木的利用中，彝族则通过对不同树木的利用来平衡树木的生长。彝族传统房屋大多根据环境取材，形式多样，从简易的树叉房、青棚、茅草房到用木头搭建的垛木房或闪片房，以及利用土、木和草的土掌房或汉族等其他民族的瓦房都有建盖。除简易房屋外，通常彝族人的住房为三开间两层楼房，楼上与楼下之间有坡厦，坡厦之下为前廊，俗称倒座，是做家务和待客的地方。房屋底层的三开间，中间开间较大，供家庭聚会、议事、就餐之用，称为"堂屋"。左右为居室和厨房，楼上三间多不分隔，作为堆放粮食和杂物的地方。根据地形条件，正房左侧或右侧或前面或后面配以偏房堆放杂物、农耕工具，并做厨房或饲养家畜家禽之用。由于房屋建盖多,而树木是建房的主要材料,利用山地树木的多样性是彝族建房的特点。

建房盖屋时,彝族选用的树木具有多样性,如《蜻蛉梅葛》中说到盖房的准备工作,"冬天上山顶,来把树木找。一砍青松木,做梁不能少,二砍青冈木,柱子支得牢。三砍野楸树,解板装板壁。四砍罗汉松,椽子少不了。五砍水冬瓜,楼楞摆得牢。六砍羊皮松,伞片盖屋顶。七砍椎栗树,用来作扎条。"(姜荣文,1993)多样性的植物不仅提供了建盖房屋所需的材料,其利用方式也符合不同树木的自然生长规律。青松、青冈木因生产时间较长,在建房时常用其做柱子,而野楸树、罗汉松、水冬瓜树生长较快,在建房中用量也相应较多,多用于做墙面和门窗。此外,彝族建房时还注重公母树的搭配,不仅要有以公树、母树相分的不同树木,选用同一树种时也要有公树和母树。

房屋不仅是彝族人的安居之所,也寄予了彝族人生活的希望,建房上梁时,彝族要在大梁中央用小竹箩或布袋装上八卦、五谷、羊毛、银锭等,还要预备糖果、馒头、包子等从房梁上洒给到场的人群,彝族人借此表达他们对幸福生活的愿望。此外,人们还要使房屋中有各种事物存在,有条件的人家,要在房上雕日月,雕云彩,雕星宿,还要在柱上雕上各种雀鸟,在屋脊上雕石虎等。建筑装饰大门入口和屋檐是装饰的重点,大门上会作各种拱形图案并常有门楣,门楣刻有日、月、鸟兽等象征自然界的神灵,屋檐板刻有粗糙的锯齿形和简单的连续图案。山墙的悬鱼,屋檐的挑拱、垂花柱,屋内的梁枋、拱架等也雕刻有牛羊头、鸟兽、花草等线脚装饰。富者在锅庄石及石柱、石门上雕刻怪兽、花草、房屋、人物等图案,也有在室内木隔板上刻有对称均匀的连续四方雷纹及圆形花饰,极富建筑装饰效果。(马学良,1989)

建房如此,人们穿衣织布也如此,彝族希望织布有着多种颜色,织布不仅要染还要画,而且样样都要画齐全。要"画上月亮和太阳,画上大地和蓝天。星宿也画上,画上片片云彩;风雨也画上,画出锦绣山川;老虎豹子也画上,马鹿麂子画齐全,山鸡箐鸡也画上,红雀绿雀山鹰喜鹊画得展翅飞云端;庄稼树木也画上,还画上牲畜和人烟。"(郭思九和陶学良,1981)彝族服饰种类繁多,色彩纷呈,不仅有地区、性别、年龄之分,还有盛装、常装之别。各地彝族虽然服饰各有不同,但其共同的特点是服饰颜色鲜艳、图案装饰繁多。许多彝族服饰都把各种花卉、植物及农作物的根、叶、花、果和各种动物,如虎、狗、羊、鹿、兔以及链子、砍刀、斧头等作为刺绣图案的素材,有的将虎、猫、花、鸟同时绣在围腰上,形成一幅花鸟图,有的在衣服的托肩、袖口、裤脚等部位绣上带刺的藤条纹,以此保护人生安全。大姚三台俚颇彝族妇女服饰多由红、黑、蓝、绿四种颜色组成,每一种颜色都包涵着不同的含义,蓝的为天空,黑的是土地,绿的是青山,黄的是江河,红的是花草。此外,头帕绣有艳丽奇异的图案,帕子四周垂着各色缨穗，有的绣着各种动物图案，缝有贝壳、银器、亮泡等饰物，衣服从圆领到过襟，等距离地镶嵌着彩色花边，前胸的围腰上绣有以大朵马樱花为主的花鸟图案。裤子为用印花布做成的大裤腿，脚边绣有花草，腰间还系有三至八根色彩不同的长腰带，每根腰带上绣有花草或动物图案。

彝族服饰的多样性不仅表现在各种颜色和图案的组成中，就连传统的麻布衣也要有多种纤维混纺。在编织麻布时，除火麻和细麻为主要材料外，彝族还要在织布中加入一种叫"火草"的植物，火草是彝族地区箐沟和山坡上常见的一种一年生草本植物，火草叶片和根部长满黄白色细毛，可以收下晒干作火镰打火用的火绒。彝族用燧石取火时，也多用其作为引火的易燃物，故命名为火草。火草叶背面为薄膜状的白色纤维，交织无序，可以撕下捻线。他们取这种火草叶片后的绒毛纺成线与麻一起编织，这样纺织出的布称为火草布。由于麻布织衣较为粗糙，如与火草混织成布料，则舒适度、透气性和保暖性都很好，有棉毛混纺的效果。

彝族人认为，"砍东西要过称，吃东西要祭献"，人对自然的平衡借助于各种各样的自然神灵。在彝族看来，各种神灵管理着自然万物，人类的生存需要获得神灵的恩赐。人类生活不仅要注意保持自然的适度利用，为了使农业生产风调雨顺，人们要祭献众多的神灵。据密枝节祭经《考兴》中说，最初，由于人没有祭献神灵，大神非常生气，使得禾苗长得稀稀拉拉，只长秆不结实。第二次人们用了两只脚的禽类祭献，但由于禽类太小，不够神灵们享受，粮种被野兽抢完了，人仍然饿着肚子。第三次人们用有四只脚的牛、猪、羊祭献，神灵们满足了，人类也获得了五谷丰收。彝族人借助于各种神灵的力量，清除农业生产与自然的矛盾，规范人们利用自然的行为，平衡着人与自然的发展。

由于不同的神灵掌管着不同的事物，人们一年四季都有不同的神灵要祭祀，同时由于各神灵之间互为关联，彝族在每次祭祀时都要邀请不同的神来参加。路南彝族密枝节的仪式中虽然主祭的是一个村寨的密枝神（通常为祖先神），但人们不仅邀请本村寨的密枝神，也要邀请其他地方的密枝神参与祭祀。在密枝节期间，人们上山打猎，在念完祭献经后，参加仪式的村民将各人带来的米、酒、香轮流祭献。献后人们一起分肉共餐，吃饭时人们要互开玩笑，而且还要说一些平时认为不堪入耳的脏话。吃完饭，村民们收拾炊具、祭具，并将三块砧板跑着推到密枝神前，并连喊三声"罕格"后争相跑出密枝林，以引出神灵。回到村里，人们还要边走边骂，诉说村中那些伤风败俗之事后才回家中。在接下来的日子里，村民们组织到山中打猎并集体聚餐，毕摩们则继续招引神灵。人们假以神灵的名义对那些危害农业生产的动物及村寨不规范的行为进行惩处，带走那些不和谐的因素，从而使人获得稳定、幸福的生活。

自然事物属于不同的神灵管理，那些凶恶神所管辖的事物不能为人们利用。例如，山顶上的大树和峡谷中的水流为雷电所有，为雷电所占有的事物不能为人所利用，世间的人们如果误砍了雷柴扛回家中烧，误舀谷中水挑回家中饮也将受到雷电的惩罚，误砍雷树、误饮雷水的人将患病在家中，有眼不会看，有腿不会走。人类不仅不能过多的占有自然，保障人与自然物的生存权利也是人类应尽的义务。各种事物都有自己的生存空间，彝族人认为许多疾病灾害的发生都是因为人畜去了不应该去的地方，"鸟飞邪处，鸟儿染邪气，它也变成邪。猫窜经邪处，猫儿邪气染，它也变成邪，猎狗过邪处，来把邪气染，它也变成邪。红马披虎皮，偏往邪处奔，它也成了邪。不该跑到处，也要入歧途。"（黄建民和罗希吾戈，1986）人类各种灾害的发生是因为误入邪地沾染了邪祟。因此，要避免受到邪祟的危害，人们除了请神打鬼、驱邪外，平时还要尽量防止人和畜进入高山密林和各种野物生存的地域，避免对各种野物的意外伤害。因此，误入这些地方的人畜要及时地进行招魂，让灵魂及时返回到肉体。意外伤害了各种野物，也要及时驱邪，以免人畜受到危害。

人类对自然的平衡要求人类生活不过多的占用自然，这就需要人们保持对自然资源利用的节制。如彝族所说："住房的时候，不要忘了森林；吃粮的时候，不要忘了土地。"（杨植森和赖伟，1982）对各种资源利用的节制为的是人类可持续的利用。农业生产、建房盖屋都要利用各类自然资源，但彝族人不敢随意砍树开荒，每当有彝族人家择地盖房建舍之前，必请毕摩来占卜作法、验吉驱鬼、禳灾安基，并指定砍伐树木的山林和烧制泥瓦泥土，择定吉日，才能动工。就是碰上同村同寨有几家同时盖房建舍的，也绝不会出现砍伐同一片山林、在同一地块上取土的现象。彝族人建房时注重对中柱和屋梁的选择，通常要选择有松果的粗壮的云南松。在砍伐选定的树木时，人们要赶在天亮前进行，在砍伐之前，主人家要拿一只小公鸡，在选好的中柱树旁一棵小树前，点香作祭，目的是将中柱木神的注意力吸引到小树上来，然后趁其不备，将其砍倒。砍树人边砍还要边说："本来不是想砍你，而是慌忙中错砍了你，请你莫怪罪，将来定会好好地敬奉你！"此后，人们还需要通过毕摩来祭柱还愿，以解除树对人的怨恨。（龙倮贵和黄世荣，2002）

在砍伐树木时，为了防止树木对砍伐者的报复，彝族人要祭树，并请求树木给予谅解。云南永仁彝族过年前要砍松树作年柴。在砍年柴时，砍柴者要把自带上山吃的食物放在所要砍的树间，念诵砍年柴词，念毕方能动手砍柴。砍倒树后要破成柴块时，要口念破年柴词，就是在背柴回家之前，也得念背年柴词。以祈求获得树的宽恕和谅解。年柴词体现了彝族人对树的敬畏："直直的松树，你站在面前，今天要砍你，砍你做年柴……世上树神你为大，树神草神你最灵。今天来砍你，砍你做年柴。不是怕你来砍你，不是恨你来砍你，不是找不到做柴的树，不是不敢砍别的树，是祖上有定数，说定只有来砍你。"（龙倮贵和黄世荣，2002）对土地人们也怀有敬意，云南楚雄永仁县的彝族，每年过年杀猪不能在家里，要至附近的田野去杀，杀猪时要挖一土坑作灶烧水烫猪，而且还要在挖土灶前要由毕摩念诵一段称为《破土歌》的祭词来表达对土地的感谢，并说明动土的原因以求得土地的谅解。歌中唱到:"脚下的土地,你是人的父,你是人的母……地魂啊地魂,人魂是你给,猪魂是你赐。今天这时候,破土你莫恶,挖坑你莫怒。"(云南省民间文学集成编辑办公室,1986)

彝族喜欢打猎,但彝族有不打小兽、孕兽的传统,此外,还有各样狩猎的禁忌,这样就尽可能地保证野物的繁衍,因此,尽管彝族年年狩猎,但他们聚居地区的野生动物仍然众多。至新中国成立前,彝族地区仍有大量的野生动物资源,常见的有灵长目的猕猴、短尾猴;偶蹄目的林麝(獐子)、赤鹿、野猪、岩羊、麋鹿。经常出没的食肉动物有狗獾、豹獾(狸子)、鼬獾(猸子)、狐、果子狸、青鼬、黄鼠。在一些深山密林中还有云豹、金钱豹、华南虎、黑熊、小熊猫、绿孔雀等珍稀动物。

在对自然资源利用节制的同时,人们也尽可能避免浪费。凉山彝族老人经常教育小孩不要浪费粮食,常说各种作物都是恩体古兹大神赐给人类的,哪家不好好地种它、管它和收它,天神就不让哪家丰收。把粮食和饭抛洒在地上,蚂蚁那种小虫就把饭和粮食衔到天边地际去向天神告状;看!这就是哪家哪家的粮食乱洒在地上我把它捡来的。天神知道后就会指令冰雹来打哪个堡子的庄稼。哪家的牲畜看管好不去糟踏庄稼,天神就让哪家的牲畜多起来。相反,就叫虎豹去吃他家的牲畜,看到别人的牲畜吃人家庄稼时,也要把它赶走。即使是互为冤仇的人,看到仇人的庄稼正被糟踏时,也必须做一招呼手势,要不然就会受到神的惩罚和人们的谴责。(吉克,1990)

在平衡人与自然利益的同时,彝族人也平衡着人与人的利益。彝族有着自己的道德要求,"有财就积德,有银给人使,有饭给人吃,有布给人穿;春天祭献神,冬天宴朋友;初一就烧香,十五就点烛,磕头敬奉神,有了好吃的,先要敬苍天,有了好喝的,优先献大地,种地清租税,种田贡皇粮,管谱牒的人,时时都祭献,祖灵前敬香,神龛前供烛,对奴心善良,对仆讲和气,会敬献天地,会敬奉祖宗,会孝敬父母,会抚爱老幼。"(普学旺,1999)彝人谚语有"树靠皮,树皮剥了树干枯;竹靠叶,竹叶落了竹心死;人靠众,离开众人力量小"(刘俊田等,1987)彝族人要求对伙伴一样看待,不能欺负穷人,也不能愚弄孬人。当本氏族成员有了什么灾难或闯了祸时,一定范围内的全体成员有义务互助,如"赔命金案"、"骏马事故案"、"火灾案"等须由义务捐款赔偿。但对"拐媳案"、"盗窃案"等则只有支垫责任,没有捐款义务。

人对自然多样性的平衡需要适如其分,适到好处。《勒俄特依》中先祖支格阿龙作为人与自然的平衡者,书中描述,支格阿龙他"扳着四张神仙弓,搭着四支神仙箭,穿着四套神铠甲,带着四只神猎犬,骑着四匹神仙马,要去丈量天,要去测量地,东西两方交叉射,两箭齐中久拖木姑(大地的中心),南北两方交叉射,仍然射中久拖木姑(大地的中心)。"(冯元蔚,1986)这种位于中心的控制状态体现了彝族人处理人与人、人与自然平衡的理想。

# 第五章  以"树"为基础的生产劳作

## 第一节  以"树"为基础的采集与狩猎

### 一、以"树"为基础的采集

采集狩猎是彝族远古的生存方式，虽然明清以后农业生产已成为主要的生活来源，但采集狩猎仍然是彝族生产生活的重要组成。在彝族看来，"粮"的概念并不局限于农作物和畜牧养殖物，森林野生动植物都是"粮"的重要组成。

山地森林环境为彝族人提供了衣食之源，彝族远古的生活就是依靠树木森林的生活。流传于弥勒彝族的《开天辟地》中说到最初造出的人，没有吃的，没有喝的，造人的男神阿惹，造人的女神阿灭，拿露水给人喝，拿埂子上的黄泡、黑果给人吃。儿子姑娘长大了，抬着石头、木棒来打豺狗、野狗，剥下皮来做衣穿。（潘正兴，1963）在那个时候，男女主要以采集为生，女人对男人的依赖性不强，由于女人采集食物相对于男人获取猎物的有效性和稳定性，女人获得了在氏族中的权利。《物始纪略》中说："很古的时候，男女在世上，分也无法分，夫妇也难分。在那个时代，子却不知父，子只知道母。一切母为大，母要高一等，所有的事务，全由女来管。女的又当君，女的又当臣。制造弓和箭，利剑擒野兽，兽肉女来分，女分肉均匀，她就是君长。人人都心服，一切听她话，她说了就行。"（陈长友等，1990）

随着人口的增加，彝族人早已脱离了依靠森林树木的生活，有了牧畜和种植，但由于森林资源丰富，随处可得的各种野菜也能维持简单的生活。例如，《蜻蛉梅葛》中描写青年男女的艰苦生活时写到："我们去找野芹菜，我们去采山树花，我们去找麻叶果，我们去找苦良姜，我们去找野山药。苦良姜当饭吃，野山药当饭吃，野芹菜作炒吃，山树花作煮吃，小麻叶作菜吃。只要我们相亲爱，山茅野菜分外香。"（姜荣文，1993）野生植物是彝族食物的重要补充，由于彝族山地较多，一些耕地离家较远，每当下地生产劳作之际，直接利用山地野菜来充饥是最为方便的选择。如彝族歌谣中所唱："太阳偏西了，该吃午饭了，地边有树荫，走到那里休息，我们两个嘛，泥山药做饭，树叶子做菜，这样吃午饭了。泥山药当米煮，那是男人挖的，那是女人切的。男人挖出它，挖出洗干净，拿来给女人，女人包上叶子，把它当饭吃。左边山采叶，右边山摘尖；这样采叶子，采来细细切，叶子细细切了，做出饭来了。"（陈玉芳与刘世兰，1963）采集野生植物是彝族农作生产兼顾的重要生产活动。

彝族可以采摘食用的野物较多，每一村寨可达上百种之多，田埂地边的棠梨花、白刺花、酸角藤、野山药等灌木或藤草都是彝族经常采集的野菜。由于可采集的物种丰富，彝族一年四季都有采集活动。"春日暖暖时，采回老鸦花，摘回棠梨花，捡来老白花，夏日炎炎时，河中去捕鱼，沟里去捉虾，抓回螃蟹来，拿回青蛙来，拾回螺蛳来。秋天风凉爽，地里割苏乍，埂边捡秤籽。箐中野柿子，山头维莫栽，山腰栽莫果，洞旁额朔果。全部摘回来。冬天寒风吹，箐内挖山药，林里掏泥粘，沟中挖妮布，山头喇叭果，草内的沙生，全部挖回来"。（杨家福和罗希吾戈，1988）

树木果实是彝族可以直接利用的食物，彝族《物种起源》中说："树上的果子，奢侈之点心，五谷之补充。"（达久木甲，2006）彝族地区野生果树种类众多。海拔 2100m 以上多有华山松、板栗、核桃、樱桃、梨、桃等生长，其中以松子、核桃、栗子等坚果产量较多。海拔 1600~2100m，桃、李、梨、花红、杨梅、杏、苹果、枣、拐枣、山楂、无花果、栗、蓁、柿、樱桃、橄榄、木瓜、松子等野生树种广泛存在，其中桃、梨、李、花红的产量较大；海拔 1600m 以下的低热地区的热带水果有香蕉、番木瓜、西瓜、橙子、橘子、石榴、枇杷等。各种果实除直接食用外，也提供了必不可少的油脂。例如，野生铁核桃多用于榨油，在高山彝区每年冬闲时，各户都会采集野生核桃榨核桃油，少者 10 斤，多者数十斤。除常见的各种果树可以采摘，许多野生树木的果实也可以利用，彝族居住地区，各类野果也很丰富，四季均有成熟野果，常食用的有多依果、羊排角果、牛鼻涕果、野葡萄果、椎栗树果、麻栗树果、野番茄果、摆子果、黄泡果、黑泡果、棠梨果、滇橄榄果、大叶木瓜果、牛四花果等。妇女孩子是主要的采集者，他们知道各种果子所在，什么时候来采摘。如一首彝族儿歌中所唱："红果果，在阳山；绿果果，在阴山；花果果，在深山；黄果果，在草丛。摘果子，走四方。""地下果，树脚找，正月二月挖最好。地上果，阳坡找，五月六月成熟了。藤上果，山箐找，六月七月成熟了。树上果，林荫找，九月十月吃得了。找果子，要进山，山林就是果的家。"（云南省民间文学集成编辑办公室，1986）从妇女孩子对山林野果的了解不难看出，采摘野果是他们经常性的劳动。

树花也是彝族人喜爱的食物。由于开花代表着繁殖力与生产力，山树花特别受彝族人喜爱，每当马樱花开时，人们不仅要采集红色的马樱花插在田中、地中、房屋上，同时，也采集那些白色的马樱花（俗称大白花）来食用。春天是山树花开的季节，也是食花的好时机，除马樱花外，野生棠梨花、白刺花、苦刺花、芭蕉花、槐花、金雀花、紫藤花、小桂花、玫瑰花、茉莉花、老鸦花、核桃花等都是彝族喜食的花卉。除树花外，一些草花、藤本植物的花卉也较多地被采食，春季以后，以菊花、荷花、芋头花、南瓜花等为主的花卉又成为餐桌上的佳品。花卉可以生食也可熟食，由于野生花卉大多具有一定的毒性，彝族食花大多选用花色较浅者食用。通常鲜花采回后用水煮熟，再用冷水或灶灰水浸泡后加工食用。

除了花和果，多种野生树木、草本植物的根、茎、叶也是彝族人经常采集食用的对象。山箐、荒坡到处都找得到可食的野菜，童谣中描述了孩子们找野菜的经历，"斑鸠菜，箐里站，斑鸠咕咕抬头看。牛奶菜，树上爬，树丫丫上毛虫大。蕨菜杆，荒坡站，兔子见人四处窜。弓着腰，找啊找，找得一棵波罗夺。"（云南省民间文学集成编辑办公室，1986）从孩童对野菜的识别中不难看出，野菜是彝族人生活中重要的食物来源，在众多植物中识别各种可食用野菜已成为彝族人的生存技能。彝族传统加工食用的根茎类野物有山药、土参、沙参、蕨草根、鱼腥草根、百合根、葛根、竹笋等。食叶类野物更为多样，每当春天万物萌发之际，不仅房前屋后的香椿叶、花椒树叶、树葱叶（树头菜）可以采摘食用，树林里的罗汉松、芭蕉叶、野荞叶、羊排角叶、甜树叶、涩树叶、水荷叶、水细叶、野慈菇叶、皂树叶、野芹叶、黄花叶、苦藤叶、苦刺叶等；荒地中的野蕨菜、野藠头、黑果菜、车前草、野荠菜、板蓝根、马鞭梢等都可食用或药用。不仅各种树叶可食，就连树上寄生的称为"树花"和"树皮"的植物也可以蒸煮后食用。甚至粮食作物的茎叶也常为人们采集利用。夏秋季到来之时，彝族会到荞地里摘取新鲜的荞叶作为菜肴的补充，冬春季蚕豆地里的蚕豆嫩叶、豌豆地里的豌豆叶都是人们喜食的蔬菜。

除草木根、茎、叶、花、果可直接食用外，草木下生长的菌类也是彝人喜爱的珍品。每当雨季来临，山高林密、落叶覆盖的森林环境为野生菌的生长提供了有利的条件，林地中多种树木下都能找到可食用的野生菌，由于野生菌与森林物种有着共生关系，彝族可以根据树林的疏密和树种的不同找出林下不同的野生菌。例如，在枯死的栗树上可以找到香蕈、木耳；松树林下黄香菌、干芭菌、鸡枞较多，黑菌、葱菌、青头菌也可以找到；老柳树下常生长有肥美的柳树菌，竹林中有竹菌生长，青冈树下喜生"黄流菌"，蕨基草喜生"乔巴菌"，玉米地、果树下喜生"鸡丝菌"，栎树下牛干菌较易找到。而鸡枞一般多长在红土地有浅草和白蚁窝的地方，较为名贵的虎掌菌、松露、松茸等生于夏秋季节针叶和针、阔叶等混交林中，松露生长在松树、栎树、橡树下，虎掌菌多生长在高山悬崖的草丛深处，而松茸通常寄生于赤松、偃松、铁杉的根部。由于森林树种多，彝族地区野生菌的种类也较多，黑木碗、黄木碗、白木碗、虎掌菌、裂头菌、铜绿菌、背土菌、羊肝菌、胭脂菌、羊奶菌、黄罗伞、红罗伞、一窝蜂等都是彝族经常采集的菌种。这些菌种除鲜食外，还可以晾干或晒干后以备长期食用。

在长期的采集实践中，彝族人也积累了一些较为简单的培育食用菌的方法。在楚雄旧方志中也记述了人工种植香蕈的方法，在秋分前后砍倒栗树，去其枝叶，放于山林中，第二年春天将木面遍砍出缺口，再煮粥和香蕈水浇往砍出的缺口上。两年后香蕈就可长出，三年后香蕈将大出，五六年后又可生出木耳。如果木质已朽坏则会长出白参。

　　各种野生植物不仅是彝族人重要的食物补充，也是人们健康生活的保障。早期以采集食物为主的生活，使妇女成为彝族医药的发明者，古籍《物始纪略》中讲述医药的根源中写到："很古的时候，风吹疾病来，疾病漫人间。疾病真可怕，医也医不好，治也治不了。病根变化快，一病变百病，女的治好病，女的医好病。女的有知识，百病她来治，青草能治病，树皮能治病，人们感谢她。女医治愈者，他也是医生，四面八方医，在人间治病，到处防治病，四方的疾病，逐渐治好了，医病的知识，这样传下来。"（陈长友等，1990）采集各种草木作为药品是彝医的特点，凉山彝族语言中称医药为"补此"，意为草药、草木，证明了彝族医药与植物的密切联系。凉山彝族《造药治病书》中就记载了 127 种植物药，且大多都是生长在凉山一带的本地草药。在云南楚雄彝族地区，常见的中药材也有上百种之多，如茯苓、泽泻、黄莲、升麻、荆芥、薄荷、扁竹、南星、半夏、瓜蒌、蛤蚧、重楼、苦参、防风、白芷、木通、当归等。

　　除食用、药用外，植物的采集也为生产之需。彝族地区多有野生漆树，漆树树汁可入药，也可用于木器防腐和上色，成为彝族常用的涂料。通常漆树成苗 10 年左右即可割漆。割漆以夏天为佳，割漆时头天下午用刀在树干上割一口，下用容器接住，让生漆慢慢流入容器里，翌日收取漆液。与漆树树脂的采集相似，彝族也采用割树干的方法从老松树中取松脂用于助燃。因建房、制作农具、家具、生活用品之需，彝族也砍伐松树、楸树、栗树、马樱花树、旱冬瓜树等不同类型的树木。

　　以森林为基础的采集活动不仅是彝族人食物的补充和生产生活的保障，也是彝族获得经济收入的重要资源。随着医药、手工业、加工业的发展，彝族采集利用植物资源的范围逐步扩大，从单纯采集食物向更广泛的用途发展。山野之物如山茶、蘑菇、山果、油茶、油桐、卷子、核桃、板栗、花椒、虫树（女贞）、漆树等以及各类药材如贝母、虫草、康香、大黄、黄连、三七、天麻、朱三连、龙胆草、防风、半夏等成为乡村采集外销的重要资源。

　　由于彝区可以入药的植物丰富，加之中药材市场的兴起，在清末之际，彝族地区就已有药材经营销售，开始时由经营金银的商人兼营，逐渐地，药材经营便发展成专门的行业，以经营药材为生的人渐多，不仅彝族采集，汉族和其他民族也入山采集，用以作为生活来源。在民国时期，彝族松林中的茯苓、泽泻、升麻以及草本类半夏、天门冬等交易逐渐增多。就连苦葛、泥鳅叶、核桃树叶等这些可以用于农业生产消除虫害的藤本和树叶，每到水田撒秧之际也成为集市销售的商品。

进入近现代以来，山中丰富的林果成为彝族用于交换和出售的资源。姚安旧方志中记载，"邑中果实要首推南区桃、李，年可出五千余担；花红千余担。如认真培壅，产量尚可增一二倍。锁北乡之大石洞、土窝铺等处，年产核桃二三百万枚出售。"（杨成彪，2005）山上的鸡素子、埂上的山林果都是最方便获得的资源，在彝人看来，这些东西不是自己手上出，卖了就算了，没有农具使，贱价也要卖。《阿细的先基》中描述："没有吃喝嘛，就到外面卖工去。山坡上有梨树，梨树有九棵。节巴有九个，叶子有九层，开花有九朵，结梨有九个。埂子上有山林果，果子密密地结得多。你去找石头，我去找棒棒，找到了石头棒棒，拿去打梨果，拿去打山林果。梨子落了满地，山林果滚了一坡，我去拾一碗兜，你去拾一背箩。赶街的日子到了，把果子背去卖，背到羊街、龙街，背到牛街、鼠街。"（云南省民族民间文学红河调查队，1960）

此外，林下野生菌类、野生蔬菜也是彝族人收入的来源。各种林下的野生菌除一部分提供食用外，大量的还是用于交易。由于山林野生菌的生长期长达四五个月，而且品种众多，因食用者多，一些较好的品种售价也较高，近年来，松茸、松露等野生食用菌出口贸易价值提高，在一些野生森林资源较好的地区，一年每户仅野生菌的出售收入就可达五六千元，多的可以到上万元和几万元不等。一部分靠近城市的彝村可以直接出售新鲜菌，而大多彝民则将采集到的菌种晾干或晒干后出售。

砍柴及烧炭是彝族人最直接获取经济收入的生产方式。青年男女都有砍柴出售的经历，那些枯死的树木是薪柴最直接的选择，活木的树枝也是可以砍伐的薪柴。由于平坝地区森林、牧草较山区少，为了生产生活及放牧的需要，一些汉族或饲养家畜数量较多的彝族都要依靠卖柴卖草来维持生活和家畜饲养，因此有着丰富牧草的彝族村寨有了柴草的交易。《阿细的先基》中描述："对门大箐沟里，柴火最好找，我们砍柴去卖，上坡去砍柴，左手拉着树枝，用刀口砍树根，你砍得一背，我砍得一挑。我们两个啊，把柴背到十八寨去卖，在大街上，在小街上卖。一天卖得一分，两天卖得两分，十天只卖十分，十街只卖一钱。街前街后地卖啊，柴禾都卖掉了。""对门埂子上，是割草的地方，我们两个人，一起去割草。割草的时候，两子做一顺，两顺做一把，两把做一捆，两捆做一背，我们两个啊，到盘溪去卖草。街头卖一分，街中卖两分，街尾卖三分。"（云南省民族民间文学红河调查队，1960）

随着制盐业和手工业的发展，一部分经济林木成为了大宗交易的商品。楚雄大姚县盛产山竹，有手指一般粗，长五六尺，由于山竹多用于编造盐箩、挑篮等生产生活器具，又由于大姚石羊有盐井，运盐数量较多，大凡商人运盐都需要用盐篮盛装，民国时期，每年需盐篮七万余对，彝族人又尚于编制竹器，因此，伐竹制篮在新中国成立前已成为大宗的交易。此外，山竹、楮皮树还可用于造纸，油茶、松脂、油桐、卷子、核桃、板栗、花椒、虫树（女贞）、漆树等一些树木可用于做建材、制油或其他化工用途，也时有原木、果实或树脂出售。

## 二、以"树"为基础的狩猎活动

在采集利用各种植物资源的同时，森林中多样的动物资源也为彝族从事狩猎活动创造了条件，为食物、安全和农作生产所需，狩猎也是生产劳作的必要组成，彝族成年男子几乎都有狩猎的经历。

彝族人相信，只要有草木存在，就会有野物的生存。"我方有山林，山林虽然密，林中没有麂，只要有嫩草，麂子自然来。我方有河水，河水虽然深，河里没有鱼，只要有水草，鱼儿自然来。"（禄劝彝族苗族自治县民族宗教局，2002）由于古时森林丰富，动物的获取也较多，《西南彝志选》描述上古彝族先民的狩猎："猎获鹿和熊，堆积如山岗，数也数不清"，"猎得的鹿子，猎得的豹子，猎得的老熊，成千上万啊。"（贵州省民族研究所，1982）这些记录不仅说明了当时野生动物的丰富，也说明了狩猎在彝族生活中的重要地位。在农业生产取代采集狩猎成为彝族主要的生活来源后，由于森林植被、作物生产为各种野生动物的生存创造了条件，鸟兽成为危害作物生产的灾害，因此，狩猎已不仅是生产生活的重要补充，也是保证作物生产的重要措施。由于森林孕育了各种动物，各种狩猎活动的进行需要以"树"为依据。

人没有管理野物的权利，因此，彝族的狩猎活动需要以"树"为象征的神灵认可。由于猎神替山神管理着野物，人们只有祭献了猎神才能使打猎成功。云南宣威、贵州威宁等地彝族猎人在出猎前，要选择场上一棵能结果的树献酒，诵《祭猎神词》。（杨甫旺，2010）如蒙自彝族出猎时须带酒、一个熟鸡蛋、三炷香，在村外一棵会开花结果的树下，摆好祭品，主持人跪地磕头，并咏诵《狩猎经》："……山上的山神，树中的树神，岩上的岩神，敬请来喝酒!云雾莫遮眼，深草莫藏兽，树枝莫挡箭，石头莫阻箭。保佑打猎人，步步都平安，事事都如意。林中的百鸟，请你飞出来；林中的百兽，请你走出来……"（禄阿兹，2006）不仅狩猎时要祭猎神，狩猎后也要祭猎神。雷波小凉山彝族在猎获野物后，将颚骨与腿一只用树杈钩起，肝、心内脏用树枝串起到猎神前酬献；昆明西山区核桃箐彝族则将猎获物被扣子扣住的部位，如脚、腿、头等，连扣子一同砍下，悬挂在祖先灵前。人们相信有了树的护佑和对灵魂的再生，就可以让猎物重获新生，从而保证狩猎活动的进行。除猎神外，打猎时还要对其他神灵保持敬畏。由于山神是统管野兽之神，彝族人相信山神是保护野兽的，所以凡去狩猎的人都不能从山神前经过，而且要远远避开，以免让山神知道他们要去狩猎而通报所有的野兽，这样一来不但不能猎获，反而受其害。此外，猎获的动物也要平均分配，这样才能避免山神追究其责。

　　彝谚说:"看山安套,看林打猎",不同的树木森林情况意味着可捕获猎物的种类。经常打猎的猎人都知道猎物生存活动的规律,如野兔喜欢生活在有水源有树木的混交林内,尤喜栖于多刺的杨槐幼林中;黑熊是杂食动物,橡子和浆果是其喜食的植物;豺为典型的山地高原动物,栖息于亚高山草甸及山地疏林中,狼的栖息环境比较广泛,丘陵、森林、草原、荒漠等环境都可以生存;麂子多栖于有灌木和草丛的山林中,山茶花、桑叶等是其喜欢的食物;岩羊喜栖深山裸岩陡崖,也生活在森林山地的崖岩地区,或空旷疏林陡崖地带,或林间旷野,以高山草本植物为食,也吃灌木的嫩枝叶;野牛以啃食各种草、树叶、嫩枝、树皮、竹叶、竹笋等为食,在山地阔叶林、针阔混交林、林缘草坡、竹林中有生存;而野猪主要以植物的种籽为生,吃红松籽、雷松籽、榛子、橡子、山核桃、栗子,也食用草根、树根;箐鸡多生存于树木较高,地上有腐叶的林地中,竹鸡则多居于山林边灌木丛、矮树林内。彝族地区丰富的多样性森林环境使得彝族可以捕获的猎物种类多样。一般来说,彝族猎人猎捕的野兽主要是獐子、麂子和鹿等。不仅因为这几种野兽体型较为适中,性情温顺,对猎人和猎狗的危害小,而且这些动物在森林灌木丛繁殖较多。此外,岩羊、岩牛虽然性情凶猛,也因在森林灌木丛较多而为彝族所猎捕。除草食动物外,一些居住于林中的杂食动物,如竹鸡、箐鸡等繁殖较快的动物,也是彝族人可以经常捕获的野物。

　　找到各种动物的栖息之地,再根据不同动物习性采用相应的狩猎技巧就可以较为容易地捕获猎物。例如,竹鸡高飞能力差,只能短距离低飞且不持久,喜成群(繁殖时期除外)活动在山坡茂密树林或竹林中,夜间栖息在树枝上,用手电筒光照射也不分离,此外,竹鸡如遇敌害,会一头扎进草堆或枯枝落叶中,但尾部仍留在外面。因此,猎人只要寻找到竹鸡粪便较多的林地,就可以在夜间对其进行抓捕或射猎。箐鸡多居于林中树上,猎人主要在傍晚观察其栖息点,待到其进入睡眠时,于夜间用猎枪或弓弩射取。

　　森林中鸟类众多,集体打鸟也最热闹,孩子们从密林间,从深沟底,将鸟儿赶到树木稀少的开阔地,掷石相击发起攻击,因为长年生活在密林中,很多鸟儿飞翔能力不是很强,一旦被赶出山林,很容易被孩子们活捉。利用鸟类对光线的敏感性也可以在林中大量捕获飞禽,巍山鸟道雄关就是当地百姓"打雾露雀"的最好地方。过去,只要西风吹,起浓雾,这一带村子的人都会拿了打雀竿进山,点起一堆火,满天的雀鸟就会铺天盖地来扑火,那打雀竿扎涮一阵就会涮下好多雀,有时一个人一夜能打一两麻袋,用马才能驮得动。有时就地取材也能捕获鸟类,利用鸟类喜食的树木果实设置竹夹,待鸟类啄食果实触动竹夹机关即被夹住,使用一些具有黏性的植物果实打碎后覆于鸟类所在的树上,待鸟类飞回停留在树上时即可将其捕获。

　　由于山林中各种动物的存在,森林中流淌出来的泉水孕育了山间河流、小沟、水塘和湖泊中各种自然生长的鱼和两栖类动物。在彝族的稻田中，即使不刻意养鱼，也会有鱼、泥鳅等顺沟渠流入田中。彝族人一般在农闲季节捕鱼，由于鱼类资源丰富，彝族人捕鱼方法多样，有毒鱼、摸鱼、阻鱼、撒鱼、支鱼床等。其中利用植物"毒鱼"是彝族较为常用的捕鱼方式。滨临水边的彝族地区，每到赤日炎炎的 5 月，都要举行富有情趣的"闹雨"活动。在彝族看来，盼天下雨，只有先残杀龙子龙孙，激怒老龙，才能得到报复性的降雨。届时，彝民们要用山中砍来的"苦葛藤"和"冲灭子粉"下河"药鱼"。"闹雨"这天，人山人海，热闹非凡。"药鱼"开始，精壮男子都要争先恐后地前往乱石盘踞的河心，兴高采烈地抡起木棒捣烂苦葛藤，施放冲灭子粉，其余众男子则用力搅拌，大家同心协力，在短时间内将药撒完毕，然后便沿河捕捞被"药死"的大小鲜鱼，在炎热的气候里，"药鱼"效果良好，往往一闹几十里，捕鱼数千斤。

在树林边的河塘里，石蚌、青蛙、癞蛤蟆等两栖类动物也很多，这其中尤以居于树林山泉，以树叶为遮避的石蚌为多。石蚌样子跟青蛙、癞蛤蟆差不多，个头较青蛙大，无毒，在小河中极多，有时一晚上可抓一麻袋。白天，石蚌很警觉，藏身在树根下、石窟里，露半头，稍有动静就停顿叫唤，只有夜晚降临才出来觅食，因此抓石蚌大多在夜晚。石蚌极喜光，夜晚点亮火把沿溪行，眼睛紧盯着溪水两岸，石蚌就趴在岸边上，当其看见灯光火把，就误以为是流萤类的食物来了，此时由于火把亮光太明太大，石蚌犹豫间便一动不动，这时就可以轻易地将其抓住。

此外，那些直接或间接依靠树木生长的各种蜂、虫以及一些水生动物也是彝族可以捕获的对象。由于植物多样，山林中的野蜂较多，彝族也采食或收集各种野蜂。对于那些可以酿蜜的野蜂，彝族多采集用于制蜜，而那些食肉或杂食的野蜂则以食用为主。这其中，以马蜂或葫芦蜂的利用最为典型。由于马蜂喜食栗树浆、花粉、死动物，在这些动植物附近较易发现野蜂，追寻其飞行方向，就可以找到蜂巢所在。例如，蜂群飞行时，一般出巢时都是从蜂巢向上垂直飞翔，归巢时，则由远处即开始慢慢低向飞行，最后沿着地面入巢，捕捉者可以据此判断蜂巢的方位。发现蜂巢的人，为了确定"发现权"，会在蜂巢所在的树上打个记号，叫"号蜂子"，取青草一束，扭成草绳，捆绕于树身。如发现野蜂在土洞里，便在蜂洞附近插树叶一枝，以为标志。白天野蜂在外活动，蜂巢中的工蜂也较警觉，捕烧蜂巢易受到伤害，彝族采集蜂蛹多在秋季，人们趁夜深蜂息之时，靠近蜂巢，将长竹杆顶上的火把点燃，用火将蜂巢围住，烧死成蜂，然后把蜂房取下来食用其幼虫，每窝蜂的幼虫有七八百只。如果是在树根或岩洞驻巢的土蜂，则首先在洞口烧一堆火，往洞内吹烟，把成蜂熏死，第二步再挖开洞穴，取出蜂蛹。

彝族树林中各种寄生于树上的虫也很多，有时树木在生命力衰弱时也会生虫，不论是松树还是栗树在其死亡时都会有虫生长，这类生长在树木中的虫彝族统称为柴虫，柴虫因其蛋白质含量丰富，味香美，是楚雄彝族喜食的一种树虫，一些枯死的栗树、松树是柴虫生长的场所，枯死的栗树枝干上、松树的根部较容易找到这些柴虫。蚂蚱、蚂蚁等危害农作物的昆虫也是彝族捕获的对象，秋收季节是蚂蚱较多的时节，捕蚂蚱多在作物收割时进行，作物收割完后，秸秆堆放在田地中，早晨露水未干之时在秸秆堆里的蚂蚱飞不起来，趁露水未干之时捕捉，收获较多。蚂蚁由于繁殖后代，每年4~5月都会长出翅膀婚飞，飞行15~20min，交配完成后，翅膀便自行脱落、坠地，等候异性繁殖后代，另行穴地。发现有蚂蚁飞行时，即可等候其落地后捕捉。

有时彝族也猎取一些凶猛动物，但这主要是为维护农业生产的需要。例如，野猪在寻找蚯蚓、鼠类、植物的根茎和掉在地上的果实时，常拱掘大片的土地，通常它们在山林中主要以树根、草根为食，一旦进入农地后，就会造成庄稼大量损失。而熊一般吃树芽、橡树子、蘑菇、浆果等，也常给农作物带来损失。狼、豹、虎等则会捕杀羊群并伤人。因此，为维护农业生产和人畜安全，在这些动物对庄稼和人畜造成伤害时，人们则多利用地形作陷阱或使用食物诱捕的方法对其进行捕杀，而对于那些成功的捕杀者，只要他们将猎物在村户前展示，各家都会出以一定的粮食给予猎人奖励。

彝族获取野物的目的主要在于食用，但有时动物的捕获也为入药之需。凉山彝族传说神赐药给了彝族与汉族，由于彝族人无衣襟可藏，就置药于树上，后为牲畜所食，因此药物中要有动物。《查姆》中说"白山头上，有棵三杈树，树叶绿茵茵，树枝分三杈，树左挖三下，就能挖到长生不老药苗。还要配上长虫、白麂胆，配上绵羊山羊胆。要细细的舂，要透透的熬，病人吃了就会好，好人吃了长生不老。"由于野物和家畜由树所孕育，药物中要有植物，也要有野物和牲畜，这样才能使药物完整，从而发挥最佳的药效，因此，有了植物与动物配成的药，不仅人的病会好，各种植物和动物都会焕发出生命的活力。"药气薰上麻栎树，从此一年换一次叶，千年万载不会凋。世上所有的树，都被药气薰过，不管雪打雨淋，不管日晒风吹，年年都换叶，年年长新枝……吃过长生不老药的飞禽走兽，薰过长生不老药的花草树木，千年都活着，万年不会凋。"（郭思九和陶学良，1981）彝族《献药供牲经》中说各种植物皆配药，各种蔬菜皆配药，各种动物皆可配药。"南方青蟒胆，青蟒红蟒肉，阴间沉疴药。北方青虎胆，青虎红虎肉，阴间痢疾药。树端青猴胆，树端青猴肉，轻身灵体药。雪山野鸡胆，雪山野鸡肉，打伤损伤药。狮子兽王胆，狮子兽王肉，身体酸痛药。耕牛绵羊胆，耕牛绵羊肉，呻吟疾病药。耕牛壮羊胆，耕牛壮羊肉，消瘦羸弱药……"（马学良，1983）民国时期，与植物药材同样出售的还有各种动物药，如熊、麝、鹿等，以其药用价值高也成为重要的药材交易品。

如彝谚所说："雪里红梅开不败，山里野鸡捉不完"；"小树无站鸟，大树鸟起堆"。（阿卢黑格，2008）森林为狩猎创造了条件，而彝族人对树木森林的维护成为彝族狩猎活动得以持续的保障。

# 第二节　以"树"为保障的畜牧养殖

## 一、以"树"为条件的畜牧养殖

野生动物的获取不仅为肉用、药用和皮用，也为动物养殖的发展创造了条件。如彝族《做圈养猎物》歌谣所唱："天天打猎，日日支扣子，获得的野物吃不了，拴起又活蹦乱跳。砍来木头围成圈，关起野物，一只只跑不掉，青草满山遍野，拔来给它们吃个饱。"（云南省民间文学集成编辑办公室，1986）长期的狩猎活动使人们了解了野物的习性，彝族人在获取自然野物的同时，也利用森林环境发展着畜牧养殖。采集狩猎活动为野生动物的驯化创造了条件，有了采集狩猎活动对动物生活习性的观察认识，利用丰富多样的草木资源以及动物获取食物的本能，彝族驯化了森林环境中牛、羊、马、猪等野物，在采集、狩猎活动之外，彝族有了多种动物的养殖。

《梅葛》中说，"哪个把牛找回来？特勒么的女人，左手拿盐巴，右手拿春草，把牛哄住了，树藤来拴牛，把牛牵回来。"（云南省民族民间文学楚雄调查队，1960）对野物进行诱导是驯化野物的基本方法。利用牛对草和盐的需求以及树木藤草对其行动的限制，彝族驯服了野牛。当然要使野牛真正成为家畜，还需要经过多代的选育，《物始纪略》中说牛的选育经历了四代，"一代食盐草，二代肥又壮，三代受驯服，四代成家牛。"（陈长友等，1991）有了草和盐的引诱，还要挑选那些肥壮的个体进行培育，才能使其听从人的指令，形成一个可以人工喂养的种群。羊的驯化也相似，"羊从哪里来？大理苍山有三个松树桩，松树桩里有三条白虫，白虫变成白绵羊；大理苍山有三个铁栗木树桩，铁栗木树桩里有三条黑虫，黑虫变成黑山羊。"（云南省民族民间文学楚雄调查队，1960）虽然羊并非由虫子变成，但绵羊和山羊对树木依赖的不同，却是它们得以驯化的原因，松林下草类丰富，适合绵羊饲养，而山羊喜食栗木叶。要使驯化后的羊温和顺从，补饲树叶和盐也是必不可少的。在人工喂养和选育下，羊的外型也会逐渐发生变化，这样看起来羊仿佛就像是一只虫的演变。彝族将绵羊的驯化分为 4 个不同的阶段，"一代打寒噤，二代长高额，三代样样齐，四代白绵羊。"（陈长友等，1991）人们以小羊的饲养开始野羊的驯化，刚开始驯化的小羊不适应环境受冻会打寒噤，经过一段时间的培育，先长出高额头，然后再有体毛的变化，最后才成为人类饲养的白绵羊。

找到野物适宜的生存环境也是野物得以驯化的关键。彝族《物种起源》中说，马是天上来的一个卵，经过雄鸡、锦鸡、吉了略里鸟的孵化，再由巨蟒孵化后形成了马。从栖息于较为干燥灌丛的鸟类，到生活于温暖湿润森林的巨蟒，可以说马的驯化与水草的丰盛有关。虽然高山树林及平原水草都是马取食的范围，然而温暖湿润环境中的水草以及人工种植环境更易满足马对草料的要求，从而有利于马的驯服。同样，丰富的水草环境也是野猪得以驯化的原因，《物种起源》中说，猪原本都住在高山上，吃的布史卜吉草，喝的柏水和竹水，白天睡林中，夜晚在原野。利用靠近水源地丰富的水草喂养，逐渐使一部分野猪转变了获取食物的地点，学会了热天住沼泽，冷天住草地，拱吃蕨箕草，拱吃野草和泥水，利用农作物生存。通过将野猪从野生环境转移到人工环境养殖，猪的外型也发生了变化，一代如野猪一样的拱地，二代拱弯鼻子，三代长成了弯鼻花脸，四代成为了会叫的家猪。

　　家畜的驯化与草木环境的利用有关，家禽的养殖则是森林环境与农作物环境相作用的结果。《物种起源》中说到鸡的产生是因为人类将岩石洞中的野鸡放入麻丛中繁殖驯化而成。由于在林地边种植的麻等农作物籽粒较多，使一部分野鸡获得了丰富的食物来源，从而使那些居住于山林中的鸡群转移到麻地中生存，与人类农业生产形成密切的关系。鸭的驯化与鸡有着联系，也与水稻等作物生产有关，彝族在水稻种植的地区多有鸭的饲养，由于鸭没有就巢性，利用鸡对鸭的孵化，人们就可以对那些体型较大的野鸭进行选育。在彝族看来，适应水生环境和人工养殖的需要才使鸭与鸡有了不同，因此，家鸭的产生也经过了四代变化，"一代大腹翩翩，二代秃脚跟，三代趾生蹼，四代趾蹼鸭。"（陈长友等，1991）

　　彝族不仅畜禽品种来源于山地森林环境，畜牧养殖也依赖山地森林环境。野外放养是畜禽养殖的主要方式。《梅葛》中说："什么地方好放牛？高山箐沟里，河边两岸青草地，那是放牛的好地方。""河岸长满爬根草，池边尽是烂泥塘，那是放猪的好地方，有三条大箐沟，长满了藤窝，有三匹山岭，长满了水马松，那是放羊的好地方。放猪的地方有了，放羊的地方有了，在河边放猪，在山上放羊。放猪放得好，放羊放得好，猪长得肥，羊长得壮。"（云南省民族民间文学楚雄调查队，1960）由于山林环境多样，不同的环境可以满足不同家畜的取食要求，虽然彝族建有畜舍，但野外放牧才是家畜养殖最好的选择。因此，彝谚说："牛马一把草，屋里喂一斗，不如圈外走一走。""马不练蹄跑不快，羊不上山长不肥。""天天放牧九匹梁，羊儿吃的草尖尖；一天放牧一条沟，羊儿吃的草桩桩。"（杨植森与赖伟，1982）由于山林资源丰富且彝族地区冬季平均气温并不很低，牧草一年四季都有生长，自然放牧几乎在四季都可以进行。在人口较少的姚安左门彝族村寨，由于森林资源丰富，在无耕作的季节，一些养殖户直接将牛赶入森林中任其在林中采食，为了不使牛野化，农户会选择某一地点放置一些盐和水，每隔半月到一月的时间，到山林中加盐添水并查看牛的生长状况。在野地里放牧的牛与人工放牧的牛不同，牛的野性更强，身体更为强壮，这样一来，农户不仅节省了放牧的人力，也节约了饲喂的成本。

除山林草地外，山中的杂木树也是家畜的重要饲源。如彝族放羊调中所唱："赶羊前面放，羊儿采树叶，采摘树叶吃，树叶塞满嘴，独儿摘野果，野果摘来吃，羊吃树叶饱，我吃野果饱。"（李德君，2009）在牛羊的饲养中，树叶是必不可少的食物，为了使牛羊长得好，除了白天放牧，夜晚饲料的补充也极为重要。因此，牧人白天放牧之时，还要注意收集树叶，或砍一些带有树叶的树枝，在夜晚回家之时带回家中，一则为烧柴之需，二则补充饲喂。牛马羊的饲养依靠树木，杂食性的猪也要由树来提供营养。不仅林下草根、沼泽地中的野草是猪喜欢的食料，树林中丰富的果实也是猪营养的重要补充，如彝族童谣中所唱："树影盖蕨苨，蕨苨叶子青，树枝随风摆，惊动小松鼠，松鼠采橡子，橡子落地坪，小猪吃橡子，橡子脆生生，小猪吃蕨苨，蕨苨叶子嫩。小猪长大了，膘儿厚几寸。"（云南省民间文学集成编辑办公室，1986）橡子树、椎栗树等树木果实都是猪喜食的食物。在橡子树、椎栗树较多的山区，孩子们在放猪时会带上竹竿，到树林里敲打树干让果实脱落，以便猪取食。有了草和树对家畜食物的保障，彝族传统放牧需要添补的其他饲料较少。

鸡的养殖也要利用森林环境，不仅村社周边的林地、农地都是鸡取食的地方，一些人口不多的彝村，养鸡也不用设置专门的鸡舍，家中庭院的树木即是鸡的栖息地，为了使鸡能飞到树上，农户们可以在树下搭一木板或树枝让其上到树上休息。白天，庭院周围、山地里、农田边随处可以看到带领小鸡采食的母鸡，而那些饱食的公鸡或处于就巢期的母鸡则多选择躲在灌木树下歇息，即使有人从树旁走过，也不会惊吓到它们。

森林环境也为彝族蚕、蜂及蜡虫的饲养提供了便利。早在南诏时期，彝族先人就有了柘蚕养殖，《蛮书》载："蛮地无桑，悉养柘蚕绕树。村邑人家柘林多者数顷，耸干数丈"（樊绰和向达，1962）。当时养蚕就是直接将蚕置于树上饲养的。因此《梅葛》中说蚕种是在树桠上找到的："柞桑树有三林，甜桑树有三林，马桑树有三林，天神撒下蚕种来，一撒撒在树桠（丫）上。"（云南省民族民间文学楚雄调查队，1960）在学习了汉族的养蚕技术之后，彝族有了桑蚕养殖，但这一饲养却是一个利用森林树木不断尝试的过程。先是采来了绿松针、渣拉叶、椎栗叶来给蚕吃，蚕儿不吃也不闻，后又割来青草和藤蔓，采来了山中鲜花，蚕儿还是不吃，又掐来菜叶、柿叶和桑叶，最后才发现蚕喜欢的是桑叶，用桑叶来养蚕，蚕儿吐出了丝。即使如此，在彝族蚕的饲养中，仍然有着多种树叶的饲喂，"先喂柞桑叶，再喂甜桑叶，后喂马桑叶，蚕就养大了。"此外，养殖也要利用周边的植物环境，"蚕养老了，没有吐丝的地方，汉家田埂上，长着茴香草，割来茴香草，把蚕放草上，属羊日吐丝，蚕茧结成了。"（云南省民族民间文学楚雄调查队，1960）

彝族蜜蜂养殖也因植物丰富而繁荣，《物始纪略》中说："古时植物多，凡山雾缭绕，看不见山顶，看不尽坪地。古时的人们，居住在高山，平地鲜花美，鲜花好艳丽,坪地长满草,草长青幽幽。"(陈长友等,1990)由于山中植物丰富,一年四季都有鲜花开放,彝族地区几乎每户人家都养蜂,从几桶到几十桶不等。野蜂常利用一些有洞或枯老死亡的树木做巢,模仿野蜂生存环境,彝族学会了蜂的饲养。栎树或麻栗树是蜂群较喜欢的树种,且麻栗树也较易为虫寄生,因枯死、倒伏或虫蛀的树干往往是做蜂桶的最好选择,有时,那些未死的有树洞的栗树更是彝族人最直接的养蜂场所。将栗树砍下后,彝族人将树干挖空,两头用木块封严,为防雨水,还要用牛粪将树桶糊严,留出仅供蜜蜂出入的小孔,然后将蜂桶置于岩上或树林边,引野蜂进入。当有蜂王进入后,即将蜂桶背回家中,置于屋檐下或树阴处,也可直接放于山林中,这样,就可以定期采集蜂蜜了。因山地植物开花时间不同,蜜蜂采集花粉的时间较长,蜂蜜产量也较高,视蜂桶大小不同,每年每桶蜜蜂产蜂蜜达 5~15kg。

腊虫养殖与蜜蜂的养殖相似,彝族人在树木中发现了分泌白腊的白腊虫,由于这种昆虫在吸食冬青树或女贞树树汁后可分泌白腊,于是通过将繁殖后的白腊虫移植到这些树木上生存,彝族人找到了养殖白腊虫的方法。由于可利用的腊虫树丰富,彝族养殖蜡虫的规模也不小,根据清同治光绪年间的资料记载,凉山每年输出蜡虫六七万挑,每挑净重九十六斤,值白银 700 万两,约折人民币 2140 万元。养殖蜡虫是农户的重要经济收入,也是地方政府的一大笔财源。(黄承宗,2000)

## 二、以"树"为保障的畜牧养殖

森林环境为彝族家畜驯化和饲养提供了条件,在利用森林多样性环境解决家畜食物来源的同时,彝族人也利用森林环境为放牧提供安全保护和必要的工具,从而有效地保障了畜牧养殖的发展。

野外放牧,山林就是家畜的保护地。在密枝节的传说中,古时撒尼祖先还处于游牧时代,有一天突然下了一场大冰雹,别人的羊都被击毙,唯有美丽聪明的牧羊姑娘密枝斯玛把自己的羊群赶进了树林,保护了羊群,传说现在的羊就是她传下来的。以树木为条件的安全保护措施是山地养殖的特点,用围栏蓄养野物是彝族先民早期驯养野物的方式,由于山中野物众多,豺、狼、虎、豹等野物都会对牛羊的安全构成威胁,家畜的养殖需要提供一个安全的环境,山中林木是最直接的保护屏障,也是最方便利用的资源。野外放牧,除可以利用林地避暑、防冰雹等外,牧羊人还会用木桩和网将羊群围住过夜,而那些需要赶回家中的羊群,则建有畜舍。这些畜舍称为垛木房,因为其建筑材料全部取自于山中的树木。垛木房结构简单,仅用木头做榫搭建而成,建筑通常为两层,下层为牲畜居住,上层则用于堆放牲畜食用的草料。

树木为家畜提供了安全保障,也为放牧人的安全提供了条件。常年放牧是比较辛苦的工作，经受着风吹雨淋，步行在乱石荆棘之中，利用森林中的草木，放牧人有了对身体的保护。"放牧的女人，放牧的男人，下雨天气冷，没有蓑衣和笠帽，没有蓑衣不要怕，没有笠帽不要怕。山上有茅草，割回茅草连蓑衣；山上有篾子，编好篾子，铺上棕叶子，篾帽做好了。身上穿蓑衣，风吹不进，雨淋不湿。头上戴笠帽，风吹不着，雨淋不着。放猪的女人，放羊的男人，没有鞋子穿，爬山脚要疼。山上有茅草，割来打草鞋，穿上新草鞋，爬山脚不疼。"（云南省民族民间文学楚雄调查队，1960）

为了不使家畜走失，彝族不仅要选择适宜家畜采食的山地放牧，还要训练家畜听懂人的召唤，不同树木做成的各种工具成为了牧人们放牧家畜的必备之物。《物种起源》说到："青杠作强弓，用以抗顽敌。柏树吆绵羊，绵羊得发展。桦树打牛具，牛群得发展，漆树吆山羊，山羊得发展。洛史打猪具，猪群得发展。"（达久木甲，2006）由于树木具有的不同气味对畜群吸引力或作用不同，利用山地多样性环境，放牧者可以通过建立树木与采食的联系对家畜进行管理和控制。夏秋之际，锥栗、棠梨、野板栗、火把果、野刺果等成熟，放牧人特别是放猪之时，用长杆敲打树枝将果实打落就足可以使家畜饱食，长而久之，家畜听到敲打树木之声，就会向发出声音处汇集。

利用树叶、竹子做成一些简易的乐器也有管理畜群的作用。撒尼人放羊调中唱到："两眼看绵羊，绵羊不见影，阿妈的儿呀，妈妈的大儿子，站到山顶上，摘叶不为别的，摘叶嘴边入，树叶吹三声，一只一只回来了。"（李德君，2009）这些简易乐器有规律的使用能给家畜以某种指令，同时还可以防预潜在的威胁。一首竹笛歌唱到：阿都波尔制作乐器，教子孙不要嫌弃深山野林，放牧看禾时寻找乐趣，于是做竹笛给年轻人。他用竹子做了三支小竹笛，一支送给放牛人，放牛人吹笛，笛声把溪两岸砍绿了，牛群在溪边来来去去，竹笛吩咐牛群吃草饮水。一支送给看禾人，庄稼在笛音里吐穗结籽，猴子不敢来糟踏，只因竹笛夜夜吹。放牧是枯燥的活动，这些利用森林条件制作的乐器为放牧增加了乐趣，也防止了野物的伤害，因此，"吹着芦笙，吹着笛子，弹起响篾。山头吹一调，山尾弹一曲，欢乐得起来，唱得起来，放猪的女人喜欢，放羊的男人喜欢。"（云南省民族民间文学楚雄调查队，1960）

树木对防预家畜疾病的发生也发挥着作用。药草的发现与畜牧的发展有着重大的关系，在救治家畜疾病的过程中，人们得以试验各种药草，从而找到有效的草药。在《寻药找药经》中，就记载有草药发现过程。"到了宏鲁山，因为羊儿病，心中暗焦急，急忙找药草。掰一枝黄药，绕向羊儿身，不见羊儿起，这不是良药。觅到青叶药，急忙采一枝，绕向羊儿身，羊儿站起来。羊儿蹦蹦跳，这正是良药。"（李耕冬和贺延超，1990）此外，利用动物的自救疗伤食物，彝族人也发现了一些治疗疾病的方法。彝谚说："住城墙下的彝人亡，放松林边的绵羊病。"当绵羊有病羊毛脱落时，常会主动吃松叶；羊在受伤时，也会主动寻找草木自行疗伤。彝族在打猎时发现了受伤的马鹿会啃一种树为自己疗伤；而打断脚的石蚌在一种树叶下可以重新恢复活力；这些树和草都被彝族作为药物用于治疗人畜疾病。由于森林中物种丰富，家畜一些常见的疾病和损伤都可以得到及时防治。例如，为了预防山羊肝虫病的发生，楚雄彝族人会用花椒叶或花椒与盐一起饲喂山羊，遇有羊气胀时，吃桃树叶可以有效地缓解不适。如果牲畜腿脚受伤，则用一种称为接骨丹的树叶和蒿草一起揉擦受伤的部位或直接让家畜食用这种树叶。如果家畜眼睛被划伤，棠梨果可以有效恢复眼疾。凉山彝族发现家畜骨折时，会用一种称为"斯其叠"的树皮和枝叶舂烂，热敷在伤处，再加上夹板，短期内即可治好。当牲畜患了肠内寄生虫病，则用一种叫"博都茨克"的草，熬水喂疗；羊患了哮喘，常用生蒜和猪油治疗，患了肺叶粘连病，常用一种称为"布觉"的树叶舂烂，与蛋汁调和治疗；牛马瘦弱，用大黄熬水，或用一种叫"莫莫子尔"的草熬水喂食，可使其肥壮。（巴莫阿依嫫，1992）

图 5-1　受伤吃食树叶的羊
（2011 年摄于大姚县华拉咋么村）

　　虽然彝族畜群一些常见的疾病可以通过草木医治，但如果一些家畜出现异常情况以及某些不能判断或不能治愈的疾病时，彝族则更多地寄希望于树神的帮助。由于彝族认为疾病来自于鬼或邪，畜禽行为的异常或疾病现象也常被认为有鬼或邪存在。例如，母鸡下软壳蛋、狗站在屋顶狂吠、母鸡打鸣、小鸡站在母鸡身上、母猪噬咬小猪等现象的出现都会被认为有鬼邪存在，通常这些家畜都会被直接杀掉。而当牛马等大家畜疾病不能治愈或遇到异常情况时则要为其举行驱鬼仪式，在驱鬼仪式中，各种树木则是必不可少的神座和鬼邪的载体。而当驱鬼对疾病无效时，这些家畜也会被杀掉。有了各种疾病防治和预防措施，传统饲养方式下的家畜很少有大规模的疫病发生。

## 三、以"树"调控的畜牧养殖

虽然森林野兽威胁着家畜的生命，但对于畜牧来说，最大的天敌却来自于严酷的气候和食物的匮乏。认识到森林对畜牧养殖的重要性，彝族人把对树木的祭祀作为畜牧生产活动的重要组成。在彝族人看来，畜牧养殖的兴旺，是牧神或山神等神灵保护和作用的结果，只有得到牧神或山神的保护，才能保证畜牧养殖的发展。

每年年初外出放牧之际，彝族放牧家畜的家庭要有集体祭羊神（牧神）活动。大姚彝族在农历正月初二要举行祭羊神活动，这一天，牧人要带食物到山上野餐，砍伐带松球的松枝和竹子与神树捆绑开展祭祀，祭毕，两人各端一盆水，拿一枝松枝，相距一米左右，面对面站着，人们把全村的牛羊赶着从中间走过，两人用松枝向牛羊洒水。（张永琼，2009）在事先选择好的两棵大树中间燃起一堆火，让所有羊群从火上跃过，同时念诵祭词："放牧神呀你请听，房前屋后你保护羊，放牧路上你保护羊，豺狗抬你保护，羊过岩脚下，莫给岩石来打着羊，今天是正月初二，是祭羊神的日子，祭了放羊神，羊群会兴旺。"（云南省民间文学集成编辑办公室，1986）此后，人们将祭祀神树用的松枝和竹子带回家插于畜舍上，这样一来，以雄性为标志的松树和以雌性为标志的金竹由于赋予了神性，就将会促进草木的生长和家畜的繁衍。彝族人相信，得到了牧神神性的松枝和竹子会护佑家中的牲畜，使家畜能像竹子一样繁衍，像松树一样健壮。

没有牧神的彝族则通过祭祀山神来祈求家畜兴旺。在姚安左门、马游，大姚桂花、铁锁等地，不仅各村有自己的神树，每户还要在自家的山林里划出一块山神地，选择一棵高大茂盛的松树为山神的象征，逢正月初一至十五日之间择日祭献。在祭祀树枝时，人们会将松树、栎树或竹子等树木与神树捆梆，以此人们希望神树能使这些树木繁荣，从而给予牛羊更多的食物。弥勒西山彝族每个村寨都有一简陋的山神庙，并以石头或树枝作为山神的象征供于庙内，逢农历四月初一杀鸡祭献，祈求山神保六畜兴旺。

由于龙神、土地神等神树融合了山神、牧神的作用，部分彝族通过祭祀这些神灵来祈求家畜的平安兴旺。例如，宣威等地彝族在祭祀一棵称为咪色的土地神树前所唱："咪色在箐中，公麂生白角；咪色在岩上，犀牛长白角；咪色在水边，鱼王生白甲；咪色在山上，荞子扭成索；咪色在河坝，珍珠玛瑙多（粮食丰收）"哪里有了神树，哪里就兴旺，"咪色保平安，咪色保福禄；养牛牛健壮，养猪猪肥胖，养羊羊满山，养鸡鸡成群，五谷齐丰收，六畜都兴旺……咪色树，管一方，受天地委托，是万物父母。"（杨知勇，1990）人们相信，通过对土地神的祭祀，不仅能使粮食丰富，也能够让草木生长繁盛，从而使家畜有充足的食物。

环境的承载力决定了畜群饲养的数量，彝族谚语说："粮食应成倍增长，牛羊应限制数目"。（凉山彝族自治州民族食文化研究会，2002）长期放牧实践使彝族人认识到过度放牧会带来草场的破坏和放牧资源的短缺。家畜家禽的饲养依赖于树木，因而树木也决定了家畜的生存和死亡。以"树"为象征的各种民俗、禁忌及宗教祭祀活动是人们控制家畜数量的主要途径。

羊是彝族饲养数量较多的家畜，也是彝族人财富的象征。距今四五代人之前，凉山彝族畜牧业发达，彝族喂养的绵羊很多，当时一户人家拥有几百只以至千只以上绵羊的为数不少，由于羊的饲养多依靠山林放牧，因此，当一户人养羊达整千只时，必须举行滚圆木仪式。据说，如不举行这样的仪式，那就会不利于羊群的发展，也不利于羊主人家的平安。滚木打羊的具体做法是：准备三截较粗的木头，其中一截不剥皮，表示黑色的；一截削成格子型，表示花色的；一截全剥皮，表示白色的。再配三个能滚动的大石头。把准备好的这些滚木及石头放在有斜坡的山顶上，将羊群混放几头牛和猪，赶到堆有滚木的山腰吃草后，在同一时间把木头和石头从山顶推下去滚打羊群和牛猪，打死多少就用多少招待乡里围观的群众。与此同时，人们也从木头打中的情况中预测来年家畜放牧的情况，如果畜群为白色的木头打中则最为吉利，预示着羊群会更加发达，其次为花色的木头，表示羊群仍能保持现有的水平。而黑色的木头打中为不吉，表明这群羊的发展已达到鼎盛时期，此后要走下坡路了。如果伤着混在羊群中的牛、猪也表明不吉利，如未伤着就算去邪免灾，今后羊主人会人畜两旺。（伍精忠，1993）

有时树木直接主宰着家畜的生死，《西南彝志》中说古时长有九只角的青牛，垂着八条尾的红牛，红牛的尾巴有一股如妖，一股如怪，放牧在妖怪的山上和坝子上，尾巴被妖树绾住，为解开妖的纠缠，只有拿牛去敬，神仙和妖怪领了还愿的腥气物，妖怪才退去，绾在树上的牛尾才解开了。（贵州省民间文学工作组和贵州省毕节专署民委会彝文翻译组，1963）放牧时，彝族忌牛羊颈项上带回树叉或草圈，牛犁地时，忌牛马尾巴缠在树枝上，狗尾巴缠树，鸡身上带草，这些都被彝族视为有鬼在勾引，是不吉之兆，当放牧的家畜遇到这些情况时，一般要将家畜杀掉。红河两岸彝族，把牛尾巴缠绕在树干上而挣伤的牛、尾巴溃烂而变秃的牛，均视为牛魂被魔鬼捉住，牛已变成魔鬼的化身，因此要举行驱魔鬼仪式活动。这一天，全村忌日，将牛捆绑至村外，由村中长老或毕摩念诵咒词，诵毕，由村老或毕摩举起事先准备好的并抹了七道黑红色环的碓嘴直打牛头，直至打死牛为止。

畜牧养殖以森林环境为基础，通过以祭献树木为表征的各类宗教活动既表达了树木森林对于人类生产生活的重要性，同时也间接控制了畜禽养殖的数量。可以说各种以"树"为象征的神灵维护了彝族畜牧养殖与自然承载的平衡。

以"树"为表征的各种祭祀或重大节庆活动中，都有牲畜作为牺牲。在彝族看来，祭祀是对神灵的祈求，如果没有家畜家禽作为牺牲，仪式就会因缺少媒介和载体而缺乏效力，有些祭祀活动也会因此而不完整，从而无法实施和执行。祭献牲畜几乎是重要祭仪中不可缺少的祭物，也是人们向神灵祈求家畜繁衍的愿望使然，如《阿细的先基》中所说："正月的时候，大家去祭大神，大家去祭二神。三岁的大肥猪，抬它去献神。二月的时候，要祭密枝神，把胖胖的白羊子，抬到坡头上，大家齐齐地站着，恭敬地献给密枝神。三月的时候，该祭龙神了。大龙在塘子里，中龙在塘子边，小龙在塘子的最里面。把龙神画在树上，把白猪抬到塘边；用栗树针来祭，用松毛针来祭。四月的时候，要祭山神了。在寨子旁边，有一棵糖梨树，在这棵树下，有一张石桌子。把三岁的大公鸡，把三岁的大母鸡，弥勒的大红米，弥勒的大红酒，拿来放在桌上。五月的时候，要祭漫神了，宰了一条大水牛，把它抬去祭。献好了神，大家都和和气气的，牲畜也会一天比一天兴旺。山羊养得多，绵羊生得多，它们的四条腿啊，永远会跑会跳……"（云南省民族民间文学红河调查队，1960）人们把献牲当作农业发展、家畜繁衍的必要条件。

大姚县华俚泼在农历二月以村为单位举行集体祭山活动，每户带一碗米、一壶酒、一点盐和三炷香，全村男女老幼聚集到神树下，杀三只羊，羊角插在神树下，砍八种不同的树枝各六根，分别制作三种形状，插在神树下。每户砍一根树枝缚于神树上，肉食做熟后向神树献祭。（杨甫旺，2004）在一些有水稻种植的地区，在祭祀山神或其他神灵时多选用猪作为祭品，如玉溪峨山塔甸村的彝民在农历二月属牛日举行的"咪嘎哈"祭地神仪式，除用松叶、刺黄柴木（当地一种劈开后呈黄颜色的灌木）、撒马木（当地一种劈开后呈白色的灌木）、芦苇筒等布置祭场外，祭祀还必须献上黑猪，只有这样，人们才能取悦神灵从而获得帮助。（黄龙光，2009）献牲一般分为献活牲和熟牲两个阶段，祭献时，先献活牲，活牲献祭完后还要杀牲煮熟后再献。杀牲时不能直接用刀，而要用木棒将献牲打死。基本程序是：把选择好的公羊（公猪、公牛）四脚攒在一起，按翻在地，头向指定的方位，请毕摩到场诵经。诵经毕，由地方首领或族长（家长）或德高望重的老人手持木榔头或木棒猛击羊头的命门心 3 下，以即刻死去为吉祥，然后再宰杀，煮熟内外器官祭祖或敬神（菩萨），同时通过查看牲畜骨头的裂纹占卜未来的收成和养殖情况。

通过祭祀活动对畜禽的利用，在一定程度上减少了畜禽的数量，此外，以树木为表征的祭祖送灵或驱鬼仪式中也有大量的畜禽作为牺牲。人死人为鬼，为使祖先灵魂安宁，送灵仪式中要有大量祭牲。《西南彝志 谱牒志》载："为祭糯祖先，右方也杀牛。在百妥凯河边，赶百牛来杀……在朵妥必布，武杀牛祭祖。在乍娄俄外，武为祖作斋，为先灵解冤，用马作祭品。"（贵州省民族研究所，1982）牛、马主要用于重大的祭祖活动，而羊是送灵仪式中常用的祭牲。凉山彝族人断气时，须即时打死一只羊，让亡魂带去阴间维持生计。云南楚雄南华彝族参加葬礼的亲友一般都要资助一只羊，毕摩把羊牲一一点交给亡灵，宰杀后将左耳割下祭奠于灵棺前，并将羊牲如数刻于一枝削过皮的松牌上，称"赶羊鞭"送到新坟上。在祭祀亡灵所唱的《献牲经》中还要教诲亡灵去到阴间要管好羊群。当时葬俗规定，治丧期间禁食素菜，只吃羊肉。有时由于杀羊较多，致使羊肉吃不完而腐败。

除大型的集体祭祀活动外，以家庭为单位的一些祭神和驱鬼仪式中，鸡也是最经常代替羊和牛使用的祭物。例如，凉山彝族毕摩所进行的为患者叫魂的"者苏"仪式中，鸡即是作为"替身"用来赎主人之魂的，在招魂的神枝旁，毕摩助手持鸡在患者头上方按顺时针方向转几圈，蹾一下，表示病魔即可从患者身体跑到鸡身上，让鸡替患者去死，接着再杀鸡、烧鸡完成仪式。杀鸡既有还债的意义，也有借机杀魔、打魔、驱魔的动机。由于以祭神、叫魂或招魂为目的仪式较多，鸡作为牺牲也使用较多。

通过祭祀或送灵活动中对畜禽的利用，彝族人不仅间接调控着畜牧养殖的发展，也将畜牧生产与人类精神寄托和生活需要合为一体。

## 第三节  以"树"为条件的作物生产

### 一、以"树"为保障的作物生产

人口增长对食物的需求以及采集狩猎活动经验的积累，在利用山地环境发展家畜养殖的同时，彝族人也开展了作物生产。作物生产是对自然生产的改良，为保障作物生产的顺利进行，人们需要利用树木的调控作用，因此，以各种树木为主体的崇拜与祭祀活动，成为农业生产的保障。

由于农作物种子来源于"树"，在彝族人看来，只有从神树林中得到的种子才能获得丰收。耕作之前，各地彝族都有着较为近似的祭树神获取种子的仪式。楚雄彝族祭龙时，人们云集龙树下，龙头（龙的扮演者）爬上龙树，先诵祭词，然后龙头将事先准备好的祭品（染成绿色的豆、米以及水）纷纷向树下的人撒去。在龙树下的人们立即下跪，并且用衣襟、帽子等来接撒下来的祭品，认为接得越多越好，象征有吃有穿，五谷丰登。在阿细人的传说中，密枝神即种子神，为了感射神灵的恩赐，也为了作物生产丰收，弥勒彝族在农耕前祭密枝神时，毕摩要在神树前演唱祭祀歌，歌中唱到："远古的时候，坡大不长草，山高不长树，地宽不长苗，田长不长谷。天上已划破，把种撒下地，四月下小雨，五月下大雨，地下种发芽，长成一棵树，树根满地串，根根又生树，树树又结子，子子传成世，便有密枝林，密枝种神降，世上万物生，密枝种神降，五谷堆满仓，牛羊睡满圈，种神的恩德，世代永相传。"唱完后，把拉来的山羊宰杀后取出睾丸和其他祭品一同供在神树下，众人向神树、神主磕头。夜晚，做祭的神主还要在村子中一家一户地送五谷种，小娃娃们随后跟着唱一些有关生殖方面的儿歌。（弥勒县彝族研究学会，2008）云南大姚县华彝族村寨中，一年播种开始之前，人们要聚集到山神树下，祈求神树给予种子。参与祭祀的人把各种作物籽粒炒好混合后（当地彝族称为巴鲁）带到神树下，毕摩主持完祭树仪式后，还要象征性的在一块地的四角撒入种子，这时各家各户才可以开始各自的耕种。在各户播种之前，山地中有自家神树的家庭还要再简单地举行祭神树的仪式。三四月点包谷之前，也要在地中选一小块地先点播几塘，象征"入土开播"，然后在地四角插上几枝马樱花树枝，选一棵树用酒、肉祭后才能点种。石屏彝族则在祭龙时，由主祭老人在龙树下将米酒向跪在外侧的男人，象征龙神赐给粮食，跪在外侧的男人用衣帽接米，所接的米放在谷箩里，象征丰收。

作物籽种由树木获得，农作物所需的水分也靠树来调节。由于各种树木储藏着水，人们把农作生产的水寄希望于树木的恩赐。春季3月是一年中天干少雨的时节，彝族人担心4月间小秧栽不下去，就以村落或家族为单位，相约成群，在毕摩的主持下，选择寨子附近最高的一座山，到山顶祭天求雨。祭天求雨仪式要在村寨附近最高的山顶上选一棵大树作为"龙树"，在龙树下摆设祭坛，在祭坛上铺垫青松毛，摆上酒、茶、米、肉等祭品，点起清香，杀鸡宰羊，敬奉"天龙"。祭仪开始，毕摩要在参祭人员中选出一个强壮的小伙子，让他抹成大黑脸装扮"龙王爷"的模样。龙王爷腰间挎着一个盛满水的大葫芦攀上龙树，在毕摩念"求雨经"时向下泼洒"雨水"。其他参祭人员跪在祭坛前默念祈雨。毕摩念完一段经，龙王爷就向地面洒些"雨水"。问树上求雨人，雨下得如何？求雨众人答："雨水太少，庄稼长不起来，请龙王爷多洒些'雨水'"。毕摩再念一段"求雨经"，龙王爷又从树上多洒些"雨水"，又问如何？求雨众人答："雨下得太多，庄稼受涝，难有好收成"。毕摩最后再念一段"求雨经"，龙王爷才均匀地洒下雨水。各地祭龙时节略有不同，有的彝村山神树既是龙树、祖先树，也是水神树。

树既是水，也是肥。树木不仅储藏着作物生长的水分，也提供了作物生长的营养。彝族撒尼人说："地肥不过七年，三年地变瘦，喂地两年药（指雪），喂药地会肥，药把地拱泡（松软），地泡庄稼好。"（李德君，2009）有了树，也就有了水和肥，弥勒彝族阿哲人二月二举行祭龙活动，负责祭祀活动的伙头们请毕摩或村中的长老引领到山箐里采一些芦苇秆、青冈栗树嫩枝叶以及水上山作祭龙仪式。将长秆芦苇锤破成条，缠在龙树腰，又把一部分芦苇砍成小段插在龙树四周，表示拥龙护龙，再把采来的各种嫩树枝插铺四周，表示鲜嫩旺盛的生命。祭献活动结束后，还要前呼后拥地背着从箐沟里面取来的龙水送到全村各户。由长老唱着祝福吉祥的歌谣，抬着葫芦到各家的灶上倒一碗水，表示接龙、送龙到家。（弥勒县彝族研究学会，2008）元江彝族支系腊颇在祭龙用餐之后，各家由一男性到神树下磕三个头，取走事先预备好的三个芦苇筒，筒内装有松尖一节和燃烧着的香一支。各家取回的芦苇筒，一个插在谷堆上，保佑粮食满仓；一个插在灶头上，保佑油盐、佳肴进锅；一个插在秧田里，保佑庄

稼长得好。(杨知勇,1990)

相信树木可以作为神灵护佑庄稼的生长,为使作物生长顺利,彝族人要祈求树木给予帮助。大姚县华彝族开播之日即开始种荞之日,人们要把犁具、种子集中起来,并将预先采集的一束青蒿和一束杜鹃花(或此时开放的一种花)拿来放在一起后,举行除秽仪式,即把烧红的石块放入一瓢水中,一人端起冒着热气的瓢环绕这些生产工具和种子转一转,之后,将已经除秽的花朵挂在住房门边二三日,以此希望青蒿和杜鹃赋予种子顽强的生命力。当荞麦长出后,在荞地中央插一棵三叉松树枝,铺上松毛,杀鸡祭山神和荞神,以此希望树神护佑荞麦生长。在秧苗移栽大田之时,姚安等地彝族还要在田的放水口处举行栽秧祭仪式。由男家长主祭,先在放水口处插一枝青松和一束白花,杀一公一母两只鸡祭祀,边祭边念祈祷词:"今天是好日子,我们用鸡酒饭来祭,今天我们开始栽秧了,求老天爷和祖宗保佑,保佑我们稻谷长得好,保佑稻谷莫遭灾,保佑风调雨顺,稻谷丰收"。在作物即将成熟之际,还要举行青苗祭。农历六月二十三日,各家到田里割三棵青苗举行青苗祭,种有荞子者要到荞地里割三棵荞,送到用树枝作为神灵的祭祀台上,这个仪式称为"望海秋",意思是让神灵看护秋天的收成。

开花结果要相配,雌雄相配是作物获得丰收的必要条件,人们通过促进以雌雄为象征的各种树木神灵相配,以感应各种作物相配。祭祀雌雄密枝树是撒尼地区在火把节后的一项重要活动。首先祭祀的是男密枝,在密枝林中设祭坛,祭坛后面插三根青冈栎树枝,从左至右代表招神、男密枝神和女密枝神。其前插三根木桩,分别象征箭、弩和弓。再在这前面竖立一些青冈栎枝,左边三枝,中间五枝,右边七枝。在栎树枝前面的地上辅上细小的栎树枝,树枝上放上米,作为各神休息的床铺。设好祭坛后,杀羊献牲,毕摩念经请撒尼人聚居区的所有女密枝神来玩,接着念献酒经,代献祭品。如同祭男密枝,在随后的几天里,还要祭祀女密枝,在祭祀女密枝时,也念请男密枝来玩。火把节时也是彝族祈求粮食丰收的重要时刻,这一时节,正值稻谷抽穗扬花之际,祭祀田公田母也是节日里的重要活动,是日中午,各户到自己田头铲一坪场,撒松毛作祭坛,用香、米、酒、鸡等祭品供祭,祈求田公田母保佑获得丰收。祭毕,到每块田头插一枝青苗枝(白秧条)。

病虫害是影响农业收获的重要因素,祈求树木消除危害是农作生产必不可少的内容。"天上虫子多,虫咬种子芽,绿虫住在种子身上,白虫拱种子根,虫咬苗不壮,虽然会这样,地上冻冰雪,雪霰是杀虫药,会把虫杀死,雪霰救庄稼命,庄稼就会好。"(李德君,2009)冰雪霜冻可以抑制病虫发展,因此人们要祈求神灵降下冰雪来消灭害虫。而"龙吐腾腾热气,天降黄雨热烘烘;龙眼一转动,雨水倾盆降。龙角主蒙蒙雨,龙身主寒霜,龙尾主冷冻。"由于龙神控制着雨雪,因此,人们聚集在龙树下举行祭祀,不仅为耕作播种或是求雨防旱,也为求防虫防病。与此相似,昆明彝族密切支系于六月初六日要举行"果迷峨索波底",即"祭祀荞王天地爷"。是日，各户在自家荞地头铲一坪场，撒上松毛作祭坛，上插三岔松枝一根，青苗枝（白秋条）三枝，点上三柱香，供上三碗饭、一杯酒、一只活鸡。然后由田主祷告，祈求荞王天地爷保佑他家"一粒种子下地，万粒粮食归仓。种到哪里，好到哪里。牛马满厩，粮食满仓，虫不吃，冰雹不打"，祷告之后卜卦，卜出顺卦之后杀鸡，将鸡毛蘸血沾在松枝上，然后将鸡煮熟再祭。（杨知勇，1990）滇南彝族尼苏支系认为稻谷的收获是谷神的恩赐，谷神则以松枝为代表，无论是撒秧、栽秧还是稻苗打苞吐穗时，都要在大田水口处插一青松枝进行祭祀，祈求谷神保佑秧苗不被雀鸟吃，不被咀虫咬，长出的谷穗谷粒饱满。

由于森林丰富，各种鸟兽常常造成作物生产的损失，当雀鸟、老鼠猖獗危害庄稼时，彝族也常以村或户为单位举行驱害仪式，大多由毕摩主持。祭物为一对黑白鸡，一对鸡鸭蛋，一束黄泡刺、桃枝、红木枝、尖刀草、白叶杆、糠皮树枝等扎成的杂木枝叶，一个装冷饭、辣椒、火炭、粗糠、灶灰、黑白线布、五谷籽的破碗。届时，毕摩倒披蓑衣，手持经书，口含清水边喷边念《驱雀鼠害经》。另一人提拿祭物跟随其后，从左到右，从楼上到楼下，从房内到房外驱除。驱毕，将杂树枝送至村外，把鸡打死，蛋敲碎深埋，以示驱除且打死深埋了雀鼠害神。（师有福和红河彝族辞典编纂委员会，2002）红河彝族则在祭山神（或密枝神）时进行"撵雀"或打猎活动，人们分成几群，个个手持竹棍，吆喝着向漫山遍野的雀鸟发动进攻。追得鸟儿筋疲力尽，纷纷落地。人们把捕获的鸟儿羽毛拔光、内脏清理之后，用细藤条穿成串，加上花椒、盐、辣椒，然后挂到火塘边的木柱上慢慢烘干，到那时一寨子都是雀干巴味，据说，那些侥幸逃脱的害鸟见到同伴的尸体，就再也不敢来糟蹋庄稼了。

山地农作受气候影响较大，较多危害农作物生产的自然灾害是冰雹。农历五六月是冰雹灾害较多的时期，有时一场冰雹来临，庄稼全部绝收。在彝族看来，雹灾、洪灾的出现是恶龙出洞作祟所致，因此，每受雹灾、洪灾时彝族也要请毕摩在河边、井边或塘边的龙树下念诵祭词，委婉地劝说恶龙回到山林中，祭词中说道："黑龙呀黑龙，这里不是你在处。次拉山上有龙潭，白竹山上有龙潭，那地方最好，是你的好地方，龙公龙母在那里，大龙小龙在那里。十冬腊月在龙潭，暖暖和和过冬天。格是遇着冰雹了？离家来到这里。白竹山上有龙潭，鸡足山上有龙潭，四面山上有龙潭，那里有你在的地方。你定要出来看看，就去看着庄稼，看着树木花草，顺着羊的路走。"（云南省民间文学集成编辑办公室，1986）为了预防灾害的发生，一些冰雹易发的地区还要举行防冰雹仪式。凉山彝族防冰雹的仪式称为"则土"，为了防止冰雹袭击庄稼，每年春播完成后，一个或几个邻近的村寨共同购买一只鸡和几斤酒，此外，每户都要用二两左右荞麦或玉米籽粒做成爆米花交给指定的人，到固定的"防雹山"的山顶上举行防雹仪式。其程序是：首先烧一堆柴草升烟（通报神灵），然后由三个人分司其职：一人打鸡，一人撒米花，一人浇酒，三个人转动身子面向东南西北四方一边打鸡、撒米花和浇酒，一边口念防雹咒语。然后在撒满米花貌似白晃晃的一片冰雹地上饮酒吃肉，共话盼望中的丰年。（凉山彝族自治州民族食文化研究会，2002）为防止冰雹危害作物生长，在五月端五之际，姚安左门彝族则要在山神树下举行防冰雹仪式，仪式中人们用木棍敲击门板以吓跑恶龙，在仪式结束后将这些木棍和门板丢弃。在大姚，也有用几根木桩顶住一个大土锅以求防护庄稼免受冰雹之害。为了使庄稼能经受住风雨冰雹，除举行各种仪式外，人们也会在地中插上松枝，希望庄稼像松树一样坚强挺拔，以抵御灾害的发生。

为了使庄稼籽实顺利归仓，在收获之际，彝族人还要祭祀五谷神，每年农历十月中旬属马或属鼠日内一天，全村举行五谷神祭，彝语称"液索茂枯埂来切佰汉粗"。解意为"请在天的老祖宗回来帮我们看谷堆"。全村人到祭台杀猪祭祀，同时各家要用长约三尺的一根竹竿，上扎黄、红两面三角形小旗，代表天神和祖先。举旗绕祭台和两棵神树三圈，口中不停地大声喊叫，回到各自的谷堆后，把赋予神性的小旗插在各堆顶上。各家打完谷子背回家，把神请回家，将小旗插在谷子上，意为请老天爷和在天祖宗回家帮他们看守谷子。（巴莫阿依嫫，1992）农历七月初九是楚雄彝族传统的"荞神祭祀节"，每逢节日到来，人们就要背上锣锅家什，带上祭荞神所需的祭品，来到荞子成熟的荞地边，在附近选择一棵马樱花树或松树为"荞神"并设祭坛，在祭坛上铺上青松毛，摆上一升刚收获的荞，在盛满荞子的升子里插上青松枝作为"荞神牌位"加以祭祀。此后，还要将作为荞神祭献的松枝插入谷堆，这样就可以护佑谷魂留守家中。（鲁成龙，2006）撒尼人会在粮食收获入户后搓两根山草绳，绳上各插三根青冈栎枝，一根拴在柱子的穿条上，一根拴在甑子上。由于青冈栎树是一种常绿树种，借此，人们希望楼上的粮食和甑中的粮食会在青冈栎树的保护下常吃常有。凉山彝族则要举行名为"芝固"的仪式，以确保谷魂不被鬼危害。毕摩请山神、祖神和五谷丰登神降临，并用稻草扎五谷丰登神"齐罗尼荷"一个，呈饿状的鬼怪若干，打鸡打牛祭献。其法是用鸡血淋草人鬼，用生羊肉数块敬山神和齐罗尼荷神，用煮熟的羊心、羊肝、羊腰敬祖神，用羊肉酒向四方敬鬼魂。敬毕，毕摩诵经，将一呈鬼状的木刻抛出门外以示驱鬼，再念招魂经，招家中亡灵来祭献，最后将一些代表鬼神的树枝送往门外坝上以示丰收。（思想战线编辑部，1981）

## 二、以"树"为条件的生产技术

由于树木对于农业生产的重要性，彝族传统农作中有着多种树木的利用方法。通过在农作生产中安排树木的生产，将农业生产与树木生长相结合，彝族传统农作维护了自然的多样性。

　　由于彝族地区森林丰富，森林树木为农业生产提供了条件。作物生产需要一定的土壤肥力，《彝族创世史》中说各种树木、草、农作物都是阿赫希尼摩滋养大地、神灵和各类动物的奶水。在彝族看来，树即是肥，砍伐树木成为增加土壤肥力的重要手段，因此，刀耕火种成为彝族多种作物传统的耕种方式。《查姆》中描写："大江边住着的白彝人，是阿朴独姆的后裔，房子多得像蜂窝，人多得象蚂蚁，就是没有衣裳穿，大家心头都很着急，歇索的三个儿子，想出了个主意，弯刀拿在手中，斧子别在腰里，去到大山上头，砍树种旱地。斧子砍大树，弯刀砍小树，木渣四方溅，就像蝴蝶飞舞。一连砍三天，砍完一座山。地上烧大火，火焰冲上天。三天火不息，烧了九座山，遍地是草灰，山头黑一片。"（郭思九和陶学良，1981）通常，彝族选择一块灌木杂草较多的山坡，砍去坡上的灌木、杂草，晒干后燃烧，在火烧后的土灰地面上种植作物。耕种一二年后，土壤肥力下降，依照相似办法另找新地开垦种植。耕种过的土地歇地三至七年后可再次砍烧栽种。砍烧树木不仅为作物生产提供了充足的阳光，更为重要的是增加了土壤灰分，提高了土壤保水能力，减少了高寒山区冻土层的影响，此外，树木焚烧后杂草、害虫的发生也较少。

　　除砍树开生荒以外，彝族还有烧荞把的习惯。所谓荞把，就是人为砍下来的树枝，因为种荞时多使用树枝火烧耕作，这些烧地用的树枝也就称为荞把。彝族通常在 5~9 月选择树木较细的枝干砍下，用草藤捆扎后放在地边晒至来年，即成荞把。树叶较多的细枝都可以做荞把，而水冬瓜树、椎粟树和麻栗树等阔叶树枝则是较好的荞把材料。具体来说，"二月二十七，当布谷鸟、石蚌叫起来时，就到了烧荞地的时候了。"（云南省民族民间文学楚雄调查队，1960）烧地之前要先犁地，彝族民间有三翻荞地之说。第一次犁地在砍荞把或开荒地时即可进行，犁地后与荞把一起晒地。第二次犁地在烧地前，犁地后有时也进行耙地，以耙平土块。二次犁地晒地后，就要烧荞把了，将砍来的荞把放在待种的荞地上，然后用土覆盖，只留部分在外，这样可以减少荞把燃烧对周边树木的影响，也可避免森林火灾。选择时日和风向后就可以烧地了，烧地时要选择与荞把留口一致的风向点火，以便燃烧充分。烧地后再犁地一次，并将覆盖荞把的土拨开，除去地中燃烧后的残渣就可以种地了。

　　有树有草就有肥，各种树木的残枝败叶滋养了土地，农作物秸秆、各种杂草也是培肥土壤的营养。在秧田撒种之前，彝族人要收集树叶树枝烧地，烧地后才放水进行犁耙。在秧苗移栽大田之前，大田也要用树叶来沤田，提前十五天将放水后的大田撒入树叶，再犁入田中，可以增加大田的肥力。彝族早期农业主要依赖砍树烧地来增加肥力，随着土地养活人口数量的增加，积肥成为彝族增加土壤肥力的重要措施，彝族积肥的方法是利用青草、树叶、农作物秸秆与家畜粪便堆制发酵。每天，彝族人都会到山林中采集树木落叶，用这些落叶垫于畜圈中，每隔两三个月将垫于畜圈中的树叶及畜粪挖出混沤在房屋周围由太阳晒干，第二年 1 月或 2 月春耕前把沤制的肥料翻挖起来加以混合，堆成一个大堆，让它进一步发酵，提高肥效，待播种之际再将这些肥料背于地中或田中施肥，以弥补砍烧地或其他熟地肥力的不足。

树木为作物生长提供了营养，也指导着作物生产的季节时令。远古的时候，由于不能分辨年月时节，虽然有了粮种，但粮食不会成熟，于是人们饲养各种家畜来识别年和月，可是，"养一对小牛，牛角长尖了，年还没有到。养一对绵羊，绵羊养得油光光，年还没有到。养一对山羊，山羊养得羊角扭，月还没有到。养了一对小猪，养得猪牙交错，月还没有到。养一对小鸡，小脚趾长长了，种田的好日子还没到。"为了耕种收获，识别年月季节，格兹天神的儿女来移树、栽树，"神树渐渐长，树干黄竹样，枝像金手指，叶密像黑云，花像绵羊大，果像绳结往下坠。有了神树，数年不会数，眼睛看神树，（树叶）一年落一次，看着神树数，数年年不重。数月不会数，眼睛看神树，一月花落一次，看着神树数，数月月不重。不会数日子，眼睛看神树，果子一天掉一个，看着神树数，数日月不重。"树木可以区分年月日，也可分出四季。"春季若到来，神树叶发芽，夏季若到来，神树树叶密，秋季若到来，神树树叶多，冬季若到来，神树树叶落。"（李德君，2009）从远古的记述中可以看出，人们对季节时令的识别是一个经验总结的过程，树木的生长常常是人们农作生产的指示。"什么时间种？摆刀开花时种，野樱花开时种，麻栗花开时种，锥栗花开时种，包头相花开时种，筷笼花开时种，小茶花开时种，马樱花开时种，红栗树花开时种。"（姜荣文，1993）各地彝族均有以树木为标志的耕作时节，如红河彝族依据不同植物生长情况来进行生产活动，"菜花开春天到，杨梅花开春耕播种，樱桃熟要插秧栽种，李子熟庄稼杂草旺，桃子熟苦荞香，甜梨熟谷花香，核桃熟谷归仓，香麻茶花香冬天到，樱桃花开过大年等"。（师有福和红河彝族辞典编纂委员会，2002）凉山彝族则在"桤木树"的嫩叶能包住一粒荞种时或"莫尾"树开花时种荞麦，在"黑刺"果子成熟时或布谷鸟叫时种玉米。在举行宗教仪式的同时，彝族也通过植物观察雨水的变化，如4月鸡膝子开花，雨水就会落地。如果石洞口长出了石花，洪水就不会漫天。

图5-2 与荞插种的"阿尼井"（2012年摄于大姚县华拉咋么村）

图 5-3　响叶杨（白秧条）
（2011 年摄于大楚雄紫溪山）

在利用树木指示农作生产季节时令的同时，彝族人也利用树木促进着作物生长。由于树木对于生命的作用，为使作物生长顺利，彝族在作物生产中有着树木的生产。大姚彝族在荞种播种之际，要在荞地中插入一种称为阿妮井（彝语）的灌木，这种灌木果实既黑又大且多，结果时令与荞子相当，人们希望荞子生长也像这种灌木一样，结实丰硕，籽粒饱满。除旱地农作需要树木护佑外，稻作生产中同样离不开树木的作用。姚安彝族常在撒秧之时，在秧田中插上柳树或杨树枝，并举行祭仪，因为柳树、杨树生根发芽较快，以此，彝族人希望秧苗像柳树或杨树一样快速生长。当秧苗从秧田移到大田之后，人们还要在田边插上或栽种一种花期与稻谷生长时间相一致的 "栽秧花"，以此希望栽下的秧苗像栽秧花一样开花结果。由于树木的生长可以带动庄稼的生长，人们希望庄稼如同树木一样生长健壮，果实累累，因此，在田边地头，彝族人还要种植一些果树或保留一些常绿灌木，以此希望这些树木带动作物生长。虽然树木生长对农作生产有着一定的影响，但在开垦山地之时，彝族人除保留地边的树木外，对那些生长在地里的高大树木一般不进行砍伐。"水冬瓜树下犁荞地，砍下水冬瓜树烧荞地，松树底下撒甜荞，松树砍来烧荞地，荞子长得好，颗颗像葡萄"（云南省民族民间文学楚雄调查队，1960）。认识到有水冬瓜树和松树的地方土质较肥，水分较多，彝族总是选择长有水冬瓜树和松树的地方砍烧种荞，并且要求在砍烧地的周围也尽可能有这些树种。在传统农作中，彝族人并不完全清理所有砍伐的树木根茎，留下的一部分根茎会同作物一起生长发芽，待到下次烧荒时再进行砍伐。云南大姚拉咋么彝村，在荞地砍火地种植时，一般要留下 20~30cm 长的树根，这些树根在荞子播种后，与荞麦一同生长。

图 5-4　泥鳅叶
（2009 年摄于姚安前场新民村）

作物生产难免有病虫危害，为防止病虫的危害，树木是彝族人主要利用的工具。在水稻种植时，彝族人要将一种称为白秧条（学名响叶扬）的树枝插入田中或地中，由于这种杨树易于成活，在水田中可以与水稻一起生长，此外，这种杨树树叶较薄较密，在风的吹动下，树叶摇晃会产生响声，这样一来，可以吓跑田中吃苗、吃谷的老鼠和鸟雀。此外，在无风的时候，树枝又为雀鸟停留提供了方便，这些雀鸟在吃食谷粒的同时，也捕食了危害作物的害虫。除水田要插树枝外，永仁彝族将青松枝作为神枝插入荞地中，以祈求树木护佑农作。有时，彝族人也会利用各种有毒性的树木来杀死对作物生产有害的动物。由于山地中生物多样性丰富，秧田中有许多泥鳅和小鱼，为了避免这些泥鳅和小鱼翻动影响出苗，在撒种之前，楚雄姚安一带彝族人会采集一种称为泥鳅叶的树叶或使用苦葛藤，将叶片捣碎后撒入秧田中以将泥鳅和小鱼虫毒死。

图 5-5　苦葛藤
（2009 年摄于姚安前场新民村）

　　火把节之时（农历六月二十四日），也正是水稻抽穗灌浆，荞子即将成熟之际，危害作物生长的虫害也较多，节日中一项重要的内容就是灭虫。火把节的来源有许多传说，其中有一则传说是不懂事的神与人挑战，当神不敌人时变成了树木，人因误伤这棵树木而伤害了神，于是神变成了虫而祸害于人，为了灭虫，人们以燃烧树木来消除虫害。火把节之时，也正是水稻抽穗灌浆、荞子即将成熟之际，危害作物生长的虫害也较多，因此，过火把节时，人们要在地中或田中插入用松树做的火把，利用飞蛾趋光的特性，入夜时分将山地及田里的火把点燃，同时还要举着火把到田边地头照田照地，在燃烧火把的同时将松香末撒入火把中，以增加光亮吸引螟虫扑火。昆明彝族支系密切人还要在燃烧火把时，撒一把松香念一句咒语，"金银财宝不烧，五谷粮米不烧，家堂香火不烧，祖宗老爷不烧，衣禄财神不烧，邪恶、病魔、鬼怪全烧，撒松香，全烧光。"（杨知勇，1990）火把节因以火焰灭虫保苗，又被称为"保苗节"。由于火具有的灭虫作用，楚雄姚安等地彝族也常在二月初二日或在端五节前后在房屋周围墙脚撒灶灰以避虫蛇。

图 5-6　用松树制作的火把
（2008 年摄于昆明西山彝村）

　　由于林木茂盛，在传统彝族稻田和山地中，各种病虫害发生并不严重，但彝族山林中各种野物较多，除鸟雀外，家畜、野物的活动也常影响粮食收成。为了确保粮食收成，除打猎外，彝族人也会有一些防护措施。为避免麂子、熊、野猪等动物和家畜放牧对田地的破坏，山地周围那些带刺的灌木常常被人们用来做围栏，有时，人们还要在地边种植一些树叶厚密的树木做栅栏，如接骨丹、芭蕉树等，这些树木既可起到对山地作物的保护作用，同时也可以为野猪等动物利用。在稻田收获之前，人们会砍一些栗树枝放在田埂边上，因为栗树枝与蛇的形状较相似，这样，可以利用蛇来防止老鼠进入田中。在粮食成熟之际，由于鸟雀众多，有时人们也要守地驱赶，同时，还要在地的四周用树枝燃放烟火，以驱赶野物远离作物。

在作物生产的各个环节，无论是播种、耕作、培肥、病虫害防治及收获，都离不开"树"的作用，人们依靠"树"获得籽种、依靠"树"获得生产时令和必要的肥水，也依靠"树"来消除病虫害获得收成。由于树木生长对于生产生活的重要作用，彝族人在利用环境树木的同时，通过对树木的恢复生长或以扦插树枝或种植树木的方式进行树木的生产，彝族传统农业有效地维护了环境树木的生长。

# 第六章　生产劳作中的协同合作

## 第一节　人类生产与自然生产的协同

### 一、采集、狩猎与动植物生长的协同

彝族生产活动以利用树木森林为基础，在基于事物"相配"给予生命的促进、支持与协助观念指导下，彝族人并不单纯从自然获取利益，在自然动植物的采集狩猎活动中，也为自然动植物的生长繁衍创造了条件。

彝族采集活动以植物的生长节律为基础。不同季节植物生长不同，彝族采集种类也不同。冬春时节树花开放的时候就到了采集食物的季节，腊月期间，河边山箐白刺花枝杆就已有了花苞，这时的花苞苦味淡薄，细润可口，味道极佳，尝新的人们已开始采摘。正月、二月白花盛开，箐边山坡白哗哗一片一片，此时采摘十分方便。三月以后，又有各种杜鹃花盛开，马樱花又到了采摘的季节，红色马樱花用于节庆祭祀，而白色或浅色马樱花则是采食的对象。此后，茉莉花、金雀花、槐树花、棠梨花等树花大量开放，棠梨花虽不美，但开花很多，是唯一可以大量采摘的野菜。清明后，核桃花白生生一绺绺挂满枝头，隔不了几天就可捡到花穗。五月石榴花到处可见，人们提袋子拾落花，除去花心，仅留花。仲夏季时节，芭蕉花、芋头花、南瓜花又可采摘。秋季到来又有鲜菊花、月季等鲜花可以采食。采摘花后可以继续采集树叶嫩芽，春季白刺花开后，香椿、树头菜、臭菜、沙松叶芽、花椒叶等乔木、灌木陆续发出的嫩芽可采摘，在嫩树叶采集后，蕨基草、小根蒜、薄荷、水芹菜、荠菜等多年生、一年生草本又进入了采集季节。每年五月第一场雨水过后，野生菌开始萌发，至中秋前的几个月，都是彝族采摘食用菌的最佳时期。进入晚秋和冬季，随着树叶的凋落，就到了收集薪柴、荞把的时候了。薪柴砍伐树木多为松树、栎树、刺槐、桦木等树种，而荞把多选用水冬瓜、榆树、水青冈、椴树、桤木等阔叶树种，以修枝打杈为主。

彝族以食用为目的采摘的多是与农地共生的灌木或草本，白刺花、棠梨花、石榴花、树头菜、花椒叶等均为软阔叶树种，这些均是适宜在高海拔向阳红土地中生长的树种，且多分布在交通方便、人们活动较频繁的地区。这些树种大部分为速生树种，成熟早，开花多，落花也多，但其生长持续期短，衰退也早，采摘花叶有助于促进其生长发育。适应树木生长特点，适当的疏花可以减少树木负担，

提高果实成熟率和品质。如彝谚所说："核桃树结果多了，树心就要空。"（杨植森和赖伟，1982）核桃一般为雌雄同株异花，雄花多不具花药，不能散粉；也有的雌雄同序，但雌花多随雄花脱落。雄花过多，消耗养分和水分过多，会影响树体生长和结果，适当疏雄，即使除掉雄芽或雄花约 95%，仍有明显的增产效果。除核桃外，即使那些雌雄同株的树木，疏花也有利于挂果。疏芽则有助于雌花形成，抽生结果枝，减少两性花序的败育和调节枝向和枝条分布。摘去顶端新叶，可以提高植株各器官的生理活性，增加营养积累，改变营养物质的运转方向，促进根部枝叶生长。例如，在荞子开花前，如果植株长得很茂盛时，就要疏去部分嫩枝肥叶，一方面抑制植株生长，另一方面促进分枝结籽。在采集或种植树头菜的彝区，彝民们说树头菜如果不进行采摘或修剪，几年后就会死亡。在彝族看来，摘花摘叶不仅不是对树木的损害，还是对树木的一种爱护。

建材、薪柴和烧地用荞把的采集虽然会有大量树木被砍伐，但在彝族看来，这些树木利用的方式在一定程度上也有助于树木的更新和生长。如《彝族打歌调》中所唱："不高不矮黄栗树，经常要给它修枝，嫩芽自然会发生。嫩芽也许想冒尖，黄叶老是掉不了，使得新芽难萌发。"（杨茂虞和杨世昌，2002）大姚县华拉咋么村彝族村民们认为山林不能只封不动，山林也像人一样需要疏通透气，如果林子长得太密透不过气，树木就会越来越小，木材也越来越差。在自然状况下，林木的下部枝条随着年龄的增长，会逐渐地枯死脱落。马尾松、云南松等树木因自然整枝较少，通过人工砍伐能改善林内通风光照条件，尤其在林地水分供应不足，而蒸腾又很大的情况下，适当整枝对减轻干旱和防止枯梢起一定作用。此外，整枝还可以减少火灾、病虫害发生和蔓延，增加林木的抗性。栎类树种在皆伐后具有很强的伐根萌芽能力和根蘖分生能力，尤其在灌木少，采伐剩余物少或破土、断根等条件下，其更新效果则更好。对山杨、椴树、柳树、楮树和竹子等来说，仅利用伐根上的休眠芽和不定芽就可发育成萌芽条长成植株，或由其根部不定芽形成的植株就可以完成无性更新。而针叶树种松树的适当砍伐也会因光照增强从而促进籽种的萌发。为培养通直、圆满、无节、少节良材，人们要人为地除去树干下部的枯枝及部分活枝以提高木材的质量。人工整枝不仅可增加树干的圆满度，修除枯枝后，造成切口上部同化物质积累，下部同化物质减少还使树干上部接近树冠部位的直径生长增加，切口下部树干生长量有所减少，从而提高了树干的圆满度。对阔叶树的修整，其生长效果优于针叶树，在立地条件好的情况下，修剪促进生长的效果显著。（安徽农业大学森林利用学院林学系，1998）

虽然适量的砍伐会刺激树木的生长，但为了使树木不因砍伐而受到伤害，彝族对树木的砍伐也是有选择的。如彝谚所说："要烧阳坡长的柴禾，要喝山谷流的泉水。"（杨植森和赖伟，1982）彝族薪柴砍伐多为栎树、刺槐、桦木等向阳树种，这些阳坡树木较阴坡树木生长快。大姚县华拉乍么村，在当地丰富的树种中，村民首选的薪柴树种是好烧耐烧的栎树，然后才是其他树种，大体上村民经常烧的薪柴树种不超过 10 种（如麻栎、刺栎、乌桕、红香木、楮木、山胡椒等）。村民采集薪柴时，基本上是砍伐根部直径 5~20cm 的树，更大的树除非中心空了，否则一般不砍伐，村民说这是因为太小的树不好烧，砍伐后修去细枝也费工费时，而太大的树可能中心不空，那么砍伐后也难把它劈开，从而也就无法把它作为薪柴。松树由于砍后不会萌发，该村村民仅采集作为建材使用。此外，彝民把每年农历10 月至翌年 2 月这段时间定为砍柴时间，因为这时候木材的含水量较少，柴耐烧，而且这时砍了以后树桩容易萌发，大家都自觉在这个时间砍伐。其次，砍柴不是连片砍倒，而是有选择的"砍两棵，留一棵；砍老枝，留嫩枝"。他们认为只有这样才不会把林子砍"伤"，否则以后树林长不好。为了恢复树木的生长，砍伐树枝和树干大多实行"轮伐"，即今年砍这片，明年就砍另外一片，让今年被砍的这片得到"休息"生长。（何丕坤，2004）

与树木的可持续利用相似，彝族林下采集较多的野生菌也有其保障菌种生长的办法。在相似的温度雨水条件下，野生菌每年会在同一地方出现。为了每年都能找到野生菌，彝族通常会采取一些办法对野生菌种给予保护。这不仅包括不对产生野生菌的灌木丛进行砍伐，同时还要保护那些与之共生的一些生物不受伤害，如名贵的鸡枞要在有白蚁的浅草红土地中生长，但如果采集或其他活动导致白蚁动迁，来年就不会有鸡枞长出。为了保留菌种使其再生发，彝族采集时有讲究，如果鸡枞的根过于深入土壤，不能用镰刀、锄头等铁具来挖掘，只能用手拔或用木棍、竹签等工具刨出，否则会破坏鸡枞的生长环境。采拾干巴菌时则不能破坏它的根部，如果干巴菌的根被破坏了，来年就不会再长了，此外采摘时还不能全棵拨起，要留下部分作为菌种。在采集其他菌种时，人们也会留下那些较小的菌子作种，以待来年再采。

采集活动以森林为基础，除恢复性利用各种树木的方法外，为了采集利用的可持续性，彝族还有着树木森林的维护和培育措施。除那些具有神性的树木得到保护外，彝族在生产生活中利用树木的禁忌也避免了对树木的过度利用。与此同时，彝族村寨还通过村规民约等来加强对树木的保护和培育。

彝族祖先不仅把严禁乱砍乱伐的禁忌行之于文，而且为了让子孙永世不忘，也刻之于石，直到现代，楚雄州南华县境五街乡彝村还保留护林禁伐的封山石碑，违者罚银罚羊。（普珍，2006）在大姚县华拉乍么村，森林资源分为集体林和个人林来养护，神山、水源林、风景林属于集体养护，村民不得擅自进入集体林砍伐树木，除神山外，允许捡干柴、采野果、药材等。那些可以为个人使用的山林也有划分，他们把自留山上的杂木林划分为薪炭林，因为杂木林砍了之后会萌发，而且生长较快。而一切针叶林都被他们视为用材林，认为针叶树种是珍贵的树种，自然更新速度慢，材质较好，一般不轻易砍伐，只有建房时才使用。村民们把林子视为一种财富，谁家的林子管不好，长不好，主人就会没面子，被别人笑话。因此，他们在管好自己林地的同时，还自发以联户的形式管理好森林，保证每天都有一人上山去看管林子。村民们把每年雨水至立夏这段时间定为封山育林期，他们认为这段时期正是林子发芽生长的时候，不能让牲畜啃食，人也不能进去修枝打叶。

根据植物的生长发育规律，彝族人把采集活动与自然植物的繁衍相结合，在利用各种野生动物的狩猎活动中，野生动物种群的繁育也有其保障措施。

由于森林中野物众多，虽然彝族一年四季均可捕猎，但为了取得狩猎的最佳效果，也为保证野生动物的繁衍，彝族地区大多有季节性狩猎的习俗。凉山彝族不同的季节猎捕不同的动物。农历三至五月猎捕獐、鹿、麂等，因为这时草青叶茂，这些野兽都出来觅食；农历八至九月玉米、荞麦成熟，野猪、熊吃得膘肥体壮，正是捕杀之时，待十冬腊月熊进入了冬眠，则更易捕杀。（呷呷尔日，2011）在农业生产较为发达的云、贵、桂的广大彝区，因为大量时间需从事农业生产，狩猎时节一般在农闲时的农历十月至翌年二月。楚雄、双柏等地彝族出猎多在秋后农闲时进行，行猎前猎人仍旧要打木刻占卜以择日或卜吉凶兆。武定、禄劝等地彝族除冬腊月农闲时狩猎外，还喜欢农历六至七月农闲时撵山打猎。广西隆林彝族过去农闲时喜欢打猎，个人打猎一般是在早上或傍晚，集体狩猎一般是在秋收后。大理巍山等地彝族集体围猎一般在正月十五日后，或火把节前后举行。永德俐侎人到山中追麂子，有严格的季节时令，一般于每年六月火把节过后最合适。（杨甫旺，2010）由于狩猎活动的季节性符合不同野生动物生息繁衍的规律，又因狩猎季节大多在秋冬时节，这时大部分野生动物已在春夏季完成了交配繁殖，而到了秋冬季节，小兽也有了独立生活的能力，因此，彝族传统狩猎活动对动物繁衍的影响不大。

除季节性狩猎外，在狩猎活动中，彝族还有一些使野物不受过度伤害的措施或禁忌。在凉山彝族的大部分地区，一年中犬猎、套猎、压板猎和阱猎等可以同时进行，但在甘洛、越西、汉源、峨边等地则不同，规定农历正月至七月是犬猎季节，这期间不得用套猎等，若谁违反，套伤或套死猎狗要负赔偿责任；农历八月至腊月是套猎、压板猎的时节，在此期间，若带猎犬去狩猎，猎犬被套伤压死可不负任何责任。此外，彝族还有一些狩猎和食用的禁忌，除一些图腾动物禁猎外，彝族忌食猴、虎、熊、豹、獾和狗、猫、蛇、蛙之类动物的肉，传说猴、虎、熊、獾等几种动物与人类祖先有渊源关系，因而以上动物有的只能取其毛皮、不能食肉。彝族各宗支中的长房还禁食有爪类动物，如虎、豹、狮、狐狸、猫、鹰、大雁、白鹅、鸽子等，因为长子是执行供祭较常接近祖灵者，需要洁身洁灵，以免触怒祖灵而遭到惩罚。按传统禁忌，路遇虎、豹只能驱赶，遇猴子不能射杀，禁猎母獐、母鹿、母麂。彝族民间传说最大的鱼、虾、龟、蛙……都是王，无意之中捕捉到也要放生。（普珍，2006）　猎人不仅熟悉各种野生动物生存的环境，还能从野物行走的脚印或叫声中判断出小兽、公兽、母兽和孕兽，这样他们就可以选择其捕获的对象，这些禁忌的存在在一定程度上保证了那些图腾或禁忌动物的繁衍。

在彝族看来，动物的利用也有利于动物的发展，如彝谚所说："猫肉难吃，猫不兴旺，羊肉好吃，羊群发展。"（杨植森与赖伟，1982）各种野生动物虽不由人来饲养，但适当的狩猎可以起到调节野生动物生长繁衍、平衡自然环境和人类生存的作用。

狩猎可以减少动物对于植物环境的利用，同时也有助于动物种群的更新。在捕杀猎物中，对于那些凶猛的动物，老弱病残者是主要的捕猎对象。减少了种群中的老弱病残者，更有利于种群繁衍和健康。例如，野猪虽是群居动物，但已成年的公猪会被头猪赶出群体，这些被赶出的公猪离群索居，喜欢用松树摩擦身体，使松脂黏着在身体使皮肤变得厚实，这时即使用猎枪射击也很难使其受伤，这些公猪虽然脱离群体，但却极其凶猛，还会主动攻击猎人，因此，捕获单猪危险性极大。秋冬之季，野猪进入交配季节，不仅出没频繁，公猪之间因争夺交配权而相互争斗，常导致公猪伤残，在猪群中混有了那些老弱病残的公猪。外出寻食时，通常小猪在前，母猪公猪在后，在追捕时，那些老弱的公猪和落后的母猪则较易被捕获。麂子的狩猎也相似，麂子胆小机敏，非交配季节，麂子常单独生活，难以捕捉，进入交配季节公麂母麂常结伴出入，并常常伴有公麂因交配争斗，这时不仅它们的脚印易为猎人所发现，那些落败的麂子也较易猎获。

彝族喜食柴虫，对柴虫的采集，也有助于维护树木的生长。松树、栎树是彝族经常使用的树种，而这些树种也是柴虫经常寄生的树种，一般寄生柴虫的树木体外都排出有其啃食后的木屑，或是被其啃食的树木都会出现畸形或是隆起一个个疙瘩。这些柴虫的存在不仅会对松树、栎树的生长构成危害，也会影响到其他木本和草本植物的生长。树木砍伐后因不同树木恢复能力的不同，柴虫生长也有多寡。彝族可以对有柴虫的树木采用皆伐，也可以照着滋生柴虫的地方用刀，这样既能获得美味的柴虫，又不毁掉树，可谓两全其美。由于彝族既砍伐树木，又食用柴虫，一方面树木的砍伐为这些昆虫的生长创造了条件；另一方面通过人为对柴虫的采集与利用，也尽可能地保护了树木的生长，避免了由柴虫引起的森林病虫危害。

而对马蜂或葫芦蜂等杂食性昆虫的利用虽有利于蜜蜂的发展，但在这些昆虫的利用中，人们也要采取措施保障其繁衍。八月十五前后，彝族要烧葫芦蜂窝，通常人们要将葫芦蜂带到有树林的地方来烧，据说，这样烧掉的葫芦蜂，第二年在这个林子附近还可以找到葫芦蜂窝。

## 二、农作生产与自然环境的协同

作物生产与自然环境有着密切的关系，不同植物生长有适宜的温度、水分、光照和土壤营养条件，根据自然环境的不同选择种植作物、耕作方式以及管理措施是彝族农作生产与环境协同的重要内容。

彝族腊罗人打歌调中唱到："瓜种在哪里？瓜种在森林旁。竹栽在哪里？竹栽在坝区，坝区栽竹竹不旺，山头种瓜瓜不良，只好换地来栽种。哪里种了瓜？坝区种了瓜，瓜藤如缆绳，瓜叶似簸箕，瓜花似繁星，瓜果如木盆。哪里栽了竹？森林里栽竹，竹梢高触天。腊士去采竹，大哥任砍竹，二哥任拖竹。"（杨茂虞和杨世昌，2002）正是体验到了不同作物在不同环境中的种植效果，人们逐渐认识到了作物生长与环境的关系。不同作物有各自适宜生长的环境，作物的生长状况反映了环境的状况，因此，自然环境的不同可以通过作物种植来区分。"远古后来时，冷热区不明，山区不知坝，坝区不见山，山区养下坝，坝区稻上山。山坝两分明，从产粮区分。"（禄劝彝族苗族自治县民族宗教局，2002），彝人正是通过不同作物的生长来判断环境条件的，荞麦通常在冷凉地区生长较好，而水稻生长需要较好的热量条件。由于不同海拔温度条件不同，低海拔的山地温度较高适宜种植水稻，而那些海拔较高的冷凉地区适宜种植荞麦，根据不同作物生长状况的不同，人们也就知道了环境的冷热状况。

根据环境条件安排农作生产是彝族传统农业的特点。如《蜻蛉梅葛》中所唱："苦荞高坡种，甜荞高坡种，燕麦山头种，草籽山头种，高粱平坡种，狗尾巴小米平坡种，黄苕小米平坡种。"（姜荣文，1993）受高原山川分布影响，彝族各地既有较为平坦、土质肥沃、雨水充足、气候温和的平坝地，也有处于平坝与高山之间的山坡地或半山地，还有处于高山区地势较高的山地。根据光照和水分的不同，有光照时间较长的高山坡和光照时间较短的凹地或背阳坡，有水分较多的水田和水分不足的旱地。根据作物生长的需要，彝族通常把耕地分为三种类型来种植不同的作物：一是平坝地，即分布在河谷或山间大小不等的较平坦的耕地。这些地区土质肥沃，雨水充足，气候温和，多用于种植水稻；二是半山地，即处于平坝与高山之间的山坡耕地。这部分耕地，气温较平坝地低，但光照、雨水较为充足，多用于种植玉米、燕麦、洋芋、杂豆等；三是高寒山地，由于地势高、坡度大、气候寒冷，多用于种植荞麦、燕麦、草籽、小豆等耐寒作物。（周文义，2005）此外，根据土壤条件及地力的不同还有种植作物的选择，如"生地豆，熟地麦。沙土花生黏土麦。阳山菜子阴山麦。肥土芝麻瘦土麦。"（中国民间文学集成全国编辑委员会和中国民间文学集成四川卷编辑委员会，2004）又如，"女儿疼亲娘，瘦土爱甜荞"（杨植森和赖伟，1982）。利用彝族地区海拔差异产生的不同气候、土壤和水分条件，彝族有多种作物种植。通常彝族多在高山区种荞、苏子、坝子、草籽、小豆等需肥较少的作物，在半山地多种植中等肥力的小米、玉米、燕麦、高粱、洋芋、杂豆等，在平坝地多种植需肥需水较多的水稻、水高粱、稗子和大豆。

因山地土壤肥力不同，彝族耕作方式也有不同。通常彝族将农地分为二半山地、熟地两种类型，二半山地有生地和轮歇地之分，熟地中又有养分条件较好的粪地。生地为初开的山地，轮歇地为耕作后需要丢荒的地，这类地通常一年只种一季，熟地不仅一年可以种植两季，熟地中养分充足的粪地还可连年种植。根据土壤水分的不同，彝族人把地势较为平坦的耕地分为常年流水的拦水田和靠打雷下雨抢种的雷响田，在拦水田中种植水稻，而雷响田则根据雨水的情况选择稻作或旱作。此外，根据山地海拔、肥瘦程度、干湿度不同，同一作物也有不同的品种种植。在凉山地区，彝民们选种不同种类的荞。在高海拔的地区就种刺荞、慈荞，较贫瘠的山地种猪粪荞，相对松软潮湿的地种早熟荞，较为干旱的地种晚熟荞，这样就能错开收获时间，从容地收完这茬再种下一茬，并且能够先有一部分新粮出来应对青黄不接的日子。（阮池银，2012）通过农作物种植与自然环境的协同，彝族传统农作不仅维护了环境的多样性，也保障了农业收获。

根据不同节令气候条件从事作物生产是彝族农业生产与自然协作的另一方面。在楚雄有这样的耕作节令：正月立春雨水挖新沟，二月惊蛰春分撒早秧，三月清明谷雨收豆麦，四月立夏小满栽小秧，五月芒种夏至铲包谷，六月大暑小暑收荞子，七月立秋处暑关坝塘，八月白露秋分收庄稼，九月寒露霜降种秋荞，十月立冬小雪抓松毛，冬月大雪冬至砍年柴，腊月大寒小寒杀年猪。虽然这些农作节令与汉族相似，但由于彝族旱地较多，因此栽种节令的迟早是依雨水的迟早而定的。例如，水稻撒种一般在清明后10余天，经谷雨立夏两个节气，小满开始栽种，如果雨水不来，就到芒种、夏至，到小暑还不下雨，就只得种豌豆、蚕豆、扁豆、花生等小春作物了。在长期的实践观察中，彝族人也总结出了各种气候条件与农业生产的关系，如"春雾地晒裂，夏雾踩烂泥。春南夏北风，全年干旱多。若要庄稼好，风雨少不了。清明刮南风，庄稼会丰收。夏至风从西北来，瓜菜五谷晒卷叶。立秋无雨下，粮食减一半。春分有雨疫病少，大雪落纷纷，牲畜愁悠悠。大寒不觉寒，大畜遭病缠。"（李成智等，1992）又如，"立春不宜雨，立夏不宜晴，立秋不宜雷，立冬不宜风，四立若犯此，农事总成空。"（杨成彪，2005）"一阵太阳一阵雨，种下包谷吃大米。""夏至风从西北来，瓜菜五谷晒卷叶。"（禄劝彝族苗族自治县志编纂委员会，2002）有了这些生产经验，人们就可以根据气候条件的变化适时地调整农业生产安排。例如，"二月清明多种豆，三月清明多种麦；二月清明秧当宝，三月清明秧当草。"；"立夏不下雨，犁头高挂起。"（杨成彪，2005）

根据自然环境安排作物生产也有利于自然环境的稳定。彝谚说："要想防旱又防涝，山上山下种庄稼。"（杨植森和赖伟，1982）彝族地区山地极易造成水土流失，但因为彝族对农作生产的合理安排，作物生长也如同树木一样维护着环境的稳定。保持土壤的覆盖度有助于减少因风蚀、水蚀造成的水土流失，在阿细人看来，草地与作物都可以起到防止水土流失的作用，因此，"坡嘛还没有安稳，坡还没长粮食。"于是"用灰草来垫坡，蕨鸡草来盖石头，根子长在石上作蓆。"（陈玉芳和刘世兰，1963）

彝族农作生产对环境维护的另一方面在于农作生产与树木生长的协同。在彝族看来，农耕生产既可以满足人的粮食需求，同时也有助于促进树木生长。虽然采用砍火地的粮食生产需要砍伐树木，但由于树木的修枝有利于树木更新且火烧也能刺激树木生长，这种耕作方式却在一定程度上形成了作物生产与树木的协同。在四川凉山盐源地区，用当地彝族乡民的话来说就是：只从松树枝条上的节距之间的长短就可以看出当地是否动过火焚烧枯叶。动过火的林地，云南松枝条上的节距达到70cm，而没有动过火的林地，枝条上的节距不会超过30cm。这就表明，用火焚烧林地后，幼树的生长加快了一倍。据此他们强调，在他们的这个特有地区，纵火焚烧是育林的有效手段，而且是不可替代的手段。如果幼林地不过火，树木的生长就极为缓慢，弄不好就会长成"老头树"。幼林如果年年都掌握好按期火焚，林下不仅可以播种粮食作物，而且树木会长得很好。如果不播种粮食作物，林下也可以长出鲜美的牧草，用于放牧牛羊。（杨庭硕，2011）传统砍火地农业生产通过粮林混作、轮歇恢复树木生长，加之火焚对树木生长的促进，这种生产方式不仅没有对彝族居住的森林环境产生显著的破坏，相反，这一粗放的农作生产还在一定程度上促进了植物的生长。

对山林树木环境的依赖，彝族人把树木作为农业生产的基本条件，不仅农作生产的各个环节有着对树木的利用，各种以扦插树枝方式举行的宗教仪式在表现人们对以树为载体的神灵崇敬的同时，也将农作生产与森林培育进行了有机的结合。尽管各种以扦插树枝为主的祭神、驱鬼活动并不能保证树木的成活，但以软阔叶树为主的杨、柳、桃等树枝的扦插却可以在湿润环境中得以生长，可以说彝族人在作物生产的同时，也进行着树木的生产。

在作物种植中，那些近缘的野生品种也是彝族人种植的对象。彝族地区既有水稻种植，也有"稗子"、"水高粱"、"坝子"、"苦草"、"草籽"种植，这些作物虽然经过了选育，与野生种有所不同，但它们比水稻、豌豆、荞等大量种植的品种更接近于野生种，是介于野生种和栽培种之间的近缘物种，这些近似于野生物种的种植说明彝族作物生产与野生物种选育之间有着密切的关系。在彝族看来，一些野生品种保留也是栽培品种发展的需要。笔者在对大姚桂花乡核桃生长考察时，时任李副乡长说，十年前，为了使当地核桃有更高的产值，需要将野生硬核桃嫁接为经济价值更高的薄皮核桃，许多生长多年的野生核桃都需要进行嫁接，但这一提高经济收益的做法却遭到了当地老百姓的强烈反对。在他们看来，薄皮核桃与硬核桃的不同是雌雄的不同，没有雌雄相配将不会有果实孕育，如果要把硬核桃都改为薄皮核桃，没有了作为雄性存在的野生硬核桃，那些以雌性存在的薄皮核桃树也将不再会结果。

图 6-1　稗子种植
（2009 年摄于姚安前场镇新民村）

图 6-2　苦草种植
（2012 年摄于姚安前场镇新民村）

由于各种作物籽种来自于天上的梭罗树，在彝族看来，各种作物籽种是由动物从天上带到地上来的。《西南彝志》中说："作物有九种，一是田坝的禾苗，二是姆却阿娄的，三是脚能的，还有甜禾和苦禾，还有狗尾禾，还有白禾与黑禾，还有香的禾，这九种品种，生在高天上，直娄鸟飞去将这些品种从洪姆沏采摘，带到地上来，到了春三月，百灵鸟叫的时候，将甜苦两样品种插种在高山上。"（贵州省民间文学工作组和贵州省毕节专署民委会彝文翻译组，1963）在彝族看来，没有动物对作物籽种的传递，就没有作物生产，因此，众多史诗中均将作物籽种的获得归功于动物。《查姆》中说棉花是从孔雀身上取来，纸树籽种是从麂子身上获得的；《梅葛》中说是麻雀衔来了荞种，狗带来了稻种；《阿细的先基》中说瓜子由燕子带来。《物始纪略》中说像羊的两物身上有着草和竹，还有大量的花种和树种；在撒尼人的诗歌中说斑鸠身上有细米种。作物生产依靠地上树木，也依赖于地上的动物。

动物带来了作物生产所需的籽种，也指导着农业生产活动。"白花雀一叫，撒种进土坑。到了什么季节不知道，燕子到门头，育秧时节到，不知何时插，布谷鸟是插秧鸟，布谷鸟一叫，插秧时节到，锄地时节我不知，老阳雀是锄地鸟，老阳雀一叫，锄地季节到，薅秧时节不知道，蚂蚱稻叶站，薅秧时节到。何时立秋不知道，草萎草枯了，就是立秋时。收获时节我不知，大雁是秋鸟，大雁若是叫，收获季节到。糠地时节不知道，盯着鸟儿看，看着鸟儿糠，看着鸟儿锄，看着鸟儿收。"（李德君，2009）人们的生活也遵循动物活动的规律。例如，"蜜蜂抬水处，就是挑水处；砍柴不知山，烧火没有柴，蝉儿鸣叫处，就是砍柴山。"除此之外，各种动物的出现还可以为气候变化做出预示，从而为农业生产活动提供有效的帮助。例如，"杨柳树上蚕织窝，农人赶早备笠蓑"；（杨成彪，2005）"树上没有布谷叫，脚下没有溪水流"；"四月箐鸡叫，八月下早霜。要是八月露水不饱，庄稼五谷不会熟。"（中国民间文学集成全国编辑委员会和中国民间文学集成四川卷编辑委员会，2004）在长期的生产实践中，彝族人也总结了一些动物活动与农业生产的关系，如葫芦蜂多的年份，荞子、稻子收成好。蛇多的年份，葡萄会丰产。喜鹊惊鸣，预兆五谷丰登。

由于各种野物对农业生产的指导，人们不仅对那些在农业生产中起着指导作用的布谷、喜鹊、燕子、蜘蛛、蛇、青蛙等动物加以保护，同时，农作生产也为其他动物繁衍创造了条件。在春季，发芽的荞、玉米、土豆等作物是麂子、马鹿、野猪喜爱的食物，而当粮食成熟之际，也是各种鸟类、野猪大量出现之时。由于山地广阔，通常人们也不对其加以防范，在鸟兽危害严重时，人们虽然也采取一些防护和狩猎措施，但由于狩猎活动的禁忌及限制，在一些鸟兽类较多的地方，作物收成的损失仍然较大。就在20世纪50年代，相对于病虫害而言，鸟类、草食动物的危害还是较其他灾害影响农业收成最大的因素。

农作生产得益于自然条件，天、地、日、月、风、雨、雷、电、山、川、火、水等自然现象和事物与作物生产有密切的关系，但人没有对这些事物的控制权力，为了求福避祸，于是就需要有各种各样的祭神活动、巫术和禁忌，以此人们希望取悦于神灵，获得各种神灵的协助。在生产生活中，彝族有许多生产的禁忌。在祭龙或祭山神期间以及在秋收土黄时节，有禁止劳作的习俗，如黔西北彝族农历正月初一到十五日忌做农活，正月二十日百事忌。大姚彝族在秋收土黄节时，忌到山地中劳作；祭山神期间，忌生产、煮猪食、喂鸡、砍柴、割茅草，否则粮食不发展；祭火的日子，不竖柱、盖草，否则将遭火灾。又如，凉山彝族过年三天内禁忌新鲜蔬菜进屋，否则对祖先是最大的不敬；禁过年七天内推磨，否则会使家境贫困。农历十月初一和正月初一日的年节里忌耕地，因为牛一年到头地劳累，也要过节和休息。这些生产禁忌既是彝族人对土地和其他生命的一种体恤，也使土地、动植物通过休养生息而得到恢复，免于过度开发。

## 三、畜牧养殖与自然动植物生长的协同

与作物生产相同，彝族人对植物生长和动物习性的掌握，使畜牧养殖形成了与其环境的协同。一方面畜牧养殖遵循着自然环境草木生长的规律；另一方面，畜牧养殖与野生动物之间形成了互为转换、互为促进的关系。

由于彝族地区地处热带且海拔较高，从坝区到山顶海拔差距在 1500m 以上，又由于温度、降水的不同，山地不同海拔上生长着不同植物，根据环境条件安排放牧养殖是彝族畜牧生产的特点，通常彝族在坡陡、高中型禾草多、质地粗糙、纤维发达的地区，以放牧山羊为主，同时养黄牛；在坡缓、高中型禾草为主并有一定数量的豆科牧草地带，以放牧牛、山羊为主，兼牧绵羊；在高山草甸类草场为主的高原地区、中矮型禾草多、质地软、营养丰富的地带，则以放绵羊为主，黄牛和山羊次之；在低山、半山的宽谷地区，粮食和农副产品多，主要发展猪和水牛的养殖。由于草类资源丰富，彝族饲养家畜的种类也较多，但由于山羊利用牧草的种类比其他家畜多且环境适应性较强，山羊的饲养量较其他家畜多。

牧草是畜牧养殖的根本，为保障羊及其他家畜对各类草木资源的可持续利用，彝族通过在山地中实行季节性轮牧满足家畜生长的要求。冬春季节，平坝和矮山地带气候温暖，草木萌发较快，而到夏秋时节，高山上气候凉爽且牧草丰盛。因此彝族有冬春放牧和夏秋放牧的不同，冬春季节牛羊多在矮山平坝放牧，夏秋季节又将牛羊赶至高山、中山放牧。通过矮山与高山的轮牧，不仅解决家畜生长所需的食物，也保证了家畜的健康。在四川彝区流传有一个《扑热阿欧》的传说，过去人们放牧时就近不走远，绵羊经常病死。后来扑热阿欧把羊赶到高山放牧，结果夏天还没过完，羊就死完了。第二年，他买了几只绵羊，这次他汲取过去的经验，在离家远一点的地方放牧，但他把时间顺序颠倒过来，冬天在热的地方放，夏天在高山山顶上放。这一年，他的羊比别人的多产了几只。（罗曲与李文华，2001）正是高山与矮山的轮牧使家畜有了适宜的生存环境，从而减少了家畜疾病的发生。彝族根据季节气候变化来转场，通常会在火把节前后祭祀羊神或山神后从高山转入中山或低山。

　　为保证家畜生长的营养，即使在同一海拔区域放牧，彝族也要不断更换草场。彝人说"一日放一沟，一日吃一草，日喝一口水，吃草吃草根，喝水喝泥水，绵羊总是叫。再来驯一天，会放者来放，一日放十沟，一日吃十草，日喝十处水，吃草吃嫩芽，喝水喝清水，羊温和顺丛。"（达久木甲，2006）虽然获取新鲜牧草是养好羊的关键，但不同时期水草生长的不同，放牧的方法也会有所不同。彝族有"春放一片坡，秋放一条线"之说，春季草场处于萌发时节，草木还不够茂盛，要让牛羊吃饱就要尽可能扩大放牧范围，由于春季草木处于萌发时期，牛羊对树木的利用可以促进树的生长，对牧草的利用也会促使其分蘖，不断的转换草场，不仅可使羊吃饱，还可以促进草木的生长。而到了秋季则不同，秋季虽然草木生长茂盛，但草木生长即将进入枯萎期，这时除了放牧需要，还要为牛羊准备过冬的牧草。凡带有异味、粘有粪便或腐败变质的饲草、饲料或已践踏过的牧草羊都不愿意吃，因此，为防止牛羊踩踏牧草后造成牧草的浪费，彝族牧羊人会将牛羊赶成一条线，这样就可以对行走路线上的牧草进行充分利用，同时不易造成对周边牧草的毁坏。彝族牧人说，这样的放牧不仅可以使牛羊充分利用草木的籽粒，还可以使羊充分采食利用牧草肥壮的宿根，从而更易使羊肥壮。

　　尽管彝族地区牧草丰富，但有限的畜种有针对性地采食牧草后，总会导致优质牧草的草质下降。虽然彝族通过放牧地点的轮换来恢复草场，但随着时间推移同样也会出现草场退化的问题。为更新草场，彝人会在草场轮休前实行火焚，火焚后立即播种农作物，同时在农作物中混进牧草，这种将草场的更新与农作物的种植一并实施的办法，对草场恢复的效果更为明显。由于这样的火焚只会烧去地表干枯的植株，不会伤及地下宿根和落地种子，因而对植被覆盖率不会造成长期影响。火焚后直到雨季来临前，地表覆盖度已经超过了70%以上。通过这一办法，不仅可以恢复牧草的生长，还可以消除有害杂草。而那些农作物生长更有利于牧草数量的保证，因此，彝族牧人说："养羊全靠火烧"。（杨庭硕和吕永锋，2004）

　　在保持畜群与环境植物生长的协同中，彝族人也使畜牧生产与野物有着互换。由于彝族采用自然放牧的方式饲养牛羊，那些较少使用人工管理的野外放牧极易造成家畜的野化。彝族地区那些野外放养的牛和猪如果缺乏管理，很容易就被野牛、野猪等因异性交配吸引而走失，有些在交配后会返回，而有一些则在野外生存后恢复了野性。在大姚桂花乡高海拔彝村，由于猪在野外放养无人管理，有时为了吃到猪肉，养殖户们还得要组织一场围猎。为了狩猎诱捕的需要，彝族人也常利用家禽辅助野禽的繁殖，从而获得诱捕的工具。由于存在家畜与野物的交配，在家畜野化为野物的同时，野物也改良着家畜的品质。在大姚桂花彝族村寨，当走失的母猪一段时间回到家后，往往带回已生出的小野猪，这些小野猪不仅瘦肉率高，抵抗力强，且易繁殖。此外，由于彝族善于打猎，一些野禽、野兽的饲养也有意用于畜禽改良，以获得家畜优良的品性。

## 第二节　作物生产与畜牧养殖的协同

### 一、畜牧养殖在作物种植中的作用

利用植物与动物间存在的互为依存的"相配"关系，将动物生产引入农作生产，利用作物生长辅助动物生产，彝族作物生产和动物生产在相互协同中共同繁荣。在这一协同中，畜牧生产不仅是人们食物生产的组成，也成为农作生产发展的必要条件。

畜牧养殖曾经是彝族传统农业主要的生产方式，随着汉文化的传播，彝族农作生产在经济生活中的地位不断提高，随之而来的是动物生产作用的转变。《西南彝志》中"牛的起源"说，牛降到地上后，有一个健壮的马，跑到汉族的地上后，缓慢的牛就到彝族地上来，以后彝族的六位祖先，把这些牛收下，拿来治理天地，天地就焕然一新。随着明清政府改土归流政策的实施，作物生产在经济和生活中的比例逐渐上升，在学习了汉族农耕生产后，彝族家畜的放牧开始有了功能的转变，"论德的牛和马"中说彝族德部与武部的放牧，"德施圈里的牛，为首的是祭天牛，其次是祭地牛，再次是耕牛，末了是做斋的牛。"（贵州省民间文学工作组和贵州省毕节专署民委会彝文翻译组，1963）耕牛的出现是彝族畜牧养殖从育肥食用到服务农业生产的重要转变。

由于犁田有助于改善土壤养分、防除杂草、减少作物病虫害、保持土壤墒情，从而有利于作物生长，因此，犁田成为农作生产的必要环节和增产的保证。如楚雄彝族歌谣中所唱："吃饭靠种田，首先要犁田。檐下雀未醒，披蓑戴草帽，牵牛下了田，田头十架，中间三十架，地尾三十架。处处都犁遍。犁沟一条条，就象蚰蜒过，犁过的土地，流金又冒油。"（云南省民间文学集成编辑办公室，1986）由于犁田对农作生产的重要性，牛因体格健壮且性情温顺，成为辅助人完成耕作的选择。对彝族而言，"耕牛不是畜，耕牛是粮食"，养牛与农作是同为一体的。为了耕田犁地，彝族几乎各户都养牛，少至两三头，多至十几头不等。由于牛在粮食生产中的重要性，除非遇有重要的祭祀活动，彝人通常不杀牛。

为延长土地的耕作时间，补充地力是获得粮食丰收的重要措施。彝谚说："畜以草为根，粮以肥为本"，"人力在于粮，地力在于肥"，"有畜则有肥，有肥则有粮，有粮则有钱。"（王昌富，1994）为了提高作物产量，彝族除利用"烧荞把"、"沤树叶"的办法增加地力之外，还通过畜牧生产提高土壤肥力。彝族人对收集和储存肥料非常重视，畜粪是彝族重要的肥源，差不多所有的家庭都建有畜舍，一方面是为了防止牲畜夜间走失，损害庄稼，另一方面也为了储积肥料。除犁田而外，牛粪也是重要的肥源和生产资料，彝谚说："牯牛喂元根，有牛就有肥，有肥就有粮，有粮畜肥壮。"（政协昭觉县文史资料研究委员会，1985）彝族常在荞地边收集牛粪做打荞场，一则就地取材在山地中收荞打荞，二则为荞地的下次耕作积累肥料。

随着养牛用途转变，更多的家畜饲养与农作生产建立了联系。彝族农谚说，"牛粪冷、马粪热，羊粪能得三年力"，"农民养群羊，多出三月粮"，"山地无羊，地里无粮"。（中国民间文学集成全国编辑委员会和中国民间文学集成四川卷编辑委员会，2004）牛粪是肥料的来源，但山地农作最好的肥源还是来自于羊。为了肥地，彝族人有用羊歇地的施肥方法。在作物收获至下一季旱作开始之前，天亮之时牧羊人就要把羊赶到山箐里吃草，到了夜晚则把羊赶至荞地里，用围栏圈住歇息一晚。晚间将羊群哄起 3~5 次，驱羊活动，使其排出粪尿。第二日晚再另换一块地歇羊。通过每晚不断的换地歇羊，在撒种之前将要播种的山地施肥一遍。把羊引入荞地的施肥方式，不仅延长了砍火地利用的时间，通过羊群的活动也踩碎了土块，帮助混合了土与肥，同时减少了杂草的滋生。由于羊粪有机质多，肥效快，各种土壤都可以施用。歇羊后的地，土壤增肥明显，第二年种植作物也可不用肥料，彝民们说，施用羊粪的肥效比化肥还要好。不仅种荞，其他作物或土壤较为贫瘠的土地施用羊粪也是较好的选择。在高寒山区，由于气候寒冷，牛粪、猪粪水分较大，施用后较易在土壤中冻结，而羊粪干燥，有利于吸收水分保持土壤墒情，因此，施用羊粪是最好的选择。新中国成立前，居住在四川凉山地区的彝族在利用奴隶娃子从事放牧时，一项重要的工作就是收集牛羊粪，奴隶们除须保证牛羊的饲喂外，每到耕种的季节还要向奴隶主上交牛羊粪用以肥田。那些不能用羊歇地施肥的庄稼可以直接点种在羊粪上以获得营养。

由于牧羊多在冷凉地区，这一地区通常少草甸，气候干燥，地不潮湿，故牲畜寄生虫病害不多。但由于放牧羊群大多时间在野外，为了歇地，羊群通常需露宿在山地中。夏季雨水较多，山地较冬春季节潮湿，羊蹄容易发炎，因此，夏季在羊歇地之前，为防止羊蹄发炎，牧羊人需砍伐树枝来垫地，这样，羊群在树枝上休息就能保持身体的干燥，减少发病，而那些留在地中的树枝又可以成为来年的荞把，与羊粪一起成为肥料。

由于牛羊饲养多在山地中，山地作物的施肥主要由牛羊粪来解决，而在坝区饲养的猪群则因其粪肥适合于坝区环境成为了稻田种植的肥源。稻作生产需肥料较多，而猪粪在温度较高的环境中熟化较快，用猪粪肥田肥效也较好。如彝谚所说："猪是农家宝，粪是田里金。""种田不喂猪，必定有一输，种田靠养猪，蚀本也不输。""秀才离不得书，庄稼离不得猪。种田要养猪，养儿要读书。""有钱人读书，无钱人喂猪。穷不丢猪，富不丢书。要得庄稼好，须在猪上找。"（中国民间文学集成全国编辑委员会和中国民间文学集成四川卷编辑委员会，2004）由于猪对于水稻生产的作用，《西南彝志》中说作物的种子由猪带来。有猎人三父子，打猎时恰巧打到了洞里的黄猪，打开它的胃里没有草，有的是白净净、黄灿灿的种子，把种子取去，撒在山箐里，生出来的不是树，而是一些作物，但人们并不是样样都收，只收一种金晃晃的禾粒。这种禾粒经过培育后，成为了作物的种子。

相比于牛羊猪粪，家禽粪便的肥效更好，由于家禽食道较短，食物在其消化中利用不充分，大量的有机质在其粪便中存留，家禽粪不仅可以用于施肥，还可以作为牛羊等家畜的饲料。虽然彝族养鸡较多，但由于放养较多，禽粪收集较其他畜粪不易，由于秧苗的生长决定着稻田的收获，家禽粪特别是鸡粪仅在秧田播种时施用。

由于农作生产的多样性，需要施肥的田地较多，需肥量较大，彝族动物饲养不仅因草木条件而转移，也因农作生产而轮动。在楚雄大姚桂花大村，由于山地海拔高差较大，田地较为分散，为了施肥，彝族人通常建有两处居所，一处位于山下，方便水稻种植，一处位于较远的山上，通常也称田房，主要为方便旱地作物种植，但不论是山上或是山下的房屋，都有关养牲畜的圈舍，在水稻耕种之时，人们把牛、羊、猪赶至山下的圈舍喂养，而在旱地种植之时，又将牛、羊、猪赶至位于山上的圈舍。

除提供粪肥外，家畜还是重要的农作生产协助者。彝族说，"养羊三分利，养羊种麦三倍利。"除将羊引入荞地施肥外，利用牛、羊的取食还可以促进小麦的生长。由于牛、羊对麦苗尖的啃食可以刺激麦苗的分蘖，从而使麦苗的生长更好，因此，当小麦长到十多厘米时，彝族放牧时要将牛羊赶入地中吃食麦苗。在燕麦的种植中也相似，人们在为燕麦除草时也割取燕麦苗，或用牛羊啃食以刺激燕麦生长。通常犁后播种的小麦仍留有大量土垡，这些土垡如不打碎，将会造成水分的蒸发，因此，打土垡是小麦出苗后的一项重要劳动，在姚安、禄劝等楚雄地区，这种打土垡的工作也利用牛、羊来完成，在牛、羊啃食麦苗之际，也就踩踏了土垡，从而减轻了人力劳动。《物始纪略》中说洪水泛滥后，人们难以存活，"武以洛吐册，住三家穷人，有三袋良种，遍地撒下了，无耙来耙地。到次日早晨，有头大母猪，大样地出来，耙着平坝地。"（陈长友等，1993）猪采食杂草、树根的生活习性可以帮助人们清除农田中影响作物生长的杂草，通过猪的采食可以消除田地中大部分杂草，有利于下一次的耕作。每当作物收割完成之际，彝族人会将猪放入山地或田中，一方面让猪吃食掉落在土地中的粮食，另一方面通过猪的拱食，吃掉作物、杂草残根，疏松土壤。此外，在猪拱食的过程中，人们还可以收获一部分产量。例如，在马龄薯收获之后，人们把猪赶入地中，让其拱出那些未收获的马龄薯，由其取食一部分后，人也可再次获得一部分残存的产量。

作物种植免不了会有病虫害，而鸡是彝族人防治病虫害的主要工具。由于彝族将疾病的原因归于鬼的危害或灵魂的丢失，在许多招魂和农业祭祀活动中，鸡常成为灵魂的召唤者，扮演光明的使者或鬼魂的替身。因鸡以虫为食，彝族有"家有竹鸡啼，白蚁化为泥。"的说法，在彝族山地中种植较多的禾本科作物、豆科作物较易受到地老虎、蚜虫、飞蚂蚁等昆虫的危害，鸡的饲养有助于减少这些昆虫的危害。凉山彝族每当作物成熟之际有用鸡叫魂的仪式，在荞成熟之际，人们用鸡祭神后还要将鸡带入荞地中围绕荞地为荞叫魂。平时，彝人任由鸡自由取食，在稻田或在旱地中都可以见到母鸡带着小鸡在觅食。在农作祭仪中，鸡常作为牺牲使用，一方面彝人用鸡来感谢神灵，另一方面也希望通过鸡吃食虫的特点来驱赶害虫。在有水稻种植的地区，彝族也有稻田养鸭。每年育秧之时，也是农民开始孵小鸭的季节。在蓐秧之际，农民下田干活时就把鸭子带到田中放养，收工之时再把鸭子带回家。利用鸭子吃食虫子和杂草，彝族有效地减少了稻田病虫的发生。

图 6-3　稻田边觅食的鸡群
（2011 年摄于大姚桂花大村）

　　尽管各种家禽可以帮助作物减少病虫害，但增强作物抗病害能力才是防治病虫的根本，由于作物生长依靠家畜的劳作，而强壮的动物是农作生产的保障。公牛、公羊之间经常会因为争夺领地和交配权发生争斗，尤其是不属于同一群的公羊、公牛之间。这种争斗既是自然对于动物选择的方法，也是培养健壮牛、羊的需要。由于作物生长与家畜养殖的密切联系，人们希望动物间的争斗带来作物生长对于病虫的抵抗。斗牛活动在彝族看来是防治病虫害的有效措拖，火把节作为灭虫的节日有多种传说，其中一则传说天上的阿番神背着天王，偷偷推开天门，把五谷籽种撒到地上，人们得到蜜蜂和神力的帮助，种出粮食栽出麻，摆脱了穿树皮吃野果的生活，过上了丰衣足食的好日子。天王对此不满，派大力神到人间毁坏庄稼，企图使人们重新回到穿树皮吃野果的时代。大力神为了显示本领高强，找到一条排角的大水牛，用力一扭，就把水牛扭翻在地。人群中走出朵阿惹姿战胜了大力神，大力神灰溜溜的低下头，变成一座秃山头。于是天王恼怒，撒下一把香灰面，刹时变成数不清的害虫，要把庄稼吃光。彝族人民点燃火把，烧光害虫，夺得丰收。从此，火把节时，彝族人不仅要点燃火把灭虫，还要进行斗牛赶走恶神。（杨知勇，1990）在红河彝族地区，每当遇到灾害，人们都要举行斗牛活动，邀请斗牛的主方为了不使神灵因斗牛失利还要故意落败，从而使恶神满足愿望而返回。平时牧羊时遇到羊群争斗，人们通常会静观其斗，并不予以阻止。公羊之间的争斗一般不会造成致命的伤害，而公牛之间的争斗就不同了，如果公牛之间因争斗发生意外的话，"赢家"主人要按市价的一半赔偿给"输家"的主人。

图 6-4　屋檐下的蜂桶
（2009 年摄于姚安前场镇新民村）

　　健壮的动物可以增强作物的抵抗力，各种作物的生长也可以由不同的动物来带动。在彝族看来，作物的生长与动物的生长是相通的，如《普兹楠兹》中所说："稻谷长的芽，芽似鸡脚形。稗子发的芽，芽似鼠眼状。包谷发的芽，芽似鸡嘴形。麦子发的芽，芽似牛角岔。大麦发的芽，芽似刺猬甲，豆子发的芽，芽似鸡冠状。南瓜发的芽，芽似猪耳状。高粱发的芽，芽似燕尾巴。"（黄建民和罗希吾戈，1986）撒尼人诗歌中也唱到："玉米出新芽，好像鸭子嘴，大麦出芽像刺猬，荞麦出芽像猪耳，玉米成熟像水牛角，稻熟好像金耳坠。"（李德君，2009）因为植物具有动物一样的特性，人们不仅希望作物具有树木一样的生命，也希望各种作物如动物一般的强壮。如一首农事歌中所唱："撒秧好像蜂朝王，出芽好似猪牙齿，拔秧就像剪羊毛，甩秧好比燕子飞，栽秧好像豪猪刺，栽完好比小松林，好秧就像水蛇跑，发蓬好似起黑云，出穗好像凤凰毛，低头好比阉鸡尾。"（云南省民间文学集成编辑办公室，1986）当人们希望某些植物长势良好时，不仅要用家畜祭祀神灵，还要有意食用这些家畜某一形似的部位来预示作物的生长。过年杀年猪，彝族人要留下猪头肉和猪尾巴腌好，待到撒荞或撒秧时要祭祀猪头肉或鸡脚，这样一来，荞魂、谷魂吃过猪头肉后，长出的荞叶就像猪耳朵，稻谷也像鸡脚一样发。当水稻移栽入大田时，还要请谷魂吃猪尾巴，这样抽出的稻穗就会像猪尾巴一样长。为使秧苗长得好，彝族还要特意在屋檐下为燕子备巢，人们把有燕子驻巢的房屋视为吉祥丰产的预兆。

在彝族的观念中，开花结果要相配，相配要有媒介，各种作物获得收成还要有蜜蜂来帮助。如一首罗武山歌所唱："蜂来花才开，花开蜂更旺。花上玩三天，花下恋三晚。叶上玩三天，叶上歇三晚。花儿鲜又艳，花香飘四方。果实结满串；果子香又甜。"（云南省民间文学集成编辑办公室，1986）养殖蜜蜂不仅为了生产蜂蜜，也为农作物和果树传播花粉。由于蜜蜂对于作物授粉的作用，《阿细的先基》说是蜜蜂教会了人们种庄稼。《梅葛》中描述天神封赠小蜜蜂，"小蜜蜂，是好蜂，等到人种找着了，人烟旺起来，让你挨着人住家。"（云南省民族民间文学楚雄调查队，1960）彝族不仅在家中养蜂，也在农地中养蜂，利用山地石缝放置蜂桶，这样，蜜蜂就可以为家居周围及山地的各种作物授粉结实提供帮助了。

在农作生产的发展中，彝族畜禽养殖与农作生产形成了协同合作，畜牧养殖辅助、促进和强化了农作生产，与此同时，通过农牧生产的结合，畜牧养殖也在农作中得以发展。

## 二、农作生产对畜牧生产的促进

畜禽养殖依靠自然环境，随着作物生产的发展，农作物与自然草木共同成为畜禽养殖的饲料来源。有了饲源的补充，彝族畜牧生产有了保障。

牛、马、猪在农业生产中起着重要作用，保障这些家畜的生存是发挥其作用的前提。冬季草木枯萎，家畜养殖的草料也相对缺乏，为了保证牲畜的饲喂，各种作物籽粒及其秸秆是牲畜重要的饲草来源。尽管彝族地区大多依靠牧草、树叶饲喂牛羊，但冬季为防止家畜因草料不足而过度消瘦，人们也要给家畜补充一些精料，玉米、甜荞、谷糠、麦麸等都是重要的饲料组成，每年为保证家畜正常生长需消耗 20%左右的粮食。

在家畜的养殖中，马位于六畜之首，承担着山地繁重的役力，因而其饲养也最为精细。马是一种大型草食动物，每天需要消耗大量的营养物质，采食很多草料和水。然而马胃的容积很小，咀嚼细致，吃得少，所以，对马的饲喂次数要多，除饲喂青草外，补充精料是养马的重要措施，精料包括谷子、稗子、麦类、大豆、豌豆、蚕豆、糠麸等，这类饲料养分丰富，体积较小，纤维质较少，容易消化，适口性强。例如，燕麦味甜，含蛋白质多，容易消化，既是草又是料，燕麦籽粒是马较喜欢的精料。山地崎岖，马的体力消耗较大，如果种马变瘦，彝族会喂以燕麦以恢复体力，小马出生后，燕麦也是最好的饲喂精料。在马重役或繁育期，除饲喂上等的干草、青草和燕麦外，还需用小麦麸皮、稗子麸皮、豌豆或蚕豆等与草料加以调制混合粉碎或蒸煮后饲喂。

随着耕作的发展，牛的饲养处于重要地位，"点灯省油，种田爱牛。冬天牛不瘦，春耕不用愁"。为使牛有强壮的体力，在冬季和春耕生产以前，除喂草料外，还要煮熟大豆或蚕豆等精料补饲，在牛耕作劳役之际，人们不仅要用精料饲喂牛，有时还会给牛补喂一些肉汤、碎肉。在耕作之前，红河彝族有过领牛节的传统。传说，冬至日是牛王下凡造福于人类的日子，为传唱牛王的功德和祭祀牛王，这天，彝家村寨要举办歌舞活动欢度领牛节。当天各家各户给自家喂养的牛披红佩花带到颂牛场参加活动。颂牛场是块水环草肥的平坝，场子中心12根松杆插成个圆圈，上面挂满大家精选出的荞子、燕麦、仓谷等作物的穗实和花草编成的牛头形"会标'。圆圈中心，放置一面大竹簸箕，内放用洋芋雕刻的黄牛和萝卜雕成的水牛模型。人们以包谷秆当牛腿，荞粒或仓谷粗糠作牛眼，燕麦穗尖当牛角，仓谷缨作牛尾……簸箕四周，放满各家各户送来的荞饼、燕麦炒面、包谷糕和剪为寸长的燕麦秸，这些都是犒劳牛的食品。活动开始，众人在一位老歌手的带领下，各自牵着各家的耕牛，环绕大簸箕踏歌而舞，放歌牛的功劳及给人带来的好年月。随即，人们歌颂表彰那些精心饲牛、牛儿满栏及种庄稼获得好收成的人家。最后，老歌手按各自成绩的大小，把簸箕中的"牛"和颂牛的食品奖给各养牛户。得奖者当众把获奖的食品喂给自己的耕牛，并把得到的"牛"，放在耕牛角上早已装好、用彩线编织而成的"角轿"网兜中。之后，又在老歌手的带领下，赶着耕牛载歌载舞游田游村。当各自牵牛回到家中以后，要把得到的牛形奖品，供在家堂上，作为传家宝代代相传。在彝族村寨，如果拿不出"牛"奖品的人，很难找到爱人。因为"牛"是勤劳的象征，没有"牛"的人，当然就是懒汉了。

彝族过年最大的标志是杀过年猪，过年猪以大以肥为荣。富足的人家往往要提前两三年准备：一年养小猪，二年拉架子，三年育肥。而那些依靠野草饲喂的猪也需要集中一段时间育肥，育肥期间要补充大量的精料，荞、稗子、马龄薯、红薯、菜籽、麦麸等都是较好的育肥精料，这些精料热量高，较易吸收，在短期内补充精料效果较好。因此，彝族说"养猪不赚钱，回头望望田"。过年期间，邻里之间见面时问得最多的一句话也是"你家的年猪有几指膘？"当平时不常见面的外村、外乡甚至更远地方的亲戚相遇或来到家里时，他们也少不了询问对方今年有没有杀年猪？杀了多大一头？有几指膘？"大肥猪"是人们谈论勤劳、会持家、生活好、富裕的代名词。在他们看来，年猪的大小、肥瘦是一个家庭生产能力的折射，也是这个家庭农业生产、生活状况的缩影。

彝族养羊主要依靠自然采食，夏秋季节牧草充足，羊在夏秋丰草季节不喂料，冬春枯草季节则需每晚添喂油菜、黄豆、白芸豆、四季豆秸秆和四季豆。乳期母羊和病瘦羊每晚还加喂一碗荞粒或四季豆，羊羔则用荞面团喂养。此外，彝族人还定期给羊喂盐水和猪板油，一来可以促进牲畜食欲，提高免疫力；二来利于育肥长膘。猪板油具有消炎、消毒的作用，喂过板油的羊不仅吃口好，易养，而且吃新草不易胀肚。

为了饲喂家畜，在作物种植中，彝族人不仅要考虑人的需要，还要为家畜养殖着想，一些家畜爱吃的粮食秸秆或较易补充营养的作物就成为了彝族人作物种植的选择。例如，"草籽"、"稗子"、"燕麦"不仅籽粒可食，其茎秆也是牛、羊最喜欢的优质牧草，相比于水稻、小麦等作物的种植，这些作物虽然产量不高，却是饲喂牛、羊的饲草补充，在那些牛、羊饲养较多的山区，这些作物仍然有所保留。此外，"籽粒苋"、"坝子"、"苏子"、"葵子"、"油麻"等油分含量较高的作物也因在家畜的饲养中有助于催肥而被种植。而南瓜、圆根萝卜、土豆、蚕豆、薯芋等蔬果的种植主要还是为补充家畜青饲料的不足。这其中，圆根萝卜因较易种植且产量大，因此它不仅是彝族主要的蔬菜来源，也是彝族饲养家畜重要的饲料组成。"圆根当粮食，菜叶作酸菜。圆根晒干当肉吃，饥时能充饥，饱时作点心，乏时可解渴。菜叶喂牛牛膘壮，圆根喂猪猪膘肥，干叶喂羊羊肥壮。圆根叶枯黄，枯黄生菜秆，菜秆结菜籽，筛出不实籽，菜籽榨菜油，众人闻之皆感叹。"（达久木甲，2006）由于圆根萝卜在冬季成熟，在一些海拔较高的地区，至春节仍可收获，这种萝卜一公顷地可产 30~45t，彝族将其收获后切片晒干保存，以备饲喂。彝民们说，这种萝卜营养好，有了这种萝卜，牛、羊过冬就有了保障。

图 6-5 休耕地中的牛群
（2008 年摄于弥勒高甸彝村）

除作物种植为家畜提供饲料外，彝族传统农作方式也为家畜饲养创造了条件。农作生产要中耕除草，保证作物对土壤养分的吸收，那些割除的杂草除一部分成为了绿肥补充土壤养分外，大多杂草还用于饲养家畜。休耕、轮歇是彝族传统农作的生产方式，作物收获后的耕地就成为了彝族放牧家畜的牧场，那些残留在土地中的作物根系或籽实可以为家畜所利用，此外，从休耕到下次耕作之前的一段时间会有大量的杂草长出，这些杂草又进一步为家畜提供了饲草。从作物收获之后到春季开播之前，将牛、羊赶至农田放牧是饲喂家畜较好的选择，此外，那些处于轮歇期的丢荒地更是放牧的首先之地。有时，为了保证牛羊的放牧，彝族还要在那些荒地丢荒之时撒上一些作物种籽，在丢荒后作为草种生长，在育秧时多余的秧苗也不会丢弃，而是由其生长，即使那些受气候影响难以有收获的作物在彝族看来也并没有完全损失，因为这些作物还可以为牛、羊的养殖所利用。

## 三、农牧结合的生活

彝谚说："牧人照顾农民，农民不挨冻；农民照顾牧人，牧人有饭吃。能耕会牧，易度三年灾荒。"（杨继中，1989）　"不是牧人，农人要冻死，不是农人，牧人要饿死。"（达久木甲，2006）农牧兼营的生产方式，为彝族人提供了多种生活保障。粮食作物生产作为食物的主要来源，牲畜饲养则是人们蛋白质补充及在高地寒冷环境中生存的重要资源。

在日常生活中，粮食与肉食都是人们营养不可缺少的组成，彝族人把粮食与肉食视作生存的基本要求，彝族歌谣中说到人魂附给了猴子，猴子变成了人，向土地要吃的，先是吃猎物，但猎物吃不饱，后又吃牛羊，但牛羊不能每天吃。地上虽种了庄稼，但有粮没有油，吃饭没有口味，虽然吃得很多，但却吃不饱。为了帮助人们生存，地魂来托梦，说在俄祖沼泽地将跑出三头猪，一只白脚黑身的，一只黑脚黄身的，一只黑脚黑身的。人们来抓猪，白脚黑身的猪用来作斋献神，黑脚黄身的用来祭祖。那只黑脚黄身猪，找草和粮喂，长到六个月，稀饭煮着喂，到了十冬腊月，用它来祭祖，从此人们有了米粮和肉食。（云南省民间文学集成编辑办公室，1986）彝族人把粮肉同食视作美好生活的标准，不同地域生长的粮食和放牧的牲畜是最好的搭配。在彝族看来，"荞子种在山上，羊子放在山坡，羊肉配荞粑最好吃。谷子栽在水上，猪是自己养，腊肉配大米饭最好吃。麦子是自己种，鸡是自己养，鸡肉配大麦饭最好吃。"（云南省民间文学集成编辑办公室，1986）不同环境中生产的作物和家畜不仅是互为支持的协助者，也是人们饮食的最佳搭配。只有农作与畜牧相配，才有了彝族人的美好生活。

冷凉地区的生活，防寒保暖是必不可少的，尤其是常年在山地放羊的牧民。为了适应山地生活以及为牧人在山地放牧时提供防寒保暖，用羊毛和羊皮制作的各种衣物是必不可少的。察尔瓦、羊皮褂、被褥、毡子、口袋是牧人必备的物品。察尔瓦是一种披风式的斗篷，下摆留装饰性的黑色长穗，长及小腿，有较好的保温避水性能。察尔瓦白天可用以披身，夜间可用它作被盖，不论在家居住，还是野外宿营，均可席地而铺或裹着睡觉。羊皮褂子为带毛的羊皮所制成，是一种坎肩式对襟短大衣，可以正反两面穿着，牧羊时将有毛的一面穿在外，做农活时将皮的一面穿在外，这样干活时既保暖还不至于被各种树枝拉扯而妨碍生产。被褥则用成年羊皮制作，将整张没有剪过的羊皮缝在一起做被子。毡子是用羊毛纺制的垫子，可用于垫褥，也可用于搭建帐篷。装粮的口袋则用羊羔皮制成，据说用山羊羔皮制成的袋子既防潮又防湿，有利于面粉的长期保存。其他用毛皮制作的东西还有许多，如用牛皮制作口袋、皮碗、护肘和绳索等。

　　由于农耕与饲养对于彝族人生活的重要性，彝族人的生活少不了粮食，也少不了家畜家禽。因此，彝人说"会牧有牲畜，会耕有饭吃。有养不算穷，有菜不算饥。" 彝族家庭既户户耕种，又家家养殖，农牧结合成为了彝族农业生产的特点。结婚后的男女，种植和养殖都是其生产的主要内容，"一到山上放羊子，二到坡上种荞子，三到梁子种小米，四到箐里种高粱，五到河边栽稻谷，六到梁子撒萝卜，七到山顶种燕麦，八在家里养猪鸡……"（姜荣文，1993） 通过畜牧与农业的结合，彝族农业生产活动达到了协同统一，这种资源利用方式符合自然的物质循环，实现了农业与牧业的互为促进，也更好地保障了彝族人的生活。

　　与环境"相配"的农业生产有大量的工作要完成，彝族一年四季都要从事生产劳动。为完成生产，彝族人与人之间开展广泛的合作，这种合作不仅是合理分配劳动力，利用专业化生产提高效率的重要手段，也是农业生产各类资源利用的要求，在彝族人的农业生产中，存在着男女、家庭、村社以及地域、民族间的合作关系。

# 第三节　农业生产中的劳动合作

## 一、男女间的分工合作

　　与现代市场的专业化生产不同，自给自足是传统生产区别于现代生产的特点，为获得生产效率，彝族传统农业生产也存在着专业化的分工协作。男女因生理特点的不同具有分工的不同，基于男女分工而开展的合作是彝族最为基本的合作方式。

　　在传统采集狩猎生产中，彝族男女之间有着明确的分工，女人主要负责采集，男人主要负责狩猎，通过男人与女人的配合，人们获得了植物性和动物性食物保障。随着农业生产的发展，男女之间有了更多的分工。对成年男女而言，通常一些体力较大的劳动由男人承担，而一些费时而繁锁的劳动则由女人来承担。例如，男性主要负责犁田、耕地、砍柴、糊田埂、做农具、盖房子，女性主要从事栽秧、点种、薅草、收割、舂米、磨面、喂家畜、带小孩等。由于农业生产的环节和工序较多，整个农业生产需要男人与女人的劳动协作，因此，彝族人说"独男不撒灰，独女不下种，男女在一起，扛起四角锄（板锄），双手握锄把，挖进扎把里，扎把翻过来，扎把灰撒四方，灰肥黑油油，男人撒一把，女人撒一把，孬地变好地，瘦地变肥地。"（李德君，2009）在彝族看来，只有男女双方合作，农业生产才能顺利进行。

在农业生产中，以家庭为单位的夫妻是最为基本的劳动合作者。《阿细的先基》中描述了夫妇的生产活动："两个人出外生产，情况就是这样。十月开荒地，盘地先盘尾。女的割草在前，男的挖地在后；首先这样盘，就是这样盘了。荒地开完了，男的扛着锄头，女的背着柴草，回到了家门口。"开荒地时女人割草，男人锄地。耕种时，男人赶牛犁田，女人撒种施肥。"男人扛着犁，把牛赶在前，女人背着种，这样去生产。"上山劳动时，"男人拉牛在前，女人赶牛在后，坡上有拿巴皮，叶子做小口袋，拿来装种籽。竹子做粪箕，树皮做皮条；女人背种籽，在后面走着。"播撒种子时，"男人在前犁地，女人在后点种"，"种籽放在底下，粪肥放在上面"。天黑收工回家时，"男人收犁头，女人收粮种，收在碗兜里，粮种背在背后，耕牛赶在前首。女人背种走前面，男人扛犁在后头。"（陈玉芳与刘世兰，1963）

有时农作生产环节是由男女独立完成的，但从整个生产工序来看，依然是以男女合作为基础的。在马铃薯种植中，耕作前，妇女们就开始从畜舍里出粪，混入头年储积起来的畜粪里，然后用锄细心地耙松刨碎，紧接着男人翻地，女人用锄或钉耙整地，然后男人女人们借助马驴或背笋将肥料、种子运到地里。此后，播种时男女再同时犁地点种。麻的生产也如此，如《查姆》所说："阿哥白天剥麻皮，阿嫂夜晚把麻搓细，绩成麻线织成布，全家穿上麻布衣。阿爹白天剥麻皮，阿妈晚上搓麻绳，搓成麻绳织成网，拿着江上去打鱼。剩下的拿去街上卖，卖得金银买家具。"（郭思九和陶学良，1981）在男女生产合作中，蔓菁（圆根萝卜）的收获是这种男女分工协作的典型。在妇女们着手收获地里的蔓菁前，男人们得从山上砍来圆木，搭建好晾晒架。晾晒架一般做成"人"形双斜面：先各用两根圆木将其顶端用篾条交叉扎紧，做出两个支架，中间横放一根圆木，竖立后再于两侧斜面横拴数根圆木。收获蔓菁不用镰刀或锄，人们把蔓菁叶连根拔起，用背篮背回家。接下来女人用刀在圆根上交叉砍两刀，男人则用竹篾条（一般为三条）将叶片夹于其间，呈辫状编成串。然后挂于晒架上晾晒，待根茎完全干透后再从晒架上卸下，除去篾条，储藏于家里，以备冬天喂养牲畜。由于蔓菁是彝族人的主要蔬菜，因此在收获蔓菁时女人们会把一部分蔓菁叶腌制成干酸菜，以备冬春两季食用。

农作分工有时还因男女不同有着严格的界线，如"男人不栽秧，女人不犁田"，这种分工的限制主要还在于男人与女人具有的生殖意象不同。如楚雄南华贺喜腔中所唱："七姊八妹栽早秧，郎拔秧来妹栽谷。金竹发芽公领孙，席草绑秧娘抱儿。"（普洪德等，2007）在彝族看来树木具有男性特征，而秧苗则有女性特点，相信男女相配可以影响作物的生长，利用男女合作具有的生殖意象也是农业丰收的必要条件，农作生产中撒种、栽秧、收割等工作由女人来承担还在于借助女性的生育能力赋予作物有一个好的收成。同样，为了发挥男性对作物生长繁衍的促进作用，红河弥勒彝族在插秧的第一天还有开秧门仪式。这一天，前来帮工的男女要在田中摔跤，男人们抛秧给女人，但不能打在女人身上，女人们则一起来进攻，把男人按在田野，使他变成"泥人"。通过男性与土地秧苗的接触，人们希望带来作物的繁衍。据说开秧门时，秧苗踩得越多，重新补插长出的谷子更好。滇南彝家人在栽秧农活扫尾的最后几天要过"切利嘎"节日。节日当天，人们背着锣锅等炊具，抱上一只大公鸡，带上年前宰猪时留有猪尾巴的腊肉，来到即将栽插完的田边，支起锅桩，燃起炊火，并砍来一枝三叉头的松树枝，插在盛满前一年收获的老谷子的升子里，立起一个"百世农主仓龙"牌位。男女青年则在一起边嬉戏玩耍，边捧起田里的稀泥巴抛向自己心爱的人或对上几段栽秧调。青年男女不仅以此来减轻栽秧的劳累，同时也希望男女相配带动作物生长发育，开花结实。

　　农作生产因工序繁多而有分工，在畜牧养殖中也因养殖对象的不同有男女分工的不同。尽管彝族家庭所有成员都有家畜的使用权以及管护的责任和义务，但男女在养殖上仍有分工，通常成年女人不从事外出放牧工作，但在家畜回到家中畜圈饲养时，饲喂家畜的工作则由女人来承担，女人要负责找猪草、树叶、煮猪食、喂猪鸡等工作。在家畜的处置上，作为家长的丈夫和妻子能共同协商决定，但由于男女饲养家畜分工的不同，作为一家之主的丈夫和妻子的决定权也有一定的差别。丈夫通常在牛马等大牲畜的处置上拥有绝对权力，而在猪鸡的处置上妻子的意见往往是决定性的。然而猪的生杀虽然由女人来决定，但杀猪却是男人的事。

　　基于男女生理不同的分工使得男女协作在农业生产中具有重要作用，因此，《玛木特依》中说："一户若团结，耕牧一条心，牧者能兴旺，耕者能丰收；夫妻若团结，屋里亮堂堂，锅庄也增辉。"（吉宏什万，2002）在彝族婚礼中，有着耕田犁地、撒种收割等农作生产表演仪式。通过这些仪式，彝族人希望青年男女能在他们今后的生活中齐心协力，共同负担起农作生产劳动。

## 二、家庭间的劳动合作

　　虽然一对成年男女劳动力可以负担大部分农作生产劳动，但由于彝族既要从事农业生产，又要从事畜牧养殖，这些繁重的农业生产仅依靠两个人的劳动是远远不够的，完成生产还需要开展以家庭为单位的协作。在彝族家庭中几乎每个成员都需要参与劳作，60岁以上的老人，男人编竹器、看牲口、种菜，女人领小孩、煮饭、纺线、喂家禽，不足 10 岁的小孩也要学会放牲口、薅草、割谷子等田间操作。在农忙季节，他们白天劳动，在有月亮的时候，晚上也要劳动，能劳动的人差不多都参加劳作。

一个家庭的儿子结婚后，他们虽然已成为独立的生产单位，但他们与父母家庭间仍有着合作关系。不论他们的房屋是否建在同一院落中，或许与父母的房屋有一定的距离，只要他们的父亲还在世，并且有能力照管牲畜的话，他就会顺理成章地担当起照管这些母子家庭畜群的工作（尤其是羊群）。即使是他们的父亲已过世，几个子家庭间也常常会联合起来一起放牧。在春季的后期和整个夏季里，村庄附近的农地里长满了庄稼，放牧变得困难，几个母子家庭间就会联合起来将他们的畜群赶往远离村庄的高山上，由他们的父亲或几个兄弟中的一个在山上扎营放牧，直到火把节来临，山上的气候转冷，村庄附近的作物即将收获，才返回村庄。在畜群停留在山上的整个晚春和夏季里，几个母子家庭轮流供给放牧者食物、烟、酒、茶等生活必需品。在畜群停留在村庄的整个秋冬季和早春里，母子家庭间也常常会联合起来轮流放牧。（郑成军，2006）

在彝族社会里，劳动力的短缺通常通过两种途径来解决，一种为亲戚间的互助，另一种为换工。最普遍也最为重要的是以亲缘关系为基础，在亲族里通过劳动力的共享分配来解决。尤其以父母家庭同若干亲子家庭之间结成的"母家庭"与"子家庭"的家庭间的合作最为常见，他们在抢种抢收的农忙季节里常常联合起来从事播种、除草和收获；父系亲属之间由于大多居住于同一村落也最容易形成劳动力的分享和交换；对于同一村落或相邻村落间相互通婚的家族，妻子也通常从娘家那里得到劳动力的分享。在姚安彝族地区，由于妻子在娘家拥有姑娘田，出嫁以后这些田地仍然要继续耕种，因此，无论是亲自耕种或代为耕种，姑娘田的耕种都需要夫妻双方亲友的劳动合作。因此，彝族也把家族的团结视作婚姻稳定和生产发展的基础。如《玛木特依》中所说："开了亲以后，亲戚不融洽，牛羊不成群，一言传十处，人心隔两层；亲戚若团结，招回生育魂，婚姻必顺当，人类就发展"（吉宏什万，2002）

## 三、村社中的劳动协作

农忙季节里劳动力的短缺是彝族人面临的最大问题，由于农作节令的限制，在农忙季节里劳动力的分享和交换也是最为重要的，除通过婚姻获得基本的生产资料和劳动力协助外，以地缘为基础的劳动力交换也是彝族生产协作解决劳动力短缺的另一重要途径。在旧凉山，由于人们所处的等级不同，社会地位不同，因而这种以地缘为基础的劳动力短缺解决的方式也大不相同。由于黑彝具有一定的特权，黑彝家庭在农忙时，通常通知其所属曲诺每家派一人自带工具前来帮忙，而对曲诺来说则是应尽的义务。与黑彝家庭的特权派工不同，曲诺与曲诺、嘎加与嘎加或曲诺与嘎加之间的劳动力交换多为邀工，这种邀工实质是请求帮忙，是没有工资和报酬的，至多邀工的家庭会提供两餐饭。如果碰到自家也正忙，没有富裕的劳动力，也可婉言拒绝。一般来说，遇到曲诺或嘎加家庭邀工时，黑彝家庭通常也会派他的嘎加或呷西前去帮忙。（郑成军，2006）在云南一些彝族地区，贫苦农民与富裕户（包括地主、富农和富裕中农）之间的换工，已存在着折价给钱（粮）的现象，但对大多农户而言，换工仍然是村社成员相互之间的一种责任和义务。换工的另一种是贫苦农民以人工换牛户的牛工，如牛主带牛具，一个牛工换三个人工，如不带牛具，换两个人工。另一种是互换人工。在贫苦农民中，换工纯为互助性质，即使双方互换的工数不等，欠工户第二年再补，从没有折价结钱（或粮）的现象，但用工户须负担换工者的饮食及牛的喂养。

　　在农忙劳动力紧张的情况下，彝族也采取伙干换工的方式来解决劳动力不足。伙干换工的方法是：每当农忙时，张家出五个劳动力，李家出三个劳动力，王家出两个劳动力……凑成一个伙干队，分先后秩序张家的种完了又种李家的，这种方法与单纯的伙干或者是换工都不完全相同，它是伙干与换工紧紧结合在一起的，即在伙干中采取换工的办法，张家出五个劳动力帮李家，李家也得想办法还张家五个劳动力。在换工中劳动力强弱不均的现象是存在的，但彝族人通常不太计较这些，似乎是只要有人数在和把庄稼种下去就行了。

　　除农作生产外，山地农作养殖工作也较为繁重，仅靠一个家庭的合作难以完成，因此，彝族村寨也有普遍的家畜饲养合作，一些饲养家畜较多的家庭会委托其他家庭代为养殖，有时，在大家饲养数量都不多时，则相互之间代为放牧，这样，就可以把节约下来的人力投入其他的生产活动。这种合作在家庭与家庭之间主要为公母畜的合作饲养，由于牛、马饲养种畜的较少，较为多见的是拥有公牛、公马与拥有母牛、母马双方协商结合饲养使用。这样不仅有利于家畜的共同管理使用，生下的小牛、小马还可为双方共有，如果宰杀又可相互分成。人们把这样的合作称为"牛亲家"、"马亲家"。

　　除家庭之间自愿结合公母畜共同饲养外，在楚雄姚安等地还有拜羊倌的习俗。这些地区一个村庄里养羊户放羊，都是看自己羊子的多少，几户人家合起来请两个养羊有经验、放牧负责任的羊倌放牧一群羊。农历正月初二至初七这几天内，养羊户抽时间坐拢在一起商量：哪些人放羊放得好?请哪两个人给我们这几户人放羊?报酬如何开? 他们选定了羊倌并征得本人同意后，养羊户背上肉食，放着鞭炮，到羊倌家里去拜贺。就此订下今年这几户人的羊就交给这个羊倌放牧。具体交羊给羊倌放牧的时间是每年的阴历二月初八日，即"插花节"这一天。每年春节前三四天，羊倌把自己所放的羊，一户户地按羊耳朵上的记号点交还羊主人。表示放牧一年满了，完成任务，养羊户表示感谢后收了羊子，待来年另选能者放牧。（中

国人民政协会议云南省楚雄彝族自治州委员会文史资料研究委员会，1986）

　　依靠亲戚邻里的互助，即使那些没有生产资料的家庭也能发展畜牧生产。如《阿细的先基》中所说，刚结亲的男女，种地没有锄头，可以从大爹家借来；没有种子，大爹给一把，大嬷给一把，阿叔借一点，阿婶借一些。青年男女除了婚礼中接受亲戚朋友赠予的猪、鸡、牛、羊外，在生产劳作中也能获得来自亲友或邻舍的协助。诺苏人有租养母畜的习俗，有心饲养牲畜但没有资本购买的贫寒家庭，可根据自己的需求备一坛酒向有牲畜的亲戚或邻里租养所需母畜以抽成子畜。租养的年限双方协商，租养的畜种不同，年限不同，抽成的比例也不同。例如，租养母牛母马，第一胎折价对半分，第二胎归租养方，第三胎满周岁后连同母畜归还畜主。租养母猪，产仔 7 头畜主抽二，反之则抽一。如果是从未生产过的小母猪，第一胎畜主不抽成，第二胎抽一，第三胎抽三，猪粪归租养方。所以在诺苏社会里，只要人们勤奋努力，再贫寒的家庭都能够通过这种方式不断积累和发展牲畜。（郑成军，2006）

　　农作生产虽然是以户为基础的生产，但整个农作生产活动的安排却常常以村为单位来合作进行。由于土地和森林是以村社为单位占有的，因此在过去尽管名义上土地和森林是属于土司和当地的头人拥有，但实际上的权属是村社。例如，土地和林场虽归私人使用，但当其作为牧场时，则是公共的，即任何人均可到任何别家的林场和收割后的土地上放牧。采集狩猎活动时，除农作物不允许任意采收破坏外，其他森林资源也是公共的。由于山区居民需要从森林中获得生存的资源和生产的协助，因此人们对于村社的依赖非常强，这就使村社的组织管理与农作生产的控制具有密切的关系。

　　虽然一个家庭具有相对独立的生产，但他们的生活与村社中的其他人却具有密切的联系，个人、家庭与村社是一个不可分离的整体。为维护村社秩序，处理好村社与个人的关系，通常村社的管理大多由伙头来进行，每年伙头由村里长老选举产生，负责各种村社祭祠活动的组织。伙头实行轮换制，每年正月初一举行交接仪式。村中成年的男子皆有权利、责任和义务做伙头，由谁任伙头，要经过伙头组织会议民主推举决定，一般伙头选择条件为家境稍好，家人人品好，夫妻健在，没有不良事件发生，有能力种伙头田及能完成伙头各种职责者。选上的人不得推辞不做，由于伙头的责任关系到村社的繁荣和农业生产活动的顺利进行，伙头的交接有着隆重的仪式。伙头主持的祭神活动是彝族村寨农作组织和村寨宗教祭祀合二为一的形式，两者互相依存。由于农作生产与各种祭祀活动密切相关，许多重大的祭祀活动要全村组织参与，因此，伙头不仅是祭祀活动的组织者，也是各种农作活动的安排者。祭祀活动中各种祭品既有各户分担部分，也有伙头承担部分，作为交换，村中设有伙头田，伙头负责伙头田的耕作和部分祭祀所需物品的供给。伙头田是由河水冲积而成的平坝田中之上方较好的田，平整宽大，临近水口。在永仁直苴彝族村寨,以前伙头主持伙头田的祭祀,主要祭"陆里尼"(石头)和田上方斜半坡上一棵树,伙头田不祭不得开秧门,伙头田没种其它田也不敢种,祭完田,举行赛牛活动。伙头田必须先由伙头的妻子插秧,他人忌插,认为违者会招灾。逢旱涝虫灾等,伙头要主持祭祀当地供奉的各种原始宗教神,有英雄祖先化身的土主神阿夏米司嬷、龙神、雷神、山神、田神、瘟神等。(陈永香,2008)

## 四、不同民族间的劳动合作

通过家庭、村社的合作,大部分彝族可以满足其农业生产所需的劳力和生产资料。但对于那些与其他民族相邻而居的彝族,这种生产生活的协助还需要在不同的族群中开展。利用不同族群农业生产的特点,通过协作实现互利共赢,彝族与不同的民族开展有多种协作关系。

彝族传统狩猎活动即是建立在专业分工合作基础上的。《梅葛》中表述:"上山打猎去,上山撵麂子去;撵麂子要有猎狗,撵麂子要用麻索,撵麂子要用猎网。哪里有猎狗?哪里出麻索?哪里出猎网?大理苍山黄石头,黄石头变黄狗,它就是猎狗。傈僳族会撒麻,傈僳族会种麻,傈僳族会剥麻,找傈僳族去,找到山腰上,到了傈僳族住的地方。撒麻的人有了,种麻的人有了,剥麻的人有了,还没有人搓麻索,还没有人结猎网。格兹天神说:'没有搓麻索的人不要着急,没有结网的人不要心焦;去找特勒么的女人,她会搓麻索,她会结猎网。'"(云南省民族民间文学楚雄调查队,1960)从狩猎活动中就可以看出,彝族生产合作并不局限于同一群体,合作就是多方面的,合作的目的是为了利用不同事物的特点或不同人群的生产优势。

同一族群可以通过换工来解决劳动力不足,彝族与不同族群合作常通过结成类似于婚姻关系的"亲家"来获得帮助。与同一地区公牛与母牛、公马与母马饲养结成牛马亲家相似,不同的族群间也可以通过结为牛马亲家的方式给予互助。红河哈尼族彝族自治州,以居住于河谷平坝的傣族为一方,居住山区的彝族为另一方。一方有母牛,一方有公牛,通过相互协商,自愿把公牛、母牛配成一对,共同管理使用。春天,平坝地区水草茂盛,气候温和,又逢栽秧季节,牛由傣家喂养使用。夏秋,平坝地区气候炎热,山区彝族又种植中稻和收获其他作物,牛就由彝族喂养使用。冬天,山区气候冷,牛又赶回平坝过冬。如是,既保护牲畜,又有利生产。双方通过"牛亲家"结成友好关系,逢年过节互相邀请做客。有时,由于耕畜饲养较少,结成"牛亲家"后还可以几家合养一头水牛,共同饲养共同使用。

与牛亲家相以,羊的饲养也有紧密的合作关系。由于绵羊、山羊较适于冷凉的气候，海拔 1500m 以下的地区，五月要把绵羊赶上高山，而高海拔地带每年冬季都有长短不等的冰冻期，在冰冻季节，地面的草全凝上冰凌，羊取食不足，九十月又要下山。为解决山下、山上放牧的需要，居住于不同地域的族群间也就有了合作。彝族建立了与不同族群的托养制度，这种制度与牛亲家相似，彝族把这种托养称为"把尤"，即矮山区的养羊户与高山区的养羊户结成帮对，每年农历五月矮山区的养羊户将羊赶上高山给托户代为饲养。这期间，羊腿及羊皮归主人，羊粪归托户。七月，矮山羊主人上高山剪羊毛，高山托户则以好酒好肉招待。反之，高山区的羊群九月赶下矮山，也可托给矮山户代为牧养，羊粪及十月与来年三月的羊毛归托户，小羊归主人。无论七月在高山剪毛，或九十月把羊群赶回矮山，羊主都要好好招待托户，每逢交换，托户也要办好酒肉招待主人，借此建立较为长久的托养关系。（白兴发，2002）这种托养关系如果没有发生差错，则一般不允许变换。

　　因生产方式的不同，彝族畜牧生产对汉族地区农作物的损害常常是造成地域民族之间冲突的原因，解放前任映沧先生对凉山彝族畜牧养殖的调查就曾指出，彝族放牧牛羊对汉族农作物的损害是造成彝汉矛盾冲突的根源。（任映沧，1945）但在云南彝族地区，这一矛盾则通过民族间的协作来解决。由于农作生产与畜牧养殖的协同，农人与牧人之间的合作也在不同民族间开展。因羊群由牧人集中放牧，这样农地就可以由牧人集中施肥，在牧人为农田歇地时，农户则为牧人提供饮食。由于放牧的游动性，这种合作范围有时并不限于一个地区，彝族撒尼人就有远程放牧的传统。绵羊和山羊的喂养，是圭山撒尼农民畜牧业的主要组成，不少养羊户养羊多至几百只，一般寨子也养着一定数量的羊，农民养羊积肥，同时绵羊可以剪毛，山羊可以挤奶，制成乳饼出售，增加部分收入。每年九十月间，圭山区的草叶枯黄，养羊多的农民都要赶着羊群到开远、弥勒等地去放牧。当牧羊人将羊群赶到时，居住在那里的汉族等已经准备好了羊圈和牧场，他们不仅可以得到羊粪，并且牧羊人离开时，还有一只羊的报酬。（中国少数民族社会历史调查资料丛刊修订编辑委员会和云南省编辑组，2009）

　　这种互利的协作方式也表现在不同生产条件下不同族群的生活协助中。凉山彝族有打"干亲家"（非儿女亲家间的亲密关系）的传统，"干亲家"常在山区彝族与坝区汉族之间建立。这类亲家关系虽不具有实质的男女亲家关系，但却可以获得类似亲家之间的密切关系。由于彝族与汉族作物生产的不同，加之农作生产收获季节时令的差异，这种协作有利于不同族群改善各自的生存条件，有效应对季节性缺粮。每当四五月山区青黄不接时，彝族就会到坝区汉族亲家中借得蚕豆、小麦或谷物，在七八月坝区汉族青黄不接时，又可到山区彝族亲家中借得土豆、薯芋等食物。不同民族因地域生产不同而形成的这种合作关系也表现在了彝族与其他民族杂居地区的养殖协同中。在云南红河州哈尼族、彝族杂居的地区，由于哈尼族水稻种植较多，而彝族主要以旱地种植为主且生产劳动多样化，彝族对猪的饲养较为粗放。由于水稻种植相对于旱地种植精细，而在猪的饲养中母猪的饲养也较为繁琐，特别是在母猪产仔时期，因此，在猪的饲养中，惯于稻作的哈尼族通常以母猪饲养为主，而彝族则以阉公猪饲养为主，这样哈尼族母猪生下的公猪崽就可以出售给彝族来育肥，而彝族则可以出售肥猪，这样一来，两个民族因选择性饲养形成了间接的协作关系。

　　根据地域资源优势选择性生产是现代专业化分工的基础，在一些生产力较为发达的彝族地区，不同民族根据其生产特点也有协同合作关系，这种关系多存在于农具的制造与使用中。彝族有冶铁的工艺，但因与周边民族居住的不同，农具可以选择购买或自制。例如，在一些苗彝汉混杂地区，彝族农具中，耙有的是彝族自己制造的，有的是临近苗族木匠到家里来制造，犁架可以自制，也常从苗族那里买来，到用烂时也是请苗族木匠来修理。铁制农具，如犁铧、条锄、板锄、镰刀、钉耙、斧子等，除犁铧有的是彝族自己制造外，其余则依靠周围的汉族输入。

　　劳动合作是彝族在有限的劳动力和生产条件下解决农业生产所需资源采取的办法，通过合作的开展，彝族将男女、家庭、地域的不同生产劳动整合为一体，充分发挥了不同人群和地域的优势，提高了生产效率。利用作物生长与自然环境的关系，植物生产与动物养殖的关系，彝族传统农业充分发挥自然与人的生产能力，将人类生产与自然生产相协同，在获得人类物质保障的同时，实现了人与自然、人与人的和谐发展。

# 第七章　农业生产中的生物多样性

## 第一节　种植业中的生物多样性

### 一、农作生产结构的多样性

在自然环境和农业生产的协同中，彝族人将作物生产与环境、将养殖与种植有机地结合起来，基于自然多样性"平衡"的认识，在山地多样性的特殊环境下，彝族农业生产结构及作物品种种植具有多样性。

彝族居住地区自然资源不尽相同，作物生产也有地区差别，但从一个民族的作物生产总体来看，却具有立体农业的结构特点。从云南红河州河谷到楚雄州山区，再到四川凉山的高寒山区，农业作物分布依次为亚热带作物、温带作物、寒带作物的立体分布。（张建华和云南省民族事务委员会，1999）由于广泛存在的山体海拔差异，在一个州，甚至一个村落也有这样的立体结构分布。海拔差异产生的多样化气候条件，使得彝族地区种植业生产门类众多，几乎涵括了粮、棉、油、菜、烟、糖、果、茶、麻、丝、药、杂等12项生产，可种植的作物不论粮食作物还是经济作物都可以说种类繁多，如稻谷、燕麦、麦子、青稞、荞子、甘蔗、油菜、麻、各类豆、包谷、洋芋等，常见的作物品种在彝族地区几乎都有种植。由于海拔气候、土壤类型的多样，各类作物品种中自热带至寒带的品种都有并有多种耕作制度，如稻谷生产，海拔1000m以下至海拔2650m的地域都有种植。既有水稻、又有陆稻；品种类型有籼型、粳型；耕作制度有一季中稻、双季稻、一季晚稻及再生稻等。

各地彝族种植的农作物品种不完全一致，总的有粮食作物、经济作物、蔬菜、经济林木四大类。不同类别的作物中，除一两种作物为主要种植品种外，还辅助有其他品种的种植。

粮食作物有稻类、麦类、薯类、豆类（包括黄豆、蚕豆、豌豆、绿豆等）、荞子（分苦荞和甜荞）、玉米、洋芋、小米、高粱等。其中，最普遍的作物是稻类、玉米、洋芋、荞子，其余作物有的地区种植，有的地区则无。虽然各种作物均可种植，根据自然环境产出的不同，彝族对五谷种植各有侧重。楚雄南华彝族说要使升斗中有沥米，首先要把五谷分，"苦荞燕麦第一谷，包谷谷子第二谷，大麦小麦第三谷，蚕豆豌豆第四谷，黄豆绿豆第五谷，高粱小米来压盖。"（普洪德等，

2007）海拔 2000m 以上的高寒山区传统以荞子为主，燕麦、玉米、土豆、杂豆类作物辅之，如今荞麦、燕麦等作物种植减少，玉米、洋芋种植增加。多数中海拔地区广泛种植有玉米、稻、麦、蚕豆等作物，有的以水稻为主，有的以玉米为主；低海拔及部分河谷地区以水稻为主，部分地区种植有双季稻和热带作物。

彝族地区经济作物主要有麻、烤烟、棉花、甘蔗、油菜、芝麻、花生、苏子、坝子、葵子等，其中以麻、油菜较普遍。烤烟、甘蔗、棉花则有的地方种植，有的地方无。与粮食作物相同，经济作物也广泛分布于不同海拔的地区。利用山地高差不同种植不同的经济作物在《查姆》中就有描述，要种什么庄稼？阿爹说："要撒油菜子。"阿妈说："要撒芝麻子。"阿哥阿嫂说："要撒大麻子。"阿爹的话要听，阿妈的话有理，阿哥阿嫂的话也可取。于是全家一起干，公鸡不叫就起来，大哥挑水，大嫂煮米，鸡叫忙吃饭，带上荞粑粑和工具，太阳一出就上山，山头撒油菜，山腰撒芝麻，山下撒大麻子。几个月过去了，庄稼丰收了，菜子堆满一屋子，芝麻堆满一屋子，大麻堆满一屋子，爹妈望着笑咪咪，哥嫂望着笑嘻嘻。（郭思九和陶学良，1981）彝族地区海拔 1800m 以上的高山地区多有苏子、坝子、葵子、油菜等种植，海拔 1500~1800m 中山地区多有芝麻、烤烟、花生、大麻等种植，而海拔 1500m 以下的低山地区则多有大麻、棉花、甘蔗等作物。新中国成立后，因大麻与毒品生产有关，种植受到限制。除各类野生树木、草本、藤本类植物可以作蔬菜食用外，彝族人也有多种蔬菜种植，各地的种植种类有多有少，有豆类、茄子、南瓜、冬瓜、甜葫芦、韭菜、白菜、青菜、辣椒等，青菜、白菜、大葱、蒜苗、茴香、包菜、花菜、黄瓜等蔬菜品种也都有播种。在彝族房屋周围，几乎都有大小不同的菜地，在不大的面积内，往往种有七八种至十几种不同的蔬菜品种，彝族也把这样的菜地称为"百宝地"。

除经济作物和蔬菜生产外，彝族还有经济林木的生产。树木是彝族人利用最多的自然资源，建房盖屋、农业生产和生活都不可缺少，除了利用自然生长的树木外，楚雄姚安、大姚等部分彝族地区，也有经济林木的人工种植。大姚县华乡拉乍么村人说："种树犹如养儿子"，一个人或一家人如果早些种下一些树的话，可以养老。因为年轻时栽下的小树到人年老时树木也成材了，果树可以采果卖钱，用材树可以卖木材，这些收入就可以用来养老。过去为了号占林地，他们就在休耕的土地上种上树，即表示该地已有主，别人不能随便去耕种。现在，他们一般把树种在自家田边地角或庭院里。种在田边地角可作为自己土地的标志，好让自家的人远远就能认出，此外，在田间劳动时还可以到树下乘凉或作为围栏防止野物对庄稼的损坏；种在庭院里主要有绿化美化的作用，同时可以满足家里孩子们吃零食，也方便家禽、家畜乘凉。

彝族种植的林木以果树居多。由于各种野生树种的广泛分布，彝族地区果树种植的种类较多。海拔 1500m 以下的低热地区常有石榴、枇杷、菠萝、香蕉、番木瓜、橘子等种植；在海拔 1600~2100m，桃、李、杏、梨、柿、樱桃、花红有广泛种植；海拔 2100m 以上的地区，核桃、松子、栗子、拐枣、山楂、苹果等有种植，其中，核桃、栗子等坚果产量较多。除各种果树外，还有不少用材林木，如麻、金竹、香椿、刺老苞（树头菜）、楸树、松树、柏树、棕树、茶树、桑树、油桐、花椒、漆树、棕树、木棉、枸杞等。通常香椿、核桃多种在房前屋后，柏树因为彝族人所喜欢，种植范围较广，通常只栽不砍，花椒、金竹、树头菜常种于地边，楸树则常作为终老时的寿材在结婚或出生时选择林地种植。

## 二、作物种植品种的多样性

　　彝族山地中不仅作物种类丰富，各种作物的栽培品种也较多。彝族通常将荞分为甜荞和苦荞，按收获时间的不同，苦荞又分为早熟荞和晚熟荞两大类。例如，小凉山诺苏人称早熟荞为"嘎阿嫫"，意思是母荞；晚熟荞称为"格惹"，意思是子荞。晚熟荞包括了鸟荞、山羊荞、刺荞等品种。荞麦的分类和命名主要是按荞的生长特点、出产季节、籽粒外形特征来进行，命名与荞的外形特征相符。除荞麦外，水稻等作物也有多个品种，以楚雄州彝族聚居较多的姚安县为例，本地水稻品种就有大小白谷、红谷、冷水谷、白抖谷、麻线、临安早、小黑谷、瓦灰谷等 20 多个地方种植较广的老品种，玉米分粳糯两种，以黄、白、黑、红色为名，小麦品种计有 44 个，本地老品种有玉麦、光头火麦、白麦、洋麦、长芒麦、凤尾麦、聋耳朵麦等。（云南姚安县志编纂委员会，1996）大豆有黄皮豆、绿皮豆、棕皮豆、黑皮豆等。除常规种植品种外，作物品种中还包括有野生近缘种的种植，如草籽、坝子、水高粱、稗子、苦草等，这些多样化的本地品种虽然产量不高，但对本地气候环境的适应性较好，应对环境变化的抗逆性较强。近几年来，除本地品种以外，外地许多栽培品种也在不断引入。

　　由于不同作物适宜的生长环境不同，各种环境提供生产的面积以及作物产量不同，彝族人在轮歇地、山地、水田、雷响田等耕地中都有不同作物种植。由于山地离家较远，不方便生产劳作，每个劳动力可以耕种的土地有限，通常两个成年劳动力仅能负担 0.67hm$^2$ 左右的土地，为满足生产生活的多种需要，每个家庭有多种作物种植。如史诗所唱："谷子买三箩，荞子买三箩，包谷买三箩，麻子买三箩，麦子买三箩，豆子买三箩，样样种子买齐全。"（云南省民族民间文学楚雄调查队，1960）多样的种植就有多样的收获，"庄稼熟了，一收荞子，二收燕麦、草籽，三收高粱，四收狗尾巴小米，五收黄苔小米，六收包谷，七收稻谷"（姜荣文，1993）。由于土地有限，只有多样性的种植和多样性的收获才使一年四季都有粮食吃，才使一年四季都有不同的产品满足多样性的需求。

　　由于作物种植品种多样，彝族人的生产活动也很多，一年四季都有农业生产。

《梅葛》中说："一年十二个月，月月要生产。正月去背粪，二月砍荞把，三月撒荞子，四月割大麦，五月忙栽秧，六月去薅秧，七月割苦荞，八月割了谷子掰包谷，九月割了甜荞撒大麦，十月粮食装进仓，冬月撒小麦，腊月砍柴忙过年。"（云南省民族民间文学楚雄调查队，1960）为保证各项农事活动及时完成，同一节令中往往有多项田间劳动需要同时进行，彝族的耕作时间常常同时并进，一年之中农作节令的安排较为繁杂，如楚雄彝族地区，大春的准备工作，在秋收结束之后就开始了。收完谷子之后就一边犁田一边开始小春播种，小春有小麦、洋芋（洋芋一般可栽两季，旱地和轮歇地都种）、豌豆及少量的油菜籽。一月除了进行必要的小春加工之外，大部分的劳动都投入到"盘荞地"和砍伐树木、放倒烧荒，做好撒荞子准备荞把的工作，同时犁、耙秧田。清明前后开始撒谷秧，三月收小春、撒荞子。四月开始栽秧、撒包谷。六七月薅秧、收荞子和包谷，八九月收割谷子。之后又周而复始的犁板田。一年四季在水田、旱地、轮歇地上的劳动不断交替地进行着。（中国少数民族社会历史调查资料丛刊修订编辑委员会和云南省编辑组，2009）

## 三、农作生产技术的多样性

彝族农作生产不仅有品种的多样性，在各种作物种植中还有着生物多样性的利用。荞不仅是彝族最早种植的作物，也是彝族最为重要的农作物，生物多样性是其种植特点。由于荞的重要性，其采用的生物多样性技术也代表着彝族传统旱作生产技术。

图 7-1　苦荞与甜荞的混作
（2011 年摄于大姚县华拉乍么村）

彝族传统荞作的生产离不开树木，刀耕火种是传统荞作的种植方式。初开的土地，要砍烧杂树，在种荞前一年就要砍树、犁地并将砍下的树木晒干焚烧后再种荞。为增加土壤肥力，提高粮食产量，彝族有在砍火地上烧荞把的经验和做法。开生地时，就要把杂树砍下做成荞把。通常荞地一年只种一季，由于荞麦生长期较短，山地温度变化不大，如遇有气候变化或灾害发生，收成受到影响时，彝族也会在荞地里补种一两次。种荞后，通常要歇地至来年再种；第二年种荞或燕麦后，就要歇地 3~5 年后才能再种。有了烧荞把的做法，减少了荞作歇地的时间，荞麦收割后歇地到来年就可以再种了。如今虽然砍火地被禁止，但为了施肥的需要，人们仍会将烧柴余下的灶火灰带到山地中来为荞地培肥。

由于水冬瓜、旱冬瓜树的萌发能力较强，且水冬瓜、旱冬瓜树有根瘤菌，还具有固氮的作用，在部分彝区至今还保留着粮林混作的传统。云南临沧云县勐山村彝族的传统农作，荞麦与旱冬瓜混作是当地混合林业的一种典型模式。农户一般在自留山和部分集体林中开垦轮歇地，5~8 年轮耕一次，为了增加土壤肥力，村民往往在荞地中种植旱冬瓜（桤木），（何丕坤，2004）一则增加土壤肥力，二则缓解轮耕地的水土流失以及增加薪柴供应。（何丕坤，2004）在新中国成立初期，也有彝族地区在歇地前一季撒上草籽以生长牧草，一则恢复地力，一则供家畜放牧使用。

荞地中除保留树种、草种外，荞与其他作物的混作也是其生产的特点。如彝族歌谣所唱："山顶上的荞地，苦荞栽七路，甜荞栽七路；苦荞叶子生三节，甜荞叶子生四节。"（云南省民族民间文学红河调查队，1960）彝族至今仍保留着荞与其他作物混作的习俗，不仅苦荞和甜荞可以混种在一起，荞子也和其他作物混种，作物生产周期的不同是彝族使用混作生产技术的基础。如歌谣中所唱："乌蒙山顶上，万竹同生长，筷竹长得快，苦竹长得慢。苦竹未长大，筷竹先顶上。苦竹长大了，筷竹先被砍。乌蒙雪山腰，荞豆同生长。荞子长得快，豆棵长得慢，豆棵未长大。荞子先顶上。豆子长大了，荞子被割光。"（禄劝彝族苗族自治县民族宗教局，2002）利用荞、油类作物、豆类作物以及饲草类作物生长周期的不同，楚雄大姚、姚安一带彝族，常将苦荞与草籽、苦草或坝子、葵子、苏子等油料作物和豆类一起播种，这样，不仅可以利用豆类作物的固氮作用补充其他作物的营养，还可以利用作物生长周期的不同，一次种植取得多种收获。荞和这些作物一同种植，荞先长出，收割后，油料作物和豆类先后长出，收割了这些后，草籽等作物又长出，这样一次种植就可以有多次收获。此外，即使同一种作物种植也要有不同的品种轮换，如荞有甜荞与苦荞之分，在砍火地种植中，通常第一年用苦荞与其他作物混搭，第二年，用苦荞与甜荞和其他作物或草籽等混作，第三年则用甜荞与油料作物和豆类混作。

在熟地种植时，荞也与其他作物进行套作或轮作，如荞麦与玉米的套种，史诗《梅葛》中说："坎上种包谷，坎下种荞子"。（云南省民族民间文学楚雄调查队，1960）其具体做法是，当玉米出苗一个月后挖土覆盖玉米根部，以防止玉米倒伏，这样就形成土坎，而挖低的地方则成为"坎下"。在"坎下"种荞子，就形成了"坎上种包谷，坎下种荞子"的种植制度。这种套种方式，既有利于防止玉米因秆高而倒伏，又充分利用了地力，还利用了玉米、荞子对水分需求不同的特点，有利于提高耕地的产量。由于荞的生长周期相对较短，这种种植方式大多为玉米受旱影响产量时使用。随着作物品种的增加，更为普遍的是荞与其他作物的轮作。一般种植规律为：第一年种苦荞，第二年种马铃薯，第三年种黄豆，第四年种玉米，第五年种甜荞或燕麦，以后各年再调换品种。

自明清引入玉米、马铃薯等旱地作物以来，由于这些新的作物品种产量高并且适应性强，种植面积逐步扩大，荞麦种植逐渐缩减。为解决人口增长带来的粮食需求压力，彝族传统的轮歇栽培逐渐向轮作方式转变。至1952年楚雄州土地统计时，轮歇地仅占旱地面积的11.66%。（云南楚雄彝族自治州地方志编纂委员会，1995）与此相应的是，不同作物间作、套作和混作等的种植面积不断扩大。

由于彝族地区作物种类多样，彝族轮作方式也表现出显著的多样性，如苦荞与甜荞、苦荞与燕麦、甜荞与小麦或大麦、玉米与小麦、水稻与小麦、玉米与豌豆或蚕豆、油菜与玉米等都是彝族地区较为常见的轮作方式。在轮作中，各种间作、套作、混作等技术也同时并用。如《普兹楠兹》中所说，"谷种与稗种①，就在水边种，荞种包谷种，点在山旮旯，菜子与麦子，播在凹塘中。南瓜与黄瓜，种在菜园中。高粱与小豆，撒在垡地中。"（黄建民和罗希吾戈，1986）

为有效地利用土壤肥力，在彝族的耕作制度中，轮作有着较为合理的安排。例如，玉米常与麦类进行轮作，在玉米收割后，燃烧玉米秆或施粪肥，犁地翻晒一月即可播种麦类。与玉米轮作的麦类既有小麦，也有大麦和燕麦。在二半山（海拔1800~2200m）一般采取玉米与荞麦轮种的方法。因为玉米需要肥料多，所以先耕；荞麦最需要灰肥，而上年留下的腐烂的玉米根茎恰好为它提供了这种肥料。而苦荞与燕麦轮作的安排，是由于苦荞生长期较短，只需4个月就可以收割，而燕麦生长期较长，所需肥料较少，故放在最后。如此将生长期长短不同的作物，按先后次序合理安排，既照顾到上下季作物收种期的衔接，又考虑到了土地肥力有节制的消耗。

随着荞麦生产的减少，如今更多的是玉米与其他作物混作或套种。在玉米播种时，山区常将玉米与向日葵、南瓜种、各种豆类一起与畜粪肥拌种，并混播于地中。当玉米出苗长到约四寸高，到地里锄草时，一边锄草，一边疏苗，将地中较为密集的玉米、豆、瓜、向日葵疏理均匀。当玉米长至50~60cm时，再除草一次。除去的草连同施用的粪肥壅于玉米根下，既防止玉米倒伏，又熟化土壤。同时，还要辅助豆类等爬藤类作物借助玉米、向日葵茎秆生长，整理南瓜、青皮瓜

---

① 原著此处为"稷"种，因稷种为北方旱地作物，不太可能种在水边，根据彝族地区有水稻与稗子同种的习俗以及原著上下文，此处译为"稗"种较为适当。

等的瓜藤，使其在地面生长，不要爬到玉米等作物的秆上。如今，虽然采用了点播、条播技术，但也要在地里点播向日葵种，在地边点种南瓜、黄瓜、香椿、腰豆、黄豆等作物。为防止爬藤作物影响玉米等高秆作物的生长，彝族有时也在玉米长出后，在地里插上竹杆再套种四季豆、黑豆、白云豆等爬藤作物。

图 7-2　玉米地里的混作
（2009 摄于姚安前场镇）

　　旱地作物大都实行粗耕简作。荞地除施肥外，由于与其他作物混作，通常不薅草。为防除杂草，彝族有三翻荞地之说，即收获后耕翻一次，在下年种植前再耕翻一次，至火烧地后再犁一次撒种。小麦和玉米通常都要施底肥，一般是撒种子后犁土覆盖，也有犁耙各一次后种植，有的地方则采用挖土窝施肥种包谷。洋芋普遍采用跟牛点种，当牛犁完一行沟时，也点种完，犁下一行沟时，便翻土盖住上一行的洋芋。高粱、花生、油菜籽、小米、芝麻、豆类的种法同玉米，撒种后犁土盖之，不施肥。麦苗、包谷苗成长快，中耕除草一次或两次，洋芋和荞子在轮歇地上轮种，犁地一次后播种、薅草一次。除去的杂草做肥料压于土中或做猪食。

　　相对于其他作物的种植，麻的种植则较为精细。麻因需肥较多，不仅需种在肥源较为充足的山地中，还需经羊歇地后种植。在彝族地区有多种麻生长，火麻籽粒大但纤维较粗，细麻籽粒小而纤维较细，通常彝族将火麻与细麻同时种植，为了使麻有良好的通风和通光，麻地种植较为稀疏。为了保证麻的生长，要拔出那些长得过密的麻苗。在麻长出后，那些长得过快或过瘦的麻苗也将被拔出，此外，由于公麻开花不结果，且麻皮较薄，在公麻即将开花之际，彝族也将拔出公麻做荞把，但为了保证母麻结籽，公麻数量在拔出后仍要保持在 10%左右。为了保证麻的肥源充足，在麻的生长期还要施肥除草一两次，肥料既可是粪肥，也可以是中耕除草后的绿肥。种麻时，除草也是施肥。如古歌中所唱："要去锄麻时，提着小铲子，走到地头上，从地尾开始锄，锄到石脚处，石脚蕨菜铲起来，让太阳晒死。铲土培麻根，锄到地里面，细藤锄起来，让太阳晒死，铲土培麻根，锄到地头上，把草锄起来，让太阳晒干，杂草锄完了，地也锄松了，麻也长旺了。"（李德君，2009）除草不仅有了麻地的绿肥，也增加了麻地可利用的营养。

　　彝族高山地区以旱作为主，在有水源处也有水稻和水稗种植，海拔1800m以下的地区多有水稻种植。与旱作不同，水稻和稗子生产较为复杂，有育秧和栽秧两个环节。水稻秧田耕种较为精细，彝族民间有"三翻荞地，九翻秧田"之说。彝族通常选择靠近水源之地的箐沟边、小河旁开垦秧田。每年秧苗移栽后，放水犁地一次，放入各种蒿草、水冬瓜叶、核桃叶等易腐化的草或树叶任其腐烂。每月翻挖秧田一两次，待播种前耙田一次。把水放干，晒田一两天后再放水入田。在秧田撒种之前，彝族人也要用树叶树枝烧地，烧地后才放水进行犁耙。为补充肥料，也将鸡粪筛细后撒入秧田中。因秧田中泥鳅鱼虫较多，为防止这些生物在秧田里翻动而倒秧，彝族人将苦葛藤、泥鳅叶粉碎后撒入田中，以杀死部分泥鳅鱼虫。撒种之前，先浸种催芽。撒种七天后，要放水晒田直至田中出现小裂纹时再放水浸田。

　　水稻大田多在坝区地势较为平坦的地方。豆麦收割完毕，就到了栽秧的时节了。稻田分拦水田与雷响田，耕作方式有所不同。拦水田与秧田相似，稻田也要经过放水、泡田和犁耙。在大田移栽之前，大田要用树叶来沤田，提前十五天将放水后的大田撒入树叶，再犁入田中，可以增加大田的肥力。当小麦、蚕豆收割完后，就可放水淹田，当稻田充满水后再将田埂堵好。淹田3~5天后，再根据水田淹水后呈现颜色的不同施以不同的肥料，当大田水色呈红色时，施草灰、灶灰或石灰；水色呈黄色，则施以畜肥。施肥后犁地一次，等栽秧前再犁地一两次，耙地一遍。雷响田与拦水田不同，通常只在雨后施粪肥犁地一次即可开始栽秧。

　　水稻栽秧也有讲究，如楚雄南华彝族贺喜腔中所唱："栽秧不栽独苗秧，栽秧要栽双苗秧，栽下双苗出双穗，栽秧不嫌小秧害。薅秧不嫌秧起薹。大田栽秧团团转，小田栽秧四四方。五月芒种忙忙栽，夏至节令点火栽，早栽谷子晚栽草，小暑栽秧不用薅，大暑栽秧不用刀。立秋节令薅早秧，处暑节令割田埂，白露节令捡稗子。秋分节令收早谷。"（普洪德等，2007）彝族栽秧多在立夏时节开始，栽秧以2~3棵为一簇插入田中，传统栽秧较粗放，栽插时随意性较强，无株行距规格，俗称满天星。在部分地区也有使用"四方棵"栽插法，栽秧时以一个四方盒子为依据定株行距，在盒子四角插上秧后，其余部分依照此株行距栽插。薅秧一般为两三次，一次在秧苗返青后，主要拔除田里的牙齿草；一次在抽穗时，主要去除野稗子，还可以再去除田埂上的杂草。

　　在彝族的水稻生产中，水稻常和稗子"间作"。在育稻秧时，彝族也育稗秧。

惊蛰后就要开始水稻育秧，由于稗子生长期较短，通常水稻撒秧十几天后，有时迟至一月以后才开始撒稗种。水稻与稗子各有秧田，但在栽秧时，彝族也在稻田中分出一块栽种稗子。这样可以充分利用土地，弥补水稻秧苗的不足。同时还可以弥补水稻因育秧问题造成的损失。彝族水稻生产还有一个特点，那就是常在稻田田埂上点种黄豆、腰豆等豆类作物。移栽完秧苗的秧田也不闲置，这些秧田还可用于种植其他作物，如楚雄姚安地区传统的水高粱即可种置于秧田中，这种水高粱籽粒黏性大，口味较好，彝族常以其当作糯米食用，但由于其产量低，虽然口味较好，但种植较少，利用秧田是一种较好的选择。水高粱与水稻育种时节相当，当水稻在秧田育秧时，水高粱就在菜地育秧，当水稻和稗子移栽到大田后，水高粱即可移栽于秧田中。这样，秧田的肥力就可以为水高粱充分利用。

为保证作物品种的高产稳产，彝族在长期的生产实践中形成了换地换种的习惯。彝族农谚常说，"调种不如调地，有如调地不如调种"。在彝族的经验中，"稻田复种稻，稻田野鸭不沾露，荞地复播荞，荞长尖头成线钩，菜园复种菜，菜叶变黄梨叶。""贫地喜合甜荞生，三年之后助苗不助籽"。（吉克，1990）更为重要的是，彝族把土地与农作视作母与子的关系，成熟后的种子像是子女一样从家中分离。种子与土地的结合，就如同男女相配，长出的秧苗是子，母子是不能相配的，因此，同一块地里不能连年种植收获作物的种子，秧田上可以种植移栽的"水高粱"，但却不能栽插在这一块秧田中的剩秧，在彝族看来这样的做法就好比是母与子之间的乱伦。因此，彝族人常说"剩秧如剩草"，这些多余的秧苗只能如草一样被牲畜利用。

彝族农户种植的某一品种今年种在这块田里，明年就得种在其他的田里，同一品种一般不在同一块田里连续种植。通常，在同一地区庄稼成熟时，看到其他人家水稻长得好时，彝族会主动向其主人要求换种，请他将这一地块的稻子留作籽种，用自己的粮食去换。由于高海拔作物在低海拔种植时生育期缩短，低海拔地区的农户常与高海拔地区的农户换种。当获得的良种有限时，彝族则将那些产量高的种子与自己的种子一起播种，以此希望那些高产的种子带动自己的种子生长而获得更高的产量。除了在本地换种外，彝族也从外地引种换种。由于换种频繁，有时为了确保种植成功，每个农户的稻田里常会在主要种植一种品种的同时，小部分地种植其他品种。除水稻外，其他作物也经常进行换种换地。

农作物多样化的种植方式同样适用于树木。《查姆》中说为了造出纸和笔，人们要用树皮造纸，用竹子和麝毛做笔。于是猎人们上山打猎，最后在麝子的身上找到了纸树种和竹子种，然后，砍出三块地，放火来烧地，烧出草灰种纸树。将竹子种撒满山坡，纸树籽撒在地里。（郭思九和陶学良，1981）竹是彝族普遍种植的林木，竹的品种也较为多样，为了获得生产用的竹筐、竹篮等竹制品，彝族选择不同的土壤条件种植不同的竹种，阿细人种竹，"如果是坝子，坝子栽绵竹，如果是山地，山地栽黄竹，开始栽时，黄土扒拢来，黄土扒成堆，扒成堆以后，抬来大石头。三月是栽竹月，那样栽起来，四月竹出芽，五月竹拔节，六月长竹叶，七月竹节黑，八月长成竹，九月竹子黄，就要砍黄竹。"（李德君，2009）在种竹的同时，彝族也种植用于造纸的纸树，由于竹和纸树需要水分较多，彝族人除在山地中种植外，也常在水边栽种竹和纸树，在充足的水分条件下，一棵纸树在一年内就可以分生出十几棵纸树。

图 7-3　山地多样化种植
（2009 年摄于姚安前场镇）

　　农作物通过换地换种保持增产，树木则通过不同品种的嫁接来改善品质。彝族地区野生果树品种虽多，但因大多品种口味不佳而较少为当地人食用，在偶然的发现中，人们学会了果树的嫁接。在阿细人的"果树嫁接调"中描述了嫁接的来由，远古的时候，人们靠采集为生时，果树倒是有，但大果没结过，甜果没结过，八月一过去就没有果子了，到了三月都没有果子吃，人们到处找果树，在一座红山顶上找到了一棵乌梅树，这棵乌梅树树上有三个熟透了的大果子，人们仔细看，发现乌梅断了一枝，倒在樱桃下，结果的地方，正是断枝处，于是人们认识到枝与枝插在一起能结出果子来，于是人们把樱桃插进了乌梅枝里，新枝长出了，到了第二年，樱桃花开了，乌梅花也开了，人们又扯来樱桃花放在乌梅花上，又扯来乌梅叶揉在樱桃叶子里，过了三年，这一新插枝不像乌梅、樱桃开白花，开出的是红花，正月过完后，果子结出来，果嫩又绿，果子大又大，七十棵樱桃才抵它一个，到了三月底果子由绿转红，甜味扑鼻来。从此以后，人们开始了嫁接果树，山里的野李子，折回李子枝，扳回李子芽，嫁在黑角棵，芽也接活了，枝也接活了，长出的果子成为了杏子。后来人们又嫁接了桃树、梨树、石榴树、核桃树、柿子树，一年从三月到九月都有了果子吃。（李德君，2009）

由于野生果树品种多，嫁接砧木的选择多样化，各种野生树木常常成为果树嫁接的原木。棠梨等常用于嫁接梨树、苹果；野桃树用于嫁接樱桃、乌梅、野李；野樱桃等树木也常用来嫁接桃树、杏树；路边山地中的火把果可用于嫁接花红；野柿树、塔枝树可用于嫁接柿子，麻栗也可用于嫁接板栗。彝族果树嫁接多采用枝接与芽接两种方式。皮厚汁多的果树用枝条嫁接。方法是先削平野生果树杆，将其轻轻地划开，再把已嫁接过的果树枝削成上长下短的丁字形，插入开口处，糊上稀泥巴或牛屎之类，再用布包好即可。芽接的方法是先削下要嫁接的节巴芽，再划破被嫁接的节巴芽蕾，两者合拢糊上即可。

不同果树嫁接的方法和时间不同，柿子嫁接一般在立春后树木发芽季节进行。辦枝嫁接，先选1~2年小柿树（也称野柿花树），然后将真柿子品种茎枝根部削成三角形状，插入用刀划开皮的野柿子茎内，绷扎严紧，贴上绵纸，即可发出柿子芽。桃树嫁接，在春季树木将要发芽时，将野桃子树（也称水桃子树）修枝断头，在主杆中部或叉枝中部选准出苗点，多处割下层皮，然后把选好的桃树苗也同样割下大小不等的苗皮，填入野桃树缺口，使之吻合压紧，系上麻线糊上绵纸（现用塑料布包扎）。发芽后只留3~5株壮苗，第三年开始挂果。

利用植物多样性生存环境和生长周期开展种植，彝族地区多样化的作物品种和野生植物资源有了生存的空间，多样化自然环境与生物多样性种植方式相结合，彝族在利用环境多样性满足人们生活需求的同时，有效地维护了环境和农业生产的多样性。

# 第二节　畜牧养殖中的生物多样性

## 一、畜牧养殖种类的多样性

由于彝族畜牧养殖活动与农作生产密切相关，畜禽饲养不仅为肉食所需，还具有为农业生产服务的功能。彝人常说："养牛为耕田，养羊为赶毡，养猪为过年，养鸡养鸭为换油盐。"只有多种家畜家禽的饲养才能满足人们农作、肉食、皮用、交换等多样性需求。

彝谚说："牛是农家宝，种田少不了。养牛莫怕烦，想想没牛难，点灯不离油，庄稼不离牛。炒菜要油，耕田要牛，锅头要油，耕田要牛。将军上阵养马，农民种地养牛。"（中国民间文学集成全国编辑委员会和中国民间文学集成四川卷编辑委员会，2004）养牛与农作的关系，就像是锅与油，将军与马一样密不可分。在山区，牛的用途很多，除耕田外，拉车、驮物也由牛来承担。由于黄牛耐寒，易繁殖，适宜于旱地耕作，彝族饲养黄牛较多，而水牛耐热、力大，适宜于水田耕作，每头水牛可使用年限也较黄牛长，在水田面积相对较大的彝区，通常黄牛、水牛都有饲养。但由于水牛难以适应高海拔地区冷凉的气候，彝族在高山地区多饲养黄牛，在低山、半山的宽谷地区，主要饲养水牛。

由于山地分散，彝族农作生产有大量的运输工作，种子、肥料、粮食、薪柴、草料都要托运，这些运输工作仅靠牛和人力难以完成，大量的工作还要由马、驴或骡来辅助。马是彝族最为喜爱的家畜，常作为坐骑使用，但其饲料的选择和喂养较精细，饲养不当易生病。相比马而言，彝族地区驴的体型虽小，但耐力强且省草料，饲养管理方便，又适应山间驿道运输。而在负载力方面，骡的役用价值较高，且使用年限较长，一般为 20~30 年，对饲料也不甚苛求。彝族地区虽有名马，但大多地区马的品种并不优良，因母马较适宜与驴相配，产骡大于马，健于驴，适于运输，随着农业生产交换、驮载和运输的增加，骡的饲养增加，彝族对马的饲养虽有负载的需要，但主要还是为了人乘骑和骡的生产。由于农作生产有大量的生产资料需要在居住地和山地之间往返运输，彝族传统耕作几乎家家都要养马或养驴、骡，如今虽已有了较为方便的摩托、汽车等运输工具，但崎岖的山路仍少不了骡、驴的作用。每当耕作之际，几十千克或上百千克的籽种、农具或肥料还需要骡、驴运到耕地，劳作返回时，收获的粮食、草料或晒干的薪柴也需要骡、驴运回。

养羊为肥田，也为赶毡、制衣和食用，彝人说："羊子的背给我衣穿，羊子的脚给我踩肥，羊子的腹给我奶喝，羊子的身给我肉吃。"由于养羊具有的多重功用，彝族养羊较多，多有山羊和绵羊饲养。尽管山羊环境适应性较强，既可用于肥地，也可用于制皮和食用，但彝族仍要有绵羊饲养，一方面彝族地区绵羊多属于藏羊种，这种羊矮小灵活，适应山地饲养，毛粗短且稀，虽然不如细毛羊可用于精细纺织，但用于制毡却结实耐用且保暖性强。另外，绵羊虽不耐高温，但其粪肥的效率较山羊为高，用于肥地较山羊粪好，因此，对于彝族而言，山羊、绵羊的饲养都不可缺少。

由于食用、交换、祭祀以及生产所需，彝族的动物生产既包括利用坡地杂草的水牛、黄牛、山羊、绵羊、驴、马、骡、兔，也包括利用农副产品的猪、狗、鸡、鸭、猫等。如《梅葛》中所说："喂鸡三升谷，喂鹅三升豆，喂鸭三升米，喂牛三把草，喂羊三枝叶，喂猪三升糠，喂狗三个骨头，糯米饭舀三碗，喂给小花猫。"（云南省民族民间文学楚雄调查队，1960）多样性的环境和多样化的农作生产为彝族杂食类畜禽的饲养提供了条件。猪的饲养大多为彝族过年过节食用，每户有 2~5 头饲养；鸡除获取禽蛋外，常用于祭祀活动和肉食。鹅、鸭、鸽以提供肉食为主；狗既是朋友，又是助手，既可用于打猎，又可用于看家护院、放牧牛羊。由于放牧和狩猎要求的不同，狗还需要有不同的品种选择和驯养。猫的饲养主要是为了防鼠害，而兔的养殖则兼有提供皮肉的要求。

除家庭生产生活外，彝族多样性的养殖还在于一系列的祖灵献祭和巫术仪式中不同的畜禽具有的意义，如母鸡用来招魂，公鸡用来引路，猪用来开路，羊用来带路，马用来驮魂。在不同的仪式里，所用牺牲的体征，包括角、毛色、雌雄也被赋予了特定的喻义：白色象征纯洁、美好和神圣，黑色象征威严、凶恶，角象征健壮、强悍和善斗，黄色表示美丽、健康和生育力旺盛。雄性则是力量的一种符号。在小凉山送灵祭中用来换灵、献灵的是白色的公鸡，用于除污求吉和交媾求育的是白色的公绵羊。而在返咒、断凶鬼路、咒恶鬼等大型黑巫术仪式中则一律用长角的黑公山羊、黑公绵羊、黑公鸡和黑公牛。（郑成军，2006）由于各种各样的牺畜都有其作用，满足不同的祭祀要求，各样的牺畜都有了其饲养和存在的价值。

除家畜家禽养殖外，彝族也有各种野物的饲养。当野物捕获较多时，彝族人也会将野物圈养起来饲喂繁殖，以作狩猎工具或配种或食用。彝族圈养的动物有竹鸡、箐鸡、杂鸟等禽类，也有鹰、虎、熊等凶猛动物。彝族驯养的鸟类一般有雉、锦鸡、斑鸠、鹧鸪、画眉、布谷、猫头鹰、鹰、伯劳、杨雀、黑头鸪、鹦鹉等。驯好的鸟由于种类不同，各有用途，鹰、猫头鹰用来守护粮食，其他鸟则用作欣赏或诱捕野鸟。（郑成军，2006）而有些野物也已驯化为家禽养，如家鸽肉用饲养。

在野物的养殖中，由于蜂蜜是较好的佐餐食物，蜂蜡还可用于纺织缝补，因此，彝族养蜂的规模较大，是仅次于放牧的养殖活动。利用各种栖息于树洞或地下的野蜂，彝族每户养蜂从几桶至几十桶不等。彝族利用各种栖息于地下的野蜂，如黑土蜂、白脚蜂、黄土蜂等发展养蜂。逢农历春夏之季，蜂群从野外移穴到村前寨后的季节，人们找到地下野蜂后，把支蜂笭塞于蜂窝口，拍击蜂窝顶，让蜂窝内的蜂进入笭内。支蜂笭一般口小肚大，易进难出。当蜂进入支蜂笭后，用草或布塞住笭口。然后扒开土层，拿出蜂巢到目的地放置，把蜂从笭中放进巢内即可养殖。（师有福和红河彝族辞典编纂委员会，2002）利用蜂群分蜂的特性，彝族常自制蜂桶养蜂，养蜂少至几桶多至上百桶，在凉山一些地区，养蜂成为当地群众的重要副业，甘洛县玉田乡便是其中的一个。据1957年调查，全乡637户，估计约有150户养蜂，即约占总户数的23.5%。他们共养有蜜蜂300余筒。以每年每筒平均取蜜3.5kg计算，年可产蜜1000kg余。另以蜂巢化制黄蜡，年可产蜡75kg余。所产蜜、蜡除小部分自己消费外，大部用来向外交换。（胡庆钧，1985）

除蜜蜂外，森林中的一些肉食类野蜂也是彝族养殖的对象。彝族一般在农历五月左右捕树上的葫芦蜂，捕蜂在夜间进行。届时，两三名男子相约，携带锋利的镰刀或锯片、绳索等用具，再带青草一把，牛屎一包，到蜂巢下，一人爬上树，先用牛屎涂于蜂巢树枝，再于枝上围扎草节，轻轻用绳索拴系树枝，然后锯树枝，取得挂蜂巢的树枝后，用吊绳轻轻放下，用袋子装好带回家后挂于居家附近的树上任其生长，待到八月十五前后，再将蜂窝烧毁取出幼蜂。

除养蜂外，彝族还有蚕、腊虫和其他食用昆虫的养殖。彝族养蚕既养柞蚕，也养桑蚕。由于腊虫可以分泌白腊用于出售，在树木中发现分泌白腊的白腊虫，凉山彝族会将这些白腊虫移植于冬青树或女贞树进行繁殖。为了获得柴虫，彝族也会模仿柴虫生长的环境，砍下一些容易生长柴虫的松树、栗树枝或苦葛藤后放置一段时间让其自然生长出柴虫。

## 二、畜牧养殖种群的多样性

彝族地区饲养的畜禽品种多为本地品种，这些本地品种具有抗病力强、适应性强和耐粗饲料的特点。这些畜禽多属同一品种，但由于地理环境和饲养条件的不同，畜禽品种形成了较大的差异，每一品种通常有大型、中型、小型三个类群，体型大的类群通常在高山地区饲养，体型中等的类群在中山和低山地区有饲养，而坝区或低海拔地区则多饲养小型类群。在楚雄州，分布于高山区的大体型猪又称"八卦头"，体质粗糙、疏松，经济成熟晚，通常 2 岁达经济成熟，体重可达180~200kg，这类猪占总猪群的30%左右；小体型的又称为"狗头"、"油葫芦"猪，这种类型猪体质细致，经济成熟较早，通常 1 岁至经济成熟，但体重仅有 60~70kg，在猪群比例中不足10%；数量占60%的多是中型猪，群众称"羊头"、"二虎头"，这类猪介于大小体型之间。（云南楚雄彝族自治州地方志编纂委员会，1993）这种猪群的分布基本与楚雄州坝区、山区以及高山区面积的比例相当。鸡的类群特点也相似，大型的鸡呈长方形、高大、脚粗壮，性成熟晚，需 9~10 个月；中型的呈正方形，体躯中等，脚粗细中等，性成熟 8~9 个月；小型的体躯短小，性成熟只需 5~6 个月，繁殖性能强。鹅也有大型、中型和小型之分，大型鹅年产蛋量 30~40个，中型鹅 35~40 个，小型鹅 40~50 个。

地理海拔条件的不同有着畜禽体型的差异，即使在同一地区相同条件下，彝族饲养的畜禽仍有着多种类群。一方面由于同一地区有着不同的饲喂条件，另一方面因山上与山下存在的广泛劳动协作。因此，即使在相同海拔条件下，畜禽也有着类群的多样性，这表现在畜禽之间存在的较大差异。例如，黄牛在同等条件下，公母畜体重相差可达 200kg，阉畜体重相差可达 270kg。鸡产蛋年平均90~130枚，高产者年产蛋可达 250 枚。因各地品种类群混杂，家畜毛色多样，如马属西南马型，但毛色有枣、海骝、黑、栗、青、紫、白、花等。山羊虽以黑色居多，灰、黄、白诸色也间而有之。绵羊多为白色，但全身黑色者也有 10%，头蹄及尾部带杂毛或全身散布着黑色杂毛者均有。鸡的毛色有白、黑、红、白麻花、灰麻花、黄麻花等十多种，又分产卵、肉用、抱卵数种。

由于畜牧养殖对于生产生活以及宗教活动的重要性，多样化家畜家禽的饲养对彝族而言既是生活的保障，也是财富的象征。彝族人把拥有牲畜品种和数量的多寡看成是一个家庭财富的重要标志。在女儿出嫁时，父母关心"女儿的夫家，第一间圈里，是否关坐骑？可有两副鞍？第二间圈里，是否关耕牛？可有两副犁？第三间圈里，是否关猪羊？可有两条槽？若成双成对，父母就放心。"（禄劝彝族苗族自治县民族宗教局，2002）男女成亲时，牛羊等家畜是重要的聘礼、嫁妆或贺礼。《梅葛》中结婚聘礼的重要组成就是家畜，"我家喂的三年大肥猪，养的七年老绵羊，肥猪宰一个，绵羊拉一双，好酒挑两罐，新布拿三件，环子打一双，再挑一个小盒子。挑进你家门，亲亲热热送你家。"（云南省民族民间文学楚雄调查队，1960）结婚后的男女，他们会建起自己的房屋，与父母分居。这时，父母便会从这个家庭的畜群中分出一部分给他们，即使是再贫穷的家庭，在他们的儿子新建家庭时，分给一只母鸡、一头母猪和一头用来过年的猪是最基本的。

虽然明清以后农作生产已取代畜牧生产成为彝族主要的经济来源，但在传统以畜牧为主的大小凉山地区，他们不仅依靠多样化的畜牧生产来获取许多生活必需品，还把照顾和饲养牲畜看成是一种很体面的劳务。由于畜牧的重要性，人们把畜粪视作孕育生命和旺盛繁殖力的象征，小凉山诺苏人在少女换裙礼中、婚礼上为女人改发型仪式以及安灵和送祖灵祭前举行的迎毕祈祝仪式都必定在粪堆上进行。在农作为主的彝族地区，多样化养殖也是彝族生产的重要内容，彝族传统农户的家庭养殖规模可以用"小而全"来概括。在养殖业较为发达的小凉山地区，如今，一个上好的家庭拥有的牲畜量大致是：羊 30~40 只、牛马 5~6 头/匹、猪 2~5 头，鸡 8~9 只。（郑成军，2006）在 20 世纪 50 年代以前，大多数家庭拥有畜禽的养殖量还要多一些，一些富裕家庭，单户养羊可达 200 只以上。

## 三、畜牧养殖技术的生物多样性

为满足多样化畜牧养殖的饲喂要求，充分利用山地环境提供的饲草饲叶，节约畜牧生产劳动力，模仿自然环境动物生长的混牧成为彝族畜牧养殖的主要方式。彝族主张"粮食分着吃，牛羊集中牧"。

由于既要从事农作生产，又要兼顾畜禽养殖，那些小而全饲养家畜的彝族家庭常将猪、牛、羊、马混合放牧。如楚雄南华彝族祭词中所说："屋后椎栎林，放羊在那里；山坡草木深，黄牛放那里；屋前大河边，水边放水牛，猪随牛羊放。"（普兆云和罗有俊，2003）与汉族地区将猪圈养不同，彝族平常多将猪与牛羊一道放牧，待到育肥阶段再行圈养。由于山林植物的多样性，混合放牧可以通过不同家畜对环境多样性的利用满足家畜不同的食物要求。

**图 7-4 山地混牧**
（选自云南数字乡村宁蒗县跑马坪乡二村）

随着畜禽养殖品种和数量的增加，彝族也采用分群集中放牧。例如，当羊群发展到六十只以上时，彝族人就会将羊群从其他畜种中分出单独饲养。即使如此，彝族也会将山羊与绵羊混合放牧。由于绵羊性情温驯，是家畜中最胆小的动物，自卫能力差，反应迟钝，行动缓慢，喜欢低头采食低矮、短小的牧草，采食较专心，不能攀登高山陡坡；山羊性情活泼好动，神经敏锐，行动敏捷，善攀援，喜登高，在绵羊不能攀登的山区陡坡和悬崖上行动自如，采食性比绵羊杂，特别喜欢采食灌木的嫩枝细叶，以及某些树木皮。由于资源利用的差异，山羊和绵羊一起放牧不仅可以充分利用牧草，而且由于羊的合群性强于其他家畜，绵羊的合群性又强于山羊，当受到侵扰时，羊会互相依靠拥挤在一起，放牧中离群的羊，一经呼唤，能迅速入群，混合放牧难度不大。此外，两种羊在一起时还会相互牵制，从而使山羊跑不太快，而绵羊也不会留守一地。通常彝族放牧山羊的数量较多，但在海拔较高的地区，绵羊饲养数量较山羊为多。为了防止羊群走失，两百只以上羊群放牧时，需要有三四个牧人，同时牧人放牧时一般还要配有一两只牧羊犬。

为保证羊群的健康，彝族人除根据牧草情况定期在高山、中山、低山迁移外，还将根据食草情况的不同给羊补喂盐。由于彝族地区从前由汉区商贩贩盐，盐很贵，一般每年只喂 3 次，一次在春季出羊时，一次在秋冬交接时，一次在腊月间。夏秋丰草期羊既肥壮，也能吃盐，每次每只喂 25~50g，冬春枯草期瘦弱时，食盐量减半，每次每只喂 10~25g。有时，彝族人还会给牛羊喂猪板油，喂过板油的牲畜不仅吃口好，易养，而且吃新草不易胀肚和腹泻。此外，冬春枯草季节为弥补草料不足，彝族也砍伐一些阔叶树枝或用油菜、黄豆、白芸豆、四季豆秸秆和四季豆饲喂牲畜（郑成军，2006）。有了农产品的补充，家畜在草料缺乏的冬季就不会太消瘦。

　　山地多样化的饲养环境也会使牲畜发生一些常见的疾病，如腐蹄病、食物中毒、腹泻、哮喘咳嗽、腹胀、骨折等，由于家畜多为本地品种，环境适应性较好，传染性疾病羊瘟和牛瘟少有发生。彝族对于普通的畜疾都能自行治疗，如腐蹄病用刀削去腐烂部分，挤出脓血，消瘦厌食煨煮龙胆草喂，腹泻煨煮一种寄生于岩石缝隙中的植物；气胀时用锥子锥腹部；头昏打转时用刀割破尾梢或剪耳朵放血等，这些办法通常能收到较好的效果。但如果家畜有异常行为，如牛闯入家中，母猪食仔猪、母羊一次生下双羔，放牧时身上缠挂有树枝、树叶和草等，这些情况的发生在彝族看来就是魔邪作祟，在驱邪后，一般都会予以宰杀并深埋。

　　牛羊猪等大家畜的放牧通常由人来管理，家禽的养殖则任由其混群自由采食。为了使鸡、鸭、鹅等家禽不远离屋舍，彝族人会在傍晚时分用碎米、玉米、荞等粮食来饲喂，当养成习惯后，家禽就会定时回到家中。为了快速育肥，彝族也会将家禽人工圈养集中饲喂，通过人工往嗉子里填饲料喂养是饲养鸭鹅时常用的办法，一只小鸭仅两个月就能达到5斤重。

　　昆虫或野物的饲养虽然也有人工喂养，但更多的则是模拟并提供这些动物生长的自然环境。驯养野禽时，彝族捉回雏鸟或孵出小禽时，以蚱蜢、花生、生肉等作食喂养半年后就用笼抬到野外圈放。当养蜂数量较多时，彝族则将蜂桶置于山地边放养，为了避免熊等动物偷食蜂蜜，放于山地中的蜂桶要藏于土洞或石洞中，并将蜂桶周围封严实，用树叶、石片盖住以防雨淋。蚕的养殖也利用了彝族地区植物的多样性，利用野外草木环境提供的条件，彝族人可以饲养柘蚕和桑蚕等多个蚕种。

　　虽然彝族较少专为食用养鱼，在水稻种植较多的地区，彝族也在稻田中养鱼。鱼苗多来自于山林流水，有时也会从市场购得。为了准备在稻田中放养的鱼苗，彝族会在山箐秧田旁挖一个小鱼塘存放鱼苗，待到水稻移栽后再将鱼苗放入田中。

## 四、畜禽繁育技术的生物多样性

　　仅有多样性环境提供的条件还不能保证畜牧养殖的顺利进行，根据畜牧饲养的特点，彝族还要有一些针对不同畜群管理和选育的技术。

　　由于彝族多采取自然放牧，在多样性的养殖中，也有公母的混牧，为了保证畜禽的繁衍，公母畜的合理搭配是关键。彝族人说："一块有争执的土地，土地难长庄稼；喂有爱抵角的公羊，羊群难以发展。"由于公畜好斗，过多的公畜在畜群中打斗不仅影响畜群的安全，也会因争斗的消耗而难以育肥，为了保证畜禽的生长，满足人们生产生活的要求，在混牧饲养中，彝族人总结出了其公母搭配和管理的方法。

　　在羊的饲养中，彝人以畜群的数量来决定公畜的数量，绵羊通常30双以下留一只公羊，山羊通常是二十只母畜配一只公畜。小羊出生后，根据其长势及体格形态选留公畜，通常会选择头大、鼻梁高、脚粗长、蹄坚深、角根粗宽、毛色鲜亮的公羊羔做种羊，其余的公畜则在一年后去势。虽然彝族蓄养有角公羊很普遍，但由于公羊打斗时带来的伤害有时往往是致命的，他们也喜欢留没有角的种羊，因为在母羊发情期，为了争夺交配权，暴躁的公羊会毫不留情地教训那些碍手碍脚的不识相者，而这种教训带来的伤害有时往往是致命的。

彝族养牛养马主要是供人使役的，发情期公马、公牛性情暴烈，由于体型较大，不仅使唤起来会不听话，而且较其他动物具有攻击性。因此彝族通常要将公马、公牛阉割，但由于牛、马通常一年一胎或三年两胎，为了配种的需要，公畜还需要在配种后才进行阉割，这样就可以既保证家畜的生产，又能发挥公畜的体力。除留做乘骑用的马不阉割外，彝族人很少长久的保留未经阉割的公马、公牛，也很少刻意蓄养种马、种牛，有时一个村中仅有一两户喂养公马、公牛。为保证马群、牛群的安全，公畜与母畜在家中还要分圈喂养。

与牛马不同，猪的养殖主要为了食用，除了阉割公猪保证畜群的稳定外，由于母猪发情会影响生长，而且肉质不好，此外，太多的母畜生下过多的猪仔也难以卖出，且母猪繁育仔猪还需要特别的照顾，因此，为了保证育肥的要求，彝族不仅要控制公畜数量，就连母畜也要有所控制。为了育肥的需要，彝族大多购买公猪阉割后饲养，除繁殖用的母猪外，公猪、母猪都会在满双月后被阉割。

公禽过多也会影响母禽产蛋和繁育，在家禽饲养中彝族也阉割公禽，通常公禽母禽的比例为1:20。由于阉割不仅可以减少冲突，还有利于育肥。通常阉公禽较为普遍，阉母禽只有部分地区存在。例如，楚雄武定县彝族素有阉鸡习惯，武定鸡有大种和小种，大种鸡体型高大，成年公鸡3~4kg，高者达5kg，阉公鸡一般重4~5kg，高者达7kg。这类大体型鸡通常阉割后饲养，公鸡一般3月龄去势，由于这种母鸡就巢性强，每产量14~16只就开始就巢，育肥效果也好，因此，除公鸡外，部分母鸡也阉割。

保证蜜蜂的养殖还要控制蜂王的数量。分蜂是蜜蜂群体繁衍的本能，是蜂群的一种特殊的繁殖方式。蜂群在分蜂的时候，首先培育一些雄蜂筑造王台，培育新蜂王，在王台封盖后1~2天新蜂王快羽化时，一半左右的蜜蜂拥护着老蜂王飞离蜂巢，把旧巢留给新蜂王和剩余的蜜蜂，随着分出群飞走的蜜蜂主要是有工作的青壮年蜂，留在原群里的蜜蜂多数是幼蜂。如果蜜蜂不再有分蜂要求，那么等到第一只新王出房后，蜜蜂就协助新蜂王把其余王台全部毁掉，否则往往在第一只新王出房后，又出现第二分出群，第二分出群后，还可能出现第三分出群、第四分出群，这样，蜂群就会越分越弱。利用蜜蜂分蜂繁殖的特点，在每年农历三四月和八九月间蜜蜂繁殖时，彝族将会辅助蜜蜂分蜂，界时，人们会准备好新筒，诱使分出的蜂群停止飞行，以便收入新筒。为了保证蜂群的合适繁殖数量，在新筒有蜂入住后，刺死原筒内多余的小蜂王，仅留下来母王和小王各一只，以便分为两筒。由于大量蜂蜜的存储也会造成分蜂，为了控制蜂群不过多的分峰，彝族分别在每年的春末和秋末各取一次蜜，取毕时，要留一部分蜜供蜂冬季自食。春末蜂蜜较好，多用于食用，秋末割的蜜，因蜜蜂采食了有毒的花粉，仅作为药物使用。通过对蜂王和采蜜的人为控制，有时一筒蜂可繁殖一筒小蜂，有时两三筒才能繁殖一筒。

图 7-5　墙壁上的蜂桶
（2009 年摄于姚安前场新民村）

　　在养殖中，为满足生产的要求，彝族还要对同一类群中不同的个体给予不同的饲养管理，这一特点充分体现在羊的管理中。

　　双柏县《吾查尔地》描述说："没有头马后，马就不昌盛。不是有种牛，牛就不发展。头牛在世时，出厩它领头，回来它在后。失去领头牛，牛就不昌盛。不是有种羊，羊就不发展，三岁大公羊，那只在世时，出去它领头，回来它在后，大羊很稳重，小羊较顽皮，那只没有后，羊就不发展。"（杨甫旺和李忠祥，2005）头马、头牛和头羊不仅有繁殖的作用，它们还起到管理畜群的作用。当羊群混合放牧时，由于羊有合群性，头羊的作用很大，羊群一切行为随"头羊"而动，在出圈、入圈、通过桥梁和河道等驱赶羊群时，只要"头羊"先行，其他羊只会跟随而来，因此训练头羊很重要。因山羊机灵，羊群中的头羊一般选择种公山羊担当。"头羊"一般选年龄大、后代多、身强力壮的公羊。牧羊人对头羊会特别照顾，给予较好的喂养，以使头羊学会与人建立感情，人一进入羊群，它即来迎人，其他羊也随之而来。

　　公羊与母羊不同，由于照顾小羊，母羊的活动相对较慢，为了更好地照顾母羊和小羊，当羊群数量达到四百只以上时，彝族会在选定放牧地点后将母羊、小羊与公羊、羯羊分群，将母羊和小羊在较近的地方放牧，而公羊和羯羊赶至较远的地方放牧。羊长到 5 岁时便进入了其生命的鼎盛时期，通常肉用的阉羊过 5 岁后会被消费掉，但有一些大羯羊由于善于攀爬树枝，有这种羯羊在时，其他小羊就能吃到它攀压住的树叶，从而有利于放牧。这样的羯羊也会与公羊和母羊一起保留，但公羊与母羊至多保留到 12 岁左右时也会被宰杀。

　　彝人通常会对他们的小羊羔给予无微不至的照顾。当一只母羊即将生产时，羊倌会给予特别的留意，尤其是那些第一次生产的小母羊。他们说一只羊羔生下后，如果不在短时间内吃上母乳，羊羔会死去。如果一只小羊在生下的几天内死了母亲，它们也会死掉，但它一旦吃过奶并已知道如何吃东西的话，它就可以被人们救活下来。对那些第一次生产，拒绝哺乳的小母羊，他们会抓着母羊帮助小羊吃上奶。如果如此反复多次后，母羊还是对小羊不理不睬，继续拒绝哺乳的话，他们也会把母羊和小羊羔关在一起，然后放狗恐吓，以激发母羊的母爱。因为刚出生的小羊羔非常娇弱，不能跟着母羊一起行走，这会使母羊掉群，在小羊出生后的几天里，白天它们会被关在羊舍里。

　　在大多数情况下，山羊与绵羊的饲养相似，但绵羊与山羊还略有不同。绵羊喜干燥，不耐热，夏秋季节，绵羊会因热而减缓增长，因此，在放牧时一天之内也要转换草场，早上放阳坡，下午放阴坡。对于绵羊来说，定期的修剪皮毛还有利于健康。《扑热阿欧》中说到，过去人们放牧每年只给绵羊剪一次毛，喂一次盐，扑热阿欧在改良放牧的同时，他还在羊群里养着两只羊，一只剪毛不喂盐，一只喂盐不剪毛，三年过去了，剪毛不喂盐的那只羊还活着，只是瘦得很，而喂盐不剪毛的那只绵羊却早死了。见到这种情况，他一年剪三次毛，喂三次盐。这样一来后，羊群的病少了，死得少了，长得更加肥壮了，头数也增加得快了。于是人们都跟着他学，自己的羊也迅速发展了。（罗曲和李文华，2001）

　　小凉山彝族地区绵羊剪毛时间在二月、六月和十月。六月剪的毛最好，原因是这一季羊吃的都是新长的嫩草，营养丰富，长出的羊毛细而长，油脂少，韧性好，通常用它来擀细披毡。十月剪的羊毛次之，原因是，十月的羊毛尽管既多又细长，而且也有很好的韧性，但这一季的羊毛生长期是在最多雨的季节，山地、羊舍随时处于潮湿泥泞的状态，羊的腹部、腿部和臀部的羊毛沾上粪便、泥土后会黏合在一起，形成许多饼状的死结，没法利用，此外，这一季是绵羊最肥壮的时期，羊毛富含的油脂也最多，不仅不易保存，加工成毛制品后也容易招致虫蛀。二月剪的羊毛被认为是最差的，因为这一季的羊毛长于寒冷的枯草期，羊毛既短又稀少。不过，上了年纪的老人却喜欢选用这一季剪的产于头年十月的羊羔毛做准备寿满后穿的"寿毡"。剪羊毛时，他们先把羊放倒，用一根羊毛编织的柔软的绳索将羊的四脚捆绑在一起，然后用一把特制的大剪刀由颈部往下剪。除了母羊会被全部剪光外，头羊颈部的毛大半会被保留下来，臀部也会留出一圈约 4 指宽的羊毛作装饰,更显精神、强壮,阉过的公羊则只保留臀部的一圈。这样,不仅可以方便牧羊人对不同的羊进行区分,在彝族看来,这样的做法还可以防止公羊和阉羊受凉生病。

由于彝族人认为不同事物相配可以使后代生命得以完善,因此,彝族不仅以野外混牧获取放牧养殖的便利,也以家畜与野物、不同类畜禽的交配作为畜禽品种改良的方法。

由于采用野外放牧,那些缺乏管理的畜禽较易与野物发生交配,在家畜通过野化强壮的同时,野物也改良着家畜的品质。由于公母畜禽混牧,通常彝族任由畜禽自然繁殖,为保证畜牧养殖的繁荣,在同群内那些具有抗病力、适应环境放牧条件、繁殖能力强的本地畜禽将会成为留种的对象。但由于各种家畜饲养目的的不同,选择的标准也略有差异。对牛马而言,便于使役是其优选的性状。选留种公畜是改善家畜性状的方法,凉山彝族有一套传统的相马术,如鄂部宽大表示能吃饲料,尾巴短即精干,腰短背有弓形表示驮载力强,胫部短、粗、直表示耐劳,腰短肚小表示跑得快……良种牛的标准如"牛的起源"中所说:"长角角尖尖,有眼深如潭,深潭清幽幽;有耳大如扇,风扇扇摇摇;鼻梁很饱满,鼻口起云雾;尾巴伸展展,仿佛深山竹;四肢轻又快,触地稳而重。"(达久木甲,2006)当家畜使役性下降或品种矮小时,彝族会通过与其他群体交换公畜饲养来改良品种,利用山上与山下不同群体的差异进行交配是彝族较常采用的良种选育方法。

为了得到优良品种,人们不仅要选择优良的公畜,也要控制母畜的生产。母羊一般每年可产羔两次,通常在冬季或春季,冬季出生的羊因母体孕育期间有秋季牧草的营养,出生后经过母乳喂养后正好赶上草场生长的春夏时节,因此较为健壮,而春季出生的羊由于母羊怀孕期处于冬季草场不足时期,这时出生的羊即使成活也较瘦弱,不仅幼畜难以成活,也影响母畜生长,这从羊肝的大小上即可看出。因此,彝谚说:"绵羊生独羔,春来成一群;山羊生对崽,待客无山羊。"为促进家畜的繁殖,获得健壮的羔羊,彝族讲究春夏季早出牧,秋冬季晚出牧,这样就能使牲畜在春夏季吃上露水草,这样不仅上膘快,身体肥壮,而且容易发情。而冬季放牧则要等温度上升冰凌融化后才可放出,一则防天寒造成羊生病,另外也可减少母羊的发情。为了避免母羊在春季产羔,在五月前牧人会用皮兜将公羊的生殖器掩住,到六月才开始使之交配,这样在冬季出生的羊也会长得好。

在牲畜的饲养管理中马受到特别重视。除了在饲养中彝族会给予马特殊的照顾外,人们还尤其重视对良马的选育。利用山地多样性环境也是彝族培育良马的有效方法,《梅葛》中说:"正月二十日,放马放到石砍上,石砍下面有野牛,马往石砍下面跑,牛往石砍上面跑,野牛哞哞叫,老马嘶嘶叫。野牛配老马,生出了皇帝状元骑的小叫马,生出了力大的骡子。"(云南省民族民间文学楚雄调查队,1960)野牛配老马或许是彝族人的一种愿望,但山上与山下动物体型、速度、耐力和繁殖力的不同却是获得杂交优势的一种方法。在大姚、会理一带的彝族人中流传着金马碧鸡的美丽传说，他们把金马视为神马，传说彝人常把自己的马赶到山下放牧，在那里使它们与神马相配，就生出不同凡响的小千里马。由于注重良种的选育，金沙江流域的元谋、大姚、姚安、会理、巧家等地，两千多年来盛产的名马有"滇中马"、"昭通马"、"凉山矮马"，秦汉时已驰名国内。

在品种选育中，异源种的交配和利用也是彝族畜禽繁育的重要技术。利用马与驴的交配是彝族繁殖骡的办法，用母马与公驴繁育马骡或用公马与母驴繁育驴骡两种方法都有存在，但由于公驴与母马繁育的马骡体型较大，挽力大而持久，成为主要的杂交方式。为了繁殖的需要，彝族还要采用人工辅助的办法帮助家禽繁育。例如，鸡、鹅有就巢性，就巢期间会停止产蛋，自己孵化小鸡、小鹅，但鸭和其他野禽的就巢性较小，产蛋后不会自己孵化。为了繁育小鸭或其他野禽，彝族会利用鸡或鹅来繁育其他禽类。较为常见的是将鸭蛋或其他禽蛋放入就巢期的鸡窝中，与鸡蛋一起孵化小鸭或其他禽类。

以多样化的养殖满足生产生活的多种需求，利用自然环境的多样性开展多样化的动物养殖，通过在养殖中模仿自然动物的多样性，根据不同动物和环境的特点进行饲养管理，彝族人的畜牧养殖与自然相和谐。

# 第三节　生产工具制作与利用的生物多样性

## 一、生产工具的多样性

彝族生产活动既有采集狩猎，也有作物耕种和动物饲养。为提高生产效率，需要利用生产工具。虽然一些工具可有多种用途，但由于生产的多样性，生产对象和加工对象的不同，彝族工具种类较为丰富。

彝族采集工具较为简易，大多可与农耕工具互用。主要有木棒、竹签、斧头、砍刀、弯刀、镰刀、锄头、箩筐等。木棒主要用来敲击果实；竹签可用于采集野生菌；而砍刀、弯刀主要用于砍伐树木；镰刀用于割草；锄头主要用于挖掘块根类植物。狩猎工具有射击、爆炸、垂击、刺杀四类，射击类的有火药枪、普通箭、排箭、毒箭、扣箭、弹弓、排弓；爆炸类的有咬弹、地弹、甩弹；垂击类的有滚檑、溜棒、扣板、扣石等；刺杀类的工具是刀、剑、叉，还有活捉工具撒网、支网、扑网、套网、支扣、脚扣等。此外，还有狗、鹰、雉等动物作为狩猎工具。

农作生产工具也较多，可分为耕作、收获、运输、储藏、加工五类。耕作类工具主要有犁、耙、木锤、挖锄、板锄、砍刀、撒种篮等。犁用于耕地；木锤用于敲碎土块；耙用于耙平碎土；锄头、砍刀用于中耕除草、砍除灌木；种子箩用于背负撒种。收获类的有镰刀、弯刀、海簸、连枷、木抓耙等，镰刀主要用于收获谷物，弯刀主要用于伐树，海簸、连枷用于打谷，木抓耙用于晒谷；运输类除牛马外，还有背架、背板、背篓、背夹、转珠、绳索、笭筐等，这些工具主要用于人背、马驮；储藏类的有各种笭、篮、筐。用于农产品加工的工具有木杵臼、石碓、石磨、榨油机等。畜牧养殖工具与日常生活用具相关，除牧羊犬外，有木碗、木盆、木缸、木瓢、升斗、喂盐槽、铡刀、鞍具、毛毡等。此外，还有一些用于赶毡的模子、弹毛弓、弓锤、帘子和用于纺织的绕线架、织架等。

彝族生产工具不仅种类多样，而且因劳动对象和使用对象的不同而不同，这些不同大多是对一些基本生产工具针对劳动对象和使用对象的适应性调整和改造。

为背粪、背草、筛谷、盛米以及山中放牧等劳动方便，除用藤条背负外，还要有各种篮子用来盛放物品，因用途的不同，篮子的设计不同，如背猪草用的花篾篮大而娄空，质量较轻，而背粪、背粮用的背篮编织细密结实。由于妇女有时需要带较小的孩子一起劳动，为方便妇女劳作，彝族设计有用于背放小孩的背篮，这种背篮编织成梯状，既可装载物品，也可以供小孩在篮中坐立。

图 7-6　背粮食的背篓　　　　图 7-7　背柴草的背架　　　　图 7-8　背猪草的背篮
　（摄于大姚桂花大村）　　　　（摄于大姚桂花大村）　　　　（摄于大姚桂花大村）

根据种植使用对象的不同，锄的种类也繁多，有挖锄、铲锄、点锄、耙锄、板锄、铀锄、斧锄等。挖锄用于挖土窝（坑），挖埂子，开荒地，主要用途是挖地种植包谷、洋芋以及盖土；铲锄用来薅包谷、豆子、洋芋，也用以盖土；点锄彝称"点锄叭"，"叭"是小的意思，栽种豆等多用之；耙锄彝语称"侯家"，形似三齿耙，多用于起厩肥、挖板田；板锄锄身扁而宽，主要用于挖田、积肥；铀锄用于理田埂等；条锄锄身窄而长，适用于深翻碎石较多的土地；斧锄，又称秋斧，一端斧，一端是条锄，用于挖板田，在山地薅秋，开荒砍树。

彝族刀具在采集和收割中使用较多，与锄的变化相同，刀也根据使用对象的不同分镰刀、斧子、甩刀、锯刀、砍刀、铡刀、梳状刀几种。镰刀用于割包谷秆、豆子、荞子、青草等；砍刀主要用于砍猪草，剁猪菜，砍小树等；甩刀、锯刀、斧子一般用于砍树、修理农具和做木工；铡刀主要为铡草用；梳状刀，刀呈半圆形，圆的直径长约三寸，刀片长一寸三分（1 分≈0.3 厘米，后同），平时用于割猪草，收获时用于割谷穗和鸭脚粟。这些刀的式样和汉族农民使用的基本相同，但斧子的质量不同，汉族使用的一般只是 0.8~1kg 重，而彝族用的重达 1.5~2kg。其他农具与汉族农具虽相似，但比起坝区使用率较低且易于磨损。

因加工作物的不同，彝族使用的加工工具也各异。石制的碾碎工具石磨，彝语称"辘"，分大小两种，用以碾包谷、荞子与豆子等，承物底盘用木制成，磨体用石制成；脚踩碓，以木制成碓嘴，石为碓窝，木制碓身和碓及碓轴权，碓头包有薄铁片，用来舂包谷渣，供牛食，也用以舂大米和稗子等；石制的臼和木制的杵可用于小麦、燕麦加工脱皮；而去包谷壳时有竹签，彝语称"簿收"，用时套于手上，制作极易。

图 7-9　石磨　　　　　　　图 7-10　脚踩碓　　　　　　　图 7-11　杵臼
（摄于姚安马游彝族文化传习所）　（摄于姚安马游彝族文化传习所）　（摄于大姚桂花大村）

针对人力与畜力或其他驱动力的不同，工具设计也不同。当各种背篮用于人力背负时，由于山地背负重物多用肩和头来承受质量，为了减轻质量，避免脖颈受伤，背负物品有专门的背板、背架、背篮等。背板、背架为木质，背板长 45cm、宽 14cm，中间半圆形缺口，圆半径 7cm。将圆形缺口卡在颈部，可把背负的质量分担在双肩。背架为木质，背架呈弯曲形的梯子状，中间穿插三根横木，弯曲度根据人的背椎曲线而定，背架需要与背板与背索共同使用。背篮等主要用于背负一些体积小或容易装载的物品，木柴等较重的物品则要使用背架。

马磨是红河彝族传统用马带动石磨碾面粉的一种技术，磨的设计也需要与马的牵引相协调。石磨制作需先打制公母两盘石磨，大小宽厚相同。公母盘中凿洞，用硬木从下往上固定位置，公盘中心洞边通一眼以放食物。操作时，将一根长 2m许的栗棒一端系于公磨上，另一端安装成长方形木框架，驾于马上。使用时，取布蒙住马眼，让马不停地转动，带动磨来粉碎食物。（师有福和红河彝族辞典编纂委员会，2002）而在红河水源丰富的地区，水磨也有使用，水磨以石凿成磨轮，以石镶成环形磨槽，木制转动器，用水力带动磨轮。

拉运木材时，为了不使木头的滚动伤及动物，彝族人设计了转珠用于木头与拉索之间，这样不论木头怎样滚动都不会伤及动物。转珠的前一部分有 15cm 长的扁形铁锥，用来敲入木头内。另一端有一个孔，穿转珠的轴心。后一部分为蹄形的铁环，蹄后宽 3cm，中有 2cm 的圆孔，为轴孔。蹄尖部用椭圆形环扣几个连接弯木达脚。用牛或马牵引铁链或牛皮绳，即可将山上的原木拉运回家。

彝族不仅根据生产对象和动力的不同有不同的生产工具，各地劳动工具也有所区别，由于地理气候不同，劳动对象不同，山地土壤环境不同，即使同种工具也有不同的设计和改进。例如，犁以翻土为主要功能并有松土、碎土作用，因山地环境和土质的不同以及耕牛的大小，彝族地区犁具种类多样，既有木犁，也有铁犁，有直辕犁，也有曲辕犁，有双牛犁，也有单牛犁。在坝区，彝族也采用汉族曲辕犁，但在山区，直辕犁的使用却更多。但这样的直辕犁也有不同，如凉山彝族所使用的直辕犁（铧式犁），形体呈等边三角形，犁尖呈锐角，犁尾平直，由于该犁无犁盘，只能破土和划沟，不能碎土和起垄，因此，较适合于山区坡地的粗放耕作；由于山地杂草、石头较多，云南巍山等地彝族的犁铧也很有特点，其犁头呈鸭嘴形，犁头与犁板连用，适合于山区土地，易于截断草根、树根、避开石头。一般用它犁玉米地和马铃薯地。由于山地土质较硬，且适应山地耕作的黄牛体力较水牛小，采用双牛犁地的做法在彝族地区也较为普遍。为了使双牛能更好的配合，双牛犁犁辕制作较单牛犁长。

## 二、工具制作的生物多样性

由于环境动植物的多样性，彝族生产工具的制作大多是利用其生活环境中的树木和藤草，根据环境植物的不同，制作生产工具的材料选择不同。

如阿细先基调所唱，开始农业的时候，"藤子作皮条，树皮作皮条，石头作镰刀砍藤子。没有农具干活，这样盘庄稼。"（陈玉芳和刘世兰，1963）树木、藤子、树皮、石头曾经是彝族重要的生产工具，有了铁后，各种铁制农具成为重要的生产工具，但山中各种树木仍然是最为方便的选择。从捆扎砍烧地用的荞把到各种作物的收获，这些工具仍旧发挥着重要作用。"扎把晒干了，要背扎把了，背皮没有，对门山顶上，山顶上的白藤子，白藤子做捆扎把的；石头上的六民古树，用它的皮做背皮，拿来背扎把了。"（潘正兴，1963）就连山草也是制作工具的材料。"坡上有山草，山草编碗兜；棕毛做边条，拿给女人背，镰刀放在碗兜里，背着回了屋。"（陈玉芳和刘世兰，1963）彝族农业生产的各种工具大多取自山中丰富的植物资源，种荞时要使用的各种皮条、藤子，收获中使用的连枷、筛子、囤箩、扫帚等工具也无不取自自然环境，这在阿细人荞子的收获中有着详细的反映。"背荞那天，山里头的白藤子，白藤做皮条；石头上的六尼古树皮，用它做背皮，勒荞那天，勒起来的荞像山一样。背荞那天，背荞像水牛一样走。背到大场子上，菁沟里的糙叶子树，糙叶树做连枷娘，菁沟里的及知树，拿来做连枷儿；山顶上的白藤子做连枷索。打荞子的时候，来回来回的打。抓荞秕那时候，抓在场子边。房子下面有金竹篷，砍来做三节，根根那节做筷子，中间那节做箫，尖尖做扫帚。拿去场子上扫，场场上的荞子，糠扫在场子边，荞子扫在场子中间。荞子堆起来了，要撮荞子了。拿金竹筛子，媳妇拿筛子，男人接荞子。撮荞子的时候，撮在口袋里，接荞子的时候，接在口袋底。背回家去了，倒在囤箩里。"（潘正兴，1963）山中六尼古树、糙叶子树、及知树、白藤子、金竹等都是彝族人制作工具的材料。

即使在铁制农具的制作中，环境中各种生长的草木，日常用具也如此。"山脚有水冬瓜，砍树成两节；砍树作木盆，挖出木盆了。"水冬瓜、旱冬瓜树因生长较快，是彝族制作日常生活和动物喂养用具中常用的材料。通常彝族用冬瓜树做木盆、木勺、猪槽，用松树做木桶，樱桃树做砧板，用竹、草、葫芦等做多种食具。《阿细的先基》中新娘、新郎成家时就是用各种草木来做食具："盘溪有一棵树，砍它来做甑子。圭上有一篷竹，砍它来编甑帘。后山上黄草，割它来编锅盖。黏山药当米，放在甑子蒸，饭蒸得熟了，抬来搁在松木垫板上。我的老母亲，把木盆放在堂屋里，拿起葫芦瓢，把汤舀在盆内。陆良造的小白碗，圭山出的竹筷子，水冬瓜树做的勺子，一齐都摆好了。"（云南省民族民间文学红河调查队，1960）有时，这些用具制作的选材也因山地环境中的树木生长及人们宗教信仰中对树木的意象而不同，楚雄彝族马樱花较多，彝族也偏爱马樱花，除婴儿洗浴的木盆外，彝族也喜欢用结实的马樱花树做各种盆和碗，而喂盐的盐槽则多用羊较喜欢的刺梨树做成。

即使在铁制农具的制作中，环境中的各种树木仍是不可缺少的材料。彝族铁制农具由铁和木制作而成，为了使农具结实耐用，木质的选择就很重要。"打铁打凿子，梨木作凿把，松木作斧把。""打铁打锄头，攀枝花枝作锄把，梨木作楔子。""河西打铁人，不打别样，打镰刀，糙石磨刀边，细石磨刀口，力托树做刀把。打撬锄，黄栗树做锄头楔，巴都树做锄头把。"（中国作家协会昆明分会民间文学工作部，1962）因环境不同，各地彝族在铁制工具制作时选用树木也不同，但较为相同的是树木选择的多样性，在大姚昙华，彝族人常用白栗树做锄头把、打荞把，山石榴树做索钩，香樟树做砍刀把，皮赛木做镰刀把，山梨树做斧子把，就连打谷子、荞子的连枷也要用糙叶树和及知树两种树木来制作。

在各种箩筐的编织中，竹、藤、麻、棕等植物是最常用的编织材料，其中由于竹子生长迅速，以竹的使用居多。"竹子十三蓬，竹节十二节。黄竹编尖顶篮，青竹编花篮，红竹编镶花篮，紫竹编烧箕，山竹编粪篮，黑竹编挑箩，金竹编碗箩。蔑皮作绕线，篾心作筋线，三天又三夜，编好七个篮。"（姜荣文，1993）利用不同品种的竹，彝族人编制的竹制品种类多样。例如，盛放食物的烧箕、甑笼、提笋、碗笋、饭包，晾晒粮食的竹笆，用于晒粮食的搪笆，用于存放粮食的顿笋，养鸡用的鸡笼等。各种家具用品也多用竹制成，如篾桌、篾凳。麻和嫩竹一起可以编织竹麻草鞋。用树藤和茎皮纤维植物，可编织笋、绳之类的用物，棕树则可用棕毛编织蓑衣、棕垫之类，主要用作雨具，还可以编织绳索、背带，用于背物或捆扎。

这种多样化环境资源的利用不仅在一些简单工具的制作上，一些较为复杂的农具中也有表现，这些复杂工具的制作常常是环境多样性动植物的选择性组合。

彝人说："马鞍十二件，缺两三件也能骑；犁头十二件，缺一件就不能犁。"犁具、马鞍的制作配件较多，各种配件的制作需要多种材料，这些材料均取自自然环境。"梨树做犁头，松树做扁担。柴里的犁铧，安在犁头上，垾上鸡素子，鸡骨做犁板；山上有藤子，藤子做犁扣。山脚有棕树，阔棕做皮条，山藤做犁索，拴在牛脖上。垾上有棕树，阔棕做索子，棕索搞出了，拴在犁棒上。"（陈玉芳和刘世兰，1963）"路旁的桃梨树，拿它做犁手，栗树做犁弓，黄栗树做犁劲，桑树做犁板。那石头好像犁铧，拾它套犁上，水冬瓜树做牛担子，树皮做犁桠巴，篮藤子做犁挂扣，红藤子做皮索，黑藤子做千斤，沙松树做犁耙，酸摘果树做耙齿。"（毕有才，1963）犁具除需要结实耐用外，还要减轻牛的负担。在犁具选材中，彝族不仅选择山上、垾上随处都有的梨树、松树，除那些较易磨损的犁弓、犁板、犁耙、耙齿部分要用较为密实的木材外，那些直接负载于牛身上的牛担子、皮索大多选用那些生长较快的水冬瓜树、香樟树来做，这些树木、藤条因其材质较轻不易造成对牛的损伤。牛具如此，马具也一样，马是山中重要的运输工具，要使其负重行走就要为其配制合适的鞍具。"鸡树板做鞍头，青菜皮树做鞍板，橡子做架子，树皮做架绳，枫树做鞍珠，枫树做鞍网，棕皮做硬衬，獐子皮做软衬。"（云南省民族民间文学楚雄调查队，1960）在马具制作上，不仅使用到了各种树木，还利用了动物皮革。

在纺织用的纺车中，也有着自然多样性的利用，一架纺车的制作需选用多种树木。"山头老青冈，老青冈树做案子，山谷有黄栎树，黄栎树做纺车轴，箐顶有青冈栎，青冈栎做纺车叶，埂子上有红果树，红果树做纺车把，箐脚的藤子，藤子做拉索，藤子做纺车转动绳，山坡有麻栎树，麻栎树做分线柱，屋后有樱桃树，樱桃树做纺锭耳，河西打铁人，打成纺锭心，纺锭滴溜转，屋后有金竹，金竹做纺锭套，大爹的纺车，远古的时候，这样安装起来。"（李德君，2009）

动物与树木一样也在工具的制造中发挥着作用，如牛皮可以用于制作背负重物的背皮、索带，兽皮也常用于制作衣装及鞍具的软衬。此外，动物还可直接作为生产工具。彝族狩猎活动有各种猎具，如箭、弩、网、扣等，但同时也少不了狗和一些家养野物的作用。彝族猎手狩猎的方法很多，而用猎狗穷追是他们常用的方法。用猎狗猎取的对象多是鹿、獐、麂和熊等。岩羊、黄羊、羚牛、野猪、野兔、豺、狼等都可用猎犬寻找追赶出来猎取。有的猎户还驯养猎鹰，用来猎取野兔、麂子、獐子等。靠水边的彝民也用鱼鹰来捕鱼。

动物工具主要用于诱捕，利用雄性动物之间争夺交配权或雌雄交配的生活习性进行狩猎主要利用的是各种动物。野禽繁殖时期，大都是成双成对的，公禽有一定的势力范围，这时公禽不会离开母禽，因为离开后它就会失去交配的机会，只要看见母的，公的就一定在附近，巢也一定就在附近。这时就可以利用其他禽类进行诱捕。一首猎歌中唱到："清晨时分，探头探脑的，摇头晃脑的，是跟在后面的猎狗。卓呵卓呵，背上背着雉鸡。中午得到了兽体，下午获得雉鸡。傍晚时分，回转家来到路上。"（罗曲和李文华，2001）驯养野雉，并利用他来诱捕其他野雉是彝族捕获禽类的一种办法。野雉有群居的习性，公野雉有自己的领地，通常一个山头都为一只雄壮的野雉所占，一旦有别的雉入侵，就要发生决斗，以保王位。故野雉王在清晨是不能容忍其他野雉来自己的势力范围内鸣谷的，否则就与入侵者决斗。当找到野雉的栖息地后，一早，猎人把经过驯养的雄雉放入笼中置于一山头，并在竹笼外安置活套绳，猎人手持活套绳头藏于隐蔽处，当听到笼中雄雉鸡的啼叫，将引出野雄雉飞来决斗，当野雄雉围着竹笼打转时就会进入笼外安置的活套里。诱捕鹧鸪时采用的办法相同，雄性野鹧鸪听到家养鹧鸪叫声要来斗架，雌鹧鸪会阻拦不让雄鹧鸪前进，甚至啄住雄鹧鸪的尾羽拖住它，而雄鹧鸪则奋力拖着雌鹧鸪去斗架，结果，常常是雌雄两只同时落网。同样的办法，当野雉等禽类进入孵化期时，公禽找不到母禽交配，就可以利用母雉或母禽作诱饵将公雉或公禽捕获。这种办法有时也在捕捉雄性野猪时使用，利用处于发情期的母猪为诱饵，可以吸引成年雄性野猪前来交配，从而将其猎获。

诱捕可以直接利用动物完成，也可以通过人模仿动物的习性完成。云南哀牢山地区的彝族狩猎民，熟知各种飞禽的习性与特征，人们往往只听其声便知其鸟，还能辨明雌雄。他们发现当树上的雌鸟鸣唱时，附近的雄鸟则展翅飞来，这是猎鸟的好机会。雄鸟死后，雌鸟孤单了，但是它并不马上离开，仍然在雄鸟伤身的大树上空盘旋、鸣啼，寻找失去的伙伴。彝族猎手根据这一规律，第二天照例在树下躲藏，用一种以树叶制作的鸟哨，模仿雄鸟叫，等雌鸟降临时射杀之。

## 三、生产工具使用中的生物多样性

除生产工具制作利用环境多样性外，彝族生产工具的使用也要利用环境多样性。根据环境和生产的不同，灵活运用多种工具是彝族使用工具的特点。

这种工具使用的选择充分表现在于彝族的狩猎活动中。为使打猎富有成效，彝族常根据狩猎对象的不同采用不同的狩猎方法。彝族狩猎方式有犬猎、刀猎、枪猎、套猎、压板猎、阱猎、弩猎、竹签猎等。犬猎大多针对没有或少有危害的野兽，如獐、麂、鹿等，刀猎、枪猎、弩猎主要针对猎狗不能捕捉到的野兽，如野猪、熊、岩牛、虎、豹等。套猎、压板猎、阱猎、竹签猎等的设计主要是根据动物的特点和生活习性使用。例如，套猎分为踏套和吊套，踏套主要针对一些采食树叶、果实的动物，而吊套常用于那些采食地面植物的动物，而压板猎主要针对一些体型较小的野兽，阱猎则针对那些体型较大的野物。

传统狩猎工具多用狗、弩和网。如"撵麂子"歌谣所唱："最初撵山没有网，抬着弩弓遍山找；最初撵山没有狗，人当猎狗撵野兽。打猎全靠网哟，没有猎网自己织；搜山全靠狗哟。"只有利用人、网、狗的不同作用才能猎获野物，此外，适应不同动物的特点，彝族还利用其他狩猎工具。用弩和网打野兽，野兽越打越狡猾，人们也用安套绳或下扣子的办法来猎野兽，"不用弓弩，不用撵山，用绳下扣子猎野兽，早上下扣子，下晚取猎物；晚上下扣子，天亮取猎物；四面八方下扣子，林中取猎物，山梁取猎物，箐底取猎物。"（云南省民间文学集成编辑办公室，1986）下扣子的办法就是在野兽经常出没的路径上安上套绳，进行套捕。具体办法是，绳子的一头系在树枝上，并将树枝弯下成弓形。绳的另一头结上活结，做成机关安置在地上挖成的一个小圆口洞上。野兽经过时踩在机关上，弯下的树枝迅速弹起，拴在树上的活结就把野兽套住了。虽然采用弩箭可以有效地射杀猎物，但在狩猎时，为了提高射杀的准确性，各种绳套的使用也不可缺少。羚牛常常二三十头成群在野外活动，一年有几次觅吃盐水。猎人掌握羚牛的生活习惯后，一般用碗粗的麻绳，一端系住长八九尺，粗一尺的木头，另一端系一活结，置于羚牛必经的路面。当羚牛成群经过时，有的颈部或一只脚往往就被活结套住，牵动大木前行，不能合群。这时猎人站于岩上，用粗绳套住捕捉，或用枪杀。

各种用绳制作的活扣或死扣在狩猎中较为常用，但针对不同的动物，扣子的制作和使用方法也不同。踩脚扣是针对普通夜行动物而设计，人们在野兽经常出没的林间小道，于路中挖一小坑，栽一个小木桩，桩上刻楞，用细棍于坑中设弹伐，弹伐周围设套绳，套绳一叉系于伐梢，再于土坑一侧路边插伐杆一根，将套绳一端拴系伐杆，等动物夜间出没路径踩脚扣处，踩中土坑木伐，使伐杆发力后拉紧套住兽脚的绳套。但这一办法对那些夜间低头行走的动物则无效，为捕捉这类动物，彝族人还设计有钻脖子扣，扣子的设计与踩脚扣相似，唯有一点区别，踩脚扣的套扣是平放于伐销上，而钻脖子扣的套绳则挂于伐销下，这样好让动物夜间行走时使头钻进套扣，撞动伐销，发动伐杆，伐杆发力带动套绳套住动物脖颈。而使阿乌鸟入套，还需要人的辅助，彝族在三四月时，以马尾编成活结套数十个，牵拉于阿乌鸟经常出没的路径上，两端各系于一树桩上。见阿乌鸟出现于七八步远时，套者两手各持一石互击跟在其后，边走边唱捕鸟歌《阿乌兹》，唱毕又以此歌调吹口哨，此时，阿乌鸟就会一直往前走入套中。

彝族打猎通常采用围猎，围猎除要有多人参与外，猎犬的作用也很重要，对猎人来说猎犬是狩猎最为重要的帮手。一只好的猎犬不仅要有速度，更要有耐力，通常彝族人会选择本地土狗作为猎犬，这样的猎犬适应山地环境，奔跑能力强，追逐野物可达四小时以上。一只合格的猎犬，往往来自于猎人的辛勤教练。没有严格的连续不断地及时训练，犬的先天品种再好，也成不了优良猎犬。当幼犬出生三个月以后，猎人会带它经常到野外活动，使它熟悉山川、森林等自然环境，培养幼犬的勇猛性格。在森林中各种野物的存在是训练猎狗认识和捕获各种野物的有效途径，在猎犬的训练中，彝族人基本不给狗喂东西，在森林中让狗自己找东西吃，所以狗的猎性较强，属于半野生状态。那些熟悉山林环境，善于奔跑追击的猎犬是猎人们的珍爱。

　　与绳套的使用相同，各种用于捕鱼、捕蜂的支笭设计也有不同。捕黄鳝、捕鱼和捕蜂的支笭体形基本一致，都是口小肚大，易进难出。尾直径 5~6cm，整体长 25~30cm。为防黄蟮或鱼滑出，支黄鳝笭的笭口属内笭口，笭口内为削尖的篾刺，而支蜂笭属小喇叭形内笭口，无篾刺。

　　根据自然环境和鱼群生活习性使用工具是彝族捕鱼的特点。靠近邛海、泸沽湖、马湖、滇池、抚仙湖、阳宗海、洱海、草海等地的彝族都有自己的捕鱼方式。捕鱼方法有用砌鱼窝、拦跳鱼笆、支鱼床、扫鱼、鱼扎、鱼网、鱼钩等工具，有手工捕捞的，也有采用植物毒鱼的。

　　捕捉藏于石洞中的鱼，彝族会使用砌鱼窝的办法，捕鱼者会拾取河坝中的鹅卵石堆叠在水荡旁，用竹篱笆围住四周，并将空隙用草堵住，下方留一个可容鱼外出的口与鱼笼相接。捕鱼时，彝民以竹竿在水荡中上下搅动，鱼受惊后逃出洞口，进入鱼笼，若不用鱼笼，也可堵住出口，在水荡内捕捉。捕捉季节性洄游的鱼，可使用拦鱼笆，拦鱼笆为一长方形的竹笆，需要安置在水流较宽较急的两石之间，将其尾部置水流上方，口朝流水下方，通常人们傍晚时守候在河边，当鱼从下游往上游抢水时，跃上石坝，落入跳鱼笆后人们即用刀、棒打击之，这样鱼就难以复出而可轻易的捕获。而在鱼迁徙的下游，则可使用接笆，置于鱼游经的水口下方，用木头顶住尾部，口顶住水口，两边及尾部翘起，大小视水流宽窄而定，鱼游至水口下方即可落入其中。

　　在一些较宽的河面或湖面，可使用扫鱼，以麻绳一根，上拴长约两尺的白木板若干块，每板距离两尺，另在每隔一丈远处拴石头一块，借使木板下沉。冬季，两人各牵绳的一端在河流两侧，从上游顺流水方向赶鱼，另有同样一根挂有白木板的扫鱼绳在下游某处等待，在一定距离点列两绳，因白木板在水下漂浮，鱼被围于其中，不敢外出游动，此时捕鱼者可趁机捕捞。

　　彝族猎狩工具因动物的多样性而有不同，农作工具的使用也因种植作物不同而多样。不同的农作生产，工作环节和程序的不同，需要使用的工具也不同。例如，水稻生产就有选种捂秧、平整秧田、撒秧、育秧、拨秧、栽秧、薅秧、收割等环节，与此相应的还有开沟放水和施肥，完成整个过程就需要用到多种农具。如彝族农事歌中所唱："正月立春雨水挖早沟，二月惊蛰泡秧田，三月清明撒早秧。四月立夏栽早秧。秋分节令收早谷。八月十五尝新米。要吃新米收早谷。妹子下田割早谷。谷把靠在田埂上，谷把靠成四四方，晒了三天挑早谷。小牛皮条捆早谷。芒竹尖扛挑早谷。两稍挑到稻场里，谷把铺成翻四方。铁打连枷系铜索，几把连枷打上场，四付起来四付落，一天打得三担三，留上下三斗做籽种，留下三升做沥米。脚踩冲舂冲沥米。郎咋做来妹咋得。簸箕心中顺窝心，筛子心中团团转。筛子底下隔碎米，筛子心中隔漏谷。筛好团好做沥米。"（普洪德等，2007）稻田从种到收所使用的农具大体有八种：犁铧、木耙、钉耙、板锄、镰刀、推耙、连枷和扁锄；旱地还使用挖锄；开荒时也使用砍刀和斧子等。除筛子外，加工时还要用到石磨、杵臼和石舂。

畜牧生产工具虽然较为简易，但不论是简单的木棒还是芦笙或是狗，都需要与放牧群体建立一种联系，才能达到工具使用的效果，而这种效果需要人与放牧畜群长期的配合。牧羊犬是牧人重要的帮手，使用牧羊犬不仅可节省劳力，而且还能协助人类保护羊群不受野物伤害。由于牧羊犬与猎犬功能不同，为了使牧羊犬听从指令不伤及羊群，牧羊犬的驯练与猎狗的训练不同。牧羊犬从断乳时就要对其训练，先跟随主人，学会听从指令，同时在饲喂时不能让其食用养殖的家畜家禽。当学会一些简单的指令和动作后，即开始训练在羊群中做一些简单的工作，如让它绕到羊群后面将羊赶至主人面前。当牧羊犬学会一些基本的牧养协助后，就可以跟随主人一起放牧了。人与牧羊犬共同放牧，通过发送指令，牧羊人就可让牧羊犬代替人来赶羊，从而将人力投入到其他工作中，对羊群的照顾更为周到。

牛是农作生产中最为重要的工具，养牛不仅为了育肥，还要适应农作生产劳动的要求。农耕生产的需要，人们要对牛进行训练。为了方便训练，通常在牛1岁左右，要对其穿牛鼻，几个男子将牛头用树杈稳住后，一个用针快速的将线穿过牛鼻隔膜，穿上牛鼻后，牛就可以接受训练了。训牛分为耕牛和驮牛两种，通常在牛角长到比耳长的时候开始训练，耕牛训练在地里进行，驯时先拴一根木棍使其学会直走，转弯回头，然后再拖犁犁地。驮牛驮物，省力省工。驮牛训练在野外进行，主要有架驮、卧起两种姿式。在小牛长至2岁时，就开始训练让其担牛担。为了使牛在犁地时更容易担上牛担，公牛通常要在其耆甲已长成后才对其进行阉割。

通过对多样性环境的利用，彝族满足了多样性生产对生产工具制作的要求，同时，利用环境特点和人畜特点设计和使用工具，彝族生产工具有着环境和生产的适应性，而人对工具的使用也需要一定的技巧，这一技巧就是人们对环境、植物和动物的了解和认识。

# 第八章　观念与生产的传承和发展

## 第一节　现代自然观与传统自然观的冲突

### 一、"人类中心"观念与彝族传统自然观的冲突

在彝族传统文化中，观念与实践相互作用，观念指导着实践，实践的成功又进一步促进观念的形成。与彝族传统自然观指导其农业生产相同，以西方自然观为基础的现代观念也同样影响着现代农业生产实践。

在西方自然观中，人的利益是价值判断和道德评价的依据，大自然没有内在的价值，只具有为人类提供原料和活动场所的工具价值。早在古希腊，智者学派普罗泰格拉就声称"人是万物的尺度，人是存在的事物存在的尺度，也是不存在的事物不存在的尺度。"（全增嘏，1983）古希腊苏格拉底则直接指出了人对自然的占有关系，他说："其他生物的生长也是为了人类，这一点难道还不是很清楚吗？"（色诺芬，1984）亚里士多德在其《政治学》中认为各种植物是为了各种动物而长出来了，就此推断出，各种动物是为了人的原故而创造出来的。而希伯来文化经典《圣经》则进一步将自然赋予了人，上帝照自己的模样造出了人并宣布："看，全地面上一切结果子的各种蔬菜，在果内含有种子的各种果树，我都给你们做食物。"后来，在与人类幸存者诺亚（诺厄）及其家庭所定的新的契约中，上帝再次宣布："地上的各种野兽，天空中的各种飞鸟，地上的各种爬虫和水中的各种游鱼，都要对你们表示惊恐和畏惧：这一切都已交在你们手中。凡有生命的动物都可做你们的食物。我将这一切赐给你们，如以前赐给你们蔬菜一样。"（高思圣经学会，1968）这一时期，虽然自然被赋予了人类，但由于人类认识自然的能力所限，人类仍然被自然所束缚，只能寄希望于人格化的神性获得救赎。文艺复兴运动将西方传统文化从神学的桎梏中解放出来，人们从对"天国"的向往到对"凡人"的关注，一步步排除了信念中的神话成分，人逐渐替代了上帝，成为了这个世界的主宰。培根在《新工具》中指出："让人类以其努力去重新恢复控制大自然的权利，这种权利是由神赠予而赋予他的。"（培根，1984）笛卡尔也坚信，人类是大自然的主人和拥有者，非人类世界成了一个事物，这种把大自然客体化的做法是科学和文明进步的一个重要前提。（Nashe，1999）康德认为，理性具有内在的价值，所有理性存在物追求的共同目标是理智世界，只有人才是理智世界的成

员，因而只有人才能获得关怀，非理性存在物只是人类利用的工具。理性使人与自然两分，自然的价值取决于人类兴趣与利益的需要。人是最高级的存在物，因而人类的一切需要都是合理的，只要不损害他人的利益，人类可以为了满足自己的利益而毁掉其他存在物。在这一观念的指导下，科学技术在人类对利益的追逐中不断发展，带来了西方经济的繁荣。

随着西方科技获取生存利益的成功，西方文化成为近现代国人学习和效仿的典范，从中体西用到变法维新，从辛亥革命到"五四"运动，西方文化在国内得到了大力传播，西方对待自然的观念也为国人所学习和效仿。20世纪30年代，毛泽东就指出，"同敌人斗争，敌人就归我们管了；同自然斗争，自然就归我们管了。"（毛泽东，1988）这简洁明快地勾画出其实践的自然观主旨：与征服敌人的斗争相同，人在同自然的斗争中成为自然的主人。同自然斗争的目的就是要将人从自然神性中解放出来，因此，以鬼神信仰为表现的各种传统观念被视为迷信思想，成为文化革命和斗争的对象。1944年，毛泽东同志在《文化工作中的统一战线》中进一步指出，迷信思想是群众脑子里的敌人。我们反对群众脑子里的敌人常常比反对帝国主义还要困难些，我们必须告诉群众，自己起来同自己的文盲、迷信和不卫生的习惯作斗争。统一战线的原则有两个：第一个是团结；第二个是批评、教育和改造。在统一战线中，我们的任务是联合一切可用的旧知识分子、旧艺人、旧医生，而帮助、感化和改造他们。（毛泽东，2011）这一改造最为重要的就是要转变他们的传统观念和行为方式。

新中国成立后，为进一步解放思想，1955年，中央开展了"移风易俗，改造中国"的运动，这是一场旨在解放思想、根除陋习、从根本上摧毁旧社会遗留下来的消极文化的运动。国家运用行政的力量传播新文化，组织大规模的移风易俗活动、文化下乡活动，以宣传、教育、示范来转变人们的思想，通过实践性的操作收益，通过树立典型示范点，来直接感化、触动人们的灵魂深处，让人民群众自觉地、心悦诚服地接受新事物、新观念，与旧的、消极的传统习俗作彻底的决裂。由于彝族传统观念与现代观念的对立，为推行现代观念，政府对彝族地区旧的教育制度进行根本的改造，新式学校的建成，扫盲运动的开展以及对少数民族干部培训教育的深入，现代科学文化逐渐渗入彝族地区。随着现代医疗卫生体系在彝族地区的建立，医学防疫对疾病的有效控制和死亡率的降低，现代科技逐渐为彝族群众所信任。一部分群众放弃传统观念和行为方式，代之以党和政府的科学的、现代的思想认识和行为方式。

为巩固社会主义改造成果，20世纪60年代初，中央又开展了以"四清"为要旨的农村社会主义教育运动。一开始在农村中是"清工分，清账目，清仓库和清财物"，后期在城乡中表现为"清思想，清政治，清组织和清经济"。在"四清"工作中，宗教信仰问题混同于政治问题，宗教成为了革命的对象，这一时期，不仅政府承认的佛教、道教、天主教、基督教和伊斯兰教要接受阶级斗争的清理，少数民族图腾崇拜和鬼魂崇拜等传统宗教活动也被禁止，彝族地区全村性的祭山神、祭龙、祭密枝等活动基本停止，毕摩被视为阶级敌人，说他们利用迷信活动，大肆破坏集体生产，宰杀集体牲畜，欺骗群众钱财，几天几夜游街游村，并没收、烧毁经书、法器，大批彝族干部知识分子受到冲击。在以破除迷信为借口下，彝族地区许多古树、神树被砍光，建于神树林中的家族祠堂也基本泯灭，大多从事宗教活动人员回生产队参加了劳动生产。

如果说"四清运动"对传统宗教和少数民族文化的影响还只是局部的，"文化大革命"则是一场全面毁灭性的运动。1966年人民日报社论《横扫一切牛鬼蛇神》再次提出"破除几千年来一切剥削阶级所造成的毒害人民的旧思想、旧文化、旧风俗、旧习惯"的口号；后来"文化大革命"《十六条》又明确规定"破四旧"、"立四新"是文革的重要目标。在不破不立的思想指导下，民族工作遭到破坏，云南楚雄州内民族工作机构被取消，少数民族文字被禁用，彝文古籍被当成迷信异端而收缴焚毁，精通彝文的彝族毕摩横遭批斗，民族传统节日被停止，开会不准少数民族讲自己的语言，强迫少数民族妇女剪辫子，穿汉服。"破四旧"运动期间，当地公安司法部门亲自出马到彝族村寨毕摩家中进行搜缴，彝文经典大部分被焚毁，所剩无几。彝族老百姓也被迫将自己家中珍藏的经书背到山上，烧的烧，埋的埋。在这一运动中，许多彝族聚居地毕摩人数不断减少甚至消亡。"文化大革命"结束后，虽然不再把毕摩与阶级敌人相联系，但仍把毕摩看做是搞迷信的人，以至作为迷信诈骗犯。1980年，甘洛县将"屡教不改的迷信诈骗犯吉克洛沙依法逮捕"，其罪是：一年内就给120多户搞过迷信活动，骗得人民币1100多元，披毡、羊头、羊蹄、羊皮、粮食、白酒等物共折价1300多元。因迷信活动，宰小猪29头，羊68只，鸡鸭27只，用酒100斤，计值2300多元，他还带了两个徒弟，严重破坏了社会生产和社会秩序。至20世纪90年代初，对毕摩活动，彝区群众仍说是在搞迷信。（李宗放，1994）彝族在与外人谈论仪式活动时，也要小心翼翼地冠以"唯心的"这一定语。

在现代观念消解自然神性的同时，以人为中心，利用现代科技面向自然的索取不断加大。1957年2月毛泽东在《关于正确处理人民内部矛盾的问题》中谈到新时期的根本任务时指出：要正确处理人民内部矛盾，团结全国各族人民进行一场新的战争，即向自然界开战，发展我们的经济和文化，建设我们的新国家。同年3月，他在南京、上海召开的党员干部会议上的讲话中指出，现在处于转变时期，由阶级斗争转到向自然界斗争，由革命转到建设，由过去的革命转到技术革命和文化革命。（何乃光和杨启辰，1993）在现代自然观念的指导下，摆脱了自然神性束缚的人们开始了大规模利用自然的活动。

1958年3月，中共中央成都会议要求用更好的方法和更快的速度发展社会主义，会上，中央批准建设西昌钢铁基地。为配合建设西昌钢铁基地（后改为攀枝花钢铁基地）和修建成昆铁路，林业系统采取了大规模砍伐森林的措施。四川省林业厅在米易县的普威建立了四川省普威森林工业局，开发普威林区；在越西县的普雄建立了四川省碧鸡山森林工业局（后改为凉北森林工业局），开发普雄、越西、甘洛、美姑、洪溪（现为美姑县所辖）的冷杉、云杉原始林区；四川省林业厅批准四川省石棉森林工业局采伐冕宁县拖乌冷杉、云杉原始林区。省林业部门指示："凡有采伐条件的森林经营部门都应建立伐木队，开展小型采伐，直接经营木材生产"；"对交通不便，人烟稀少，森林资源成片的国有林区，可由专区、县建立伐木场生产木材"。在这种思想指导下，凉山州各地纷纷建立伐木场，组织采伐队砍伐森林。这些为砍伐原始森林而建的林业单位由此开始了大规模砍伐。凉山地区森林覆盖率一度从 60% 下降至 20%，一些森工局和林场持续十多年的砍伐把木材砍光了，效益降低了，被迫转产、撤销或下放，省管下放州管，州管下放县管。（伍精华，2002）云南楚雄州也因森林资源丰富成为用材林基地，为了保证国营森工林场的采伐，1956~1965 年，云南省委、省政府先后四次发文，不断对国有林进行调整、扩大范围。"森工队伍砍到哪里，哪里就是国有林"。随着人口的增长，生产活动范围的扩大，彝族地区木材和薪材的消耗量日增。1973 年调查楚雄州全州活立木年消耗量 $1.7×10^6 m^3$，1985 年上升到 $2.3×10^6 m^3$，12 年间增长 35.6%，年均增长 11.3%，计 $4.96×10^4 m^3$。全州林木年消长赤字 1973 年为 $1.89×10^5 m^3$，占生长量的 12.7%；1985 年上升为 $9.19×10^5 m^3$，占生长量的 68.17%，为 1973 年消长赤字数的 4.8 倍。经过 35 年采伐后，1985 年资源调查，全州森林活立木总蓄积量人均仅 $16.6 m^3$，不到云南省全省人均 $35 m^3$ 的一半。（云南楚雄彝族自治州地方志编纂委员会，1995）

　　由于森林的破坏，彝族地区气候环境发生了显著的改变。以楚雄州为例，1323~1948 年的 626 年时间里，共发生旱灾 70 次，平均 8.9 年发生一次，其中大旱年 51 次，平均 12.27 年一次；1324~1949 年的 626 年间，发生洪涝年 100 次，平均 6.3 年一次。其中特大洪涝年 11 次，平均 56.9 年一次；大洪涝年 24 次，平均 26.1 年一次；洪旱交错年 21 次，平均 29.8 年一次。而 1952~1990 年的 39 年间，共发生旱灾 26 次，平均 1.1 年 1 次，其中大旱 12 年，平均 3.25 年一次；1950~1989 年的 40 年间，楚雄州发生洪涝灾害 74 县次，全州每年都有灾情发生。其中森林资源利用较多的 20 世纪 50 年代、80 年代发生频繁，共发生 49 县次。（鲁永新和杨永生，2010）

　　为了从自然获得最大的利益，人们利用自然的方式也发生了改变，20 世纪 60 年代初，部分水库使用拖网捕鱼，70 年代改用挂网，80 年代，水库采用机动船捕鱼。彝族人也学会了运用炸药、毒药和电器等捕鱼。此外，现代枪械使用以来，狩猎活动规模不断扩大，楚雄州 60 年代全州收购麂皮七八千张，最多的 1963 年达 1.36 万张；狐皮 1000 多张，最多的 1975 年、1978 年均超过 1700 张；野兔皮 1 万~1.8 万张；其他杂皮 2 万多张。年收购野生动物皮总数在 3 万~7 万张，最高年 1960 年达 8.58 万张。至 1980 年，州供销、外贸部门还曾收购出口过画眉、蝾螈、林蟾等（云南楚雄彝族自治州地方志编纂委员会，1995）。除大型野物外，各种鸟雀也不能幸免。南华马街有座打雀山，那里山高箐深、林木浓荫，山青水秀。每年中秋白露季节，成千上万的鸟儿飞来汇聚山头，穿梭林间。夜晚，附近群众点火于山头，众鸟见火即来，群众举竿而击之，每每获鸟众多。仅人们拦截一例而言，南华打雀山有一个晚上，烧火 40 来堆，打雀群众 110 多人，每堆火塘多的打到十多只，最少的两三只，平均以 5 只计算，一个通宵就捕杀几百只（实际往往不止），一个迁徙季节就有一两万只雀鸟死于非命！据云南候鸟资源考察组多年的考察统计，在洱源、巍山、新平、东川、昭通、巧家等 12 个县（市）境内像南华这样的"打雀山"就有 30 处，每年一个秋季被捕杀的各种候鸟竟达 60 多万只。（云南楚雄彝族自治州地方志编纂委员会，1996）大规模森林砍伐和猎捕带来的是野生动物的消失，如今狼、野猪等大型野物已难见踪影，鸟类也难见成群聚集。在楚雄紫溪山，国家一级保护动物绿孔雀虽有较多分布，由于大量捕猎和森林面积锐减，目前其种群数量已日趋减少，其他动物也同样受到威胁。老一辈喜欢打猎的彝族老人常说，20 世纪五六十年代，还有狼、野猪成群出没，河沟到处都有石蚌、田鸡可以捕抓，鸟兽为害粮食，村民夜不敢行，妇幼农作还需壮男保护，年年打猎都有猎物打，而今不允许打猎了，却也见不到野物了。

随着广播、电视的普及以及交通的发展，彝族人与外界有了广泛接触，过去彝族传统观念曾是制约商品经济发展的因素，而如今，经济观念已深入人心。为获取经济利益，人们再次转向对自然的索取。近年来，由于核桃价值上升，在中低产林改造中，大姚、姚安县大片的中低产林改造中又将原有林木砍伐改种上了核桃。由于松脂价格上涨，楚雄、大姚等地大批天然松林和人工松林中不足 20cm 直径的松树被切割，这些切割的松树因营养缺乏不到 4 年就会枯死。就在笔者 2011 年到紫溪山彝族板凳村采访时，沿路看到的都是因采割松脂而被切割的松树。因野物消费的上涨，虽然已有野生动物保护法，但偷猎者仍屡禁不止，各种野物消费的餐饮业生意兴隆。随着人口的增长，自然资源的消耗不断增加，传统彝族利用的动、植物种类很多，由于森林资源的减少，人口增长带来的薪柴、食物采集的增加，以及为换取经济收入购买肥料、农药的野生药材采集，更加剧了资源的消耗。在云县勐山流域彝族村寨的调查中，原来可以利用的 30 种建筑材料中目前可以用的绝大多数是松树；100 多种药材目前经常采集的也只是 4~5 种，一是因为市场价格低，二是因为许多品种目前较难找到；过去常见的约 50 种动物如今只能见到不足 10 种，食用植物也大大减少。（宣宜，2004）

## 二、"征服自然"观念与彝族传统自然观的冲突

在彝族自然观中，自然界每一种存在物都有自己的价值，人与自然互为协同，共生共荣。与彝族传统自然观通过顺应自然获得人的生存利益不同，在西方唯心主义自然观中，自然是无意识的，它是人类精神的作品，不以自身的权利而存在，是一个可以被造出的作品。（Collingwood，1999）在这一观念的指导下，现代科技把自然万物当作僵死的物质存在，看作是人类可以任意处置和利用的对象，强调对自然的支配和控制，通过征服自然以使其符合人类的意志，满足人类的需要。

自培根将控制自然的宗教使命与科学相联系以来，依靠可普遍化的科学技术来实现征服自然的目标成为了人类的使命，人们不再因对自然的扰动而不安。当控制自然的观念与新兴的以追求财富为目的的资本主义精神相结合，征服自然、利用自然、改造自然成为人类活动的目的。古典政治经济学家配弟、亚当斯密、大卫·李嘉图等人在他们的经济理论中建立了一种经济理想，认为人类的幸福和自由在根本上建立于物质财富的积累之上，只有物质财富才能使人类的需要得到全面满足，从而过上幸福美好的生活。他们赞成对自然的彻底征服以获得人类所需的财富，于是科学借助于资本的力量迅速转化为技术，应用到改造和征服自然的各个方面。人们日益确信，原则上没有什么人类所认识不了的奥秘，没有什么人类驾驭不了的神秘力量，自然科学在日益开拓自己疆域的过程中，会无限趋近于对自然的完全认识，而技术在日新月异的发展中将逐渐生长起战无不胜的力量。借助于科学不断发现的自然规律，人们可以对有利于人类的规律加以利用，从而摆脱自然的束缚。毛泽东非常乐观地相信科学的力量可以驾驭自然。用他的话说："如果生活在自然中的人们希望得到自由，他们就必须利用自然科学去了解自然，征服自然，改变自然；只有这样他们才会从自然中获得自由。"（杨日鹏，2012）

相信现代科学的力量，改变了传统自然观念的彝族地区，放弃了原有利用自然的方式，以现代科学为指导，开展了大规模的征服自然和改造自然的活动，然而在征服自然的过程中，科学所具有的确定性和必然性却并不存在，在应用科学原理的普遍性对自然的改造中，彝族地区付出了沉重的代价。

与彝族传统农业根据自然条件决定生产不同，现代科学把水利作为农业之本，为解决彝族地区干旱和农业生产用水问题，在新中国成立之初，大中小型各类水利项目开始建设，1950 年召开的楚雄地区第一次农代会上，通过了"垦荒、修河、筑堤、筑坝塘"的决议，全区着手进行水利建设，仅 1952 年就修坝塘 790 多座，渠道 864 条。据 10 个重点扶持乡的调查，仅 1953 年就新修小引水沟 58 条，坝塘 75 个，扩大灌溉面积 213.33hm$^2$，停止刀耕火种地 264hm$^2$。（云南楚雄彝族自治州地方志编纂委员会，1995） 1954 年蜻蛉河源头开始修建楚雄地区第一座中型水库——姚安洋派水库，

1955 年底,楚雄地区农田地有效灌溉面积增加到 24 533.33hm²,比新中国成立前增加了一倍。1957 年,云南大姚县昙华山的彝族群众,为支持政府农田水利建设,破天荒地在海拔 3000 多公尺过去不敢动的"龙山"上修建了 45km 长的"团结大沟"。(中国科学院民族研究所和云南少数民族社会历史调查组,1963) 1984 年楚雄全州有效灌溉面积达 88 000hm²,1988 年,全州 28 个耕地 666.67hm² 以上的坝子,总耕地 58 706.67hm²,有效灌溉面积 38 680hm²,水利化程度达到 65.9%。截至 2005 年底,全州共建成库塘 19097 件,其中中型水库 21 座、小(一)型水库149 座、小(二)型水库 869 座、小坝塘 18 058 件,全州 153 873.33hm² 耕地中,近 75% 的耕地得到有效灌溉。(李忠吉,2008)

水库、坝塘的兴建虽然有利于农业灌溉,但由此也产生了水库、坝塘的维护成本,由于缺乏投入,一些水利设施得不到及时维修维护,难以发挥应有的效益,调节农田供水的能力有限。据云南省水利科学研究所工作组与楚雄州水电局在 1981 年调查,全州已建池 8037 个,有 45% 是无水源的干池,只有 2733 个能发挥灌溉作用,造成较大浪费。(云南楚雄彝族自治州地方志编纂委员会,1995)水库修建有利于坝区生产,由此又产生了坝区与山区的矛盾,姚安洋派水库因加高坝堤,淹没了上游山区农田导致了纠纷,为解决矛盾,洋派水库未能达到其有效库容。因灌溉农业面积的增加,一些不适宜干旱环境中生长的作物得到大量种植,由于作物生产依赖于供水,虽然水库修建减少了干旱受旱比例,但作物生产因干旱产生的损失总量却不断增加。而当水库蓄水量不足时,缺水导致的作物受旱加剧。1952~1990 年,楚雄州平均每年农田受旱面积 21 413.33hm²,占年总播种面积的 9.2% 以上,成灾面积 14 266.67hm²,绝收面积 5173.33hm²,受灾人口 24.19 万人,减产粮食 $1.86 \times 10^4$t,直接经济损失平均 384 万元(鲁永新和杨永生,2010);随着城市发展用水量增长,干旱气候条件下农业供水缺乏进一步加剧。2009~2013年连续 5 年的干旱,由于库塘蓄水严重不足,农业生产用水极度缺乏,人畜饮水困难不断加深,农业、林业和渔业生产下滑,产品产量减少,产值下降;同时干旱也使得各种牲畜出栏速度加快,畜牧业养殖规模面临萎缩。2010 年 3 月,楚雄全州作物受旱面积达到 112 000hm²,占实际播种面积的 74.5%,其中:轻旱 30 660hm²,重旱 50 600hm²,干枯 30 473.33hm²。一季度收获粮食产量 37 148t,下降 35.84%;油料作物产量 5750t,下降 33.99%;蔬菜产量 545 600t,下降 10.04%。(楚雄州统计局农业科,2010)连续大旱大量消耗水源,抗旱水源不能及时补充,2012 年滇中地区库塘蓄水严重不足,为优先保障城乡引水安全,生产用水减少,农业生产损失惨重。至 2013 年,楚雄市小春农作物受灾面积占农作物播种面积的 64.7%,青早蚕(豌)豆、大麦、小麦损失严重。夏收粮食、经济作物虽然增加了播种面积,但减产幅度均在正常年景近 2 成左右。受连旱影响,全市桑树长势不好,桑叶产量不足,导致蚕茧产量持续下降,1~6 月全市蚕茧产量同比减少 13 438kg,下

降 23.2%。（赵敏等，2013）

　　机械化是应用科学技术提高生产效率的重要措施，为提高农业生产效率，改革生产工具成为了彝族地区发展现代农业的一项重要措施。1949 年前，彝族地区几乎没有什么农业机械，处于耕耙用人挖牛牵，运输靠人背马驮，脱粒用连枷、海簸，加工粮食用杵臼、石磨，农业生产力低，劳动强度大。土地改革后，各地加大了农业机械的引入力度，1958~1961 年，农机制造厂、加工厂纷纷上马，仅1958 年就办起了农机制造（包括建筑材料）厂 51 个，但产值只完成了当年计划的74.7%；农副产品加工厂 230 个，产值只完成当年计划的 17.7%。在 1961 年简精改革中，双柏县的农机生产和农机化工作由 1958 年的高峰迅速跌入低谷。1962~1975年，虽有所恢复和缓慢发展，由于生产工具使用成本高及山地适用性的不强，仍存在销售难、推广难的问题。（施晓斌，2003）盲目的生产工具改革不仅造成了大量资金的浪费，也使周边的森林因农具制造而被大量砍伐。如今，政府虽然对民族地区购买农具给予补贴，但就连摩托车这样的交通工具也要拆卸后才能运回家中的偏远地区，旋耕机、拖拉机在山地的运用有限，传统农具、耕牛、马、骡等还是主要的生产工具。

　　为使森林资源可以持续的利用，政府也开展植树造林活动。在大姚，20 世纪50 年代中后期农业集体化以后，宜林荒山由集体规划，绿化造林，营造云南松、华山松、杉松、麻栗及少量培植楸、椿和核桃、板栗等树木。虽然植树造林和人工保护取得了一定成效，但由于人工造林树种较为单一，由此而引发的病虫和森林火灾却较为严重。1987 年，大姚六苴矿区附近松杉林中发生思茅松毛虫危害，此后，年年均有虫害发生。1988 年 4 月下旬，桂花乡树皮厂村公所沙子嘎尼、石碑列乍山上的云南松枝梢枯黄，整株枯死者甚多，成灾面积 41.16hm$^2$，经州、县森防技术员观察鉴定为云南松纵坑切梢小蠹虫。由于发现较晚，虫害猖獗期已过，清理虫害木 11.42hm$^2$。1989 年，同一地区蔓延 24.75hm$^2$。经发动群众，适时防治，砍伐虫害木 216.47m$^3$，树皮和枝梢集中烧毁，才扑灭了虫害。由于虫害发生频繁，大姚县林业局、六苴镇人民政府、大姚铜矿年年组织人工和药物防治。因树种单一，在虫害漫延的同时，森林火灾也不断，这其中有人为的因素，也有山林自燃。1950~1993 年，大姚全县共发生山林火灾 1318 次，其中 666hm$^2$ 以上特大火灾 4 次，66hm$^2$ 以上火灾 60 次，0.67hm$^2$ 以上火灾 1026 次，火情 162 次，荒火 69 次，火场总面积 65 920hm$^2$，森林受害面积 59 340hm$^2$，烧死成材大树 182.4 万株和 20 年以下幼树 2442.3l 万株。（云南省大姚县地方志编纂委员会，1999）

　　为减少粮食损失，保证人的健康，利用药物等防治技术，以苍蝇、蚊子、老鼠、麻雀为首的"四害"成为了灭除的对象。根据《全国农业发展纲要（草案）》的精神，1958 年 2 月 12 日，中共中央国务院发出了《关于除四害、讲卫生的指示》，云南省政府提出了五年内除"四害"的目标。1958 年 8 月 29 日，中共中央又做出了《关于继续开展除四害运动的决定》，随后，全国各省市开展了规模宏大的以除四害为中心的爱国卫生运动。1958 年，围剿麻雀成为云南除"四害"主要运动，随后 1959~1960 年连续两年发生干旱，1960 年虽然干旱没有 1959 年严重，但却因干旱诱发的大面积虫灾而损失严重，全省受旱率占 12%，成灾面积占受旱面积的43.2%，受旱面积 96 000hm²，受灾人口 80 余万人，为云南省受灾范围大、持续时间长、灾害较严重的大旱年。（长江水利委员会水文局与长江水利委员会综合勘测局，2005）与麻雀一起防除的还有各种危害作物生长的野生动物，1960 年后，认识到了麻雀对防治虫害的作用，麻雀不再列为害鸟，从而免除了被灭绝的命运，然而，由于野生动物的减少，老鼠、蚊蝇依旧是农业生产的大患，在麻雀被替换为臭虫后，灭四害运动仍在进行。1969 年，为迎接国庆 20 周年，楚雄州开展"除四害，讲卫生"运动，共出动 6.7 万人，用大面积药物喷洒和烟熏灭蚊。然而科学防除害虫的手段并不能消灭害虫，灭除害虫成为常态化的工作。1978 年楚雄州政府成立除害灭病领导小组，坚持以灭鼠为重点的除"四害"活动，每年都自觉地投入灭鼠工作。1984 年，楚雄州使用灭鼠剂"敌鼠钠盐"144kg，群众投粮 7.1×10⁴kg 作毒饵，全州共灭鼠 291 万多只。由于鼠害的严重，1987 年全州再次开展的灭鼠活动，培训灭鼠技术员 4802 人，其中配药、投药技术员 718 人，投资 9.87 万元，群众投粮 2.234×10⁵kg，在 108 个区、乡（镇）的室内和田间统一灭鼠，共灭鼠 320 万余只。虽然灭鼠活动投入了大量人力、物力，但并未消灭老鼠，据双柏、元谋、南华等 7 个县的监测，1987 年鼠密度虽比 1984 年的 63.9%有所下降，但仍有 25.9%。（云南楚雄彝族自治州地方志编纂委员会，1996）

为提高畜禽产出率，彝族地区开展了家畜家禽的品种改良工作。楚雄州畜禽品种改良始于 1956 年，以后逐年引进了荷兰牛，约克、盘克种猪，陕西种驴、美利奴羊、狮头鹅。1958 年曾大量引进过苏白猪、荣昌猪、卡巴金马、蒙古马、青海马、高加索羊、北京鸭等。羊是彝族地区饲养较多的家畜，为改良绵羊，楚雄州先后建立了紫金山种绵羊场和赊角种绵羊场。1957 年起，先后引进苏联美利奴、高加索等细毛羊，20 世纪 70 年代后又引进罗姆尼林肯等半细毛羊良种，引入山东省的青山羊，几次引进奶山羊，1986 年又从成都引入英国吐根堡羊。楚雄州地方鸡种虽不乏优良品种，但产肉量低，就巢期长，产蛋量少，于是引进国内外优良肉用、蛋用、蛋肉鸡种改良。（云南楚雄彝族自治州地方志编纂委员会，1995）随着杂交种的推广，本地纯种这一宝贵资源受到了破坏，在姚安近城、罗次、金山、鹿城、子午、东华、军屯、文笔、栋川、金碧、苍街、永定、元马等坝子，难以寻找本地纯种母猪。

外地品种的引入不仅造成了本地品种破坏，经济效益也不显著。新疆细毛羊大量引入后，羊皮癣病增加，大批绵羊死亡。由于品种改良土种公羊被阉割，人工授精技术又过不了关，造成大量母羊失配空怀。此外，经用细毛羊为父本改良的杂交羊（特别是高代杂种）毛细、皮薄、不耐穿，毡子擀不开。良种土法饲养带来的经济效益也不显著，彝族群众普遍反映杂交羊肚子大，行动慢，而饲养条件仍和土种羊一样，因而成活率低，死亡率高，羊毛生产按老习惯年剪 2~3 次，毛短不合收购标准，卖不起价，没有经济效益。山羊改良也存在同样的问题，由于采用土法放牧，一些改良品种因个体大，不适宜山地放牧，又因终年放牧，很少补饲，放牧迟出早归，放牧时间很短等情况的存在，杂种羊饲养效益不明显。此外，由于公母混群、土种公羊不去势，随群放牧产生的品种回交倒退等因素都直接影响了杂种羊优良性状的发挥。加之外来品种本地适应性差，发病率较高，一些引入的品种不得不被淘汰。1978 年云南省民委无偿调给楚雄州奶山羊 200 只，旨在帮助民族地区发展养羊业，奶山羊首先在紫金山绵羊场饲养，因地处高海拔寒冷，半年内死亡 30 余只，其余体况不好，调去邓关大队饲养后又派出人员到路南县学习奶山羊技术，但因种种原因，饲养没有起色，未及半年，死亡无数，由南华县农业局调去东风公社上民村生产队饲养，并派专人驻队指导饲养，也因种种原因，相继死亡，所剩不多，农民也不愿再饲养。

随着异地品种的引入，畜禽疾病呈现出高发态势，以猪瘟、猪肺疫、猪丹毒（简称 3 种病）和鸡瘟危害最大。以 3 种猪病为例：在 20 世纪五六十年代发病甚广，虽经年年预防注射，但防疫面不宽，难以遏制。1964 年 7~8 月猪瘟，死猪 55 000余头，占当年存栏数的 9%还多，为当年减产 6%的主要原因。1972 年，因 3 种疫病再次发生，猪大量死亡，如禄丰县敦仁公社生猪死亡 1252 头，占当年存栏数的18%。其他如猪喘气病，1977 年全州发病 22 827 头，死亡 6332 头；1978 年发病22 145 头，死亡 5760 头，1985 年、1986 年又有发生。猪传染性胃肠炎，1985 年已有发现。1986 年在 38 个区发病 5675 头，死亡 694 头。1987 年在 37 个区发病6080 头，死亡 2096 头。危害家禽发展的主要疾病是鸡瘟（即新城疫），鸡霍乱、鸡白痢及鸭瘟、霍乱等。对鸡瘟虽有零星防治，但由于注射密度低，范围小，鸡瘟在全州范围内仍时有发生。1981 年死亡 60 万~70 万只，损失值 100 余万元。武定县一年内死去 4.6 万余只，年末鸡的存栏仅 15 万只，户均 3.7 只。特别是近城镇 833 户，只有 932 只，户均 1.1 只。楚雄县山区的九街，有一个街子一天只上市48 只。

## 第二节　现代农业生产与传统农业生产的对立

### 一、"以粮为纲"与传统农业生物多样性的对立

农业是国民经济的基础，而粮食又是非常重要的战备物资，对于经历了战争和战后重建的中国就更为重要，因此，新中国成立后，粮食在农业生产中具有首

要地位，成为了农业的基础。为了达到粮食自给自足的目标，国家鼓励农民尽可能多地生产粮食，由此提出了"以粮为纲、全面发展"的农业发展指导方针。虽然"以粮为纲"并不排除其他林业、牧业和副业的发展，但粮食生产成为农业生产的决定性力量，林、牧、副业需全部服从于粮食生产，扩大经济作物的种植一度被视作破坏社会主义经济，复辟资本主义的阴谋。在"以粮为纲"方针的指导下，对彝族地区传统生物多样性农业生产的调整和改造，产生的是农业生产与自然环境和经济发展的冲突。

中华人民共和国成立的最初几年，由于战后重建和发展粮食生产的需要爆发出了开垦荒地的巨大热情。1950 年政府曾规定：对新开荒地 3~5 年内不征收农业税，此后若干年中也多次鼓励开荒。为发展粮食生产，在大力开展水利建设的同时，彝族地区大量土地被开垦为农田。1957 年凉山州耕地比 1949 年扩大 27 279.2hm²。（凉山州史志办，2006）楚雄州 1957 年耕地达 286 000hm²，比 1952 年增加 27.2%，5 年中开垦荒地 26 666.7hm²。此后 10 余年中，毁林开荒、毁草开荒一直没有停止，楚雄州轮歇地一度从 62 13.33hm²，增至 23 473.33hm²。至 1979 年云南省革委会还分配给楚雄州开荒补助费 100 万元，鼓励开荒。（云南楚雄彝族自治州地方志编纂委员会，1995）大规模土地开垦使彝族地区原始森林砍伐殆尽，不仅田边地头的树木被砍伐，许多古树、神树也被砍伐，神山成为了荒山、荒坡。

由于彝族传统刀耕火种烧荒丢荒不利于土地的有效利用，为了提高土地利用率，20 世纪 50 年代土地改革完成后，针对山区情况，楚雄州就提出了"固定耕地，土地加工，改进耕作技术"的号召，通过改雷响田为保水田，改稗子田为谷田，改一季田为两季田，至 50 年代末，全区已有近 66 666.6hm² 的耕地土壤经过了不同程度的改良。与此同时，政府还派出干部到山区少数民族聚居乡推广现代农业技术，刀耕火种的生产方式逐渐被取缔。采用增施肥料、精耕细作、平整地面等措施，1957 年凉山州复种面积比 1949 年扩大 60 000hm²，复种指数达 128.7%（凉山州史志办，2006）。60 年代后，又在山区广泛开展坡地改梯地的水土流失治理，进一步提高了土地利用率。随着各种改土施肥措施的推行，经过 30 多年的努力，楚雄州约为耕地面积 30% 的轮歇地基本固定下来了。（楚雄彝族自治州概况编写组，2007）

开荒和土壤改良虽然增加了土地利用率，但彝族聚居地区金沙江、元江两水系的众多支流，河道坡陡流急，冲刷力大，极易形成水蚀为主的土壤流失。由于不同坡度的耕地都被开垦，加之地表覆盖减少，土地复种的增加进一步加大了水土流失。1973 年楚雄全州强度流失以上的面积有 1050km²，1977 年为 1156 km²。水土流失加剧了洪涝灾害，20 世纪 50 年代灾情频繁，共发生 27 县次，1954 年发生的全州性重大洪灾，受灾面积 3266.67hm²，成灾面积 2013.33hm²，受灾人口为 9.96 万人，死亡人口 35 人，倒塌房屋 662 间，损失粮食 $7.06 \times 10^6$kg，死亡大牲畜

146 头，水毁堤防 $4.5 \times 10^3 m$，桥涵受损 95 座，冲坏渠道 $31.5 \times 10^3 m$，冲垮坝塘 158 座（个），以及其他小型工程 674 处，直接经济损失 405.19 万元（当年价），占当年工农业总产值的 1.0%；60 年代发生洪灾 14 县次，1966 年发生的全州性最严重的大洪灾，受灾和成灾面积均为 $9333.33 hm^2$，受灾人口 13.98 万人，死亡人口 14 人，倒塌房屋 6468 间，损失粮食 $2.05 \times 10^7 kg$，死亡大牲畜 21 头，冲毁小（二）型水库 8 座，冲垮坝塘 295 个，直接经济损失 1662.7 万元（当年价），占当年全州工农业总产值的 5.0%；70 年代发生洪灾 11 县次，1974 年洪灾较为严重，受灾面积 $10 500 hm^2$，成灾 $2266.67 hm^2$，受灾人口 14.0 万，死亡人口 48 人，倒塌房屋 823 间，损失粮食 $4.19 \times 10^6 kg$，死亡大牲畜 170 头，水毁堤防 $15.5 \times 10^3 m$，损坏公路 $4 \times 10^3 m$，冲毁小（二）型水库 14 座，毁坝塘 366 个，直接经济损失 991.4 万元（当年价），占当年全州工农业总产值的 2.2%。（鲁永新和杨永生，2010）

由于强调粮食生产的重要性，经历了"大跃进"和"三年困难时期"后，粮食生产再一次被提到了前所未有的高度，经济作物生产受到限制，形成了"工农兵学商一齐来栽秧"、"以粮为纲、全面扫光"的局面。每逢政治运动就批判农民"春天卖香椿、夏天卖桃梨、秋天卖菌子、冬天卖橡子……"，一而再再而三地"割资本主义尾巴"，限制甚至取消自留地，没收社员房前屋后的零星果树，限制私养畜、禽数量，号召"人心归田，车马务农"。为保障粮食生产，经济作物种植面积不断缩小。"文化大革命"期间，云南省委紧抓粮食生产，粮食作物种植面积占整个农作物种植面积的 90.27%，而经济作物的种植面积仅占 6.15%。（云南省地方志编纂委员会和中共云南省委员会办公厅，2000）以楚雄州为例，春油菜籽种植 1955~1957 年达 $13 333.33 hm^2$ 以上，到 1969 年仅种植 $6420 hm^2$，1973~1977 年有所恢复，1978 年后又呈下降趋势，1987 年下降至 $4053.33 hm^2$，后一直徘徊在 $4000~4666.67 hm^2$。花生在 1957 年种植面积曾达 $3026.67 hm^2$，1960~1987 年每年种植 $666.67 ~1333.33 hm^2$。大麻种植最多的年份是 1958 年，1965 年后逐年下降，1973 年后每年种植不超过 $666.67 hm^2$，至 1987 年仅种植 $340 hm^2$。桑园面积则从 1959 年最高的 $2366.67 hm^2$，下降至 1977 年的 $233.33 hm^2$。而果木生产大多属于农户经营，每遇政治运动就被砍伐，1959 年楚雄州水果面积有 $3926.67 hm^2$，其他干果、油桐、茶叶也都有发展，1961 年全州水果面积竟跌到 $213.33 hm^2$。经历 15 年发展，到 1975 年才恢复到 $2666.67 hm^2$。而这一时期，粮食生产面积全州 1961~1978 年最少年 $222 200 hm^2$，最多年达 $263 800 hm^2$，虽然经历了自然灾害和十年动乱，粮食产量仍有较大增长，从 1960 年的 $3.563 \times 10^8 kg$，增加至 1978 年 $6.5409 \times 10^8 kg$。（云南楚雄彝族自治州地方志编纂委员会，1995）

过去，由于森林资源丰富，森林产品不仅弥补了彝族地区三四月间青黄不接时的粮食不足，也成为彝族经济收入的重要组成，减少经济作物种植，直接影响了彝族地区农业收益。大麻是高寒山区的重要收入来源，除麻皮可利用外，麻籽是重要的油料。因为粮麻争地，大麻被排斥。以大姚三台博厚大队为例，1965 年种植大麻有 21.13hm²，1978 年时仅为 8.86hm²，减少了 58%，麻皮产量仅 3000kg余，比产量最高的 1970 年 14 555kg 减少了 80%，麻籽也随之下降了 80%。收入由1970 年的 15 137 元，平均每户 66 元，下降为 1978 年的 3141 元，平均每户 13 元。不仅大麻如此，核桃的种植也相同，博厚大队最高年产核桃时每户平均收入 75.2元。减少种植后，产量比最高年相差 2 倍多，收入也相应减少。（楚雄彝族自治州农牧业局，1990） 1956~1977 年的 22 年中，虽然木材砍伐利润较高，但木材产销利润有 16 年全额上交政府，当地农民所得收益甚微。其他经济林果的生产由于长期处于千家万户零星栽培的自给性生产状态，加之副业产品交易受政策限制，农民通过市场交换所获的收益也较少。这一时期，虽然粮食生产有了较大发展，但由于粮食统购统销、限制经济作物种植，"文化大革命"十年中，楚雄州农村人民公社每个劳动日收入甚微，最低的队每个劳动日只分一两角钱。

山区限于自然条件，历来粮食产量和人均占有量很低，而畜牧业占比例很大，土地开垦和限制经济作物发展以来，山区畜牧业发展受到很大限制。饲草缺乏，使牲畜在一定程度上失去了生长、生殖、生产的必要条件。大姚县彝族聚居较多的贫困山区三台公社博厚大队，1970~1978 年，牲畜饲料作物从 13.33hm² 减至 3.33hm²，仅为原面积的 1/4。由于饲草严重缺乏，牲畜难度严冬，以致发生这只绵羊咬那只绵羊身上羊毛吃的怪现象。在这种情况下，牲畜冻死、饿死不少，收购店收购这个大队的死羊皮为数甚多。禄劝撒营盘公社升发大队是一个彝族为主体的大队，有大牲畜 562 头（匹），绵羊 2150 只，六畜兴旺，粮食自给有余。至 1979 年末，大牲畜只有 409 头，绵羊 1725 只，分别减少 27.22%、19.77%。羊毛产量从合作化时期至 1960 年国家收购量稳定在 1400kg 的水平，1979 年减为 153.9kg。过去，每年四五月牛羊上山，白天大量采食青草嫩叶，晚上就山宿牧，九十月才吆回家，后来，由于大量土地被开垦为荞地，这样的条件不复存在，牛羊成天追逐水草，仍然半饥半饱。由于草料的缺乏，一些饲养场被迫取消，如双柏县新街牛场即因草山草坡破坏难以经营而被撤。楚雄州种绵羊场与种马场合并后，由于没有精饲料的种植，晚间及冬季补饲的饲草又全靠从坝区运进，造成连年亏损。由于长期亏损，又将 120 匹马调给姚安草海劳改农场、禄丰大平坝劳改农场和楚雄县三街公社，从此只养新疆细毛羊，但还是由于青饲料和精料缺乏，饲养成本仍旧很大，加之农民对改良不积极，种羊销售不出去，于 1985 年划归楚雄州良种场管理，不再饲养种绵羊。（楚雄彝族自治州农牧业局，1990）。

由于农田的大量开垦，饲草减少，严重限制了山区农业经济的发展。中共楚雄州委、州政府在 1980 年对全州贫困地区进行了分析排队，以大队为单位按人均口粮在 150kg 以下，收入在 50 元以下的标准，划出 638 个大队 76 万人口的地方确定为特困地区，这些地区贫困的一个原因就是草山草坡被严重破坏，畜牧业经济处于严重萎缩状态。单一粮食生产发展，使一部分以作物生产为主的彝族村社陷入了贫困之中。1979 年，33 个特困山区化社，每年人均总收入仅 51~80 元，且有 3 个公社人均还处于 50 元以下。大姚县三台公社博厚大队，1970~1978 年统计，8 年内（1973 年缺）畜牧业收入仅占农业收入的 10.34%，最低的 1971 年，每户平均仅 30.96 元。禄劝解撒营盘公社升发大队，由于畜牧业收入减少，1979 年集体和个人欠贷 55 468 元，每户平均 129 元，其中 88%的社员户欠贷 30 676 元。相反，禄劝马鹿公社干塘子生产队，由于地处 3200m 的高海拔地区，不适宜粮食生产而发展畜牧业，1976 年农业总收入 7889 元，其中畜牧业收入 2596 元，平均每户 152.71 元。1977 年，农业总收入 9087 元，其中畜牧业收入 2696 元，每均每户 158.59 元。（楚雄彝族自治州农牧业局，1990）。

在粮食作物中，水稻由于产量高、口感好，得到了大力发展，种植面积不断扩大，而荞、稗子、草籽、小豆等许多传统杂粮作物则被视为低产作物而淘汰。1949 年，楚雄州水稻种植面积为 71 633.33hm²，1952 年全地区水稻种植面积 95 733.33hm²，1954 年由于小型水利工程的恢复和兴修，种植面积增为 100 000hm²。大姚县 20 世纪 50 年代强调"三干不抵一湿"，宁可等天下雨，等到大小暑也不愿改种旱作，甚至在一些冷凉地区也推广水稻种植。此后多年，楚雄州水稻种植面积维持在 73 333.33~86 666.66hm²，其栽种面积占总耕地的比例一直为 45%~52%。与此同时，为改变传统品种多、乱、杂的现象，水稻、玉米几种粮食作物的许多本地品种也逐渐为少数几种杂交品种所取代。在水稻引进品种中，楚雄州于 1959 年引种'台北 8 号'，1966 年推广面积达 43 333.33hm²，占当年水稻面积的 46.26%。'西南 175' 于 1958 年引进选育，1968 年推广后每年种植 33 333.33hm² 多，1980 年 34 066.66hm²，占水稻面积的 41.36%。（云南楚雄彝族自治州地方志编纂委员会，1995）随着几种主要作物品种的推广，彝族地区不仅荞子、草籽、坝子、葵子、水高粱等传统作物已少有种植，即使是水稻、玉米等主要粮食作物传统品种也在大幅减少。由于缺少生产投入，那些按传统方式种植的优良品种难以获得高产，在姚安马游，老农们说山区推广杂交水稻之初，产量还没有传统水稗的产量高。由于单一品种难以适应多样性环境，在姚安前场，农技人员也反映冷浸田中种植水稻的产量明显低于玉米。此外，品种的单一化也使病虫害发生面积不断扩大，1960~1963 年楚雄州稻瘟病每年发病近万公顷，1964~1978 年发生面积在 6666.66~10 000hm²，每年损失稻谷约 $1 \times 10^7$kg。1960 年楚雄州虫害 15 333.33hm² 余，成灾面积 8200hm²，最严重的 1972 年达 76 400hm²，其中水稻 53 066.66hm²，玉米 23 333.33hm²。1976 年蚜虫发生 22 733.33hm²，其中严重的达 10 933.33hm²。（云南楚雄彝族自治州地方志编纂委员会，1995）。

配合良种推广，政府采取行政方式大力推广一些地区的耕作栽培成功经验。1960 年在武定搞"改造落后"运动时，提高指标，强迫命令，甚至吊打群众。曾任楚雄州委副书记的李春和回忆说，当时全国各地都在搞深耕密植，要通过这个来增加粮食产量。楚雄州在农村推广"地拱子"、"双龙出海"。"地拱子"就是深翻，"双龙出海"就是密植。具体地说就是耕地要深挖一尺以上，插秧要插双行。为了推行"地拱子"，他们还搞了一种特制的犁，可以很深地插到地里。但接着而来的问题是牛拉不动，拉不动就搞双架牛，两头老水牛来拉犁。牛被打急了拉起来，犁手又按不住。那就在犁把上加个横杠，4个人按着。一天犁下来，有的牛被挣得拉血，有的几天下来硬是给累死了。结果是肥土都给翻到下面去了，庄稼扎根的部位倒是生土，作物当然长不好。"双龙出海"费了那么大的劲，后来也不见增产。有的生产队长因怕完不成生产任务而自杀。（韩少功和蒋子丹，2003）20世纪70年代，大姚县发展旱作农业，1972年，首次在海拔2000m以上的三台公社挑水浇灌玉米46.66hm$^2$，每公顷产3780kg，靠天降雨后出苗的，每公顷仅产1515kg。云南小凉山彝族地区，为使彝族等少数民族加快农业生产技术改造，政府也曾强制让他们迁移到农业生产条件较好的坝区成立合作社，后来由于土地有限，难以维持生计才不得不返回原地。

　　高产品种的推广虽然提高了作物产量，但受自然条件影响，山区粮食生产极不稳定，自1965年以来的13年的记载中，以大姚三台博厚大队为例，粮食起伏较大，1969年，粮食产量241 759kg，受气候影响，1970年突增2成，1971年气候稍有不利，又下降1.86成，1973年气候有利，产量比1972年猛增3.5成，但1974年又减产3.2成。单产不足、病虫害增加以及灾害频发，彝族地区农业生产虽然取得了发展，但人均粮食并没有得到增长。1952~1980年，楚雄州粮食总产量虽然从1952年的3.9138×10$^8$kg增加到1980年的6.3042×10$^8$kg，但在这28年内，有20年人均产量介乎300~350kg，低于300kg的有2年，其中1977年只有268.7kg。低于300kg的年份，扣除籽种、饲料，农民口粮很低，直接影响到农业生产的正常进行。（云南楚雄彝族自治州地方志编纂委员会，1995）。而新中国成立初期，彝族地区人均收入折合粮食产量并不低，武定县万德区万宗铺村1948年该村实际总收入合谷子10 239.5kg，每人平均可分得605.77kg，这样每个家庭每个人的生活都是相当富裕的。即使在付出土司、国民党政府及外村地、富等对于本村的各项剥削后，每人平均可分得426.4kg，生活仍可温饱。只是由于生产资料占有的不平衡，才有了分配的不平衡，但即使是贫农每人也可实得粮食192.6kg，下中农每人实得421.65kg。楚雄大益居村自然条件好，因此贫农的收入平均每户可达1118.5kg，中农每户可以达到1902kg。永仁县迤计厂彝族虽然中下农存在缺粮问题，但1948年时，全村农业总收入为88 820kg，平均每户1713kg，每人361kg。（中国少数民族社会历史调查资料丛刊修订编辑委员会和云南省编辑组，2009）。

　　受"以粮为纲"政策的影响，彝族地区农业人均产值较低，1952~1980年的29年内，楚雄州每人平均农业产值最高年1964年为219.27元，最低年1970年仅

为 162.67 元。有 8 年全州农业人口人均产值在 200 元以下。就是在全州人均产值
200 元以上的年份，也还有 40%左右乡、村人均在 200 元以下。扣除维持简单再生
产的需要，几乎没有积累用于扩大再生产的费用，有的维持简单再生产也有困难。
（云南楚雄彝族自治州地方志编纂委员会，1995）。

## 二、"以钱为纲"与彝族传统农业生物多样性的对立

改革开放以来，随着计划经济向商品经济和市场经济的转向，"以粮为纲"政
策逐渐向"以钱为纲"转变，虽然单一粮食生产的局面有所改变，但当农业生产
集中于几种经济效益较高的经济作物和林木种植，单一化规模种植进一步加剧了
彝族地区生物多样性危机，也制约了农业经济的发展。

20 世纪 80 年代，由于林业商品化带来的效益明显高于农作物，加速了森林资
源的开发，一度引发了乱砍滥伐。一些地方政府以至于发展到"要想富多砍树"
的工作思路。1983 年林业部下发了《关于建立和完善林业生产责任制的意见》提
出："应尽可能扩大自留山的面积"，"集体经营的用材林……也可以承包到户经
营。"此后，一度引发了乱砍滥伐。除分配到户的森林遭到砍伐外，国有林也难以
幸免。1988 年，金沙江段流域就发生了一次重大的盗林事件，虽然这还只是万千
非法盗林事件中的一件，但也足以说明其恶劣性。这一年 7 月，在通往滇西金沙
江林区的公路上，公车、私车、无牌照车穿梭往返，刚砍下的还喷着浓郁木香的
原木被大车小车一车车运出去。一些农民大白天公然在公路两侧山坡上砍树叫卖。
在楚雄、大理、丽江、迪庆一带，明目张胆公开的"木材黑市"比比皆是。通往
丽江大草坝林区 60 多千米长的山路上，随时随处都可见成群结队的盗伐者，满山
都闻伐木声。拖拉机在原始森林中轰鸣，成片成片的高大挺直的云彩、冷杉一棵
接一棵轰然倒下。据说盗林高峰时，每天有 700 多人、汽车 70 多辆、拖拉机上百
辆参与哄抢盗伐。

作物生产中，由于烤烟生产较其他作物种植有利，烤烟生产一度扩张。1982
年后，楚雄州农村第一步改革基本完成，州委、州政府将农村工作的重点转向调
整产业结构，发展商品经济，在不放松粮食生产的同时，把发展烤烟生产作为宜
烟地区产业结构调整的一个突出重点。随着"划分税种，核定收支，分级包干"
的财政体制改革的实施，进一步调动了各级政府自主聚财、理财的积极性、主动
性，更加重视对增加地方财政收入至关重要的烤烟生产的发展。1985 年楚雄州开
展"增百致富"，措施之一是将烤烟种植面积扩大为 27 600hm²，比 1984 年增加
13 720hm²。20 世纪 80 年代末，在以农业为主要收入的姚安县财政经济中，烤烟
收入一度占财政经济收入的 40%以上。随着烤烟种植面积的扩大，又有大量的树
木被砍伐用于烤制烟叶，以烤烟为主要收入的农户，仅烤烟一年用柴量就达五六

千千克。随着烤烟种植面积的不断扩大，烧柴日益困难，农民也逐步习惯用煤，因此，烤烟需煤量逐年大幅度增加。1980年，全州供应了烤烟用煤 $6.27 \times 10^4$ t，到1987年增至 $19.3 \times 10^4$ t（比1980年增长2.08倍）。（云南楚雄彝族自治州地方志编纂委员会，1995）

1989年实施森林采伐限额至1998年实施天然林"禁伐"措施以后，森林砍伐量减少，为弥补财政和农户收入的不足，采松脂因能获得持续的收入且采脂术较易掌握，一度成为彝族地区增加收入的措施。随着松脂市场行情持续被看好，大量没有达到成熟树龄的松树被采脂，导致大量松树死亡。楚雄西舍路镇松脂因采集数量多、采集树龄小，对树木伤害大，使树木一天天干枯，镇中低海拔地区三分之二的树木已枯死。为制止滥采行为，2013年，政府不得不发布关于全面停止松脂采集行为的告知书，告知书要求对各林农负责，对本辖区的松林采脂行为进行一次全面清查，对区域内采集松脂的情况要经常性进行清理检查，发现有采脂行为的，根据《中华人民共和国森林法》、《中华人民共和国森林法实施条例》、《国家林业局松脂采集管理规程》和《松脂采集管理办法》规定，要立即禁止并上报森林公安机关处理，依法追究刑事责任，对屡禁不止的，从重处理，各村对采脂行为制止不力的，有关部门要依法追究相关人员责任。（西舍路镇公共信息网，2013）。

图8-1 被剥皮的松树
（2011年摄于紫溪山周边彝村）

1997年，烤烟实行"双控"（生产面积、收购量控制）后，种植一些速生树种和经济树种又成为经济增长的捷径，在楚雄州，桉树因为成长周期短，环境适应性强，易管理，不仅可以摘叶烤油，还可以作为主要的装饰用材、纸浆材的木材，有"致富之树"之称。为种植桉树，一部分天然林再次遭到砍伐，时至2011年，林权分产到户后，分到林地的村民仍在取得合法手续的情况下，冒着被处罚的危险砍伐树木毁坏天然林，大面积种植桉树。夜间刀砍树木、放火烧林、雇请挖掘机来挖。受利益驱使，当地林业部门也难挡毁林之势。（刘仕基，2011）近年来，由于核桃价值上升，在中低产林改造中，大姚、姚安县大片的中低产林改造中又将原有林木砍伐改种上了核桃。

图8-2　盗伐自然树种植桉树
（选自云南法制报 2011.7.6）

进入21世纪以来，国家加大了退耕还林力度，但当退耕还林与经济发展相结合，几种主要的经济林木种植又逐渐取代了自然林的生长。1999~2008年，楚雄州退耕还林共建林产业基地22 720hm²，占退耕还林面积的83.5%，其中发展核桃、油橄榄等特色经济林 10 000hm²，桉树等工业原料林8853.33hm²，蚕桑2000hm²，优质水果1866.66hm²。（卢显亮，2009）桉树适应性强，生长速度快，所需水肥阳光比其他生物多，大量桉树的种植抑制了其他生物的生长和生存。此外，桉树需水需肥大，大量种植使土壤水分、养分减少，地下水位降低，加快了土壤的砂化。核桃树与桉树相似，由于核桃的枝、叶、根部会分泌化学毒素核桃醌，随着核桃树的成长，会使其生长范围内的植物慢慢死亡或大幅减产。核桃树生长同样需水需肥多，大量种植也会减少土壤水分、养分，导致土壤保水力下降。

尽管1989年以来，楚雄州实行了退耕还林政策，森林覆盖率有了提高，但由于森林自然物种的变化以及灌溉农业的发展，森林覆盖率的提高并未对干旱的气候状况有所改善，1992~2007 年，全州平均每年因干旱受灾面积达 37 373.33hm²，成灾面积 26 486.66hm²，绝收面积 3093.33hm²；每年平均受旱灾人口 18.09 万人，平均每年因旱灾造成全州粮食减产 3.37×10⁴t，年平均救灾投入 747.04 万元。近年来，由于自然林的砍伐和经济林木种植的单一化，彝族地区干旱性气候越来越严重，1991~2007 年的 17 年间，有 11 年发生干旱（鲁永新和杨永生，2010），2012年，在连续三年干旱后，全州受旱情况呈急速发展态势，库塘蓄水出现了 1990 年以来的最低值，农作物受旱中，姚安县已达到特大等级，双柏、牟定、永仁县达到严重等级；因旱而出现人畜饮水困难的双柏、武定县达到严重等级。

为了增加农业产量，提高农业收益，高产品种及其栽培技术再一次得到大力推广。1980 年后，政府更多采取了补贴政策来进行杂交品种推广，杂交水稻、杂交玉米栽培种植措施得到了政府的扶持。为解决集体经济组织和农民资金的不足，楚雄州人民政府对薄膜育秧每年都有专款补助。1980 年补助 25 万元，1981 年 60 万元。1984 年 54.91 万元，对老面积每公顷补助 150 元，新增面积每公顷补助 465 元。1987年省拨 14.95 万元，对老面积未补助，新增面积每公顷 225 元。同年州内开始推广旱地作物（主要是玉米）地膜覆盖技术，省、州两级又拨款 9.03 万元，用于地膜补助。从 1988 年起，武定县地膜覆盖栽培，列入省的"温饱工程"，1990 年推广到 1333.33hm²，成效显著。1987 年以来，楚雄州全州每年在贫困地区推广地膜包谷 9333.33hm²，推广杂交包谷种 7.6×10⁵kg，地膜育秧 8466.66hm²，推广杂交水稻 3200hm²，包谷育苗定向密植 86 000hm²。

随着高产品种的广泛种植，原有当地品种种植日渐萎缩，彝族地区不仅草籽、坝子、葵子、水高粱等传统作物已少有种植。即使是水稻、玉米等主要粮食作物传统品种也在大幅减少。1981 年姚安县农业局及科技部门对全县农作物品种进行普查，查清境内水稻品种 91 个，实际推广应用 72 个，经 20 余年栽培，引进的西南 175、云粳 9 号、晋糯 1 号、2 号已成为县中水稻主要当家品种，而传统大白谷、小白谷、老红谷、波朗谷、麻线、三角香糯等地方老品种仅在偏远地区还有少量种植。楚雄州水稻主产于坝区，半山区次之。有籼稻、粳稻和糯稻。20 世纪 20~50年代，以种植籼稻为主，粳稻多具耐寒性能，种植于迟栽田。60 年代后以种植粳稻为主，籼稻退居次要地位。由于作物品种单一，作物生产受气候影响的损失也增大，1986 年 3 月 1 日至 5 日，楚雄州遭受一次严重的雪后霜冻。据农业部门统计，小春粮食作物受灾面积达 70 000hm²，油菜籽 4000hm² 有余，小秧 213.33hm²，烟秧 13.33hm²，茶树 760hm²，桑树近 420hm²，蔬菜 1733.33hm²。

伴随高产品种的推广，化肥被大量使用。楚雄州 1985 年化肥使用 4970t，2001年化肥使用量折纯 9.92×10⁴t，增长近 20 倍，至 2012 年，使用达 13.88×10⁴t，比2001 增长近 40%。规模化单一种植打破了农业生态系统原有的平衡，不仅作物病虫害呈加重趋势，伴随着大面积桉树的种植，过去未见危害桉树的小粒材小蠹危害日趋严重。病虫害的增加导致农药使用量不断增长，楚雄州 2001 年农药使用 1800t，至 2012 年达到 3081t，增长 71.2%。（中国统计信息网，2012）化肥、农药的大量使用增加了农业生产成本，致使农业净产值不断下降。以姚安县为例，1954年，一般每公顷产水稻 2250~3000kg，蚕豆 1200~1500kg，小麦 1125~1500kg，包谷 1500~2250kg，但与此同时农业成本也低，净产值平均占产值的 84%~86%。至 1975 年，平均每公顷产水稻 5160kg，蚕豆 1770kg，小麦 1725kg，包谷 2505kg，同时物耗增加，净产值占农业产值的 76%，实行家庭联产承包责任制后，粮食亩产、总产值均有长足进展，但因农用物资价格上涨，农家肥被忽视，少用或不用，而化肥、农药用量剧增，成本增大，净产值下降 70% 左右。（云南姚安县志编纂委员会，1996）近年来，随着化肥、农药用量的增长，净产值已下降至 60% 左右。

化肥大量使用产生的土壤板结致使土壤保水、保肥能力及通透性降低，加剧了水土流失。楚雄州 1985 年水土流失为 2036.5km³。1986 年应用遥感技术调查，水土流失强度以上面积合计 2031.9 km³，占耕地面积的 6.94%（云南楚雄彝族自治州地方志编纂委员会，1995）。1988 年 10 月至 1989 年 1 月，按省、州政府的布署，由州国土规划农业区划办公室牵头，对楚雄州十个县市进行地质灾害普查。全州 129 个乡镇已有 100 个乡镇不同程度地发生泥石流、滑坡灾害，比例高达总乡镇数的 77.8%。1988 年后楚雄州加大了减耕还林和坡地改造，1999 年以来，云南省又加大了各地区水土保持工作力度，此后虽然水土流失总面积有所减少，但水土流失在整体上并未得到有效治理，至 2004 年云南省土壤侵蚀现状遥感调查报告显示，楚雄州强度以上流失面积达 1236.89 km³，占耕地总面积的 9.8%（云南省水利水电科学研究所与云南省水利厅，2004）。因暴雨产生的水土流失严重，强度不同的山体滑坡、泥石流现象发生频繁，近年来，由持续降雨引发的泥石流仍是人民生命安全和财产的重大威胁，2008 年 11 月 2 日在楚雄州发生的特大滑坡泥石流造成了楚雄市、双柏县等 8 县市 24 人死亡、42 人失踪、8 人受伤，52.36万人受灾。

农药的大量使用不仅增加了粮食生产成本，也影响了其他产业的发展。油菜、野坝子等蜜源作物因大量施用农药，花蜜难以为蜜蜂利用。2010 年，由于干旱，农作物虫害加重，防虫用农药，导致蜜蜂因农药中毒严重。农药在森林病虫防护中的使用也影响了野生菌销售。松茸是一种纯天然的名贵食用菌类，被誉为"菌中之王"，平均每千克价格在 50 美元左右，楚雄松茸大量出口日本，每千克售价可达 200 多元，2009 年 9 月，云南楚雄州的松茸被日方检出毒死蜱超标，日本随即再次对中国出口松茸实施"命令检查"，直接导致出口受挫，企业利益受损。价值 200 多元每千克的松茸不得不在昆明农贸市场以每千克 17 元的菜价出售。

受市场的影响，单一化产业发展也使彝族地区遭受损失。在国际市场刺激下，云南省人民政府 1980 年起大抓松香生产。1981 年中共楚雄州委、州政府提出："坝区抓烤烟，山区抓松香"。9 月省、州社队企业局联合在禄丰县召开全省、全州松香生产会议。11 月州政府在双柏召开以研究发展松香生产为主的全州林业工作会议，贯彻中共云南省委《关于利用森林资源发展松香生产的意见》，决定"国营、集体一起上，大锅、小锅一起上，竹筒、瓦罐一起上，大干一年实现年产 5000t"。州、县相继成立松香生产办公室。当年共有 31 个公社、84 个大队、252 个生产队、1631 个劳动力参加采脂，共挂罐 71.64 万个。1982 年成立州林产化工公司。4 月在大姚县召开全州松香生产现场会。会议总结强调："松香生产要作为山区多种经营的突破口，作为山区主业，要象抓粮食那样，实现年产松香 3000t"。会后开展采脂的发展到 39 个公社、99 个大队、459 个生产队。国营、集体松香厂增加到 33 个。总投资逾百万元。全州当年产松香 440.25t、松节油 108.67t。1983 年产松香 746.75t。但由于国际市场滞销，加之普遍开花的土法小锅生产工艺落后，质量达不到出口标准，产品大量积压。1982 年全州积压松香 174.17t、松节油 129.68t，积压资金 25.42 万元。1983 年 4 月省物价局、林业厅发文规定松香二级、三级分别降价 60 元、80 元，大部分松香厂纷纷停产。10 月州、县松香生产办公室撤销。各级主管部门垫支的扶持款 25 万元无法收回。此后年产量降到二三十吨，至 1988 年才稍有回升。（云南楚雄彝族自治州地方志编纂委员会，1995）

由于单一品种种植环境适应性不强，经济作物的规模化生产也难以获得市场利益。核桃因经济价值高，楚雄州在 1996 年就扩大了核桃生产，由于缺乏适宜的肥、水、光热条件，扩大种植并未取得规模效益。至 2008 年全州核桃产量仅为每公顷 450kg，平均单株产果 3kg，仅有 1987 年颁布的核桃丰产与坚果品质国家标准规定的 1/10。（周绍昌，2009）即使规模化生产可以在人为优化的生产中获得产量增长，市场的不确定性也使农民增产难以增收。楚雄州永仁县永定镇大坝村委会，作为当地的蔬菜主产区，大量种植洋芋、白菜、卷心菜，2011 年，蔬菜丰收了，洋芋、白菜、卷心菜的价格从 2010 年的 2~2.4 元/kg、0.5~0.6 元/kg、0.5~0.6 元/kg，分别跌到 1.3~1.2 元/kg、0.3~0.2 元/kg 和 0.2 元/kg，即使如此，销售依然不畅。（云南省政府信息公开门户网站，2011）

# 第三节　彝族聚居地区农业的未来发展

## 一、彝族传统自然观的传承与发展

现代化进程对彝族传统文化的改造已使彝族地区面临文化传承的困境，没有了区别于其他民族的文化，彝族文明也将不复存在。然而文化处于开放系统中，没有一个文化是可以原封不动"保存"的，也没有一个民族是可以靠抄袭过去来求发展的，文化需要不断地同外界进行物质、能量和信息的交换。一个民族的文化不仅处在一种历时性的"传统"中，还处于一种共时性的"生境"中。对于历时性的传统，我们不应该把文化看作一个单向延续的"线"，而应把它看作与现代和未来种种发展相交叉的"网"；其共时性的"生境"，也不会是一个封闭的单一的"点"，而是一种和相关文化、相关生态互相影响或互相作用的动态系统。（周文中与邓启耀，1999）凡是已经历了现代化这一历程的民族，都不可能让自己的传统文化完全保持而亘古不变，只不过此种社会、文化的转型是在原来社会、文化基础上进行的。我们既希望彝族地区实现现代化，同时也希望彝族文化在现代化中得到传承与发展。将彝族文化有利于生态环境的观念与实践和现代发展要素相结合，为我们探索彝族文化传承提供了思路。

　　传统自然观念是彝族地区生物多样性保护和农业生产的基础，是彝族对赖以生存的自然资源的重大关切。在文化变迁中，观念作为民族文化的内核，其变化较技术应用的变化缓慢，也较为长久和稳定，而观念影响着生产实践，彝族自然观念的传承对自然生态环境维护和农业发展模式的选择具有现实的价值和作用。

　　以"树"为根本的生命观念是彝族生产生活与自然环境协调的基本规范，这一自然观集中体现在彝族以"树"为主体的宗教信仰和自然崇拜中，并以此构成了彝族相应的宗教禁忌、民规民约和行为规范等文化约束力，宗教活动对自然神圣性敬畏的强化是彝族传统文化环境保护集体意识形成的重要因素。多年来，为了维护生态环境，政府不仅推行了多种措施增加植被，还采取了严厉的森林管理法规，但这些措施的执行由于缺乏对民族生产生活习俗的尊重，增加了少数民族与管理当局的冲突。此外，由于森林执法经费的不足，法律规范的要求与林业实际执法能力所能达到的水平存在很大的差距，主管部门在人力、财力上都远远不能满足执法工作的需要，因此，许多林政管理只能采取形式审核而非实质审核批准的方式，难以做到现场调查和监督管理，超限额采伐和违法征用、占用林地的现象难以有效制止。近几年，乡村干部普遍反映村民工作难做，森林保护与经济发展的矛盾较为突出，这些矛盾和问题如果得不到合理解决，不仅影响到森林保护和农村经济发展，还影响到民族团结和社会稳定。在树木森林对于环境的重要性日益为人们所认识的今天，彝族观念中对树木崇拜和依赖而形成的自觉维护森林树木的意识在生态环境保护中的价值日渐显现。依靠宗教信仰、禁忌以及民规民约可以有效的补充现有法律规范的不足，从而减少因短期经济利益驱动造成的环境破坏。

　　在国家法律基础上，发挥传统文化价值观的作用，利用民族宗教信仰开展自然生态保护也是近年来联合国在各地参与式扶贫和自然保护区采取的一项重要措施。楚雄彝族聚居地紫溪山自然保护区建设13年的实践证明，能否尊重、保护和发展民族文化多样性是自然保护区建设的基础。从1992年建立自然保护区开始，根据紫溪山林区实际，政府通过参与式管理做了一些有益的探索，其中恢复传统宗教活动是其中的重要内容。

由于彝族传统宗教信仰多以树木为载体，树木代表着神灵并赋予了人们生产生活各种意义，作为"迷信"的树木崇拜活动，蕴含着人们对自然生命的理解和敬畏。虽然经历了现代化的改造，彝族地区树神观念和崇拜活动还有所保留，恢复人们对树木的崇敬有利于重新唤起人们对树木的保护和自然的敬畏，进而加强对森林资源的保护和环境开发的约束。彝族地区重风水尊龙脉，利用这一信仰和风俗，紫溪山保护区有意恢复了传统的"龙山"、"神树林"、"龙树林"及其祭祀活动。例如，把彝人认为风水好，直接关系村社、氏族兴衰的宅居、坟山等森林地带选为"龙脉"（也称为"龙山"）、"神树林"（"密枝"林），把传统龙箐中祭龙神的古树做为"龙树"，恢复传统祭祀活动，如祭祀时杀鸡宰羊，祭祀后检查处理上年护林情况，制定保护龙箐规约，通过占卜或轮流安排下年护林人家。此外，恢复祭天山、祭祖山、叫魂山、坟山林等重要的宗教圣地。尊重传统的圣地选择，祭坛一般在祭天山顶峰一株古树下，如紫溪山的"白马神树"；南华五街乡用树棍搭建祭坛，祭坛上方是一株代表天神的松树；禄丰高峰彝族火把会，请天神的祭坛设在峰顶一株麻栎树前。同时，利用彝族"灵魂"观念，恢复彝族隆重的祭祖仪式和祭祀活动，由于多数家支有自己家支的祭祖山，村村有叫魂山，祭祀对象一般也是代表祖先的古树。例如，彝族过去实行火葬，现在紫溪山区仍有部分彝族实行火葬，坟墓封土很小，但坟地选择在前方开阔三面有大树的龙脉上，上方林中有一特定古树是管理坟山的"阴基土主"。埋葬、上坟都要先祭阴基土主，一些古树被选为了阴主的象征。恢复二月初八在"祭祖山"或"叫魂山"供祭人魂、牲口魂、庄稼魂的活动后，"祭祖山"或"叫魂山"也具有了往日的神圣性。通过对传统祭祀活动的恢复以及相关民规民约的尊重，所有这些祭祀的神山、神树、坟山林和祭祀场地中的野生动植物都在人们的崇拜、敬畏中得到了较好的保护。（云南省人民政府研究室等，2007）

以彝族自然观念为基础的文化空间的划分蕴含着彝族对自然认识和利用的法则，虽然这些空间的划分未能全部为现代科学所解释，却实实际际在彝族生产生活中发挥着作用。但这些文化空间的划分仍需要与现代生态学和森林管理相结合，一方面，通过现代生态学的阐释，可以进一步增强彝族文化对自然维护的权威性，另一方面，那些不能用现代生态学解释的传统景观空间不仅需要得到尊重，还应得到现代科学研究的关注，这样才能充分发挥传统景观空间构型对自然环境保护的作用。利用宗教信仰对神山、神林的划分以及生产生活中用材林、水源林、风景林等的划分，不仅可以发挥传统景观空间构型规划对生物多样性的保护与恢复作用，还可以利用传统宗教对树木砍伐和利用的禁忌在法律框架下形成新的民族地区森林管理规范。

　　近年来，随着工业化的发展，亲近自然、感受人文已成为了人们缓解城市生活压力的重要途径。森林旅游以及通过实地追寻文化遗迹或参加当地举办的各种文化活动为目的的旅游已成为当前旅游者的一种风尚。彝族各类节日活动及民风民俗在发展旅游业中的地位也越来越重要，传统独具特色的民族文化以及插花节、火把节、密枝节等农耕节日活动日益成为吸引游客的资源和旅游主题。随着国家民族政策的落实和非物质文化遗产保护工作的开展，过去许多被禁止的宗教民俗活动正在彝族各地兴起，传统节日活动得到政府支持，日益成为民族地区开展旅游活动的名片，祭龙、祭密枝、祭火、祭祖等彝族传统以自然崇拜为主体的宗教活动也在日益复苏，越来越多的宗教祭祀活动正在从政府组织到村民自发组织，并日益成为村社重要的集会活动，借助于这些集会活动，彝族传统文化重新得到了认同。但不可否认的是，许多地区的彝族宗教节日活动与政府文化搭台组织的商品交易和旅游活动有关，商品交易、观赏性、娱乐性活动充斥节日内容，传统节日活动的神圣性大大降低，毕摩祭祀活动内容也发生了改变。由于彝族传统宗教活动不仅具有旅游经济价值，还具有生产生活的指导和规范作用，因此，政府在对这些活动给予扶持、引入现代元素提高民族节日经济带动作用的同时，不仅要关注现代元素带来的观光效应和经济收入，更要发掘传统文化内涵及其对生产生活的指导作用。针对彝族地区农业生产活动的特点，宣扬农作生产与树木森林、树木森林与人类生存的关系，将传统树木观念与现代生态理念相结合，强化"树"为根本的自然观念，从而发挥观念对生产生活占用自然资源的约束作用。

　　彝族"树"自然观可以在现代法律框架下宗教活动和习惯法的恢复得以传承，不同事物"相配"的生物多样性共存观念则可以通过现代"循环经济"、"低碳经济"理念得以发展。循环经济是对物质闭环流动型经济的简称，是由"资源—产品—再生资源"所构成的、物质反复循环流动的经济发展模式。其基本特征是低开采、高利用、低排放。基本行为准则是"减量化"，减少进入生产和消费过程的物质量，从源头节约资源，减少污染物排放；"再利用"，提高产品和服务的利用效率，产品和包装容器以及初始形式多次使用，减少一次性用品的污染；"再循环"，要求物品完成使用功能后能够重新变成再生资源。所谓低碳经济，是指在可持续发展理念指导下，通过技术创新、制度创新、产业转型、新能源开发等多种手段，尽可能地减少煤炭石油等高碳能源消耗，减少温室气体排放，达到经济社会发展与生态环境保护双赢的一种经济发展形态。"低碳经济"的理想形态是充分发展"阳光经济"、"风能经济"、"氢能经济"、"生态经济"、"生物质能经济"。彝族传统"相配"观念即通过自然物之间具有的促进关系来形成物质的循环利用与循环经济的理念相等。由于相配基于的是自然事物间的相互作用，不产生高碳能源消耗，因此天然具有低碳经济的理想形态。

　　循环经济要求生产科学地安排不同物质在系统内部的循环、利用或再利用，最大限度地利用环境条件，以尽可能少的投入得到更多更好的产品。在彝族相配观念中，各种环境、植物、动物都不可缺少，而"相配"使环境与植物生产、植物生产与动物生产、自然生产和农业生产与人类生活形成了一个有机的整体，在这一整体中，不仅农业生产与自然相互作用，各种农业生产活动也互为补充，形成有效的物质循环。彝族传统农作通过对自然树木生长和动物行为的观察以及作物种植实践活动来确定作物生产与环境的适应性，以此形成的"相配"原理可以在现代农业生产中得到应用和发展。例如，在传统经验的基础上，加强山区农业生产气候条件的监测和预报，可以更好的判断自然环境的生产条件，以适宜的作物、适时的栽培、灾害的预防提高产量；根据不同山地地势采用免耕、轮作、休耕、复种等多种耕作技术减少水土流失；根据气候环境条件对不适宜农作的土地还林、还草发展畜牧养殖，有效地利用环境资源提高农业综合效益。

"相配"观念不仅可以在现代技术支持下在农业生产中发挥作用，还可以利用农业与工商业的外部循环扩展其社会网络。农业与工业相结合，就要使农业实现产业化，现代农业产业化的主要内容就是要实现农工商一体化，即以农产品为中心，把农业生产与其产前、产后有关的工商业有机地组织起来，成为一个农业经济联合体。通过农业与农用生产资料的生产和供应部分的联合，农业与加工、运销等部门联合实现农业、工业和商业的共同发展。楚雄州大姚县扶持龙头企业带农户，近年来，该县积极出台各种优惠政策加大对龙头企业的扶持，引导龙头企业建基地，积极组织企业参加各种名优农产品交易会，进一步拓宽农产品市场，带动农民增收。2010年底，全县经省、州认定的重点农业产业化经营龙头企业达 9 家，其中，省级 1 家、州级 8 家。9 家省、州重点农业龙头企业用工量达 884 人，带动农户 100 280 户，农户从事产业化经营增加收入 8276.2 万元。（云南数字乡村网，2011）

由于彝族地区市场发育程度较低，投资环境不完善，大多数县区加快工业发展只有依靠招商引资，但由于招商引资政府土地扶持政策代价高，承诺难以兑现，利用外资的能力还不高。从楚雄州已引进的外商投资企业来看，不仅数量少、规模不大，而且经济效益和社会效益普遍都不太理想。因此，立足本地，整合资源发展是政府努力的目标。一方面，彝族地区要积极争取中央政府扶持，增加地方税收分配比例，利用政府转移支付等财政手段，加快乡村道路等公共设施建设，加大金融行业对中小企业贷款力度，另一方面，政府还需打破地域限制，鼓励不同农业产业的联合经营和生产合作，将彝族各地区不同类型的农产品生产进行整合以形成市场规模，降低农业生产成本。

市场经济在全球按市场进行资源配置的同时，也使各种文化在资源分配与利用中的优势参与到市场经济中来，创造出经济效益。新教伦理是资本主义产生的文化根源，个人独立、自由竞争曾是市场经济得以发展的文化基础，彝族文化中重感性轻理性思维模式产生了重群体轻个体，重信誉而轻功利的文化取向曾经一度被认为是彝族人不适应市场经济发展的文化劣势。然而，在市场经济发展的今天，农业生产者个体的市场竞争已逐步为产业化联合经营所取代，资本缺乏造成的农业投入不足，由于资本过于分散，技术投入、管理水平的层次性等影响成为了农业难以获得经济利益的因素。随着土地、林地使用权人格化后，通过集中适度的资本以购买相应的生产资料，开展农民之间技术互补、管理经验与方法互补可以弥补农业经营生产资料、专业性、技术性的不足。过去人们在农业生产体制上也曾有过多次尝试，诸如初级社、高级社以及人民公社化，这些农业生产体制集中了一定的人、财、物来进行规模化经营，取得了一定的效果，在现代股份合作机制下，彝族人互帮互助的传统仍可以发挥其作用。由于彝族地区重乡情、轻利益观念的存在，合作的目的还在于共同发展，股份合作制形式不应该过多地在限定经营期内考虑所有权范围的任何支配权、剩余索取权等问题，否则，股份制经营反而会成为农业产业发展的障碍。

在"相配"观念基础上，彝族"平衡"观念是环境生物多样性得以维护的另一重要保障，通过对多样性存在赋予不同的功能和作用，开展多样性生产来是彝族"平衡"环境多样性的主要方法。随着人类生产能力的提高，社会价值的创造已从劳动力剩余、资本投入向知识创新转移，控制市场的权力逐渐从资源利用效率向用户满意转向，决定商品价格的不仅是产品生产成本，还有商品赋予个人的价值，随着生产力的提升，整个社会已步入到一个多元化时代，单一规模化生产向多样性生产转变。在这一时代背景下，彝族传统多样性"平衡"观念及其生产具有了新的市场价值。

在市场经济环境中，多样性农业生产具有稳定农业收入的作用。一方面多样性产品的种植和养殖可以有效地防范来自市场的规模化风险，防止单一作物因市场低价带来的经济损失。受市场供求关系的影响，大规模单一化种植、养殖极易产生经济损失，由于缺乏市场信息，农民常常在扩大种植后遇到销售的困难。笔者在大姚畜牧局调研时，长期从事畜牧工作的大姚畜牧局局长曾有这样的总结，全县猪肉的出栏率与价格成反比，当全县猪的出栏率超过20万头时，猪肉价格将出现下跌，反之则有所上涨。另外，利用产品多样化形成的差异化定价和差异化市场，不同的产品更易获得各自最大的经济效益。产品差异化战略是企业在市场中获取利润的手段，这种差异化共存与互补的关系即使在有机农业与常规农业的发展中也表现突出。常规农业通过规模化提高产量降低单位成本而获得效益，而有机农业则通过其产品的安全性和稀缺性创造价值。通常在常规农产品销售不断扩展的同时，有机农产品的价格也在不断上扬。反之，由于有机农产品价格的提高，常规农产品的销售也将获得较高的利益。在云南普洱茶常规产品销售增长的同时，野生古茶树的价格也在不断提高。在大棚石斛产量增长时，林下石斛和野生石斛的价格也日益上涨。由于野生菌稀少带来的价格上涨，也刺激了人工栽培的发展，从而使人工栽培产品也获得了不菲的收益。彝族地区不仅可以从多样化产品生产中获得利益，还可以在传统农业和现代常规农业的共存中获得共同发展。

多元平衡产生的稳定同样存在于农业与工商业等产业的发展中。由于工业发展可以带动国民经济整体发展，如提供更多就业机会、支持其他经济部门的技术进步、积累资金等，因此，工业化成为了传统农业国发展的必由之路，实现工业化，把相当多的农业劳动力转移到非农业部门也是社会经济发展的总体趋势。在此过程中，工业与农业两大物质生产部门的协调是关系到整个宏观经济结构平衡的关键。由于对农业与工业关系认识的不足，在新中国成立初期以及 20 世纪 50~70 年代的拉美国家都采取了工业特别是重工业优先发展的战略。为支持工业发展，政府不仅对农业部门投资少，而且采取了剥夺农业的价格和税收政策。由此产生了工农业产业比例失调，农业产业内部结构严重比例失调，粮食生产停滞，经济发展出现了不可避免的衰退。认识到农业发展是实现工业化的基础和前提，以及农业与工业平衡发展的要求，各国政府不仅加大了对农业的投入，与农产品加工生产相关的轻工业也获得了较快发展，通过增加农副产品附加值增加农民收入，增强农业实力，逐渐走出了经济衰退的阴影，实现了经济的平稳发展。

彝族地区虽然工业生产取得了较快的发展，如在楚雄州三次产业结构中，工业构成比重已超过农业，但从工业构成上看，楚雄卷烟厂和德钢两大企业的工业增加值占全州规模以上工业企业的 57.47%，对全州的工业发展影响巨大。据统计，2006 年"两烟"占楚雄州财政总收入的 62.6%，而"两烟"以外的财政收入仅占总收入的 37%左右（李保春，2007）。由于国家对"两烟"的控制，发展县域经济，调整和改变现有经济结构，培育"两烟"以外的支柱产业就显得尤为重要。为打破单一化经济发展格局，围绕本地资源优势，培育新型产业增长点已为政府所重视。"十一五"期间，楚雄州集中力量建立烟草产业、天然药业、冶金化工业、绿色食品业和文化旅游五大产业。在此发展目标下，农业产业结构调整中提出了"三区八大基地"的建设目标，"三区"即以楚雄经济技术开发区为主的医药工业园区，以楚雄、大姚、姚安、元谋为主的绿色食品加工园区，以元谋麻城和禄丰罗川为主的特色蔬菜园区。"八大基地"即优质烟基地、优质米基地、中草药基地、畜禽基地、林果基地、茶桑基地、魔芋基地、水产基地。（鲁永新与杨永生，2004） 2010 年，全州人均 GDP 比 2000 年翻了一番，达到 310 亿元。

相比于单一化生产，多样性生产不论是机械化应用还是在工作环节的劳动力投入上都较单一规模化生产多，在市场需求量大幅度增长时，单一种植具有的效益显著。尽管彝族地区具有发展多样性农业的条件，但由于历史、文化环境的不同，民族地区的经济发展在全球市场格局中仍处于劣势地位，在一个较长的时期内，发展农村经济的历史任务仍然是改造落后的农业生产方式，实现从传统到现代化农业的过渡，这种现代化改造还将对民族地区文化和环境产生影响。针对大规模经济作物生产和养殖发展带来的环境问题，在产业发展中，政府不仅要在政策制定中做好经济作物与粮食作物的合理配置，通过基本农田粮食生产补贴达到粮食生产与经济作物生产的平衡，同时还要加强地方特色农产品的培育，采取多样化的农业发展策略，在中低产林改造、土地承包经营中严格控制单一化种植面积和养殖数量。

通过对彝族传统以神树崇拜为载体的传统习俗的恢复，发挥"相配"观念在现代循环经济和低碳经济中的价值，发展生物多样性农业，制定民族地区文化特点的产业政策，彝族传统观念可以在现代经济发展中得到传承和发展。

## 二、彝族地区传统农业的可持续发展

传统自然观和宗教约束力的强大，还在于其经济基础的强大。农业是彝族地区的经济基础，也是彝族传统文化不可或缺的载体，农业的发展对文化的传承具有重要作用。因生物多样性保护而得到的经济增长不仅有利于彝族地区摆脱贫困，而且有利于增强民族文化自信。彝族传统农业对于生态环境及农业综合发展的价值不仅是现代农业借鉴的智慧源泉，传统农业生产中遵循生态规律、以生物多样性构建农业生产结构、应用生物多样性生产技术维护环境多样性，将农业生产融入自然物质循环的基本原理和方法通过与现代生态、农学知识相结合仍可以为彝族地区现代农业可持续发展做出贡献。

水土流失是坡地农业普遍存在的生态问题，不适当的耕地开垦常导致泥石流、山洪、干旱等自然灾害发生，因此，《中华人民共和国水土保持法》第二十条明确规定，"禁止在二十五度以上陡坡地开垦种植农作物。在二十五度以上陡坡地种植经济林木，应当科学选择树种，合理确定规模，采取水土保持措施，防止造成水土流失。省、自治区、直辖市根据本行政区域的实际情况，可以规定小于二十五度的禁止开垦坡度。禁止开垦的陡坡地的范围由当地县级人民政府划定并公告。"第二十一条规定，"禁止毁林、毁草开垦和采集发菜。禁止在水土流失重点预防区和重点治理区铲草皮、挖树兜或者滥挖虫草、甘草、麻黄等。"第二十三条规定，"在禁止开垦坡度以下、五度以上的荒坡地开垦种植农作物，应当采取水土保持措施。"（中华人民共和国中央人民政府网，2010）

坡地改梯地是山地水土保持的措施，但在防止水土流失的耕作研究和经验中表明，陡峭的坡地土壤通过改造平整土地来减少水土流失的耕作方法或耕作制的采用可能是不实用的。20世纪60年代，云南楚雄州山区改土中，由于在一些陡坡地改造台地，山区梯田中普遍存在活土层被打乱，梯田内半边特别浅、瘦，基本无收成，这些梯地被形象地称为"马鬃地"。同时，在一些陡坡改造梯地还减少了耕作面积，因此，部分山区梯田投入大量人力改造的台地并未能使粮食产量显著上升。70 年代末期，为扩大耕地面积增加产量，一部分台地又回改成了坡地。就水土保持而论，合理安排作物生长具有水土保持的作用。在坡地土壤不采用其他辅助措施时，维持作物生长最适宜防治水蚀，通过作物生长能使土壤有机质含量保持在较高水平，其好处主要是能改善土壤的物理条件，同时，通过增加土壤有机质含量可以改善土壤团聚作用和土壤结构（孔隙度较高和容重较低）、较高的水渗透作用，较高的持水能力和较低的土壤侵蚀。此外，通过作物种植的合理安排可以减少对土壤的扰动，从而减少水土流失量。在同一块地同时种植两种或多种作物，与同一期间种植一种作物相比，不仅能提高多数作物生产潜力，且通过向土地的大部分时期提供植物覆盖，多种作物种植提高了水土保持能力。而因水土流失造成的土地退化问题的最终解决是根据地力使用每一片土地。（Unger，1989）

由于山多地少，西南地区 70%的土地坡度在 25°~40°，而云南楚雄彝族自治州，山区、半山区占全州总面积的 90%以上，地面坡度大于 15°的面积占总土地面积的75.37%，其中，25°以上的坡地占 35.16%。由于彝族刀耕火种不清除树木残根，而且以土地的轮歇为基础，在轮歇时还要撒上草种，这样就可以有效增加土地覆盖率。此外，采用植物枝叶和动物粪便作为肥料是彝族传统农业增加土壤肥力的措施，与提取有限营养元素的化学肥料使用造成的土壤板结、土壤肥力下降相比，施用有机肥能改善土壤的物理化学特性和微生物活性，使土壤形成良好的团粒结构，从而能保持土壤水分，协调土壤中的水肥气热、有效供给植物养分。由于同时混作多种作物，不同作物的收获期不同，直至最后一种作物的收获，整个植物生长过程中土地扰动较少，从而减少了水土流失的可能。通过对树木的维护、施用动物有机肥、采用生物多样性混作、间作和套作种植技术，尽管坡地耕作极易造成水土流失，但彝族传统农业还是尽可能维护了生态环境的稳定。在 1949 年前的历史记录中，云南楚雄彝族自治州虽然也有因暴雨造成的塌方和泥石流记录，但因灾害性气候发生不频繁，水土流失总体危害不显著。

农业的发展依赖于生态系统的稳定，虽然彝族传统农业有利于环境的维护，但其生产效益较低，克服传统农业生产的不足，一种致力于满足农业生产效益，减少环境污染的生态农业日渐兴起。生态农业是按照生态学原理和经济学原理，运用现代科学技术成果和管理手段以及传统农业的有效经验建立起来的，能获得较高的经济效益、生态效益和社会效益的现代化农业。不同于传统农业和有机农业，生态农业并不拒绝化学农业，而是以生态学理论为主导，通过适量施用化肥和低毒高效农药等，突破传统农业的局限性，但又保持其精耕细作、施用有机肥、间作套种等优良传统。借助于生态农业发展理念，将彝族传统生物多样性生产与现代农业产业发展要素相结合将是彝族地区实现农业可持续发展的途径。

生态农业要求把发展粮食与多种经济作物生产，发展大田种植与林、牧、副、渔业，发展大农业与第二、第三产业结合起来，利用传统农业精华和现代科技成果，通过人工设计生态工程、协调发展与环境之间、资源利用与保护之间的矛盾，形成生态上与经济上两个良性循环，实现经济、生态、社会三大效益的统一。彝族传统农业生产对森林的维护是其保持生态系统稳定的关键，一方面，现代农业可以在尊重彝族传统文化对神林、水源林等保护的基础上制定森林保护措施，更有效地恢复自然植被的多样性。例如，在经济作物栽培、经济林木种植、畜牧生产和农作生产中，通过林木的再生性利用以保证一定的森林覆盖率，在中低产林改造、规模化种植和畜牧生产中都应保有适当的自然林，尤其是那些自然林的生长比例。另一方面，充分利用森林环境生物多样性的特点发展多种林下经营，通过林下产业与林业的互补，彝族地区可以在维护森林资源的同时增加经济收益。

退耕还林政策实施以来，彝族地区林地面积大幅增长，但中低产林面积仍较大，以楚雄州为例，可以进行开发的中低产林面积就有 400 000hm$^2$，农村居民人均可拥有 0.95hm$^2$，相当于人均常用耕地面积的近 14 倍。在林权改革中每户林地平均达 13.33hm$^2$，最多者可达 26.66hm$^2$。由于彝族地区光、温条件较好，林下植物资源十分丰富，林地面积的增长不仅增加了生态效益，还可以为彝族地区带来现实的经济利益。目前彝族地区中低产林改造除种植经济林木外，林下开发还较少，虽然林下作物的种植较大棚等设施集约型农业种植产量低，但由于林地中积累了较多的腐殖质养分，加之森林多样性环境病虫害较少，减少了化肥农药投入成本和管理环节，人均管理的面积可以大大提高，林下种植的效益仍然很高。以石斛种植为例，在大棚中种植每公顷收入可达 75 万元左右，而在林下每公顷只有 15 万元左右，但人均管理面积可达 13.33hm$^2$，可得收益 200 万元。以平均 0.95hm$^2$ 林地计算，可以得到收益 14 万元左右。以彝族地区较多的重楼为例，投资种植重楼每公顷成本在 30 万元左右，以每公顷产（鲜品）7500kg，按 100~120 元/kg 计算，每公顷可收入 75 万~90 万元，纯收入达到 45 万~60 万元。除林药外，在森林发展经济林木也不失为一项增收途径。由于中低产林改造中有许多为生态公益林，生态公益林内不能大规模进行作物种植，但可以少量种植一些果树。例如，在生态公益林的残次林内套种枇杷，形成阔叶树混交林，林农从果实和枝叶采收中可以得到一定的经济效益，这个经济效益也远比每公顷 150 元的生态补偿金高。其他杨梅、板栗、华山松以及桃、李、梨等果树在生态林中的种植虽然较单一种植产量低，但因其减少了病虫的危害，提升了单一种植的品质，也可获得比生态补偿高的收入。

林下种植可以利用森林环境增加收入，林下养殖也是彝族山地农业利用森林资源的重要途径。近年来研究表明，合理的林下放牧有助于林地小环境的稳定，适度放牧和保护性放牧可以促进苗木的生长并有效增加林下物种的总数。（李双喜等，2008）南涧彝族自治县广大农村利用传统林下养殖土鸡的习俗，以林果、茶地、鸡、肥相结合的生产方式推广生态养鸡技术，大力发展无量山乌骨鸡生态养殖促农增收。由于林地宽阔，有丰富的食物来源，生态养殖的土鸡肉质鲜美，价格高，产品供不应求，养殖规模不断扩大，截至 2011 年 10 月，全县存栏无量山乌骨鸡 89 万只，出栏 120 万只，鸡肉产量 2000t 多，养鸡业产值达 8000 多万元。（南涧畜牧兽医局，2011）除林下养殖外，林下放牧是提高森林利用率的另一途径。林下植草可以促进树木生长，还可以改善牧草的品质，而适宜的放牧强度可以维持草地较高的生产力。新西兰的林牧结合实验表明，在每公顷含 20 株的林下草地上，绵羊可成功地放牧，直到树木全部郁蔽；在每公顷 100 株的林下草地，虽然木材蓄积量降低，但可允许绵羊连续放牧，且它的收入超过木材减少量。（吴克谦，1991）采用林下放牧，在维护森林环境的同时增加经济收入。除牛羊等家畜外，彝族地区利用森林资源的山猪、林蛙等野生动物也具有广阔的市场开发价值。

　　利用生态学原理和各种经济植物不同的生态学特性，开展多层多群落的组合栽培是另一种有效利用森林资源发展农林生产的技术。相比于单一化经济作物或林木的种植，这种复合生产技术效益显著。在西双版纳的复合林业试验中，各种林木复合种植产值虽然不一致，但就其单位面积上的收益说，各个组合结构产值均比单一种植方式的高。例如，胶茶群落比单一橡胶林和纯茶分别高出 131.5% 和 162%。橡胶—千年健群落比单一种植的橡胶和千年健分别高 59.4% 和 186.9%；橡胶—咖啡结构比单一种植的效益提高 1 倍左右。（龙乙明，1996）利用彝族地区不同树木的共生特性发展多元经济林木种植也是彝族地区维护自然林木生长，增加经济收入的选择。

　　山区可以利用森林资源发展多样化种养殖增加收益，在林木资源较少的平坝或缓坡区，由于土壤相对肥沃、水利条件优越，农业生产水土流失相对于高山区少，增加土地复种对水土流失的影响较小，适宜应用现代生物多样性种植技术集中发展粮食生产和经济作物种植，利用农副产品开展集约化规模养殖。这样，利用有限的耕地保证粮食生产的同时，也可获得较高的经济收益。云南农业大学朱有勇研究团队以农业生物多样性优化种植新技术，创新发明了玉米和马铃薯间种、烤烟和玉米（马铃薯）间种、蔗前玉米和（马铃薯）间种的优化种植原理与方法。在昆明、红河、玉溪、文山、楚雄、保山、曲靖、大理等地区建立起 13 个万亩农业生物多样性应用技术示范点应用后，净增产粮食 21 亿 kg，促进农民增收 29.4 亿元。在这一技术体系支撑下，包括玉米、荞麦、蚕豆、马铃薯等在内的 56 个传统地方品种已得到恢复利用。开展多样化种植不仅可以保证粮食生产，还可以减少作物病虫害的发生，减少农药使用对自然生态的影响。云南农业大学农业生物多样性应用技术国家工程研究中心多样性优化种植新技术在云南 13 个示范区取得显著的病害防治效果，主要病害防治达到 73.1%，至少挽回因病害造成的粮食产量损失 9.5 亿 kg，减少农药使用成本 2.5 亿元。（云南日报社，2009）。

　　在多样化种植的基础上发展畜牧养殖也是提高彝族地区农业收益的重要措

施。20 世纪 90 年代初，四川凉山州就曾做过半农半牧区养羊规模效益探讨。据分析，养羊规模在 10 只以下的农户，户平均牧业收入只有 60 元左右，而规模在 30 只以上的农户平均牧业收入达 1800~3453 元，牧业收入的大幅度增加，农牧业生产结构发生显著变化。养羊 10 只以下的农户，畜牧业收入占农牧总收入的 57.98%，养羊 30 只以上的农户，畜牧业占总收入的 70.79% 以上。养羊规模的大小与农户的收入水平、粮食生产呈正比关系，养羊规模小，农户收入水平就低，粮食产量也低，养羊规模大，农户收入水平就高，粮食产量也高。养羊在 10 只以下，户平均牧业总收入仅有 1092.33 元，人平均 207.63 元，户平均生产粮食 119.26kg，每公顷产量仅有 2042.55kg，养羊在 30 只以上，户平均农牧业总收入达到 2574.98 元以上，人平均 484.02 元以上，粮食总产 1939.46kg，平均每公顷产量超过 3570kg。（覃志红和吴顺康，1990）高山半农半牧区通过多样性杂粮的种植适度发展养羊规模，是调整农牧业生产结构、提高农牧业收入和粮食生产水平的关键措施。

　　除农牧结合外，林牧结合也是彝族地区发展农业的另一模式。近年来，彝族传统林业—养殖—种植模式已开始在循环生态经济中得以应用，并取得了明显的效果。楚雄大姚县在发展农村循环经济中就采用了山上种植万亩核桃，山腰建高档肉牛养殖场，山脚农户田里的秸秆供给养殖场作饲料，养殖场的有机肥又供给核桃基地和农田作肥料，从而做到了山绿、田丰、牛肥。以中低产林改造为契机，大姚县引进新思路林业有限公司和齐和牧业开发有限公司，发展生态循环经济，有效地促进了当地经济发展和群众增收。齐和牧业开发有限公司从资金、技术上扶持农户发展肉牛养殖，带动周边 150 户农户发展养殖业，发动农户种植优质黑麦草 66.66hm$^2$；肉牛养殖又为新思路林业公司 600 余公顷核桃基地提供了有机肥，同时农户在核桃基地内开发林下饲草种植，为肉牛养殖提供了优质青绿饲料，走出了一条林牧结合的生态循环发展路子。（张从华，2011）。

　　彝族传统农业通过畜牧养殖与农作生产的协同合作促进农业生产的发展，而现代产业提升农产品的价值还需要与工业发展相配合。长期以来，发展以矿产资源为主的工业是民族地区在消费不足情况下发展经济的选择，但矿产资源工业以资金技术投入为主，不仅难以实现当地农业劳动力人口的有效转移，如果资源分配上过于偏重工业，还将使农业越来越落后，不能适应工业发展的需要。因此，在从农业到工业化的进程中，与农业生产相关的特色农产品加工、农产品生产资料生产还将长期成为彝族地区工农业平衡发展，实现经济稳定增长的产业发展要求。由于农产品加工以农业为基础，农业落后就不能使以农产品为原料的加工工业在制造业中占有重要地位，因此，以工辅农，发展与种植业相关的加工业和食品行业将是彝族地区增加农业收益的选择。

　　规模化和专业化能提高农业生产效益，以此为基础的种养加、产供销、贸工农一体化经营体系的农业产业化是农业发展的趋势。自然资源是农业生产地域分工的基础，自然条件影响着农产品的质量和生产成本，也决定着农产品生产的规模和专业化程度。彝族地处高原山地，海拔高度的不同、山体座向的不同都会产生温度、光照和降水量的不同，因此，在彝族多样性环境中发展农业生产，就需要根据不同地区温度、光照、水分的不同做出适宜的作物选择和生产安排，盲目推广某一品种或某一技术将会造成农业生产的损失。利用现代土壤、气候监测技术对环境条件做进一步分析，可以使现代农业生产更好地适应彝族地区环境特点，降低生产成本。此外，根据彝族地区环境多样性的特点，农业生产规划也应具有多样性，通过不同环境的重组，彝族地区一个村、一个乡的小规模生产通过多个地区的生产联合仍可以形成一定的产业规模。与此同时，开发多样化产品的市场价值还可以使农产品减少同质竞争，获得更多的经济收益。

在市场经济环境中，多样性农业生产具有稳定农业收入的作用。政府除对种养殖规模控制外，还应在特色农产品开发上下功夫。一方面多样性产品的种植和养殖可以有效的防范来自市场的规模化风险。另一方面，利用产品多样化形成的差异化定价和差异化市场，不同的产品更易获得各自最大的经济效益，同时减少同质产品的竞争。近年来，彝族传统农产品的市场需求在不断增长，以苦荞为例，由于苦荞对于高血脂、高血压的保健作用，苦荞米、苦荞茶以及苦荞枕产品逐渐热销，在市场差异化竞争中，彝族地区草籽、水高染、苦草、坝子等特色农产品的市场化开发将进一步提升农产品的市场价值。

除传统农产品市场开发外，彝族地区其他生物质产品也具有良好的市场前景。20世纪形成了石油经济技术体系，21世纪将会出现生物质经济及其技术体系，生物质产业将取代建立在石油、煤炭及天然气等不可再生化石资源基础上的现代化学工业成为主导产业，人类将从矿石能源的"黑金"时代迈进以农业为能源和原料的"绿金"时代。（刘奇，2007）从本质上说，彝族传统农业就是一种典型的、广义的生物质产业。其传统农业生产形成了一系列物质循环利用技术，农产品和自然物在共同承担着食品供给功能的同时，也发挥着家畜养殖、手工业生产的作用。通过对农作物生物质的充分利用，彝族在保证粮食作物生产的同时，还可以满足其他物质生产的需要。在土地资源日益紧张，生态保护不断加强的今天，彝族人生物质利用的特点不仅是生物质产业发展可供借鉴的资源，其多样性种植的传统也为生物质产业发展创造了有利的条件。

农业增长道路有多种，具有不同要素禀赋的地区应该有不同的农业增长道路。一般来说，那些劳动力丰富而土地资源贫乏的国家应该走生物和化学技术进步的道路；而那些劳动力稀缺而土地面积相对丰富的国家应该走机械技术进步的道路。在彝族地区，既有劳动力丰富而土地资源贫乏的地区，也有劳动力稀缺而土地面积相对丰富的地区，此外，由于彝族地区自然条件不同，经济发展差异也较大。在一部分靠近城镇和坝区的彝村，农业生产已接近于汉族地区水平，且人口数量较多，人均耕地较少，而一部分居住在边远山区的彝村，人口数量相对较少，还保留有传统的生产方式，这些差异的存在应纳入政府工农业产业布局中，从而形成传统农业与现代农业、农业与工业的协调发展。在农业产业布局中，那些远离城镇的彝族山区人口相对较少，人均土地较多，但农业机械化较为困难，土壤改良成本较大，土壤受化学肥料和农药的污染也较小。在政府经济规划中，这两类地区应采取不同的发展方式和技术应用。边远山区可以集中发展现代有机农业，推广小型农机的使用提高劳动生产效率，在一些使用机械化较为困难的山地，可以保留其传统种植方式提高农业综合效益。而那些靠近城镇地区的彝村则可以发展现代化学和生物多样性集约农业，通过引进配方施肥、设施农业等技术进一步提高土地生产率。与此同时，将城镇规划与农业产业化发展相结合，通过城镇化吸引剩余农业劳动人口，并将农业产业化与城镇工业化相结合，提高农业劳动生产率和产品附加值。

彝族传统生物多样性生产技术对生物多样性保护和农业生产的价值因经济社会发展阶段的不同而不同，在现代人与自然和谐的可持续发展中，传承和发展以观念为核心的彝族传统生物多样性技术还需要与时代经济发展要素相结合，才能使传统在市场经济中获得新的活力。

# 参 考 文 献

阿卢黑格. 2008. 彝族北部方言俗语. 昆明：云南民族出版社.

阿洛兴德. 1994. 支嘎阿鲁王. 贵阳：贵州民族出版社.

阿洛兴德. 1997. 益那悲歌. 贵阳：贵州民族出版社.

安徽农业大学森林利用学院林学系. 1998. 林业基础与实用技术. 合肥：安徽科学技术出版社.

巴莫阿依嫫. 1992. 彝族风俗志. 民俗文库. 北京：中央民族学院出版社.

白兴发. 2002. 彝族文化史. 云南少数民族文化史丛书. 昆明：云南民族出版社.

柏果成，余宏模. 1985. 贵州彝族研究论文选编. 贵州少数民族研究丛书. 贵州民族学院民族研究所.

毕节地区彝文翻译组，毕节地区民族事物委员会. 1988. 西南彝志（一、二卷）. 贵阳：贵州民族出版社.

毕荣发. 1963. 史诗. 见：云南民族文学资料 第18集. 中国作家协会昆明分会民间文学工作部. 昆明：中国
    作家协会昆明分会民间文学工作部：196，199，202.

毕有才. 1963. 阿细的先基. 见：云南民族文学资料 第18集. 中国作家协会昆明分会民间文学工作部. 昆明：
    中国作家协会昆明分会民间文学工作部：332.

蔡富莲. 2000. 论凉山彝族的魂鬼崇拜观念. 西南民族学院学报·哲学社会科学版，**21**（S3）：138-142.

长江水利委员会水文局与长江水利委员会综合勘测局. 2005. 长江志 卷 1 流域综述 第 4 篇 自然灾害. 北
    京：中国大百科全书出版社.

常璩. 1984. 华阳国志校注. 成都：巴蜀书社.

陈长友，毕节地区民族事务委员会，毕节地区彝文翻译组. 1990. 物始纪略 彝汉文对照 第一集. 成都：四
    川民族出版社.

陈长友，毕节地区民族事务委员会，毕节地区彝文翻译组. 1993. 物始纪略 彝汉文对照 第三集. 成都：四
    川民族出版社.

陈长友，毕节地区民族事务委员会与毕节地区彝文翻译组. 1991. 物始纪略 彝汉文对照 第二集. 成都：四
    川民族出版社.

陈文修. 2002. 景泰云南图经志书校注. 昆明：云南民族出版社.

陈欣，唐建军，王兆骞. 1999. 农业活动对生物多样性的影响. 生物多样性，**7**（3）：234-239.

陈永香. 2008. 彝族"伙头制"与宗教信仰——以云南省永仁县中和乡直苴村调查为中心. 宗教学研究，（3）：
    121-127.

陈玉芳，刘世兰. 1963. 男女说合成一家. 见：云南民族文学资料 第18集. 中国作家协会昆明分会民间文学
    工作部. 昆明：中国作家协会昆明分会民间文学工作部：110-113，175-177，115，117，182，174.

陈振明. 1996. 工具理性批判——从韦伯、卢卡奇到法兰克福学派. 求是学刊，（4）：3-8.

陈征平. 2007. 云南工业史. 昆明：云南大学出版社.

楚雄市文体局. 2008. 毕摩经. 楚雄市文化遗产系列丛书. 楚雄市文体局：155.

楚雄彝族文化研究室. 1982. 门咪间扎节. 彝文文献译丛，（第1集）：1-5，4.

楚雄彝族文化研究室. 1985. 撒歌唱种子，播舞蹈种子之歌. 见：彝族民间文学 第一辑. 云南省社会科学院
    楚雄彝族文化研究室. 云南楚雄：云南省社会科学院楚雄彝族文化研究室：32-33.

楚雄彝族自治州概况编写组. 2007. 楚雄彝族自治州概况. 国家民委民族问题五种丛书中国少数民族自治地
    方概况丛书. 北京：民族出版社.

楚雄彝族自治州农牧业局. 1990. 楚雄彝族自治州畜牧志. 楚雄彝族自治州农牧业局：207，182，173-175.

楚雄州统计局农业科. 2010. 持续干旱对楚雄州农业生产的影响. http：//xxgk.yn.gov.cn/bgt_Model1/
    newsview.aspx?id=535932[2010-4-22].

达久木甲. 2006. 中国彝文典籍译丛 第 1 辑. 成都：四川民族出版社.

东旻. 2003. 川滇黔彝族同基督教的冲突与调适. 毕节师范高等专科学校学报，（2）：25-30.

冬福英颇. 1998. 彝族俚颇古歌三则. 彝文文献译丛，总第21辑：33.

段荣福. 1963. 创世纪. 见：云南民族文学资料　第 18 集. 中国作家协会昆明分会民间文学工作部. 昆明：中国作家协会昆明分会民间文学工作部：202.

段树珍. 1963. 歌唱古今. 见：云南民族文学资料　第 18 集. 中国作家协会昆明分会民间文学工作部. 昆明：中国作家协会昆明分会民间文学工作部：269-270.

峨山彝族自治县概况编写组. 1986. 峨山彝族自治县概况. 昆明：云南民族出版社.

樊绰，向达. 1962. 蛮书校注. 北京：中华书局.

范晔. 1965. 后汉书　第 14 册. 北京：中华书局.

方国瑜. 1984. 彝族史稿. 西南民族研究丛书. 成都：四川民族出版社.

方如康，杨凯，瞿建国，等. 2003. 环境学词典. 北京：科学出版社.

费孝通. 1943. 禄村农田. 社会学丛刊. 北京：商务印书馆.

冯元蔚. 1986. 勒俄特依：彝族古典长诗. 成都：四川民族出版社.

高思圣经学会. 1968. 圣经. 香港：高思圣经学会：10, 18.

光未然. 1944. 阿细的先鸡. 昆明：北门出版社.

贵州省民间文学工作组，贵州省毕节专署民委会彝文翻译组. 1957. 《西南彝志》三、四、五卷. 民间文学资料. 第 36 集. 贵州省民间文学工作组：43, 5, 39, 19, 69, 32, 55-56, 135, 139, 143, 216-218.

贵州省民间文学工作组，贵州省毕节专署民委会彝文翻译组. 1963. 《西南彝志》十四、十五、十六卷. 民间文学资料　第四十集. 贵阳：贵州省民间文学工作组：47-49, 7-8, 48, 44, 144-145.

贵州省民间文学工作组，贵州省毕节专署民委会彝文翻译组. 1963. 《西南彝志》一、二卷. 民间文学资料. 贵阳：贵州省民间文学工作组：61.

贵州省民族研究所. 1982. 西南彝志选. 贵阳：贵州人民出版社.

贵州省少数民族古籍整理领导小组，毕节地区民族事务委员会. 1989. 彝族源流 1-4 卷. 贵阳：贵州民族出版社.

贵州师范大学地理系. 1990. 贵州省地理. 中国地理丛书. 贵阳：贵州人民出版社.

郭思九，陶学良. 1981. 查姆. 昆明：云南人民出版社.

郭武. 2000. 道教与云南文化　道教在云南的传播、演变及影响. 昆明：云南大学出版社.

韩少功，蒋子丹. 2003. 民间档案　民间语文卷. 昆明：云南人民出版社.

何怀宏. 2002. 生态伦理-精神资源与哲学基础. 石家庄：河北大学出版社.

何乃光，杨启辰. 1993. 社会主义建设时期毛泽东哲学思想研究（1956-1976）. 银川：宁夏人民出版社.

何丕坤. 2004. 乡土知识的实践与发掘. 云南民族出版社.

红河哈尼族彝族自治州民族志编写办公室. 1989. 云南省红河哈尼族彝族自治州民族志. 云南地方志丛书. 昆明：云南大学出版社.

胡庆钧. 1985. 凉山彝族奴隶制社会形态. 北京：中国社会科学出版社.

黄承宗. 2000. 谈凉山历史上的白蜡虫养殖业. 农业考古，（3）：214-215.

黄建民，罗希吾戈. 1986. 普兹楠兹　彝族祭祀词. 云南省少数民族古籍译丛. 昆明：云南人民出版社.

黄龙光. 2009. 彝族民间"咪嘎哈"仪式象征解读——以峨山彝族自治县塔甸村为个案. 长江大学学报（社会科学版），（1）：5.

吉宏什万. 2002. 玛木特依译注. 昆明：云南民族出版社.

吉克尔. 1990. 我在神鬼之间. 昆明：云南人民出版社.

纪骏傑. 2001. 生物多样性保育与原住民文化延续：迈向合作模式. http://bc.zo.ntu.edu.tw/biodivctr/upload/conf_200109/09.html[2001-09-09][2012-9-30].

姜荣文. 1993. 蜻蛉梅葛. 昆明：云南人民出版社.

经济合作与发展组织. 1996. 环境管理中的市场与政府失效：湿地与森林. 北京：中国环境科学出版社.

雷毅. 2001. 深层生态学思想研究. 北京：清华大学出版社.

李保春. 2007. 楚雄州财政增长问题研究. 见：中共云南省委宣传部，中共楚雄彝族自治州委员会与楚雄彝族自治州人民政府. 社会科学专家话楚雄. 昆明：云南科技出版社.

李成智，阳辉普，拉基等. 1992. 彝族民间谚语. 昆明：云南民族出版社.

李德君. 2009. 彝族阿细人民间文学作品采集实录（1963－1964）. 北京：中央民族大学出版社.

李德君. 2009. 彝族撒尼人民间文学作品采集实录 1963-1964. 北京：中央民族大学出版社.

李福玉婆. 1959. 梅葛. 见：云南民族、民间文学资料 第三辑. 民间文学委员会中国作家协会昆明分会民族.
昆明：中国作家协会昆明分会民族、民间文学委员会：71.

李耕冬, 贺延超. 1990. 彝族医药史. 成都：四川民族出版社.

李珪. 1995. 云南近代经济史. 昆明：云南民族出版社.

李国文, 施荣. 2004. 彝族俐侎人民俗. 云南民族大学研究丛书. 昆明：云南大学出版社.

李昆声. 1979. 先秦至两汉时期云南的农业. 思想战线, (3)：86-89.

李平凡, 颜勇. 2008. 贵州"六山六水"民族调查资料选编 彝族卷. 贵阳：贵州民族出版社.

李清. 2001. 彝族自然崇拜与稻作祭仪. 楚雄师专学报, 16 (2)：54-57.

李荣相. 2007. 造天辅地. 彝文文献译丛, (总第36辑)：26-30.

李申呼颇, 杨森, 李映权. 1959. 梅葛. 见：云南民族、民间文学资料 第二辑. 民间文学委员中国作家协会
昆明分会民族. 昆明：中国作家协会昆明分会民族、民间文学委员会.

李世康. 1989. 一个山区彝村的历史和现状——武定县猫街乡石板河村调查. 彝族文化, (年刊)：92.

李世康. 2000. 南华彝族民间道教信仰. 彝族文化, (4).

李双喜, 朱建军, 张银龙, 等. 2008. 放养畜禽对林地生态环境影响的研究进展. 上海农业学报, 24 (2)：
117-121.

李相荣, 李福云. 2007. 造天铺地. 彝文文献译丛, (总第36辑)：27.

李忠吉. 2007. 楚雄历史文化探源. 昆明：云南人民出版社.

李忠吉. 2008. 楚雄固基发展战略研究. 昆明：云南科学技术出版社.

李宗放. 1994. 社会主义时期凉山毕摩浅析. 西南民族学院学报（哲学社会科学版）, (4)：30-36.

李宗放. 2007. 彝族采用吸收汉族姓名文化述论. 见：揣振宇. 中原文化与汉民族研究. 哈尔滨：黑龙江人民
出版社.

联合国. 1992. 生物多样性公约. http://gjs.mep.gov.cn/gjhjhz/200310/t20031017_86631.htm[2003-10-17].

联合国教科文组织. 2003. 保护和促进文化表现形式多样性公约. http://www.npc.gov.cn/wxzl/wxzl/2006-05/
17/content_350157.htm[2008-09-10].

联合国教科文组织. 2005. 保护和促进文化表现形式多样性公约. http://www.moe.edu.cn/publicfiles/
business/htmlfiles/moe/s3161/201001/xxgk_81305.html[2005-10-21][2014-08-10].

凉山彝族奴隶社会编写组. 1982. 凉山彝族奴隶社会. 北京：人民出版社.

凉山彝族自治州民族食文化研究会. 2002. 凉山彝族饮食文化概要. 成都：四川民族出版社.

凉山州史志办. 2006. 凉山州史志. http://szb.lsz.gov.cn/read.aspx?id=28464[2006-08-07][2013-04-12].

林耀华. 2003. 凉山夷家. 昆明：云南人民出版社.

岭光电. 1988. 忆往昔——一个彝族土司的自述. 彝族文化研究丛书. 昆明：云南人民出版社.

刘春. 2009. 农业机械化对农业环境影响的研究. 农业技术与装备, (5)：15-16, 17.

刘景毛, 文明元, 王珏. 2007. 新纂云南通志 五. 昆明：云南人民出版社.

刘俊田, 禹克坤, 白崇人. 1987. 中央民族学院民族研究论丛——民族文学论文选. 北京：中央民族学院
出版社.

刘奇. 2007. 21世纪农业的新使命：多功能农业. 合肥：安徽人民出版社.

刘荣安. 1989. 云南少数民族商品经济. 昆明：云南人民出版社.

刘仕基. 2011. 为"致富之树"毁林南华县雨露乡生态遭破坏. 云南法制报. 7月6日.

刘尧汉. 1980. 彝族社会历史调查研究文集. 北京：民族出版社.

龙倮贵, 黄世荣. 2002. 彝族原始宗教初探. 昆明：云南民族出版社：43, 149, 42.

龙倮贵. 1998. "吴查"两篇. 彝文文献译丛, (第21辑)：18.

龙倮贵. 2000. 彝族阿哩. 彝文文献译丛, (总第25辑)：57, 55-56, 63-64.

龙倮贵. 2002. 彝族阿哩. 彝文文献译丛, (总28辑)：65, 66.

龙乙明. 1996. 复合林业在滇南"刀耕火种"区的实践效果. 见：徐礼煜, 杨苑璋. 刀耕火种替代技术研究 上.
北京：中国农业科技出版社.

龙云. 1957. 思想检讨. 新华半月刊, (18): 63-66.

陇贤君. 1993. 中国彝族通史纲要. 昆明: 云南民族出版社.

卢显亮. 2009. 转换退耕还林模式 加快后续产业发展——楚雄州退耕还林为山区农民增收致富辟开新路. 云南林业, **30**(3).

鲁成龙. 2006. 楚雄市依齐媒村鲁氏家族世传毕摩丧祭内容概述. 彝文文献译丛, (总第35辑): 80.

鲁永新, 杨永生. 2004. 楚雄州农业产业结构调整与气候. 昆明: 云南民族出版社.

鲁永新, 杨永生. 2010. 楚雄州气候变化与气象灾害. 昆明: 云南科技出版社.

陆保梭颇, 夏光辅. 1984. 俚泼古歌. 见: 彝族民间文学. 云南省社会科学院楚雄彝族文化研究所.: 云南省社会科学院楚雄彝族文化研究所.

禄阿兹, 比. 2006. 蒙自彝族历史. 昆明: 云南民族出版社.

禄劝彝族苗族自治县民族宗教局. 2002. 禄武彝族歌谣. 昆明: 云南民族出版社.

禄劝彝族苗族自治县志编纂委员会. 2002. 禄劝彝族苗族自治县志. 昆明: 云南人民出版社.

罗秉英. 2005. 魏晋时期滇蜀交通与云南经济的发展. 见: 罗秉英. 治史心裁 罗秉英文集. 昆明: 云南大学出版社.

罗布合机. 2001. 凉山彝族的树木文化. 大自然, (4): 13.

罗曲, 李文华. 2001. 彝族民间文艺概论. 成都: 巴蜀书社.

罗希吾戈, 普学旺. 1990. 彝族创世史 阿赫希尼摩. 中国少数民族古籍丛书. 昆明: 云南民族出版社.

马廷中. 1998. 明清云贵地区苗、彝等少数民族社会经济状况研究. 西南师范大学学报 (哲学社会科学版), (1): 44-49.

马学良. 1983. 云南彝族礼俗研究文集. 成都: 四川民族出版社.

马学良. 1989. 彝族文化史. 上海: 上海人民出版社.

马学良. 1992. 马学良民族研究文集. 北京: 民族出版社.

毛泽东. 1988. 毛泽东哲学批注集. 北京: 中央文献出版社.

毛泽东. 2011. 文化工作中的统一战线. 见: 建党以来重要文献选编 (一九二一~一九四九) 第二十一册. 中共中央文献研究室中央档案馆. 北京: 中央文献出版社.

孟慧英. 2003. 彝族毕摩文化研究. 北京: 民族出版社.

弥勒县彝族研究学会. 2008. 弥勒彝族文化概览. 昆明: 云南民族出版社.

南涧畜牧兽医局. 2011. 林下养鸡成南涧农民致富新途径. 2011-11-24　A3版.

欧阳修, 宋祁. 1975. 新唐书. 北京: 中华书局.

潘朝霖. 1992. 贵州威宁县"撮泰吉"调查报告. 见: 顾朴光. 中国傩戏调查报告. 贵阳: 贵州人民出版社.

潘蛟. 1987. 试述鸦片种销对近代凉山彝族地区社会发展的消极影响. 中央民族大学学报, (1): 29-33.

潘文兰, 张学俊. 1963. 我女人要说的话多. 见: 云南民族文学资料 第18集. 中国作家协会昆明分会民间文学工作部. 昆明: 中国作家协会昆明分会民间文学工作部: 261.

潘先林. 1998. 民国彝族上层统治集团与滇川黔边彝族社会变迁. 贵州民族研究, (2): 38-46.

潘正兴. 1958. 开天辟地. 见: 云南民族文学资料 第十八集. 中国作家协会昆明分会民间文学工作部: 12-13.

潘正兴. 1963. 拔黄草调. 见: 云南民族文学资料 第18集. 中国作家协会昆明分会民间文学工作部. 昆明: 中国作家协会昆明分会民间文学工作部: 48, 57, 73.

潘正兴. 1963. 吃水调. 见: 云南民族文学资料 第18集. 中国作家协会昆明分会民间文学工作部. 昆明: 中国作家协会昆明分会民间文学工作部: 41-42.

潘正兴. 1963. 开天辟地. 见: 云南民族文学资料 第18集. 中国作家协会昆明分会民间文学工作部. 昆明: 中国作家协会昆明分会民间文学工作部: 2, 26, 16, 3, 10-11, 12-13.

潘正兴. 1963. 卖工调. 见: 云南民族文学资料 第18集. 中国作家协会昆明分会民间文学工作部. 昆明: 中国作家协会昆明分会民间文学工作部: 96.

潘正兴. 1963. 天亮词. 见: 云南民族文学资料 第18集. 中国作家协会昆明分会民间文学工作部. 昆明: 中国作家协会昆明分会民间文学工作部: 46, 43-44.

培根. 1984. 新工具. 北京: 商务印书馆.

普洪德, 普翠珍, 罗翠华. 2007. 南华彝族贺喜腔青棚调. 彝文文献译丛, (总第36辑): 48, 49-51.

普梅笑. 2000. 创世史诗. 彝文文献译丛, (总第24辑): 48.

普学旺. 1999. 祭龙经. 昆明: 云南民族出版社.

普兆云, 罗有俊. 2003. 祭奠经——南华彝族罗罗颇丧葬口传祭辞. 彝文文献译丛, (总第30辑): 73, 28-29, 43, 35.

普珍. 2006. 彝族民间法的历史传承和现代作用. 见: 马立三. 彝学研究 第四集. 昆明: 云南民族出版社: 464-476.

起国庆. 2007. 论彝族人生祭祀礼俗. 毕节学院学报, (2): 31-35.

秦伯强, 高光, 朱广伟, 等. 2013. 湖泊富营养化及其生态系统响应. 科学通报, 58 (10): 855-864.

秦和平. 1992. 论清代凉山彝族人口发展的原因及其相关问题. 民族研究, (1): 105-112.

全增嘏. 1983. 西方哲学史 上册. 上海: 上海人民出版社.

冉光荣. 1985. 羌族史. 成都: 四川民族出版社.

人民日报社. 1958. 宁蒗彝族自治县土地改革完成 两万六千多名奴隶变成土地主人. 人民日报, 10 (6).

任美锷. 1992. 中国自然地理纲要. 商务印书馆文库. 北京: 商务印书馆.

任映沧. 1945. 大小凉山之畜牧与农耕制度. 四川经济季刊, (1): 354-412.

阮池银. 2012. 云南小凉山苦荞文化的环境人类学研究. 云南大学硕士学位论文.

色诺芬. 1984. 回忆苏格拉底. 北京: 商务印书馆.

师有福, 红河彝族辞典编纂委员会. 2002. 红河彝族辞典. 昆明: 云南民族出版社.

师有福, 梁红. 2006. 彝村高甸 聚焦彝族阿哲文化. 昆明: 云南大学出版社.

师有福, 师霄. 2010. 爱佐与爱莎. 昆明: 云南民族出版社.

师有福, 杨家福. 1991. 裴妥梅妮 苏嫫 祖神源流. 中国少数民族古籍丛书. 昆明: 云南民族出版社.

施晓斌. 2003. 双柏县农业机械化事业发展回顾. 见: 楚雄州文史资料选辑 第20辑 农林水史料专辑. 中国人民政治协商会议云南省楚雄彝族自治州委员会. 中国人民政治协商会议云南省楚雄彝族自治州委员会: 197-212.

施之厚. 1993. 云南辞典. 昆明: 云南人民出版社.

石连顺. 2003. 阿细颇先基——彝族阿细人创世史诗. 昆明: 云南民族出版社.

石林彝族自治县民族宗教事务局. 1999. 彝族撒尼祭祀词译疏. 昆明: 云南民族出版社.

世界环境与发展委员会. 1997. 我们共同的未来. 长春: 吉林人民出版社.

世界资源研究所. 2005. 生态系统与人类福祉 生物多样性综合报告: 千年生态系统评估. 国家环境保护总局履行生物多样性公约办公室组织编译. 北京: 中国环境科学出版社.

树华, 果, 肖建华. 1993. 居次勒俄. 昆明: 云南民族出版社: 2, 19-26.

司马迁. 2006. 史记. 北京: 线装书局: 134, 481.

思想战线编辑部. 1981. 西南少数民族风俗志. 北京: 中国民间文艺出版社.

四川省编写组. 1987. 四川省凉山彝族社会调查资料选辑. 国家民委民族问题五种丛书中国少数民族社会历史调查资料丛刊. 成都: 四川省社会科学院.

四川省美姑县志编纂委员会. 1997. 美姑县志. 成都: 四川人民出版社.

四川省统计局与国家统计局四川调查总队. 2009. 四川统计年鉴 2009. 北京: 中国统计出版社.

宋濂. 1995. 元史 卷一二七至-卷二一0. 长春: 吉林人民出版社.

宋祖良. 1993. 拯救地球和人类未来 海德格尔的后期思想. 北京: 中国社会科学出版社.

覃志红, 吴顺康. 1990. 高山半农半牧区家庭养羊规模效益探讨. 四川畜牧兽医, (3): 29-30.

汤艳梅. 2010. 生态危机的历史根源. 都市文化研究, (00): 81-91.

陶云逵. 1943. 大寨黑彝之宗族与图腾制. 边疆人文, 1 (1).

陶宗仪. 1986. 说郛 6. 北京: 中国书店.

万世祥. 1985. 凉山彝族自治州概况. 国家民委民族问题五种丛书. 成都: 四川民族出版社.

王昌富. 1994. 凉山彝族礼俗. 成都: 四川民族出版社: 附文.

王继超, 张和平. 2010. 彝族传统信仰文献研究. 贵阳: 贵州民族出版社.

王锟. 2005. 工具理性和价值理性——理解韦伯的社会学思想. 甘肃社会科学, (1): 120-122.

王明东. 2000. 清代彝族农业刍议. 思想战线, (4): 83-86.

王乃迪. 1986. 试论农业机械化与生态环境. 农业现代化研究, (6): 44-49.

王天玺, 李国文. 2000. 先民的智慧 彝族古代哲学. 昆明: 云南教育出版社.

王秀平, 陈朝贤, 杨质昌. 1991. 彝族创世志. 成都: 四川民族出版社.

吴春华, 陈欣. 2004. 农药对农区生物多样性的影响. 应用生态学报, 15 (2): 341-344.

吴克谦. 1991. 林下草地放牧绵羊试验. 草与畜杂志, (1): 7-8.

吴文藻. 1944. 易村手工业 乙集 第二种. 社会学刊. 北京: 商务印书馆.

伍精华. 2002. 我们是这样走过来的: 凉山的变迁. 北京: 民族出版社.

伍精忠. 1993. 凉山彝族风俗. 成都: 四川民族出版社: 43-44, 164.

西舍路镇公共信息网, 2013. 西舍路镇人民政府关于全面停止松脂采集行为的告知书. http://www.cxs.gov.cn/xz/f_read.aspx?id=130&fid=72535[2013-07-06].

呷呷尔日. 2011. 凉山彝族狩猎琐谈. 见: 凉山民族研究 1992-1993. 马尔子. 北京: 民族出版社.

肖军, 秦志伟, 赵景波. 2005. 农田土壤化肥污染及对策. 环境保护科学, 31 (131): 32-34.

谢应齐. 1995. 自然灾害与减灾防灾. 北京: 中国农业出版社.

徐裕华. 1991. 西南气候. 中国气候丛书. 北京: 气象出版社.

宣宜. 2004. 云南省云县勐山流域彝族传统知识对生态的影响研究. 见: 何丕坤, 等. 乡土知识的实践与发掘. 昆明: 云南民族出版社: 122-130.

严火其, 严燕. 2006. 浅谈中西方传统的德性伦理. 道德与文明, (1): 25-29.

严火其. 2007. 德性的文明与德性的科学. 江海学刊, (6): 30-36.

杨成彪. 2005. 楚雄彝族自治州旧方志全书 姚安卷 下. 昆明: 云南人民出版社: 1669, 1754.

杨凤江, 张兴. 1993. 古代彝族舍灼氏族祭古猿礼俗. 彝文文献译丛, (总第12辑): 10.

杨甫旺, 李忠祥. 2005. 双柏彝族史诗选. 昆明: 云南民族出版社.

杨甫旺. 2003. 彝族生殖文化论. 昆明: 云南民族出版社.

杨甫旺. 2004. 楚雄民族文化的保护与传承. 昆明: 云南民族出版社: 65.

杨甫旺. 2009. 儒学在彝族地区的传播与彝族社会文化的变迁. 贵州民族研究, (5): 161-166.

杨甫旺. 2010. 彝族狩猎文化刍议. 楚雄师范学院学报, (8): 38-43.

杨和森. 1987. 图腾层次论. 昆明: 云南民族出版社.

杨继中. 1989. 彝族谚语选. 昆明: 云南民族出版社.

杨家福, 罗希吾戈. 1988. 裴妥梅妮 苏颇 祖神源流. 云南省少数民族古籍译丛. 昆明: 云南民族出版社.

杨茂虞, 杨世昌. 2002. 彝族打歌调. 昆明: 云南民族出版社.

杨日鹏. 2012. 党的历代领导人生态政治观的演变与启示. 理论界, (2): 15-18.

杨庭硕, 吕永锋. 2004. 人类的根基——生态人类学视野中的水土资源. 昆明: 云南大学出版社.

杨庭硕. 2011. 彝族文化对高寒山区生态系统的适应——四川省盐源县羊圈村彝族生计方式的个案分析. 云南师范大学学报 (哲社版), (1): 27-33.

杨学政, 中国原始宗教百科全书编纂委员会. 2002. 中国原始宗教百科全书. 成都: 四川辞书出版社.

杨学政. 2008. 密教阿吒力在云南的传播和影响. 见: 赵寅松. 白族研究百年 三. 北京: 民族出版社.

杨知勇. 1990. 云南少数民族生产习俗志. 昆明: 云南民族出版社.

杨植森, 赖伟. 1982. 凉山彝族谚语. 成都: 四川民族出版社.

杨仲录. 1991. 南诏文化论. 昆明: 云南人民出版社.

仰协, 张旭. 1998. 凉山经济地理. 成都: 四川科学技术出版社.

易谋远. 2007. 彝族史要. 中国社会科学院文库. 北京: 社会科学文献出版社.

尤中. 1985. 中国西南民族史. 昆明: 云南人民出版社.

尤中. 1994. 云南民族史. 昆明: 云南大学出版社.

玉溪市民族宗教事务局. 1999. 吾查们查. 玉溪市彝文古籍译丛. 昆明: 云南民族出版社.

云南楚雄彝族自治州地方志编纂委员会. 1993. 楚雄彝族自治州志 第1卷. 北京: 人民出版社.

云南楚雄彝族自治州地方志编纂委员会.1995. 楚雄彝族自治州志　第3卷. 北京：人民出版社.

云南楚雄彝族自治州地方志编纂委员会.1996. 楚雄彝族自治州志　第6卷. 北京：人民出版社.

云南农业地理编写组.1981. 云南农业地理. 昆明：云南人民出版社.

云南日报社.2009. 生物多样性技术体系为农业撑起保护伞.云南日报.2009-07-02　第一版.

云南省大姚县地方志编纂委员会.1999. 大姚县志. 昆明：云南大学出版社.

云南省地方志编纂委员会与中共云南省委员会办公厅.2000. 云南省志　卷43 中共云南省委志. 昆明：云南人民出版社.

云南省红河哈尼族彝族自治州志编纂委员会.1997. 红河哈尼族彝族自治州志　卷1. 中国地方志丛书. 北京：生活·读书·新知三联书店.

云南省民间文学集成编辑办公室.1986. 云南彝族歌谣集成. 昆明：云南民族出版社.

云南省民族民间文学楚雄调查队.1960. 梅葛. 中国民间叙事诗丛书. 北京：人民文学出版社.

云南省民族民间文学红河调查队.1960. 阿细的先基. 北京：人民文学出版社.

云南省人民政府研究室，云南省环境保护局与云南省生态经济学会.2007. 楚雄彝族的植物崇拜与保护实践. 见：何宜，高正文. 云南生态经济发展概览. 昆明：云南民族出版社.

云南省社会科学院楚雄彝族文化研究室.1982. 楚雄民族民间文学资料　第四集. 云南楚雄：云南省社会科学院楚雄彝族文化研究室：179-181.

云南省水利水电科学研究所与云南省水利厅.2004. 云南省2004年土壤侵蚀现状遥感调查报告. 云南省水利水电科学研究所：100.

云南省统计局与国家统计局云南调查总队.2009. 云南统计年鉴 2009. 北京：中国统计出版社.

云南省土壤普查办公室与云南省土壤肥料工作站.1996. 云南土壤. 昆明：云南科学技术出版社.

云南省玉溪地区民族事务委员会.1989. 尼租谱系. 玉溪地区彝文古籍译丛. 昆明：云南民族出版社.

云南省政府信息公开门户网站.2011. 楚雄州当前销售蔬菜情况调查分析. http：//xxgk.yn.gov.cn/canton_model17/newsview.aspx?id=361760[2011-07-20][2013-04-15].

云南数字乡村网.2011. 云南省楚雄彝族自治州大姚县农业产业化稳步推进. http：//nc.mofcom.gov.cn/articlexw/xw/dsxw/201103/17740108_1.html[2011-03-10].

云南姚安县志编纂委员会.1996. 姚安县志. 昆明：云南人民出版社.

云南植被编写组.1987. 云南植被. 北京：科学出版社.

曾北危.2004. 转基因生物安全. 北京：化学工业出版社.

张从华.2011. 大姚县大力发展生态循环经济. http：//chuxiong.yunnan.cn/html/2011-09/08/ content_1815189 [2011-09-08].

张建华，云南省民族事务委员会.1999. 彝族文化大观. 云南民族文化大观丛书. 昆明：云南民族出版社.

张桥贵，陈麟书.1993. 宗教人类学　云南少数民族原始宗教考察研究. 成都：四川大学出版社.

张耀影.2005. 传统农业改造的四种特殊道路. 广西社会科学，7（121）：49-51.

张瑛.2005. 西南彝族服饰文化历史地理　暨民族服饰旅游资源开发研究. 北京：民族出版社.

张永琼.2009. 大姚县华山彝族俚濮原始宗教初探. 楚雄师范学院学报，（4）：61-65，75.

张仲仁.2006. 彝族宗教与信仰. 昆明：云南民族出版社.

赵敏，张朝斌，杨荣，等.2013. 2013年干旱对云南省楚雄农业生产的影响分析. 北京农业，（33）：199-200.

郑成军.2006. 彝族志：血统与根 云南小凉山彝族的生活方式、社会结构与家支制度. 昆明：云南大学出版社.

政协纳雍县委员会.2005. 纳雍文史资料　第9辑. 贵州纳雍：政协纳雍县委员会：193-194.

政协昭觉县文史资料研究委员会.1985. 昭觉县文史资料　第四辑. 四川昭觉：政协昭觉县文史资料研究委员会：11，28-30，33-37，40-41.

中国科学院民族研究所与云南少数民族社会历史调查组.1963. 彝族简史：初稿. 北京：中国科学院民族研究所：62，251-253，253-254，223，225，240.

中国科学院民族研究所与云南少数民族社会历史调查组.1986. 云南彝族社会历史调查. 昆明：云南人民出版社.

中国科学院中国自然地理编辑委员会.1979. 中国自然地理 动物地理. 北京：科学出版社.

中国民间文学集成全国编辑委员会与中国民间文学集成四川卷编辑委员会.2004. 中国谚语集成　四川卷. 北

京：中国ISBN中心：740，728，795，791.

中国人民政协会议云南省楚雄彝族自治州委员会文史资料研究委员会.1986.彝山放羊趣闻.见：云南省楚雄彝族自治州文史资料选辑.中国人民政协会议云南省楚雄彝族自治州委员会文史资料研究委员会.：中国人民政协会议云南省楚雄彝族自治州委员会文史资料研究委员会：163-164.

中国少数民族社会历史调查资料丛刊修订编辑委员会，云南省编辑组.2009.云南彝族社会历史调查.昆明：云南人民出版社.

中国统计信息网.2012.国民经济和社会发展统计公报.http：//www.tjcn.org/ [2012-5-20].

中国网.2012.2012年国家扶贫开发工作重点县名单.http：//www.china.com.cn/policy/txt/2012-03/19/content_24930336.html[2012-5-20].

中国作家协会昆明分会民间文学工作部.1962.云南民族文学资料 第 7 集.中国作家协会昆明分会民间文学工作部：276，118，278-279，320，35，235-240，35-36，293-295，109，40，199-200，14，121，120，141.

中华人民共和国中央人民政府网.2010.中华人民共和国水土保持法.http：//www.gov.cn/flfg/2010-12/25/content_1773571.html[2010-12-25][2012-6-20].

周春元.1987.贵州近代史.贵阳：贵州人民出版社.

周绍昌.2009.楚雄州核桃产业发展现状与对策.林业调查规划，（2）：93-96.

周文义.2005.楚雄彝族民俗大观.昆明：云南民族出版社.

周文中，邓启耀.1999.民族文化的自我传习、保护和发展.思想战线，（1）：101-107.

朱和双.2009.图腾事物：有悖于生殖崇拜的妖魔化想象与建构-中国民间忌见蛇交配的泛灵信仰及其禳解仪式.见：杨甫旺.楚雄民族文化论坛 第4辑.昆明：云南大学出版社.

朱琚元.2000.合灵经.彝文文献译丛，（总第24辑）：6-7.

朱圣中.2006.历史时期四川凉山彝族地区主要农作物的种植与传播.中国农史，（2）：12-21.

朱圣中.2008.论历史时期凉山彝族地区农业结构的演变.中国农史，（4）：55-65.

朱有勇.2007.遗传多样性与作物病害持续控制.北京：科学出版社.

Barnes B，Bloor D，Henry J.2004.科学知识：一种社会学的分析.邢冬梅，蔡仲译.南京：南京大学出版社.

Bertalanffy L V.1987.一般系统论基础发展和应用.林康义，魏宏森译.北京：清华大学出版社.

Cocks.2006.Biocultural Diversity：Moving Beyond the Realm of 'Indigenous' and 'Local' People. Human Ecology，34（2）：185-200.

Collingwood R G.1999.自然的观念.吴国盛，何映红译.北京：华夏出版社.

FAO，C. O. G. R.2010.The Second Report On the State of the World'S Plant Genetic Resources for Food and Agriculture FAO，Commission On Genetic Resources：15.

FAO，U. N.2013.Fao Statistical Year Book 2013 World Food and Agriculture FAO，United Nations，part4.

FAO，U. N.2014.联合国粮农组织统计数据库.http：//faostat3.fao.org/faostat-gateway/go/ to/download/R/RA/E[2014-08-05].

Heidegger M.1996.科学与沉思.见：孙周兴.海德格尔选集 下册.上海：生活·读书·新知三联书店.

King F H.2011.四千年农夫：中国、朝鲜和日本的永续农业.程存旺，等译.北京：东方出版社：概述.

Kline M.1997.数学：确定性的丧失.李宏魁译.长沙：湖南科学技术出版社.

Knorr-Cetina K D.2001.制造知识 建构主义与科学的与境性.王善博，等译.北京：东方出版社.

Kuhn T S.2003.科学革命的结构.金吾伦，胡新和译.北京：北京大学出版社.

Latour B.2005.科学在行动：怎样在社会中跟随科学家和工程师.刘文旋，郑开译.知识与社会译丛.北京：东方出版社.

Leopold A.2013.沙乡年鉴.彭俊 成都：四川文艺出版社.

Liebig J V.1983.化学在农业中的应用.刘更另北京：农业出版社.

Loh，Harmon.2005.A Global Index of Biocultural Diversity. Ecological Indicators，5（3）：231-241.

Maffi Luisa，Oviedo G. et al.2000.Indigenous and Traditional Peoples of the World and Ecoregion Conservation：An Integrated Approach to Conserving the World'S Biological and Cultural Diversity. Gland，Switzerland：WWF International.

Maffi.2001.Introduction：On the Interdependence of Biological and Cultural Diversity，in On Biocultural

Diversity Smithsonian Institution Press，1-50.

Mannheim K. 2001. 意识形态与乌托邦. 艾彦. 现代西方思想文库. 北京：华夏出版社.

Naess. 1973. The Shallow and the Deep，Long-Range Ecology Movement：A Sumrnary. Inguiry，（16）：95-100.

Nashe R F. 1999. 大自然的权利.杨通进译. 青岛：青岛出版社.

Polo M. 1999. 马可波罗行纪.冯承均译. 北京：东方出版社.

Ponting C. 2002. 绿色世界史 环境与伟大文明的衰落.王毅，张学广译. 上海：上海人民出版社.

Rolston H. 2000. 环境伦理学 大自然的价值以及人对大自然的义务. 杨通进译. 北京：中国社会科学出版社.

Rouse J. 2004. 知识与权力——走向科学的政治哲学. 盛晓明，等译. 北京：北京大学出版社.

Schulman M. 1995. 科技文明与人类未来 在哲学深层的挑战. 李小兵译. 北京：东方出版社：345.

Schultz T. 1987. 改造传统农业.梁小民译. 北京：商务印书馆.

Schutkowski. 2006. Synthesis-Towards a Biocultural Human Ecology *In*：Human Ecology：Biocultural Adaptation in Human Communities（Ecological Studies）. Berlin：Springer：251-265.

Schweitzer A，Baehr H W. 1995. 敬畏生命. 陈泽环译. 上海：上海社会科学院出版社.

Unger P W. 1989. 水土保持耕作制.中国农业科学院科技文献信息中心. 北京：中国农业科技出版社.

Virginia Dalea，Polaskyb S. 2007. Measures of the Effects of Agricultural Practices On Ecosystem Services. Ecological Economics，64（2）：286-296.

Worster D. 1999. 自然的经济体系 生态思想史. 侯文蕙译. 北京：商务出版社.

Zhang，Ricketts，Kremen, et al. 2007. Ecosystem Services and Dis-Services to Agriculture. Ecological Economics，64（2）：253-260.

# 索　引

# 后　记

在朱有勇院士主持的 973 项目"农业生物多样性控制病虫害和保护种质资源的原理与方法"中设计了"不同文明的生物多样性智慧与病虫害可持续控制研究"课题，并在其主持的另一 973 课题"作物多样性对病虫害生态调控和土壤地力的影响"中继续了这一课题研究。该研究课题计划从西方文明传统病虫害防治策略及其反思，中国古代生物多样性智慧及其病虫害防治策略，国外其他文明防治病虫危害的不同智慧，中国少数民族的生物多样性智慧与病虫害防治等四个方面从事工作。本书即是对中国少数民族生物多样性智慧进行研究的部分成果。

彝族作为西南地区的主体民族，以其居住地域的广泛性及农牧兼营的生产方式而具有自己的特色。随着现代科技的传播，彝族传统农业逐渐为现代农业所取代，这使得当今的人们对彝族传统农业生产研究不够深入。因此，在对彝族生物多样性智慧进行挖掘的时候，我们除了充分利用现已整理的彝族史诗、古歌以及近年来文化研究者的成果之外，不得不到彝族聚居较多的地区开展田野调查。2006年以来，我们连续多年在彝族地区进行调研，访问了与本研究相关的各类人员，他们为我们的调研提供了各种帮助。这其中要特别感谢的有彝族文化的整理和研究者师有福、杨甫旺、龙倮贵、张纯德、施选、郭思九、姜荣文、李福云、万永林、赵世林等。他们不仅提供了很有价值的彝族文化研究资料，还给了我们考察彝族传统农业的一些线索。除了彝族文化的整理者和研究者之外，我们所访问的彝族地区的农技人员、干部也给了我们大量无私的帮助，这其中要特别感谢的有徐克信、李才荣、邵维福、张中辉、梁家礼、张应梅等人，他们不仅提供了一些当地彝族传统生产生活技术，还作为翻译或联系人帮助我们采访当地彝族文化传承人和生产者，并帮助我们到达那些交通不便的彝族村寨，他们给予我们的帮助至今回想起来仍感到很温暖。云南农业大学科技处张邦朝、李国治老师在我们深入彝族地区调研时给予了协助，并分享了他们长期从事科技推广及扶贫工作的心得。西南林业大学图书馆徐正会教授、云南农业大学和绍禹教授也为我们的调研提供了诸多便利。另有许多对彝族文化感兴趣的工作者与我们讨论了有关问题，他们的讨论以不同的途径有益于本书的写作。在此一并致谢！

2015 年 4 月于昆明